现代数学基础

77

无穷维 Hamilton 算子谱分析

■ 阿拉坦仓　吴德玉　黄俊杰　侯国林

中国教育出版传媒集团
高等教育出版社·北京

图书在版编目（CIP）数据

无穷维 Hamilton 算子谱分析 / 阿拉坦仓等编著 .--
北京：高等教育出版社，2023. 1
ISBN 978-7-04-058653-4

Ⅰ. ①无… Ⅱ. ①阿… Ⅲ. ①哈密顿系统②谱算子
Ⅳ. ① O151. 21 ② O177. 1

中国版本图书馆 CIP 数据核字（2022）第 079798 号

无穷维 Hamilton 算子谱分析
Wuqiongwei Hamilton Suanzi Pufenxi

策划编辑 吴晓丽　　责任编辑 吴晓丽　　封面设计 张 楠　　版式设计 徐艳妮
责任校对 张慧玉 窦丽娜　　责任印制 存 怡

出版发行	高等教育出版社	网　址	http://www.hep.edu.cn
社　址	北京市西城区德外大街4号		http://www.hep.com.cn
邮政编码	100120	网上订购	http://www.hepmall.com.cn
印　刷	北京市艺辉印刷有限公司		http://www.hepmall.com
开　本	787mm × 1092mm 1/16		http://www.hepmall.cn
印　张	23.25		
字　数	350 千字	版　次	2023 年 1月第 1 版
购书热线	010-58581118	印　次	2023 年 1月第 1 次印刷
咨询电话	400-810-0598	定　价	79.00 元

物 料 号 58653-00

前 言

Hamilton 原理是现代物理的基石.

——Erwin Schrödinger

Hilbert 空间中线性算子理论, 尤其自伴算子谱理论是 20 世纪数学科学领域取得的最重要的成果之一. 有界自伴算子谱理论的奠基人是 Hilbert, 他在 1904 年至 1910 年完成的关于积分方程的六篇论文中阐述了有界自伴算子谱理论的思想. 然后, 从 1927 年到 1929 年, 为了研究量子力学问题, von Neumann 把有界自伴算子谱理论推广到了无界自伴算子领域. 20 世纪 30 年代 Riesz 和 Stone 等人进一步完善了无界自伴算子谱理论框架. 目前, 有界和无界自伴算子谱理论已经形成了比较完善的框架体系, 代表性的成果有 Hilbert-Schmidt 定理和 Sturm-Liouville 问题等, 众所周知的求解偏微分方程的分离变量法, 又称 Fourier 级数法, 就是以自伴算子谱理论为基础的.

值得一提的是, 当系统对应的算子是自伴算子时, 该系统的能量是守恒的. 然而, 实际问题中也存在诸多能量不守恒的开放系统, 其状态算子为非自伴算子. 比如, 在散射理论和量子场理论领域的连续谱扰动问题以及量子力学中的特征值扰动问题均属于非自伴算子谱理论范畴. 因此, 有必要研究非自伴算子的谱理论, 拓广 Fourier 级数法的适用范围. 从 1908 年到 1913 年, Birkhoff 讨论了非自伴边界条件的常微分算子特征函数系展开问题, 开创了非自伴算子谱理论问题的研究领域. 当时, Birkhoff 采用的研究方法是预解算子方法. 直到 20 世纪 50 年代, Keldyš 建立了非自伴算子的特征向量组和相关向量组的完备性理论, 不仅得到了非自伴算子的谱分解理论, 还得到了非自伴算子根向量组的完备性方面的一些重要结果. 之后, Kato, Wolf 等人创立了闭线性算子的扰动理论，解决了非自伴算子谱的稳定性等问题．这些成果为非自伴边界条件的偏微分算子研究提供了理论保障，也为一般非自伴算子谱理论研究奠定了基础．目前，关于非自伴算子谱理论的研究方法主要有预解算子方法、分块算子矩阵方法以及扰动理论等，虽然取得了一些重要突破，但还未形成完善的框架体系，非自伴算子谱理论已成为当代数学和力学领域亟待解决的重要理论问题之一．

正如前述，一般非自伴算子谱理论研究，相对于自伴算子谱理论要复杂得多．鉴于此，可以研究难度介于自伴算子和一般非自伴算子之间的一类算子．而无穷维 Hamilton 算子就属于这类算子，它是由线性无穷维 Hamilton 正则系统导出的具有深刻力学背景的分块算子矩阵．据我们所知，利用自伴算子特征函数系的正交性，可以解决特征展开式中的系数计算问题．一般非自伴算子的特征函数系不具有正交性，使得特征展开式中的系数计算问题至今仍是个难题．然而，无穷维 Hamilton 算子的特征函数系具有辛正交性，利用辛正交性可以解决特征展开式中的系数计算问题，这是钟万勰院士创立的弹性力学求解新体系的理论基础．

关于无穷维 Hamilton 正则系统的创立与发展不得不提及经典 Hamilton 系统．19 世纪 30 年代，Hamilton 根据光学与力学之间的深刻联系，对经典力学进行了创造性的研究，得到了经典 Hamilton 系统 (见 [1])

$$\begin{cases} \dot{\mathtt{q}} = \dfrac{\partial \mathcal{H}}{\partial \mathtt{p}}, \\ \dot{\mathtt{p}} = -\dfrac{\partial \mathcal{H}}{\partial \mathtt{q}}, \end{cases}$$

其中 $\dot{\mathtt{q}} = \frac{\mathrm{d}\mathtt{q}}{\mathrm{d}t}$．在系统中令 $\mathcal{H}(Z) = \frac{1}{2}Z^T S(t) Z$，其中 $S(t) = S(t)^T$，则得到线性 Hamilton 系统 (见 [2])

$$\dot{Z} = H(t)Z, \tag{0.0.1}$$

其中 $Z \in \mathbb{R}^{2n}, t \in \mathbb{R}$，系数矩阵 $H(t)$ 是有界可测实矩阵值函数且对任意 $t \in \mathbb{R}$ 满足

$$(J_{2n}H)(t)^T = J_{2n}H(t),$$

其中 $J_{2n} = \begin{bmatrix} 0 & I_n \\ -I_n & 0 \end{bmatrix}$. 矩阵 $H(t)$ 称为 Hamilton 矩阵, 它具有分块形式

$$H(t) = \begin{bmatrix} A(t) & B(t) \\ C(t) & -A(t)^T \end{bmatrix},$$

其中 $A(t), B(t), C(t) \in \mathbb{R}^{n\times n}$ 且满足 $B(t)^T = B(t), C(t)^T = C(t)$, A^T 表示 A 的转置.

直到 20 世纪 60 年代, Magri, Arnold 等学者为了研究连续统力学问题导出的偏微分方程, 诸如 KdV 方程、Schrödinger 方程、Maxwell 方程 (组) 等偏微分方程 (组), 引进了无穷维 Hamilton 正则系统

$$\dot{u} = J\frac{\delta\mathcal{H}}{\delta u}, \tag{0.0.2}$$

其中 $J = \begin{bmatrix} 0 & I \\ -I & 0 \end{bmatrix}$, $\frac{\delta\mathcal{H}}{\delta u}$ 为变分导数, $\mathcal{H}$ 为 Hamilton 泛函. 无穷维 Hamilton 正则系统的引进, 开辟了应用偏微分方程求解问题的一条新路, 具有深远意义. 如果把有限维线性 Hamilton 正则系统推广到无穷维的情形, 则得到线性无穷维 Hamilton 正则系统 (见 [3])

$$\dot{U} = HU, \tag{0.0.3}$$

其中 H 称为无穷维 Hamilton 算子, 它是形如

$$H = \begin{bmatrix} A & B \\ C & -A^* \end{bmatrix} \tag{0.0.4}$$

的分块算子矩阵, 其中 X 是无穷维 Hilbert 空间, A 是 X 中的稠定闭线性算子, A^* 是 A 的共轭算子, B, C 是 X 中的自伴算子. 下面将列举 Hamilton 矩阵和无穷维 Hamilton 算子的一些重要应用领域.

Hamilton 矩阵在控制理论中的应用. 线性二次型调节器问题是控制论中的重要问题, 该问题可通过 Hamilton 矩阵来解决. 所谓线性二次型调节器问题是寻找控制

$$\mathbf{u}(t) : [0, \tau] \to \mathbb{R}^m$$

使得

$$L_{\mathbf{x}_0}(\mathbf{x}(t),\mathbf{u}(t))=(\mathbf{x}(t),S\mathbf{x}(t))+\int_0^{\tau}[(\mathbf{x}(t),G(t)\mathbf{x}(t))+(\mathbf{u}(t),R(t)\mathbf{u}(t))]\mathrm{d}t \tag{0.0.5}$$

取得最小值, 其中 $\tau\in(0,\infty]$, S 是对称半正定矩阵, $G(t),R(t)$ 是有界连续矩阵值函数, 且对任意 $t\in\mathbb{R}$ 有 $G(t)^T=G(t)\geqslant 0, R(t)^T=R(t)>0$, $\mathbf{x}(t)$ 满足线性控制问题

$$\begin{cases}\dot{\mathbf{x}}(t)=A(t)\mathbf{x}(t)+B(t)\mathbf{u}_0,\ \mathbf{x}(t)\in\mathbb{R}^n,\mathbf{u}_0\in\mathbb{R}^m,\\ \qquad\qquad\qquad \mathbf{x}(0)=\mathbf{x}_0,\end{cases} \tag{0.0.6}$$

其中 $A(t)\in\mathbb{R}^{n\times n}, B(t)\in\mathbb{R}^{n\times m}$ 是给定的有界连续矩阵值函数. 由 Pontryagin 极大值原理 (见 [2]) 可知, 使得式 (0.0.5) 取得最小值的 $\mathbf{u}(t)$ 必将使得 Hamilton 泛函

$$\mathcal{H}(t,\mathbf{x},\mathbf{y},\mathbf{u})=(\mathbf{y},A(t)\mathbf{x}(t)+B(t)\mathbf{u}(t))-\frac{1}{2}[(\mathbf{x}(t),G(t)\mathbf{x}(t))+(\mathbf{u}(t),R(t)\mathbf{u}(t))] \tag{0.0.7}$$

取得最大值, 于是有

$$\mathbf{u}(t)=R^{-1}(t)B(t)^T\mathbf{y},$$

再考虑 Hamilton 正则方程

$$\begin{cases}\dot{\mathbf{x}}=\dfrac{\partial\mathcal{H}}{\partial\mathbf{y}},\\ \dot{\mathbf{y}}=-\dfrac{\partial\mathcal{H}}{\partial\mathbf{x}},\end{cases}$$

得线性 Hamilton 系统为

$$\dot{\mathbf{z}}=\begin{bmatrix}A(t) & B(t)R^{-1}(t)B(t)^T\\ G(t) & -A(t)^T\end{bmatrix}\mathbf{z}, \tag{0.0.8}$$

其中 $\mathbf{z}=\begin{bmatrix}\mathbf{x}\ \mathbf{y}\end{bmatrix}^T$. 当系统 (0.0.6) 满足标准的可控制性和可观测性条件时, 存在负定对称矩阵 $M(t)\in\mathbb{R}^n$ 使得

$$\mathbf{z}=\begin{bmatrix}\mathbf{x}\\ M(t)\mathbf{x}\end{bmatrix},$$

即

$$\mathbf{u}(t) = R^{-1}(t)B(t)^T M(t)\mathbf{x}$$

就是线性二次型调节器问题 (0.0.5) 的唯一解.

Hamilton 矩阵与 Schrödinger 方程. 考虑线性 Hamilton 系统

$$\dot{Z} = H(t)Z, \tag{0.0.9}$$

其中 $Z = \begin{bmatrix} \mathbf{x} \; \mathbf{y} \end{bmatrix}^T, \mathbf{x}, \mathbf{y} \in \mathbb{R}^n$ 且

$$H(t) = \begin{bmatrix} 0 & I_n \\ G(t) & 0 \end{bmatrix},$$

矩阵函数 $G(t) \in \mathbb{R}^{n\times n}$ 满足 $G(t)^T = G(t)$, 则系统 (0.0.9) 等价于二阶微分方程

$$\frac{\mathrm{d}^2\mathbf{x}}{\mathrm{d}t^2} = G(t)\mathbf{x}. \tag{0.0.10}$$

微分方程 (0.0.10) 经常出现于接近平衡的力学系统. 进一步, 令 $n = 1$ 且

$$H(t) = \begin{bmatrix} 0 & \dfrac{1}{p(t)} \\ g(t) - \lambda q(t) & 0 \end{bmatrix},$$

其中 $p(t), g(t), q(t)$ 是满足一定条件的实值函数, 则系统 (0.0.9) 等价于 Sturm-Liouville 问题

$$-\frac{\mathrm{d}}{\mathrm{d}t}\left(p(t)\frac{\mathrm{d}\mathbf{x}}{\mathrm{d}t}\right) + g(t)\mathbf{x} = \lambda q(t)\mathbf{x}. \tag{0.0.11}$$

在式 (0.0.11) 中令 $p(t) = q(t) = 1$, 则得 Schrödinger 方程

$$-\frac{\mathrm{d}^2\mathbf{x}}{\mathrm{d}t^2} + g(t)\mathbf{x} = \lambda\mathbf{x}. \tag{0.0.12}$$

方程 (0.0.12) 在一维量子力学中具有重要应用.

无穷维 Hamilton 算子与 Riccati 代数方程. 代数 Riccati 方程

$$-\Pi B\Pi + \Pi A + A^*\Pi + C = 0 \tag{0.0.13}$$

在最优滤波器设计与控制理论中具有重要应用 (见 [4]), 其求解问题一直备受关注, 其中 Π 是待求的算子, $B^*=B, C^*=C$ 和 A 是给定的算子. 然而, 方程 (0.0.13) 的求解问题与无穷维 Hamilton 算子有密切联系. 事实上, 如果存在算子 P, Q, R 使得

$$\begin{bmatrix} A & B \\ C & -A^* \end{bmatrix}\begin{bmatrix} P \\ Q \end{bmatrix}=\begin{bmatrix} P \\ Q \end{bmatrix}R \tag{0.0.14}$$

且 P 可逆, 则 $\Pi=QP^{-1}$ 就是方程 (0.0.13) 的解.

无穷维 Hamilton 算子与弹性力学求解新体系. 钟万勰院士利用他本人发现的结构力学与最优控制相模拟的理论, 通过弹性力学的最小势能变分原理, 选用状态变量及其对偶变量, 以及拟时间自变量, 将弹性力学方程导向 Hamilton 体系创立了弹性力学求解新体系. 求解新体系拓广了 Sturm-Liouville 问题及其按特征函数系展开的解法, 不仅把不能分离变量的弹性力学方程转化成了形式上可分离变量的 Hamilton 正则系统, 而且利用无穷维 Hamilton 算子特征函数系的辛正交性, 解决了非自伴算子的特征函数展开其系数不能计算的问题. 因此被钱令希誉为 "弹性力学新开篇". 例如, 薄板弯曲方程 (见 [5])

$$\frac{\partial^2 M_x}{\partial x^2}-2\frac{\partial^2 M_{xy}}{\partial x\partial y}+\frac{\partial^2 M_y}{\partial y^2}=0 \tag{0.0.15}$$

所对应的无穷维 Hamilton 算子为

$$H=\begin{bmatrix} 0 & v\dfrac{\mathrm{d}}{\mathrm{d}y} & D(1-v^2) & 0 \\ -\dfrac{\mathrm{d}}{\mathrm{d}y} & 0 & 0 & 2D(1-v) \\ 0 & 0 & 0 & -\dfrac{\mathrm{d}}{\mathrm{d}y} \\ 0 & -\dfrac{\mathrm{d}^2}{D\mathrm{d}y^2} & v\dfrac{\mathrm{d}}{\mathrm{d}y} & 0 \end{bmatrix},$$

其中 $D>0$ 是常数且

$$\mathscr{D}(H)=\left\{\begin{bmatrix}\psi_1(x)\\ \psi_2(x)\\ \psi_3(x)\\ \psi_4(x)\end{bmatrix}\in X:\begin{array}{c}\psi_1(0)=\psi_1(b)=0,\dfrac{\mathrm{d}\psi_2(0)}{D\mathrm{d}x}-v\psi_3(0)=0,\\ \dfrac{\mathrm{d}\psi_2(b)}{D\mathrm{d}x}-v\psi_3(b)=0,\\ \psi_i(x)\text{ 绝对连续且 }\psi_i'(x)\in L^2[0,b],i=1,3,4,\\ \psi_2'(x)\text{ 绝对连续且 }\psi_2''(x)\in L^2[0,b].\end{array}\right\}$$

于是, 通过无穷维 Hamilton 算子 H 的谱的性质, 如特征函数系的辛正交性和完备性, 可以解决上述薄板弯曲方程的求解问题.

无穷维 Hamilton 算子与完备不定度规空间. 不定度规空间上的算子理论并不是 Hilbert 空间上算子理论逻辑上的简单推广, 而是有着深厚理论基础的. 它的应用涉及物理学、数学及力学方面. 相对论中的“时—空”空间就是一个不定度规空间. 由于无穷维 Hamilton 算子的特殊结构, 如果在不定度规空间上研究其谱理论, 会有事半功倍的效果. 比如, 考虑完备不定度规空间 $\{X\times X,[\cdot,\cdot]_{\mathfrak{J}_1}\}$, 其中

$$\mathfrak{J}_1=\begin{bmatrix}0 & \mathrm{i}I\\ -\mathrm{i}I & 0\end{bmatrix}$$

且定义度规为

$$[\cdot,\cdot]_{\mathfrak{J}_1}=(\mathfrak{J}_1\cdot,\cdot),$$

则无穷维 Hamilton 算子在不定度规空间 $\{X\times X,[\cdot,\cdot]_{\mathfrak{J}_1}\}$ 中是反对称算子. 此外, 令

$$\mathfrak{J}_2=\begin{bmatrix}0 & I\\ I & 0\end{bmatrix}$$

且定义

$$[\cdot,\cdot]_{\mathfrak{J}_2}=(\mathfrak{J}_2\cdot,\cdot),$$

则非负 Hamilton 算子在不定度规空间 $\{X\times X,[\cdot,\cdot]_{\mathfrak{J}_2}\}$ 上满足

$$Re[Hu,u]_{\mathfrak{J}_2}\geqslant 0,u\in\mathscr{D}(H),$$

即, H 是增生算子. 于是, 利用无穷维 Hamilton 算子在一类完备不定度规空间中的反对称性和增生性等特性, 有望解决数学和力学领域亟待解决的非自伴算子谱理论问题.

目前, 关于无穷维 Hamilton 算子谱理论的研究已经取得了很大的进展. 国外有 Azizov 和 Kruina 等学者, 国内有阿拉坦仓教授为带头人的无穷维 Hamilton 算子研究团队, 他们在无穷维 Hamilton 算子的特征函数系和根子空间的完备性问题、无穷维 Hamilton 算子辛自伴性、二次数值域和经典数值域以及非负 Hamilton 算子的可逆性等方面取得了一些重要成果. 本书的宗旨是向读者较系统地介绍无穷维 Hamilton 算子的理论和方法, 以无穷维 Hamilton 算子谱分析为主线, 对无穷维 Hamilton 算子的一些最基本的结构和性质进行阐述.

本书内容安排如下:

第一章简单介绍了有限维和无穷维的 Hamilton 系统, Hamilton 正则系统与 Newton 二体运动方程之间的内在联系. 还介绍了无穷维 Hamilton 正则系统反问题, 这与吴文俊院士提出的辛几何算法具有紧密联系, 并给出了矩阵多元多项式带余除法的程序包.

第二章介绍了无穷维 Hamilton 算子的谱理论, 包括主对角、斜对角、上三角以及非负 Hamilton 算子的点谱、剩余谱、连续谱和本质谱等内容.

第三章讲述了辛空间中算子理论和无穷维 Hamilton 算子特征函数系的完备性问题, 给出了无穷维 Hamilton 算子特征函数系在 Cauchy 主值意义下完备的一系列条件.

第四章讲述了无穷维 Hamilton 算子辛自伴性问题, 运用扰动理论以及乘积算子理论给出了无穷维 Hamilton 算子的共轭算子的刻画, 为解决无穷维 Hamilton 算子谱对称问题奠定了基础.

第五章介绍了无穷维 Hamilton 算子的数值域理论, 包括经典数值域、二次数值域、本质数值域、多项式数值域以及数值半径不等式, 为基于数值半径不等式和多项式数值域的稳定分析框架体系的建立奠定了基础.

第六章介绍了完备不定度规空间中无穷维 Hamilton 算子谱理论和 J-数

值域理论, 给出了无穷维 Hamilton 算子存在极大确定不变子空间的充分条件, 还研究了无穷维 Hamilton 算子在 Krein 空间中的耗散性和有界性问题, 为 Krein 空间中线性算子谱理论框架体系的建立奠定了基础.

本书部分研究内容得到了国家自然科学基金 (11561048, 11761029, 11961052, 11861048) 与内蒙古自治区自然科学基金 (批准号: 2019MS01019, 2020ZD01) 的资助. 本书适合于数学专业高年级本科生或者数学专业研究生使用, 也可供相关专业的教师和专业人员参考.

由于时间仓促且编者水平所限, 定有不少谬误和不当之处, 敬请专家和读者批评指正.

全体作者

2021 年 12 月于呼和浩特

目 录

第一章 Hamilton 系统

Hamilton 体系的理论模式是由 Hamilton 从几何光学着手创建的, 而后他根据光学与力学之间的深刻联系, 对经典力学进行了创造性的研究, 得到了在经典力学范畴内与 Newton 体系和 Lagrange 体系的变分原理等价的又一种力学描述形式——Hamilton 原理. Hamilton 原理的应用领域几乎遍及日常生活的各个方面, 包括结构生物学、药理学、半导体、等离子体、天体力学和材料学等领域. 量子力学创始人之一 Schrödinger 曾说: “Hamilton 原理已成为现代物理的基石, 如果您要用现代理论解决任何物理问题, 首先得把它表示为 Hamilton 形式.”[6]. Hamilton 系统是 Hamilton 原理的数学表示, 目前为止, Hamilton 系统可以分为经典 Hamilton 系统、广义 Hamilton 系统和无穷维 Hamilton 系统三种形式. 本章作为全书的开头部分, 首先简要地综述经典 Hamilton 系统和无穷维 Hamilton 系统的产生、研究、发展概况. 其次, 还简要地介绍了线性经典 Hamilton 系统对应的 Hamilton 矩阵在最优控制问题中的应用以及线性无穷维 Hamilton 系统对应的无穷维 Hamilton 算子在弹性力学求解新体系中的应用[5]. 最后, 介绍了无穷维 Hamilton 正则系统的反问题以及矩阵多元多项式的带余除法, 给出了矩阵多元多项式的带余除法的程序包.

1.1 有限维 Hamilton 系统与 Hamilton 矩阵

1.1.1 经典 Hamilton 系统

提及力学中的变分原理, 理应追溯 Hamilton 的最小作用量原理 (即, Hamilton 原理). 定义向量

$$\mathbf{q} = \begin{bmatrix} q_1(t) & q_2(t) & \cdots & q_n(t) \end{bmatrix}^T,$$

$$\dot{\mathbf{q}} = \begin{bmatrix} \frac{\mathrm{d}q_1(t)}{\mathrm{d}t} & \frac{\mathrm{d}q_2(t)}{\mathrm{d}t} & \cdots & \frac{\mathrm{d}q_n(t)}{\mathrm{d}t} \end{bmatrix}^T,$$

其中 $\{q_i(t)\}_{i=1}^n$ 表示广义位移, $\{\frac{\mathrm{d}q_i(t)}{\mathrm{d}t}\}_{i=1}^n$ 表示广义速度, 则动力系统的 Lagrange 函数为

$$\mathfrak{L} = \mathfrak{L}(\mathbf{q}, \dot{\mathbf{q}}). \tag{1.1.1}$$

Hamilton 原理可表述为: 一个保守系统自初始点 $(\mathbf{q}_0, t_0)$ 移动到终结点 $(\mathbf{q}_e, t_e)$, 其真实的运动轨迹一般可表示为泛函

$$\Phi(\mathbf{q}) = \int_{t_0}^{t_e} \mathfrak{L}(\mathbf{q}, \dot{\mathbf{q}}, t)\mathrm{d}t \tag{1.1.2}$$

取极值的条件

$$\delta\Phi = 0. \tag{1.1.3}$$

于是, 对式 (1.1.2) 展开变分, 并作分部积分得

$$\begin{aligned} \delta\Phi &= \int_{t_0}^{t_e} \left(\left(\frac{\partial \mathfrak{L}}{\partial \mathbf{q}}\right)^T \cdot \delta\mathbf{q} + \left(\frac{\partial \mathfrak{L}}{\partial \dot{\mathbf{q}}}\right)^T \cdot \delta\dot{\mathbf{q}} \right) \mathrm{d}t \\ &= \int_{t_0}^{t_e} \left(\frac{\partial \mathfrak{L}}{\partial \mathbf{q}} - \frac{\mathrm{d}}{\mathrm{d}t}\left(\frac{\partial \mathfrak{L}}{\partial \dot{\mathbf{q}}}\right) \right)^T \cdot \delta\mathbf{q}\mathrm{d}t \\ &= 0, \end{aligned}$$

其中利用了 t_0 及 t_e 时刻 $\delta\mathbf{q} = 0$ 的事实. 由于在 $t_0 < t < t_e$ 内 $\delta\mathbf{q}$ 是任意变分的, 于是可导出 Lagrange 方程

$$\frac{\partial \mathfrak{L}}{\partial \mathbf{q}} - \frac{\mathrm{d}}{\mathrm{d}t}\left(\frac{\partial \mathfrak{L}}{\partial \dot{\mathbf{q}}}\right) = 0. \tag{1.1.4}$$

引入广义动量 $\mathbf{p} = \frac{\partial \mathfrak{L}}{\partial \dot{\mathbf{q}}}$ 和 Hamilton 能量函数 (动能 + 势能)

$$\mathcal{H} = \mathbf{p}^T \cdot \dot{\mathbf{q}} - \mathfrak{L}(\mathbf{q}, \dot{\mathbf{q}}), \tag{1.1.5}$$

在式 (1.1.5) 中 $\dot{\mathbf{q}}$ 应看成 $\mathbf{p}, \mathbf{q}$ 的函数, 方程两边分别对 $\mathbf{p}, \mathbf{q}$ 求偏导数得

$$\frac{\partial \mathcal{H}}{\partial \mathbf{q}} = \mathbf{p}^T \frac{\partial \dot{\mathbf{q}}}{\partial \mathbf{q}} - \frac{\partial \mathfrak{L}}{\partial \mathbf{q}} - \left(\frac{\partial \mathfrak{L}}{\partial \dot{\mathbf{q}}}\right)^T \frac{\partial \dot{\mathbf{q}}}{\partial \mathbf{q}} = -\frac{\partial \mathfrak{L}}{\partial \mathbf{q}} = -\dot{\mathbf{p}}, \tag{1.1.6}$$

以及

$$\frac{\partial \mathcal{H}}{\partial \mathbf{p}} = \dot{\mathbf{q}} + \mathbf{p}^T \frac{\partial \dot{\mathbf{q}}}{\partial \mathbf{q}} - \left(\frac{\partial \mathfrak{L}}{\partial \dot{\mathbf{q}}}\right)^T \frac{\partial \dot{\mathbf{q}}}{\partial \mathbf{q}} = \dot{\mathbf{q}}. \tag{1.1.7}$$

综合式 (1.1.4), (1.1.6) 和 (1.1.7) 即得

$$\begin{cases} \dot{\mathbf{q}} = \dfrac{\partial \mathcal{H}}{\partial \mathbf{p}}, \\ \dot{\mathbf{p}} = -\dfrac{\partial \mathcal{H}}{\partial \mathbf{q}}. \end{cases} \tag{1.1.8}$$

这就是经典 Hamilton 正则方程.

关于经典 Hamilton 系统, 还可以进行如下逆向思考. 当能量函数 $\mathcal{H} = \mathcal{H}(\mathbf{q}, \mathbf{p})$ 满足什么条件时, 它不会随时间变化呢? 即, 何时有等式

$$\frac{\mathrm{d}\mathcal{H}}{\mathrm{d}t} = \frac{\partial \mathcal{H}}{\partial \mathbf{q}} \dot{\mathbf{q}} + \frac{\partial \mathcal{H}}{\partial \mathbf{p}} \dot{\mathbf{p}} = 0$$

成立呢? 很显然, 若选取

$$\dot{\mathbf{q}} = \frac{\partial \mathcal{H}}{\partial \mathbf{p}}, \ \dot{\mathbf{p}} = -\frac{\partial \mathcal{H}}{\partial \mathbf{q}},$$

则等式成立. 这也许就是当时 Hamilton 引进经典 Hamilton 系统时的原始想法.

注 1.1.1 函数 $\mathcal{H}$ 关于 $\mathbf{p}, \mathbf{q}$ 的偏导数也叫 Gateaux 方向导数, 是经典方向导数的推广. 令 $f = f(\mathrm{q}, \mathrm{p})$, 则 f 关于 p 和 q 的 Gateaux 方向导数的定义为

$$f'_{\mathrm{p}}(\mathrm{p}, \mathrm{q}; d) = \lim_{t \to 0} \frac{f(\mathrm{p} + td, \mathrm{q}) - f(\mathrm{p}, \mathrm{q})}{t}, \tag{1.1.9}$$

$$f'_{\mathrm{q}}(\mathrm{p}, \mathrm{q}; d) = \lim_{t \to 0} \frac{f(\mathrm{p}, \mathrm{q} + td) - f(\mathrm{p}, \mathrm{q})}{t}, \tag{1.1.10}$$

其中 $d \in \mathbb{R}^n$ 是任意向量. 例如,

$$f(\mathrm{p}, \dot{\mathbf{q}}) = \mathrm{p}^T \cdot \dot{\mathbf{q}} = (\mathrm{p}, \dot{\mathbf{q}}),$$

其中 $(\cdot, \cdot)$ 是实内积, 则 f 关于 p 的 Gateaux 方向导数为

$$\begin{aligned} f'_{\mathrm{p}}(\mathrm{p}, \dot{\mathbf{q}}; d) &= \lim_{t \to 0} \frac{f(\mathrm{p} + td, \dot{\mathbf{q}}) - f(\mathrm{p}, \dot{\mathbf{q}})}{t} \\ &= (d, \dot{\mathbf{q}}) \\ &= (\dot{\mathbf{q}}, d). \end{aligned}$$

于是 f 关于 $\mathbf{p}$ 的偏导数 $\frac{\partial f}{\partial \mathbf{p}} = \dot{\mathbf{q}}$. 其他偏导数的运算完全类似.

引入向量 $Z = \begin{bmatrix} \mathbf{q} & \mathbf{p} \end{bmatrix}$, 其中

$$\mathbf{q} = \begin{bmatrix} q_1(t) & \cdots & q_n(t) \end{bmatrix}, \ \mathbf{p} = \begin{bmatrix} p_1(t) & \cdots & p_n(t) \end{bmatrix},$$

则经典 Hamilton 正则方程还可写成

$$\frac{\mathrm{d}Z}{\mathrm{d}t} = J_{2n} \cdot \nabla \mathcal{H}, \tag{1.1.11}$$

其中 $J_{2n} = \begin{bmatrix} 0 & I_n \\ -I_n & 0 \end{bmatrix}$ 称为辛度量矩阵, 该矩阵具有性质

$$J_{2n} = -J_{2n}^{-1} = -J_{2n}^{T},$$

符号 $\nabla \mathcal{H}$ 表示 $\mathcal{H}$ 的梯度向量, 式 (1.1.11) 也称为 Hamilton 系统的辛形式. 系统 (1.1.8) 有如下两个重要性质.

性质 1.1.1 (能量守恒定理) Hamilton 系统是能量守恒的, 即 $\frac{\mathrm{d}\mathcal{H}}{\mathrm{d}t} = 0$.

证明 根据求导链式法则有

$$\begin{aligned} \frac{\mathrm{d}\mathcal{H}}{\mathrm{d}t} &= \frac{\partial \mathcal{H}}{\partial \mathbf{q}}\dot{\mathbf{q}} + \frac{\partial \mathcal{H}}{\partial \mathbf{p}}\dot{\mathbf{p}} \\ &= -\dot{\mathbf{p}}\dot{\mathbf{q}} + \dot{\mathbf{q}}\dot{\mathbf{p}} \\ &= 0. \end{aligned}$$

结论证毕. ▮

性质 1.1.2 (Liouville 定理) 设 Hamilton 函数 $\mathcal{H} = \mathcal{H}(\mathbf{q}, \mathbf{p})$ 是光滑的, Hamilton 向量场为

$$\vec{F} = \begin{bmatrix} \dot{\mathbf{q}} & \dot{\mathbf{p}} \end{bmatrix} = \begin{bmatrix} \frac{\partial \mathcal{H}}{\partial \mathbf{p}} & -\frac{\partial \mathcal{H}}{\partial \mathbf{q}} \end{bmatrix},$$

则在 Hamilton 相流下, 相空间的体积保持不变, 即向量场 $\vec{F}$ 的散度 $div\vec{F} = 0$.

证明 根据散度定义和光滑函数的混合偏导运算可交换性

$$
\begin{aligned}
div\vec{F} &= \frac{\partial \dot{\mathbf{q}}}{\partial \mathbf{q}} + \frac{\partial \dot{\mathbf{p}}}{\partial \mathbf{p}} \\
&= \frac{\partial}{\partial \mathbf{q}}\left(\frac{\partial \mathcal{H}}{\partial \mathbf{p}}\right) - \frac{\partial}{\partial \mathbf{p}}\left(\frac{\partial \mathcal{H}}{\partial \mathbf{q}}\right) \\
&= 0.
\end{aligned}
$$

结论证毕. ∎

1.1.2 Hamilton 系统与 Newton 二体运动方程

Hamilton 原理的思想与方法应用到光学与力学之后, Hamilton 猜测 Hamilton 原理还有其他方面的应用. 然而, Newton 二体运动方程与 Hamilton 正则系统的紧密联系, 开辟了 Hamilton 正则系统在天体力学领域的重要应用. 被称为 "太空宪法" 的 Kepler 三定律可以通过极坐标下的 Newton 二体运动方程

$$
\begin{cases}
\ddot{\mathbf{r}} - \mathbf{r}\dot{\theta}^2 = -\dfrac{k^2}{\mathbf{r}^2}, \\
2\dot{\mathbf{r}}\dot{\theta} + \mathbf{r}\ddot{\theta} = 0
\end{cases}
\tag{1.1.12}
$$

验证其正确性, 其中 $\dot{\mathbf{r}}, \ddot{\mathbf{r}}$ 分别表示 $\mathbf{r} = \mathbf{r}(t)$ 的一阶导数和二阶导数, 即, Kepler 三定律蕴含在 Newton 二体运动方程中. 另一方面, 分别选取 $\mathbf{r}, \theta$ 的对偶变量

$$
R = \dot{\mathbf{r}}, \Theta = \mathbf{r}^2\dot{\theta},
$$

则极坐标下的 Newton 二体运动方程的 Hamilton 能量函数为

$$
\mathcal{H} = \frac{1}{2}\left(R^2 + \frac{\Theta^2}{\mathbf{r}^2}\right) - \frac{k}{\mathbf{r}}.
$$

此时, Newton 二体运动方程可化为如下 Hamilton 正则系统

$$
\frac{\mathrm{d}}{\mathrm{d}t}\begin{bmatrix} \mathbf{r} \\ \theta \\ R \\ \Theta \end{bmatrix} = \begin{bmatrix} 0 & 0 & 1 & 0 \\ 0 & 0 & 0 & 1 \\ -1 & 0 & 0 & 0 \\ 0 & -1 & 0 & 0 \end{bmatrix} \begin{bmatrix} \dfrac{\partial \mathcal{H}}{\partial \mathbf{r}} \\ \dfrac{\partial \mathcal{H}}{\partial \theta} \\ \dfrac{\partial \mathcal{H}}{\partial R} \\ \dfrac{\partial \mathcal{H}}{\partial \Theta} \end{bmatrix}. \tag{1.1.13}
$$

考虑系统 (1.1.13) 的第三个方程得

$$
\begin{aligned}
\ddot{\mathbf{r}} = \dot{R} &= -\frac{\partial \mathcal{H}}{\partial \mathbf{r}} \\
&= -\frac{k^2}{\mathbf{r}^2} + \frac{\Theta^2}{\mathbf{r}^3} \\
&= -\frac{k^2}{\mathbf{r}^2} + \mathbf{r}\dot{\theta}^2,
\end{aligned}
$$

即,

$$
\ddot{\mathbf{r}} - \mathbf{r}\dot{\theta}^2 = -\frac{k^2}{\mathbf{r}^2}.
$$

这说明, Newton 二体运动方程的第一个方程含在 Hamilton 正则系统 (1.1.13) 中. 同理, 考虑系统 (1.1.13) 的第四个方程得

$$
\dot{\Theta} = -\frac{\partial \mathcal{H}}{\partial \theta} = 0,
$$

从而

$$
\begin{aligned}
\dot{\Theta} &= \frac{\mathrm{d}}{\mathrm{d}t}(\mathbf{r}^2\dot{\theta}) \\
&= 2\dot{\mathbf{r}}\dot{\theta} + \mathbf{r}\ddot{\theta} = 0,
\end{aligned}
$$

即, Newton 二体运动方程的第二个方程也含在 Hamilton 正则系统 (1.1.13) 中. 于是, Newton 二体运动方程含在 Hamilton 正则系统 (1.1.13) 中.

如果在系统 (1.1.8) 中选取能量函数 $\mathcal{H}$ 为

$$
\mathcal{H} = \frac{1}{2}Z^T S Z,
$$

其中 $Z = Z(t) \in \mathbb{R}^{2n}, t \in \mathbb{R}$, $S(t) = \begin{bmatrix} C(t) & -A(t)^T \\ -A(t) & -B(t) \end{bmatrix}$ 是自伴矩阵函数, 即, $A(t), B(t), C(t) \in \mathbb{R}^{n\times n}$ 且满足 $B(t)^T = B(t), C(t)^T = C(t)$, 则计算关于 $\mathtt{p}, \mathtt{q}$ 的 Gateaux 方向导数得

$$\begin{aligned}\frac{\partial \mathcal{H}}{\partial \mathtt{p}} &= C(t)\mathtt{q} - A(t)^T\mathtt{p}, \\ \frac{\partial \mathcal{H}}{\partial \mathtt{q}} &= -A(t)\mathtt{q} - B(t)\mathtt{p},\end{aligned}$$

从而, 得到线性 Hamilton 系统 (见 [2])

$$\dot{Z} = \begin{bmatrix} \dot{\mathtt{q}} \\ \dot{\mathtt{p}} \end{bmatrix} = \begin{bmatrix} A(t) & B(t) \\ C(t) & -A(t)^T \end{bmatrix} Z, \tag{1.1.14}$$

其中系数矩阵 $H(t)$ 是有界可测实矩阵值函数且对任意的 $t \in \mathbb{R}$ 满足

$$(J_{2n}H)(t)^T = J_{2n}H(t),$$

其中 $J_{2n} = \begin{bmatrix} 0 & I_n \\ -I_n & 0 \end{bmatrix}$. 矩阵 $H(t) = \begin{bmatrix} A(t) & B(t) \\ C(t) & -A(t)^T \end{bmatrix}$ 称为 Hamilton 矩阵. Hamilton 矩阵在控制论以及微分方程求解领域中具有应用.

例 1.1.1 所谓线性二次型调节器问题是寻找控制 $\mathbf{u}(t) : [0, \tau] \to \mathbb{R}^m$ 使得

$$L_{\mathbf{x}_0}(\mathbf{x}(t), \mathbf{u}(t)) = (\mathbf{x}(t), S\mathbf{x}(t)) + \int_0^\tau [(\mathbf{x}(t), G(t)\mathbf{x}(t)) + (\mathbf{u}(t), R(t)\mathbf{u}(t))]\mathrm{d}t \tag{1.1.15}$$

取得最小值,其中 $\tau \in (0, \infty]$, S 是对称半正定矩阵, $G(t), R(t)$ 是有界连续矩阵值函数且对任意的 $t \in \mathbb{R}$ 有 $G^T(t) = G(t) \geqslant 0, R(t)^T = R(t) > 0$, $\mathbf{x}(t)$ 满足线性控制问题

$$\begin{cases} \dot{\mathbf{x}}(t) = A(t)\mathbf{x}(t) + B(t)\mathbf{u}_0,\ \mathbf{x}(t) \in \mathbb{R}^n, \mathbf{u}_0 \in \mathbb{R}^m, \\ \mathbf{x}(0) = \mathbf{x}_0, \end{cases} \tag{1.1.16}$$

其中 $A(t) \in \mathbb{R}^{n\times n}, B(t) \in \mathbb{R}^{n\times m}$ 是给定的有界连续矩阵值函数. 由 Pontryagin 极大值原理 (见 [2]) 可知, 使得式 (1.1.15) 取得最小值的 $\mathbf{u}(t)$ 必将使 Hamilton

泛函

$$\mathcal{H}(t,\mathbf{x},\mathbf{y},\mathbf{u}) = (\mathbf{y}, A(t)\mathbf{x}(t)+B(t)\mathbf{u}(t)) - \frac{1}{2}[(\mathbf{x}(t),G(t)\mathbf{x}(t)) + (\mathbf{u}(t),R(t)\mathbf{u}(t))] \tag{1.1.17}$$

取得最大值, 于是有

$$\mathbf{u}(t) = R^{-1}(t)B^T(t)\mathbf{y},$$

再考虑 Hamilton 系统

$$\begin{cases} \dot{\mathbf{x}} = \dfrac{\partial \mathcal{H}}{\partial \mathbf{y}}, \\ \dot{\mathbf{y}} = -\dfrac{\partial \mathcal{H}}{\partial \mathbf{x}}, \end{cases}$$

得线性 Hamilton 系统为

$$\dot{\mathbf{z}} = \begin{bmatrix} A(t) & B(t)R^{-1}(t)B(t)^T \\ G(t) & -A(t)^T \end{bmatrix} \mathbf{z}, \tag{1.1.18}$$

其中 $\mathbf{z} = \begin{bmatrix} \mathbf{x} & \mathbf{y} \end{bmatrix}^T$. 当系统 (1.1.16) 满足标准的可控制性和可观测性条件时, 存在负定对称矩阵 $M(t) \in \mathbb{R}^n$ 使得

$$\mathbf{z} = \begin{bmatrix} \mathbf{x} \\ M(t)\mathbf{x} \end{bmatrix},$$

即

$$\mathbf{u}(t) = R^{-1}(t)B(t)^T M(t)\mathbf{x}$$

就是二次型调节器问题 (1.1.15) 的唯一解.

1.2 线性无穷维 Hamilton 正则系统与无穷维 Hamilton 算子

无穷维 Hamilton 系统的研究对象是连续介质问题, 在数学物理、孤立子理论、力学及工程技术中有着广泛的应用. 无穷维 Hamilton 系统的一

般概念是在 Magri[11, 12], Vinogradov[13], Kupershmidt[14] 和 Manin[15] 等人 1978—1980 年间的工作中首次出现的. 在此基础上, Gel'fand 和 Dorfman[16], Olver[17, 18, 19, 20, 21], Kosmann-Schwarzbach[22] 等人对其做了进一步的研究. 关于无穷维 Hamilton 系统方面的详细论述, 可参见 [3] 和 [20].

将方程组 (1.1.11) 推广到一般的无穷维 Hilbert 空间 $X \times X$ 中, 就得到如下的无穷维 Hamilton 正则系统.

定义 1.2.1 称如下发展型方程（组）为无穷维 Hamilton 正则系统

$$\dot{u} = J^{-1}\frac{\delta \mathcal{H}}{\delta u},$$

其中 $J = \begin{bmatrix} 0 & I \\ -I & 0 \end{bmatrix}$, $\frac{\delta \mathcal{H}}{\delta u}$ 为变分导数, $\mathcal{H}$ 为 Hamilton 泛函.

由 Vainberg 定理[23] 和定义 1.2.1 知, 线性无穷维 Hamilton 系统可以简化为如下变量分离的形式.

定义 1.2.2 设 X 为 Hilbert 空间, $H : \mathscr{D}(H) \subseteq X \times X \to X \times X$ 是线性算子, 若 H 满足

$$H = \begin{bmatrix} A & B \\ C & -A^* \end{bmatrix},$$

其中 $B = B^*, C = C^*$, 则称发展型方程（组）

$$\dot{U} = HU$$

为线性 Hamilton 正则系统, 并称 H 为无穷维 Hamilton 算子.

注 1.2.1 把有限维 Hamilton 正则系统推广到无穷维 Hamilton 正则系统的简单解释: 把有限维空间 $\mathbb{R}^n$ 换成无穷维 Hilbert 空间 X, 把矩阵的转置换成线性算子的共轭运算, 把矩阵的对称性换成线性算子的自共轭性, 则可得到无穷维 Hamilton 算子.

无穷维 Hamilton 算子在最优控制理论中也有着广泛的应用. 在无穷维系统的最优控制理论中, 许多问题的求解都归结为如下代数 Riccati 方程的平

稳解[24]

$$(Az_1, \Pi z_2) + (\Pi z_1, Az_2) + (z_1, Wz_2) - (z_1, Sz_2) = 0,\ z_1,\ z_2 \in \mathscr{D}(A), \quad (1.2.1)$$

其中 A 是 Hilbert 空间 X 中的稠定闭线性算子, $S \in \mathcal{B}(U, X)$, $W \in \mathcal{B}(U, Y)$, S 和 W 都是自伴算子, U 和 Y 都是 Hilbert 空间.

文 [24] 中指出, 自伴算子 $\Pi \in \mathcal{B}(X)$ 为 Riccati 方程 (1.2.1) 的解的充要条件是 $\Pi\mathscr{D}(A) \subseteq \mathscr{D}(A^*)$ 且

$$H\left[\begin{pmatrix} X \\ \Pi X \end{pmatrix} \bigcap \mathscr{D}(H)\right] \subseteq \begin{bmatrix} X \\ \Pi X \end{bmatrix},$$

即 $\mathscr{R}\begin{bmatrix} I \\ \Pi \end{bmatrix}$ 是 H 的不变子空间, 其中

$$H = \begin{bmatrix} A & -S \\ -W & -A^* \end{bmatrix}$$

就是无穷维 Hamilton 算子. 因此, 代数 Riccati 方程的求解和无穷维 Hamilton 算子的不变子空间之间有着深刻的联系. Langer 等学者在 [25] 中对如下代数 Riccati 方程

$$A^*\Pi + \Pi A + Q - \Pi D \Pi = 0,\ Q \geqslant 0, D \geqslant 0 \quad (1.2.2)$$

的解进行了讨论, 在一定条件下通过给出无穷维 Hamilton 算子

$$H = \begin{bmatrix} A & -D \\ -Q & -A^* \end{bmatrix}$$

不变子空间的角算子表示, 证明了该角算子是有界自伴算子, 从而满足 Riccati 方程 (1.2.2).

注 1.2.2 无穷维 Hamilton 系统解的性质和系统的适定性等问题均可用无穷维 Hamilton 算子的性质进行刻画. 从定义知, 无穷维 Hamilton 算子一般是无

界的非自伴算子矩阵, 它具有如下结构特性: (I) 主对角元分别为稠定闭线性算子 A 和它的共轭 A^*, 并且相差一个负号; (II) 斜对角元都是自共轭算子. 对于与无穷维 Hamilton 算子有关的一些问题 (例如, 谱分布与完备性问题) 的研究, 若能够充分地利用这些特性, 则必会得到无穷维 Hamilton 算子所特有的一些结论; 但是, 这些特性也给与无穷维 Hamilton 算子相关的另一些问题 (例如谱扰动) 的研究带来了困难, 如何解决相关问题是相当有意义的.

1.3 Hamilton 正则系统与矩阵多元多项式的带余除法

多元多项式带余除法[31] 在吴方法中起着非常重要的作用, 吴方法的数学基础之一就是多元多项式带余除法. [33] 对多元多项式带余除法的算法也从不同角度进行了研究. 若把吴方法推广到矩阵多元多项式中, 首先就应有矩阵多元多项式带余除法的算法及其实现. [36] 将多元多项式的带余除法推广到了矩阵情形, 提出了矩阵多元多项式的带余除法, 并用这些很好地解决了化常系数偏微分方程 (组) 为无穷维 Hamilton 系统的问题, 但都是手工计算, 没有用程序实现; [34, 35] 将矩阵多元多项式带余除法应用在构造一类偏微分方程组的通解中. 鉴于此, 本节介绍矩阵多元多项式的带余除法及其应用.

基于 [36] 中定理 1 的构造性证明, 在 1.3.1 节中我们给出了矩阵多元多项式带余除法的算法, 并在计算机代数系统 Mathematica[37, 38] 上具体实现了这一算法, 形成了矩阵多元多项式带余除法软件包; 在此基础上进一步实现了它在无穷维 Hamilton 系统反问题中的应用, 这部分的实现在一定程度上为从事 Hamilton 力学研究的工作者提供了一个好工具, 使他们能从烦琐的计算中解脱出来, 节省了大量时间. 作为软件包的进一步应用, 在 §1.4 和 §1.5 中, 分别给出了二元矩阵多项式的首一分解和代数情形的多元多项式组特征列的矩阵求法.

1.3.1 矩阵多元多项式的带余除法

矩阵多元多项式, 又称多变量多项式矩阵, 下面给出它的确切定义.

定义 1.3.1 设 $p=(a_{ij})_{l\times m}$ 为 l 行 m 列矩阵, 其中 $a_{ij}\in p[x_1,x_2,\cdots,x_n]$ ($p[x_1,x_2,\cdots,x_n]$ 是 n 元多项式环), 称 p 为矩阵 n 元多项式.

定义 1.3.2 $p=(a_{ij})_{l\times m}$ 中 a_{ij} 实际出现的具有最大下标的变元, 称为矩阵 n 元多项式的主变元, 记为 x_k, 主变元的最高次幂, 称为矩阵 n 元多项式关于主变元的幂, 记为 $d_{x_k}p$.

定义 1.3.3 矩阵 n 元多项式 p 总可以写为如下形式

$$p=(a_{ij})_{l\times m}=\sum_{s=0}^{d_{x_k}p}p_s x_k^s,$$

其中 x_k 是 p 的主变元, $p_s=(a_{ij}^s)$, $a_{ij}^s\in p[x_1,x_2,\cdots,x_{k-1},x_{k+1},\cdots,x_n]$, 我们称 $p_{d_{x_k}p}$ 为 p 的初式, 记为 I_p.

定理 1.3.1 设 A,B 是矩阵多元多项式, 则存在唯一的最小非负整数 α 和 $n(n\leqslant\alpha)$ 及矩阵多元多项式 $Q_i(i=1,2,\cdots,n)$ 和 R 使得

$$I_B^{\alpha}A=\sum_{i=0}^{n}I_B^iBQ_i+R \tag{1.3.1}$$

成立, 其中 $d_{x_k}R<d_{x_k}B$, 或者 $R=0$.

证明 设 $B=\sum\limits_{l=0}^{s}B_lx_k^l$, $B_l=(b_{ij}^l)$, $b_{ij}^l\in p[x_1,x_2,\cdots,x_{k-1}]$ 且 $A=\sum\limits_{l=0}^{m}A_lx_k^l$, $A_l=(a_{ij}^l)$, $a_{ij}^l\in p[x_1,x_2,\cdots,x_{k-1},x_{k+1},\cdots,x_n]$. 不妨设 $m\geqslant s$, 则有

$$I_B^{\alpha_1}A=B\widetilde{Q_1}+R_1, \tag{1.3.2}$$

其中 $m_1=d_{x_k}R_1<m$ 且 $\alpha_1\in\{0,1\}$ 是使得 (1.3.2) 成立的最小非负整数.

事实上, 可通过以下过程机械化地找到 $\widetilde{Q_1}$ 和 α_1.

[第一步] 判断是否存在 Q_1 使得 $A_m=I_BQ_1$. 若存在, 则取 $\widetilde{Q_1}=Q_1x_k^{m-s}$, $\alpha_1=0$ 即可. 若不存在, 转第二步.

[第二步] 检查是否存在 Q_1 和 Q_2, $Q_2\in\mathcal{X}\triangleq\{Q|I_BQ=0\}$ 使得 $A_m=I_BQ_1+B_{s-1}Q_2$, 若存在, 则取 $\widetilde{Q_1}=I_BQ_1x_k^{m-s}+B_{s-1}Q_2x_k^{m-s+1}$, $\alpha_1=0$ 即可, 若不存在, 转第三步.

[第三步] 检查是否存在 Q_1, Q_2 和 $Q_3, Q_3 \in \mathcal{X}, Q_2 \in \mathcal{Y} \triangleq \{Q | I_B Q + Q_3 B_{s-1} = 0, Q_3 \in \mathcal{X}\}$ 使得 $A_m = I_B Q_1 + B_{s-1} Q_2 + B_{s-2} Q_3$, 若存在, 则取 $\widetilde{Q_1} = I_B Q_1 x_k^{m-s} + B_{s-1} Q_2 x_k^{m-s+1} + Q_3 x_k^{m-s+2}, \alpha_1 = 0$ 即可, 若不存在, 转下一步.

按以上方法依次做下去直到 $Q_1, Q_2, \cdots, Q_{s+1}$, 若都不存在, 则取 $\widetilde{Q_1} = A_m x_k^{m-s}$, $\alpha_1 = 1$ 即可.

如果 $m_1 < s$ 或者 $R_1 = 0$, 则引理成立. 若 $m_1 \geqslant s$, 则用 R_1 代替 A, 重复上面的步骤可得

$$I_B^{\alpha_2} R_1 = B\widetilde{Q_2} + R_2, \tag{1.3.3}$$

其中 $m_2 = d_{x_k} R_2 < m_1$ 且 $\alpha_2 \in \{0, 1\}$ 是使得 (1.3.3) 成立的最小非负整数, 并且 $\widetilde{Q_2}$ 和 α_2 被唯一确定. 由 (1.3.2) 和 (1.3.3) 可得:

$$I_B^{\alpha_1+\alpha_2} A = I_B^{\alpha_2} B\widetilde{Q_1} + B\widetilde{Q_2} + R_2.$$

当 $m_2 < s$ 或者 $R_2 = 0$ 时, 引理成立. 若 $m_2 \geqslant s$, 则用 R_2 代替 A, 重复上面的步骤, 照此做下去, 依次可得矩阵多元多项式

$$R_1, R_2, \cdots, R_i,$$

由于每做一次使幂次至少降低一次, 从而有

$$m > m_1 > \cdots > m_i,$$

因此必存在某一个 R_i 使得 $d_{x_k} R_i < s$ 或者 $R_i = 0$. 证毕. ▌

推论 1.3.1 当 I_B 为满秩数矩阵时, 定理 1.3.1 中的 (1.3.1) 可变为

$$A = BQ + R. \tag{1.3.4}$$

注 1.3.1 若记 $B_1 = \sum\limits_{i=0}^{n} I_B^i, Q_1 = \sum\limits_{i=0}^{n} Q_i, R_1 = R$, 则定理 1.3.1 中的式 (1.3.1) 可写为

$$I_B^{\alpha} A = B_1 B Q_1 + R_1, \tag{1.3.5}$$

其中 $d_{x_k} R_1 < d_{x_k} B$, 或者 $R_1 = 0$.

算法描述

这里记 $s=d_{x_k}B,\alpha=\{\},QS=\{\}$, 符号 $:=$ 和 $=$ 分别表示赋值和等于的含义.

算法一 DWR$[A,B,x_k]$: 任给矩阵多项式 $A_{p\times q}$ 和 $B_{p\times p}$, 本算法输出以 x_k 为主变元的矩阵多元多项式 A 除以 B 的带余除法.

(D1) $m:=d_{x_k}A$; 若 $m<s$, 则 $R:=A$, 执行 (D4); 否则, 执行 (D2).

(D2) 调用算法二 (对应的程序段记为 MQuet[ ]);

$k:=$MQuet$[R,B,x_k]$;

若 $k=$ False, 则 $R:=I_BA-BA_mx_k^m$; 将 1 有序地追加到表 α 中元素的后面;

否则 $R:=A-Bk$; 将 $0,k$ 分别有序地追加到表 α,QS 中元素的后面;

(D3) $A:=R$; 转 (D1);

(D4) 输出矩阵多元多项式的带余除法.

据引理 1.3.1 的证明可知上面的算法可在有限步内终止.

算法二 MQuet$[R,B,x_k]$: 计算矩阵多项式 R 和 B 相除时每一步的商式, 若能除尽, 则返回其商, 否则返回逻辑值 False.

(M1) 若存在 Q, 使得 $A_m=I_BQ$, 则返回 Q.

否则, 若不存在 $Q_2\in\mathcal{X}\triangleq\{Q|I_BQ=0\}$, 则执行 (M2); 若存在 Q_2, 则检查是否存在 Q_1, 使得 $A_m=I_BQ_1+B_{s-1}Q_2$, 若存在 Q_1, 则 $Q:=Q_1x_k^{m-s}+Q_2x_k^{m-s+1}$, 返回 Q. 否则检查是否存在 $Q_2\in\{Q|I_BQ+B_{s-1}Q_3=0,Q_3\in\mathcal{X}\}$, 若不存在, 则转 (M2); 否则检查是否存在 Q_1', 使得 $A_m=I_BQ_1'+B_{s-1}Q_2+B_{s-2}Q_3$, 若存在 Q_1'(为叙述简洁, 仍记为 Q_1), 则 $Q:=Q_1x_k^{m-s}+Q_2x_k^{m-s+1}+Q_3x_k^{m-s+2}$, 返回 Q; 这样依次进行下去直到 $Q_1,Q_2,\cdots,Q_{s+1}$, 若都不存在, 则转 (M2); 否则返回 Q.

(M2) 返回 False.

算法二的功能是寻求形如式 (1.3.2) 中的 $\widetilde{Q_1}$ 或式 (1.3.3) 中的 $\widetilde{Q_2}$, 由引理 1.3.1 的证明知该算法可在有限步内终止.

1.3.2 矩阵多元多项式带余除法软件包

从算法的描述知, 该算法可在计算机代数系统中实现. 但由于矩阵多元多项式的系数在一般情况下是符号多项式矩阵 (矩阵多元多项式), 因此算法的程序实现就比较复杂, 经反复调试最终在 Mathematica 系统中实现了该算法, 主要解决了以下问题:

一、矩阵多元多项式在计算机中的存储

由于多元多项式前面的系数也是多项式, 是同类的, 而矩阵多元多项式前面的系数是矩阵, 不是同类的, 故矩阵多元多项式在计算机中不能像多元多项式那样输入就可以做多项式运算, 这里我们采取下面的存储方法, 实现了类似的功能, 具有使用方便、效率较高的特点. 现描述如下:

[输入] 矩阵多元多项式 $A=(a_{ij})_{l\times m}$ 和主变元 y.

[输出] 矩阵多元多项式的系数表 C.

[第一步] 对 A 的每行按列的顺序取出元素 a_{ij}, 分离出以 y 为主变元的多项式 a_{ij} 的系数表 t_{ij}, 并且将每一个系数表 t_{ij} 扩充成与最长系数表等长的表. 在扩充时, 短系数表对应的较高幂部分用 0 补充. 然后, 以 t_{ij} 为行向量做成一个新矩阵 T.

[第二步] 依次取出矩阵 T 的每一列 t_k, 并将 t_k 以 m 个元素为一段, 共分为 l 段, 依次作为矩阵 C_k 的行向量, 这样就得到了 y^k 的系数 C_k, 重复该过程 d_yA 次. 然后将 C_k 依次存放在一个表 C 中, 并返回 C.

二、矩阵方程 $A_{m\times m}v=b_{m\times 1}$ 的求解问题 (其中 A,b 为矩阵多元多项式)

在 §1.3.1 中, 算法二的核心归结为符号矩阵方程的求解, 因此这部分实现的有效性就显得非常重要. 在 Mathematica 系统中方程 $Av=b$ 有时可解, 但一般情况下给出的不是矩阵多元多项式解. 令 $v=(v_1,v_2,\cdots,v_m)^T$, 由于 $v_i(i-1,2,\cdots,m)$ 在 A 和 b 中不出现, 故 $Av=b$ 可看作关于变元 v 的线性方程组, 为得到矩阵多元多项式通解, 我们采取如下做法:

[第一步] $B:=(A|b)$, 用伪带余除法结合高斯消元法将 B 化成上三角形矩阵 B_0;

[第二步] 从 B_0 得到矩阵多元多项式通解 v;

[第三步] 验证 v 是否满足 $Av = b$.

实践证明这样实现更有效, 程序执行的速度也比较快.

下面给出软件包的程序说明: 该 Mathematica 软件包的主程序为 DWR $[A, B, x]$, 它的功能是输出矩阵多元多项式 $A_{p\times q}$ 按主变元 x 除以 $B_{p\times p}$ 的带余除法形式. 该主程序具有对输入数据的检查功能, 当输入数据无误时, 它才调用其他子程序进行计算.

1.3.3 软件包在无穷维 Hamilton 系统反问题中的应用

矩阵多元多项式带余除法软件包是通用程序, 可以直接调用, 即将在很多领域中发挥重要作用. 本节仅以其在无穷维 Hamilton 系统反问题中的应用作为示范. 物理中已发现的许多问题[39, 40] 都可以转化为无穷维 Hamilton 系统, 但往往计算比较复杂, 尤其是对复杂的系统手工计算很难实现, [36] 将矩阵多元多项式的带余除法应用在无穷维 Hamilton 系统的反问题中, 但都是手工计算, 这里给出其程序实现的方法.

用 x 代替 $\frac{\partial}{\partial x}$, 同样用 y 代替 $\frac{\partial}{\partial x}$, y^n 代替 $\frac{\partial^n}{\partial x^n}$, 从而可将一类微分多项式变为多项式, 矩阵微分算子变为矩阵多元多项式. 由定义 1.2.2 知, 无穷维 Hamilton 正则系统对应的矩阵多元多项式可设为

$$x \times I_{2n} - H,$$

其中 I_{2n} 表示 $2n$ 阶单位数矩阵,

$$H = \begin{bmatrix} a_{11} & \cdots & a_{1n} & b_{11} & \cdots & b_{1n} \\ \vdots & & \vdots & \vdots & & \vdots \\ a_{n1} & \cdots & a_{nn} & b_{n1} & \cdots & b_{nn} \\ c_{11} & \cdots & c_{1n} & -d_{11} & \cdots & -d_{1n} \\ \vdots & & \vdots & \vdots & & \vdots \\ c_{n1} & \cdots & c_{nn} & -d_{n1} & \cdots & -d_{nn} \end{bmatrix},$$

$a_{ij}, b_{ij}, c_{ij}, d_{ij}$ 都是待定的多项式, 并且满足 $b_{ij} = b^*_{ji}, c_{ij} = c^*_{ji}, d_{ij} = a^*_{ji}$.

将矩阵微分多项式 (微分多项式) 化为矩阵多项式后, 若主变元 x 的幂为 $2m$, 则将被除式设为 $2m$ 阶方阵; 若主变元 x 的幂为 $2m+1$, 则将被除式设为 $2(m+1)$ 阶方阵. 现假设转化后的矩阵多项式关于主变元 x 的幂为 $2m$, 于是待定的无穷维 Hamilton 正则系统对应的矩阵多元多项式 $x\times I-H$(如上文所示) 应为 $2m$ 阶方阵, 简记为 B. 由于 B 的初式为单位矩阵, 因此调用软件包可以得到形如 $A=BQ+R$ 的形式, 无穷维 Hamilton 系统的反问题是指当 $R=0$ 时, 求解 B 的参数所满足的条件, 同时将微分方程 (组) 转化为无穷维 Hamilton 系统.

程序流程如下:

[第一步] 调用软件包得到 $A=BQ+R$.

[第二步] 求解方程 $R=0$, 得到矩阵多项式解 S.

[第三步] 将 B 中的参数用 S 中相应的解替换 (替换后记为 $\widetilde{B}$), 因此 $A=\widetilde{B}\widetilde{Q}$.

由于方程 $R=0$ 一般是非线性的, 从理论上讲可用吴方法求解. 但对于具体的 R 而言, 常常是运用计算机代数系统和人工干预相结合的方式进行求解.

下面举三个具体的例子来说明软件包的应用. 对于 [36] 中的一些例子将会在 §1.4 进行计算.

例 1.3.1 考虑量子力学中自由粒子的平面波满足的 Schrödinger 方程[41]

$$\mathtt{i}\hbar\frac{\partial\varphi(r,t)}{\partial t}=-\frac{\hbar^2}{2m}\nabla^2\varphi(r,t),$$

其中 $\hbar$ 是 Planck 常数, $\varphi(r,t)$ 为自由粒子的平面波函数. 若记 $e=-\frac{\hbar}{2m}\mathtt{i}$, 则上述方程可写为

$$\left(\frac{\partial}{\partial t}+e\frac{\partial^2}{\partial x^2}+e\frac{\partial^2}{\partial y^2}+e\frac{\partial^2}{\partial z^2}\right)\varphi(r,t)=0. \tag{1.3.6}$$

设 (1.3.6) 对应的矩阵多元多项式 $A=\begin{bmatrix}0\\ t+ex^2+ey^2+ez^2\end{bmatrix}$, 待定的 Hamilton 系

统对应的矩阵多项式 $B=\begin{bmatrix} x-a_{11} & -b_{11} \\ -c_{11} & x+d_{11} \end{bmatrix}$, 调用软件包 DWR$[A,B,x]$ 得到:

$$\begin{bmatrix} 0 \\ t+ex^2+ey^2+ez^2 \end{bmatrix}=\begin{bmatrix} x-a_{11} & -b_{11} \\ -c_{11} & x+d_{11} \end{bmatrix}\begin{bmatrix} e\,b_{11} \\ -e\,d_{11}+ex \end{bmatrix}+\begin{bmatrix} e\,b_{11}(a_{11}-d_{11}) \\ e\,b_{11}c_{11}+e\,d_{11}^2+t+ey^2+ez^2 \end{bmatrix}.$$

令余式等于零, 即:

$$\begin{cases} b_{11}(a_{11}-d_{11})=0, \\ e\,b_{11}c_{11}+d_{11}^2+t+ey^2+ez^2=0, \end{cases}$$

它有无穷多解. 特别地, 令 $a_{11}=d_{11}=d_{11}^*=0$, 得到 $-c_{11}b_{11}=\frac{1}{e}t+(y^2+z^2)$, 由于还要求 $c_{11}=c_{11}^*$, $b_{11}=b_{11}^*$, 故 c_{11} 和 b_{11} 中至少有一个为常数, 不妨设 $c_{11}=-1$, 则 $b_{11}=\frac{1}{e}t+(y^2+z^2)$, 于是方程 (1.3.6) 有如下的 Hamilton 正则表示形式:

$$\frac{\partial}{\partial x}\begin{bmatrix} u \\ v \end{bmatrix}=\begin{bmatrix} 0 & \frac{1}{e}\frac{\partial}{\partial t}+\frac{\partial^2}{\partial y^2}+\frac{\partial^2}{\partial z^2} \\ -1 & 0 \end{bmatrix}\begin{bmatrix} u \\ v \end{bmatrix},$$

其中 $u=\frac{\partial\varphi}{\partial t}+e\frac{\partial^2\varphi}{\partial y^2}+e\frac{\partial^2\varphi}{\partial z^2}$, $v=e\frac{\partial\varphi}{\partial x}$; 还可以得到如下的微分算子的因式分解:

$$\begin{bmatrix} 0 \\ \frac{\partial}{\partial t}+e\nabla^2 \end{bmatrix}=\begin{bmatrix} \frac{\partial}{\partial x} & -\frac{1}{e}\frac{\partial}{\partial t}-\frac{\partial^2}{\partial y^2}-\frac{\partial^2}{\partial z^2} \\ 1 & \frac{\partial}{\partial x} \end{bmatrix}\begin{bmatrix} \frac{\partial}{\partial t}+e\left(\frac{\partial^2}{\partial y^2}+\frac{\partial^2}{\partial z^2}\right) \\ e\frac{\partial}{\partial x} \end{bmatrix}.$$

例 1.3.2 真空中的 Maxwell 方程组[42] 为

$$\begin{cases} \varepsilon_0\mu_0\frac{\partial E}{\partial t}-rotB=-\mu_0 j, \\ \frac{\partial B}{\partial t}+rotE=0, \end{cases}$$

其中 $B=(B_x,B_y,B_z)$ 为电磁场强度, $E=(E_x,E_y,E_z)$ 为电场强度, $j=(j_x,j_y,j_z)$ 为电流密度, ε_0,μ_0 为非零常数, $rotF$ 代表 F 的旋度.

记 $u=\varepsilon_0\mu_0$, 令 $U=(E_x,E_y,E_z,B_x,B_y,B_z)^T$, 则 Maxwell 方程组可写为如下形式

$$MU=N,$$

其中

$$M=\begin{bmatrix} u\dfrac{\partial}{\partial t} & 0 & 0 & 0 & \dfrac{\partial}{\partial z} & -\dfrac{\partial}{\partial y} \\ 0 & u\dfrac{\partial}{\partial t} & 0 & -\dfrac{\partial}{\partial z} & 0 & \dfrac{\partial}{\partial x} \\ 0 & 0 & u\dfrac{\partial}{\partial t} & \dfrac{\partial}{\partial y} & -\dfrac{\partial}{\partial x} & 0 \\ 0 & -\dfrac{\partial}{\partial z} & \dfrac{\partial}{\partial y} & \dfrac{\partial}{\partial t} & 0 & 0 \\ \dfrac{\partial}{\partial z} & 0 & -\dfrac{\partial}{\partial x} & 0 & \dfrac{\partial}{\partial t} & 0 \\ -\dfrac{\partial}{\partial y} & \dfrac{\partial}{\partial x} & 0 & 0 & 0 & \dfrac{\partial}{\partial t} \end{bmatrix},\ N=-\mu_0(j_x,j_y,j_z,0,0,0)^T.$$

设 M 对应的矩阵多元多项式

$$A=\begin{bmatrix} ut & 0 & 0 & 0 & z & -y \\ 0 & ut & 0 & -z & 0 & x \\ 0 & 0 & ut & y & -x & 0 \\ 0 & -z & y & t & 0 & 0 \\ z & 0 & -x & 0 & t & 0 \\ -y & x & 0 & 0 & 0 & t \end{bmatrix},$$

待定的 Hamilton 系统对应的矩阵多项式

$$B=\begin{bmatrix} -a11+t & -a12 & -a13 & -b11 & -b12 & -b13 \\ -a21 & -a22+t & -a23 & -b21 & -b22 & -b23 \\ -a31 & -a32 & -a33+t & -b31 & -b32 & -b33 \\ -c11 & -c12 & -c13 & a11+t & a21 & a31 \\ -c21 & -c22 & -c23 & a12 & a22+t & a32 \\ -c31 & -c32 & -c33 & a13 & a23 & a33+t \end{bmatrix},$$

选择 t 为主变元, 调用软件包 $\mathrm{DWR}[A,B,t]$ 得到:

$$
\begin{bmatrix}
u\,t & 0 & 0 & 0 & z & -y \\
0 & u\,t & 0 & -z & 0 & x \\
0 & 0 & ut & y & -x & 0 \\
0 & -z & y & t & 0 & 0 \\
z & 0 & -x & 0 & t & 0 \\
-y & x & 0 & 0 & 0 & t
\end{bmatrix}
$$

$$
= \begin{bmatrix}
-a11+t & -a12 & -a13 & -b11 & -b12 & -b13 \\
-a21 & -a22+t & -a23 & -b21 & -b22 & -b23 \\
-a31 & -a32 & -a33+t & -b31 & -b32 & -b33 \\
-c11 & -c12 & -c13 & a11+t & a21 & a31 \\
-c21 & -c22 & -c23 & a12 & a22+t & a32 \\
-c31 & -c32 & -c33 & a13 & a23 & a33+t
\end{bmatrix}
\begin{bmatrix}
u\,0\,0\,0\,0\,0 \\
0\,u\,0\,0\,0\,0 \\
0\,0\,u\,0\,0\,0 \\
0\,0\,0\,1\,0\,0 \\
0\,0\,0\,0\,1\,0 \\
0\,0\,0\,0\,0\,1
\end{bmatrix}
$$

$$
+ \begin{bmatrix}
u\,a11 & u\,a12 & u\,a13 & b11 & b12+z & b13-y \\
u\,a21 & u\,a22 & u\,a23 & b21-z & b22 & b23+x \\
u\,a31 & u\,a32 & u\,a33 & b31+y & b32-x & b33 \\
u\,c11 & u\,c12-z & u\,c13+y & -a11 & -a21 & -a31 \\
u\,c21+z & u\,c22 & u\,c23-x & -a12 & -a22 & -a32 \\
u\,c31-y & u\,c32+x & u\,c33 & -a13 & -a23 & -a33
\end{bmatrix}.
$$

显然, 余式等于零当且仅当 $a11=0$, $a12=0$, $a13=0$, $a21=0$, $a22=0$, $a23=0$, $a31=0$, $a32=0$, $a33=0$, $b11=0$, $b12=-z$, $b13=y$, $b21=z$, $b22=0$, $b23=-x$, $b31=-y$, $b32=x$, $b33=0$, $c11=0$, $c12=z/u$, $c13=-y/u$, $c21=-z/u$, $c22=0$, $c23=x/u$, $c31=y/u$, $c32=-x/u$, $c33=0$. 于是 Maxwell 方程有如下的 Hamilton 正则表示形式:

$$
\frac{\partial V}{\partial t}=\begin{bmatrix}
0 & 0 & 0 & 0 & -\frac{\partial}{\partial z} & \frac{\partial}{\partial y} \\
0 & 0 & 0 & \frac{\partial}{\partial z} & 0 & -\frac{\partial}{\partial x} \\
0 & 0 & 0 & -\frac{\partial}{\partial y} & \frac{\partial}{\partial x} & 0 \\
0 & \frac{\partial}{\partial z} & -\frac{\partial}{\partial y} & 0 & 0 & 0 \\
-\frac{\partial}{\partial z} & 0 & \frac{\partial}{\partial x} & 0 & 0 & 0 \\
\frac{\partial}{\partial y} & -\frac{\partial}{\partial x} & 0 & 0 & 0 & 0
\end{bmatrix} V+N,
$$

其中$V=(u\,E_x,u\,E_y,u\,E_z,B_x,B_y,B_z)^T$, $N=-\mu_0(j_x,j_y,j_z,0,0,0)^T$.

例 1.3.3 考虑如下的波动方程

$$
\frac{\partial^2 u}{\partial t^2}=\frac{\partial^2 u}{\partial x^2}. \tag{1.3.7}
$$

设 (1.3.7) 对应的矩阵多元多项式 $A=\begin{bmatrix} t^2-x^2 \\ 0 \end{bmatrix}$, 待定的 Hamilton 系统对应的矩阵多项式为 $B=\begin{bmatrix} t-a11 & -b11 \\ -c11 & t+d11 \end{bmatrix}$, 调用软件包 DWR[$A,B,t$] 得到:

$$
\begin{bmatrix} t^2-x^2 \\ 0 \end{bmatrix}=\begin{bmatrix} t-a11 & -b11 \\ -c11 & t+d11 \end{bmatrix}\begin{bmatrix} a11+t \\ c11 \end{bmatrix}+\begin{bmatrix} a11^2+b11c11-x^2 \\ c11(a11-d11) \end{bmatrix}.
$$

余式等于零可归结为以下两种情况:

(1) $c11=0$, $a11=\pm x$. 特别地, 设 $b11=\sum_{i=0}^k b_i x^{2i}$ 为关于 x 的偶次多项式. 由于 $d11=a11^*$ 知 $d11=\mp x$, 于是得到方程 (1.3.7) 具有如下的 Hamilton 正则表示:

$$
\frac{\partial}{\partial t}\begin{bmatrix} v_1 \\ v_2 \end{bmatrix}=\begin{bmatrix} \pm\frac{\partial}{\partial x} & \sum_{i=0}^{k} b_i\frac{\partial^{2i}}{\partial x^{2i}} \\ 0 & \pm\frac{\partial}{\partial x} \end{bmatrix}\begin{bmatrix} v_1 \\ v_2 \end{bmatrix},
$$

其中 $v_1=\mp\frac{\partial u}{\partial x}+\frac{\partial u}{\partial t}, v_2=0$.

(2) $a11 = d11 = a11^*$ 且 $a11^2 + b11c11 = x^2$. 假设 $b11 \neq 0, c11 \neq 0$ (否则是情形 (1) 的特例), 从而 $b11 = \frac{1}{c11}(x^2 - a11^2)$, 于是方程 (1.3.7) 有无穷多个 Hamilton 正则表示. 特别地, 当 $c11 = 1$, $a11 = \sum_{i=0}^{m} a_i x^{2i}$ 时, 有:

$$\frac{\partial}{\partial t}\begin{bmatrix} v_1 \\ v_2 \end{bmatrix} = \begin{bmatrix} \sum_{i=0}^{m} a_i \frac{\partial^{2i}}{\partial x^{2i}} & -\hat{a}_0 + (1-\hat{a}_1)\frac{\partial^2}{\partial x^2} - \sum_{j=2}^{2m} \hat{a}_j \frac{\partial^{2j}}{\partial x^{2j}} \\ 1 & -\sum_{i=0}^{m} a_i \frac{\partial^{2i}}{\partial x^{2i}} \end{bmatrix} \begin{bmatrix} v_1 \\ v_2 \end{bmatrix},$$

其中 $v_1 = \frac{\partial u}{\partial t} + \sum_{i=0}^{m} a_i \frac{\partial^{2i}}{\partial x^{2i}}$, $v_2 = u$; $\hat{a}_j$ $(0 \leqslant j \leqslant m)$ 可由 $a11$ 的系数表示, $\hat{a}_0 = a_0^2$, $\hat{a}_1 = 2a_0a_1, \hat{a}_2 = a_1^2 + 2a_0a_2, \hat{a}_3 = 2a_0a_3 + 2a_1a_2, \hat{a}_4 = a_2^2 + 2a_0a_4 + 2a_1a_3, \cdots$.

当 $c11 = x^2$, $a11 = \sum_{i=1}^{m} a_i x^{2i}$ 时, 有:

$$\frac{\partial}{\partial t}\begin{bmatrix} v_1 \\ v_2 \end{bmatrix} = \begin{bmatrix} \sum_{i=1}^{m} a_i \frac{\partial^{2i}}{\partial x^{2i}} & (1-\hat{a}_1) - \sum_{j=1}^{2(m-1)} \tilde{a}_j \frac{\partial^{2j}}{\partial x^{2j}} \\ \frac{\partial^2}{\partial x^2} & -\sum_{i=1}^{m} a_i \frac{\partial^{2i}}{\partial x^{2i}} \end{bmatrix} \begin{bmatrix} v_1 \\ v_2 \end{bmatrix},$$

其中 $v_1 = \frac{\partial u}{\partial t} + \sum_{i=1}^{m} a_i \frac{\partial^{2i}}{\partial x^{2i}}$, $v_2 = \frac{\partial^2 u}{\partial x^2}$; $\tilde{a}_j$ $(1 \leqslant j \leqslant m-1)$ 可由 $a11$ 的系数表示, $\tilde{a}_1 = a_1^2, \tilde{a}_2 = 2a_1a_2, \tilde{a}_3 = a_2^2 + 2a_1a_3, \tilde{a}_4 = 2a_1a_4 + 2a_2a_3, \tilde{a}_5 = a_3^2 + 2a_2a_4, \cdots$.

1.4 二元矩阵多项式的首一分解

在 1.3.3 节中, 通过将常系数偏微分方程 (组) 转化为矩阵多元多项式, 用首一的一次矩阵多元多项式作除式, 将偏微分方程 (组) 化成了无穷维 Hamilton 系统, 同时也得到了矩阵多项式的一类首一分解. 本节将这种方法进行了推广, 给出了二元矩阵多项式首一分解的具体方法 (从理论上讲, 这种方法可以推广到 n 元矩阵多项式首一分解上), 它也是矩阵多元多项式带余除法软件包的具体应用. 作为一次首一分解情形, 这种方法可以应用到无穷维 Hamilton 系统的反问题中, 下文中举例验证了方法的有效性.

定义 1.4.1 设 A 为 $l \times m$ 矩阵 n 元多项式, B 是与 A 具有相同主变元且 $I_B = I_l$ 的 $l \times l$ 矩阵 n 元多项式, 若存在矩阵多项式 Q 使得 $A = BQ$, 则称 A 被首一分解, 并称 B 是 A 的一个 (左) 首一因子.

1.4.1 二元矩阵多项式首一分解的具体方法

设 $A = A_n x^n + \cdots + A_1 x + A_0$ 是一个主变元为 x 的 $l \times m$ 二元矩阵多项式, 其中 $A_k = (a_{ij}^k)_{l \times m}$, $a_{ij}^k \in K[y]$ ($K[y]$ 为复数域上变元 y 的一元多项式环), $k = 1, \cdots, n$, $A_n \neq 0$, 则 A 的首一分解具体方法如下.

据定义 1.4.1, A 的首一因子可能有一次的, 二次的, $\cdots$, n 次的, 因此必须从一次到 n 次依次寻找. 具体步骤如下:

[第一步] 除式 B 的设计

令 $B = I_l x^s + B_{s-1} x^{s-1} + \cdots + B_1 x + B_0$, 其中 $B_k = (b_{ij}^k)$ 是 $l \times l$ 矩阵多项式, $b_{ij}^k \in K[y], k = 0, 1, \cdots, s$. 令 s 从 1 到 n 依次变动, 对于每个特定的 s 执行第二步和第三步.

[第二步] 用 A 除以 B, 以 x 为主变元. 据推论 1.3.1 有:

$$A = BQ + R,$$

转第三步.

[第三步] 求解方程 $R = 0$. 若无解, 则转第一步; 否则可以进一步求出 B 和 Q, 从而得到 A 的一个首一分解再转第一步.

由于 A 是给定的, 故 A 关于主变元 x 的次数是有限数, 因此经有限步之后该过程必终止. 有时, 对于具体的 R 而言, 第三步可以多次调用第二步, 也可以得到 $R = 0$ 的一些条件, 如例 1.4.1.

例 1.4.1 $A = \begin{bmatrix} 0 \\ 2x^2 + xy + 2y^2 \end{bmatrix} = \begin{bmatrix} 0 \\ 2 \end{bmatrix} x^2 + \begin{bmatrix} 0 \\ y \end{bmatrix} x + \begin{bmatrix} 0 \\ 2y^2 \end{bmatrix}$.

首先, 考虑 A 的一次首一分解, 故设 B 为:

$$B = \begin{bmatrix} 1 & 0 \\ 0 & 1 \end{bmatrix} x + \begin{bmatrix} c_{11} & c_{12} \\ c_{21} & c_{22} \end{bmatrix},$$

由矩阵多元多项式的带余除法软件包可以得到:

$$\begin{bmatrix} 0 \\ 2x^2+xy+2y^2 \end{bmatrix} = \begin{bmatrix} c_{11}+x & c_{12} \\ c_{21} & c_{22}+x \end{bmatrix} \begin{bmatrix} -2c_{12} \\ -2c_{22}+2x+y \end{bmatrix} + \begin{bmatrix} c_{12}(2c_{11}+2c_{22}-y) \\ 2c_{12}c_{21}+2c_{22}^2-c_{22}y+2y^2 \end{bmatrix},$$

若要求 $R=0$, 第一种情况为: $c_{12}=0$, $2c_{22}^2-c_{22}y+2y^2=0$, 即 $c_{22}=\frac{1}{4}(y\pm\sqrt{15}y\mathrm{i})$, 代入上式得到:

$$\begin{bmatrix} 0 \\ 2x^2+xy+2y^2 \end{bmatrix} = \begin{bmatrix} c_{11}+x & 0 \\ c_{21} & x+\frac{1}{4}(y\pm\sqrt{15}y\mathrm{i}) \end{bmatrix} \begin{bmatrix} 0 \\ 2x+\frac{1}{2}(y\mp\sqrt{15}y\mathrm{i}) \end{bmatrix}.$$

分析上式可得当 $c_{11}=\frac{1}{4}(y\mp\sqrt{15}y\mathrm{i})$ 时, 它对应着方程

$$2\frac{\partial^2 u}{\partial x^2}+\frac{\partial^2 u}{\partial x\partial y}+2\frac{\partial^2 u}{\partial y^2}=0$$

的无穷多个 Hamilton 系统. 第二种情况为: $2c_{11}+2c_{22}-y=0$, 即 $c_{22}=\frac{y}{2}-c_{11}$, 且 $c_{11}=\frac{1}{4}y\pm\triangle$, 其中 $\triangle=\frac{1}{4}\sqrt{-16c_{12}c_{21}-15y^2}$, 故有如下形式的首一分解:

$$\begin{bmatrix} 0 \\ 2x^2+xy+2y^2 \end{bmatrix} = \begin{bmatrix} x+\frac{1}{4}y\pm\triangle & c_{12} \\ c_{21} & x+\frac{1}{4}y\mp\triangle \end{bmatrix} \begin{bmatrix} -2c_{12} \\ 2x+\frac{1}{2}y\pm 2\triangle \end{bmatrix}.$$

分析上面结果可得当 $\triangle$ (将 $\triangle$ 中的变元 y 视为 $\frac{\partial}{\partial y}$) 是自伴算子时, 上式对应着方程

$$2\frac{\partial^2 u}{\partial x^2}+\frac{\partial^2 u}{\partial x\partial y}+2\frac{\partial^2 u}{\partial y^2}=0$$

的无穷多个无穷维 Hamilton 系统. 特别地, 令 $\triangle=0$, 可得到 $c_{12}c_{21}=-\frac{15}{16}y^2$, 若再令 $c_{12}=\frac{1}{2}, c_{21}=-\frac{15}{8}y^2$, 有:

$$\begin{bmatrix} 0 \\ 2x^2+xy+2y^2 \end{bmatrix} = \begin{bmatrix} x+\frac{1}{4}y & \frac{1}{2} \\ -\frac{15}{8}y^2 & x+\frac{1}{4}y \end{bmatrix} \begin{bmatrix} -1 \\ 2x+\frac{1}{2}y \end{bmatrix} + \begin{bmatrix} 0 \\ 0 \end{bmatrix},$$

与 [36] 中的结果一致. 但以上结果比 [36] 中的结果更丰富, 并且我们得到方程 $2\frac{\partial^2 u}{\partial x^2}+\frac{\partial^2 u}{\partial x\partial y}+2\frac{\partial^2 u}{\partial y^2}=0$ 只能具有如上两类 Hamilton 形式.

其次, 考虑 A 的二次首一分解, 于是令 B 为如下形式:

$$B=\begin{bmatrix}1 & 0\\ 0 & 1\end{bmatrix}x^2+\begin{bmatrix}b_{11} & b_{12}\\ b_{21} & b_{22}\end{bmatrix}x+\begin{bmatrix}c_{11} & c_{12}\\ c_{21} & c_{22}\end{bmatrix},$$

调用矩阵多元多项式的带余除法软件包得到:

$$\begin{bmatrix}0\\ 2x^2+xy+2y^2\end{bmatrix}=\begin{bmatrix}c_{11}+b_{11}x+x^2 & c_{12}+b_{12}x\\ c_{21}+b_{21}x & c_{22}+b_{22}x+x^2\end{bmatrix}\begin{bmatrix}0\\ 2\end{bmatrix}+\begin{bmatrix}-2(c_{12}+b_{12}x)\\ -2c_{22}-2b_{22}x+y(x+2y)\end{bmatrix},$$

要使 $R=0$, 则当且仅当

$$\begin{cases}c_{12}=-b_{12}x,\\ c_{22}=-b_{22}x+y^2+\frac{1}{2}xy,\end{cases}$$

由于 $c_{12}\in K[y]$, 根据 $c_{12}=-b_{12}x$ 知 $c_{12}=b_{12}=0$, 令 $c_{22}:=-b_{22}x+y^2+\frac{1}{2}xy$, 再由矩阵多元多项式的带余除法得到:

$$\begin{bmatrix}0\\ 2x^2+xy+2y^2\end{bmatrix}=\begin{bmatrix}c_{11}+b_{11}x+x^2 & 0\\ c_{21}+b_{21}x & x^2+\frac{1}{2}xy+y^2\end{bmatrix}\begin{bmatrix}0\\ 2\end{bmatrix},$$

上式给出了 A 的二次首一分解的一般形式.

在例 1.4.1 中出现的 b_{ij},c_{ij} 都属于 $K[y]$. 由类似于例 1.4.1 的讨论知, A 不可能有首一的一次和二次分解, 即矩阵多元多项式 A 在此意义下不可能因式分解. 有趣的是, 若将 A 加上一个零行, 就可以因式分解, 见下例.

例 1.4.2 设

$$A=\begin{bmatrix}x & y & 0\\ 0 & x & y\\ x^2+y^2 & 0 & x^2+y^2\\ 0 & 0 & 0\end{bmatrix}=\begin{bmatrix}0&0&0\\0&0&0\\1&0&1\\0&0&0\end{bmatrix}x^2+\begin{bmatrix}1&0&0\\0&1&0\\0&0&0\\0&0&0\end{bmatrix}x+\begin{bmatrix}0&y&0\\0&0&y\\y^2&0&y^2\\0&0&0\end{bmatrix}.$$

类似于例 1.4.1 讨论 A 的一次首一分解, 其中有这样一步:

$$\begin{bmatrix} x & y & 0 \\ 0 & x & y \\ x^2+y^2 & 0 & x^2+y^2 \\ 0 & 0 & 0 \end{bmatrix} = \begin{bmatrix} x & y & c_{13} & c_{14} \\ -y & x & c_{23} & c_{24} \\ 0 & 0 & c_{33}+x & c_{34} \\ 0 & 0 & c_{43} & -c_{33}+x \end{bmatrix} \begin{bmatrix} 1-c_{33} & 0 & -c_{13} \\ -c_{23} & 1 & -c_{23} \\ -c_{33}+x & 0 & -c_{33}+x \\ -c_{43} & 0 & -c_{43} \end{bmatrix}$$

$$+\begin{bmatrix} c_{13}c_{33}+c_{14}c_{43}+c_{23}y & 0 & c_{13}c_{33}+c_{14}c_{43}+c_{23}y \\ c_{23}c_{33}+c_{24}c_{43}+y-c_{13}y & 0 & c_{23}c_{33}+c_{24}c_{43}+y-c_{13}y \\ {c_{33}}^2+c_{34}c_{43}+y^2 & 0 & {c_{33}}^2+c_{34}c_{43}+y^2 \\ 0 & 0 & 0 \end{bmatrix},$$

要使 $R=0$, 则当且仅当

$$\begin{cases} c_{13}c_{33}+c_{14}c_{43}+c_{23}y=0, \\ c_{23}c_{33}+c_{24}c_{43}+y-c_{13}y=0, \\ c_{33}^2+c_{34}c_{43}+y^2=0, \end{cases}$$

从而得 $c_{14}=\frac{c_{34}(c_{23}y+c_{33}c_{13})}{c_{33}^2+y^2}, c_{13}=\frac{c_{23}c_{33}+c_{24}c_{43}+y}{y}$, 但我们要求 c_{14}, c_{13} 是关于变元 y 的多项式, 从上式可以看出, 它们有无穷多种形式. 若要使 A 的首一分解成为 Hamilton 系统, 则必须要求 $c_{33}=0, c_{43}=y, c_{34}=-y$, 再由矩阵多元多项式的带余除法得到:

$$\begin{bmatrix} x & y & 0 \\ 0 & x & y \\ x^2+y^2 & 0 & x^2+y^2 \\ 0 & 0 & 0 \end{bmatrix} = \begin{bmatrix} x & y & c_{13} & c_{14} \\ -y & x & c_{23} & c_{24} \\ 0 & 0 & x & -y \\ 0 & 0 & y & x \end{bmatrix} \begin{bmatrix} 1-c_{33} & 0 & -c_{13} \\ -c_{23} & 1 & -c_{23} \\ x & 0 & x \\ -y & 0 & -y \end{bmatrix}$$

$$+\begin{bmatrix} (c_{14}+c_{23})y & 0 & (c_{14}+c_{23}y) \\ (1-c_{13}+c_{24})y & 0 & (1-c_{13}+c_{24})y \\ 0 & 0 & 0 \\ 0 & 0 & 0 \end{bmatrix},$$

但 Hamilton 系统还要求 $c_{14}=c_{23}$, 故必须 $c_{14}=c_{23}=0, c_{24}=-1+c_{13}$,

于是:

$$\begin{bmatrix} x & y & 0 \\ 0 & x & y \\ x^2+y^2 & 0 & x^2+y^2 \\ 0 & 0 & 0 \end{bmatrix} = \begin{bmatrix} x & y & c_{13} & 0 \\ -y & x & 0 & -1+c_{13} \\ 0 & 0 & x & -y \\ 0 & 0 & y & x \end{bmatrix} \begin{bmatrix} 1-c_{33} & 0 & -c_{13} \\ 0 & 1 & 0 \\ x & 0 & x \\ -y & 0 & -y \end{bmatrix}.$$

这与 [36] 中的结果一致, 进一步可知上式给出了二维弹性力学方程组相应的无穷维 Hamilton 系统的所有形式.

下面令 $B = I_4x^2 + B_1x + B_0$, 其中 $B_1 = (b_{ij})_{4\times4}, B_0 = (c_{ij})_{4\times4}$. 考虑 A 的二次首一分解, 由矩阵多元多项式的带余除法知:

$$\begin{aligned} &\begin{bmatrix} x & y & 0 \\ 0 & x & y \\ x^2+y^2 & 0 & x^2+y^2 \\ 0 & 0 & 0 \end{bmatrix} \\ =&\begin{bmatrix} c_{11}+b_{11}x+x^2 & c_{12}+b_{12}x & c_{13}+b_{13}x & c_{14}+b_{14}x \\ c_{21}+b_{21}x & c_{22}+b_{22}x+x^2 & c_{23}+b_{23}x & c_{24}+b_{24}x \\ c_{31}+b_{31}x & c_{32}+b_{32}x & c_{33}+b_{33}x+x^2 & c_{34}+b_{34}x \\ c_{41}+b_{41}x & c_{42}+b_{42}x & c_{43}+b_{43}x & c_{44}+b_{44}x+x^2 \end{bmatrix} \begin{bmatrix} 0 & 0 & 0 \\ 0 & 0 & 0 \\ 1 & 0 & 1 \\ 0 & 0 & 0 \end{bmatrix} \\ &+ \begin{bmatrix} -c_{13}+x-b_{13}x & y & -c_{13}-b_{13}x \\ -c_{23}-b_{23}x & x & -c_{23}-b_{23}x+y \\ -c_{33}-b_{33}x+y^2 & 0 & -c_{33}-b_{33}x+y^2 \\ -c_{43}-b_{43}x & 0 & -c_{43}-b_{43}x \end{bmatrix}. \end{aligned}$$

从而可以看出, A 不可能有二次的首一分解, 因为余式 R 对应的特征列是矛盾的.

1.5 多项式组特征列的矩阵求法

吴文俊先生倡导的数学机械化事业取得了举世瞩目的成绩, 具有重要意义的吴方法已闻名于世. 吴方法的主体是求多项式组的特征列[31], 即吴整序原理, 对此已有许多具体的实现程序, 中科院数学与系统科学研究院数学机械化研究中心的数学机械化自动推理平台中也提供了程序包 charset(). 本节利用矩阵多元多项式带余除法软件包给出了代数情形的多项式组特征列的一种新求法, 并举例验证了这种方法的有效性. 从例子中我们可以看到这种方法可以得到和程序包 charset() 不同的特征列, 而且有时比 charset() 的计算结果还简单.

我们的想法是将多项式组看作矩阵多项式, 即从整体上进行考虑.

1.5.1 基于矩阵多元多项式带余除法的余式公式

以下设 $A=\{a_1,\cdots,a_r\}$ 为升列, 其中 $a_i=a(u,x_1,x_2,\cdots,x_i), i=1,2,\cdots,r$. 记 $B_i=\mathrm{diag}(a_i,a_i,\cdots,a_i)_{n\times n}$, 下面给出多项式组 $P=\{p_1,p_2,\cdots,p_n\}$ 对 A 求余的余式公式. 为此, 将 P 写成矩阵形式 $\mathrm{diag}(p_1,p_2,\cdots,p_n)$, 仍记为 P.

首先 P 对 B_r 求余, 据 (1.3.5) 得到

$$I_r^{\alpha_r}P=B_rQ_1+R_1,$$

接着 R_1 对 B_{r-1} 求余, 得

$$I_{r-1}^{\alpha_{r-1}}R_1=B_{r-1}Q_2+R_2,$$

一般地 R_k 对 B_{r-k} 求余, 有

$$I_{r-k}^{\alpha_{r-k}}R_k=B_{r-k}Q_{k+1}+R_{k+1}, \tag{1.5.1}$$

其中 I_{r-k} 表示多项式 a_{r-k} 关于主变元 x_{r-k} 的初式, $k=0,1,\cdots,r-1$; $R_0=P$. 由 (1.5.1) 式, 可得到

$$I_1^{\alpha_1}\cdots I_{r-1}^{\alpha_{r-1}}I_r^{\alpha_r}P=I_1^{\alpha_1}\cdots I_{r-1}^{\alpha_{r-1}}B_rQ_1+I_1^{\alpha_1}\cdots I_{r-2}^{\alpha_{r-2}}B_{r-1}Q_2+\cdots+B_1Q_r+R_r. \tag{1.5.2}$$

称 (1.5.2) 为多项式组 $P=\{p_1,p_2,\cdots,p_n\}$ 对升列 A 求余的矩阵多项式情形的余式公式, 简称余式公式.

注 1.5.1 (1) 公式 (1.5.2) 将 P 作为一个整体来考虑, 实现了 "$1+0=1$" 的效果[31].

(2) 回顾 [31] 的做法, 多项式组 $P=\{p_1,p_2,\cdots,p_n\}$ 对升列 $A=\{a_1,\cdots,a_r\}$ 求余, 应这样进行: P 中的每个多项式都要对 A 求余, 对于 $p_i(i=1,2,\cdots,n)$, 据 [32, p32] 中式 (2.2.4) 有:

$$I_1^{s_{i1}}\cdots I_{r-1}^{s_{i,r-1}}I_r^{s_{ir}}p_i=I_1^{s_{i1}}\cdots I_{r-1}^{s_{i,r-1}}a_r\hat{Q}_1+I_1^{s_{i1}}\cdots I_{r-2}^{s_{i,r-2}}a_{r-1}\hat{Q}_2+\cdots$$
$$+a_1\hat{Q}_r+\hat{R}_r,\ i=1,2,\cdots,n.$$

总共需要做 $n\times r$ 次多元多项式的带余除法, 而公式 (1.5.2) 只需做 r 次矩阵多元多项式的带余除法即可完成. 大家知道, 在多项式组 P 的整序过程中, 升列 A 是从 P 中选择的, 一般情况下, r 都小于 n (除非 P 是它本身的特征列), 换句话说, 利用 (1.5.2) 式计算特征列, 计算量小. 但增加了对于存储空间的需求.

另外, 根据 $s_{ij}(j=1,2,\cdots,r;\ i=1,2,\cdots,n)$ 和 $\alpha_j\ (j=1,2,\cdots,r)$ 的最小性, 容易证明 α_j 为 $s_{1j},s_{2j},\cdots,s_{nj}$ 的最小公倍数 $(j=1,2,\cdots,r)$.

(3) 余式公式 (1.5.2) 的退化情形, 即 $n\times n$ 矩阵多项式 P 和 $B_i(i=1,2,\cdots,r)$ 都退化为多元多项式, 则公式 (1.5.2) 与 [31] 中的余式公式相同. 一定程度上, 将 [31] 中的余式公式推广到了矩阵情形.

1.5.2 多项式组特征列的矩阵求法

下面给出利用一部分中的求余公式计算多项式组 $PS=\{p_1,p_2,\cdots,p_n\}$ 特征列的方法 (这里只给出一种方法). 具体步骤如下:

[第一步] 在 PS 中选取一个基列 BS, 将 PS 写成对角矩阵 P, 以 BS 中每个特定的元素为对角元做成对角矩阵, 这样就得到矩阵多项式基列集 B, 利用 (1.5.2) 让 P 对 B 进行求余, 得余式 R.

[第二步] 将 R 中的非零元添加到 PS 中, 得到新的多项式组 PS_1, 将 PS_1 写成对角矩阵形式 P_1, 由于 BS 是从 PS 中取出的, 故

$$Zero(PS_1)=Zero(PS,BS)=Zero(PS),Zero(P_1)=Zero(P,B)=Zero(P).$$

然后从 PS_1 中选取基列 BS_1, 以 BS_1 每个元素为对角元做成对角矩阵, 得到矩阵多项式基列 B_1, 利用 (1.5.2) 让 P_1 对 B_1 求余, 得余式 R_1.

[第三步] 归纳地重复上述步骤, 对 $i > 1$, 在多项式组 PS_{i-1} 中选取基列 BS_{i-1}, 将 PS_{i-1} 写成对角矩阵 P_{i-1}, 以 BS_{i-1} 中每个特定的元素为对角元做成对角矩阵, 这样就得到矩阵多项式基列 B_{i-1}, 利用 (1.5.2) 让 P_{i-1} 对 B_{i-1} 进行求余, 得余式 R_{i-1}. 将 R_{i-1} 中的非零多项式添加到 PS_{i-1} 中, 得到新的多项式组 PS_i.

由于 PS 给定, 故 PS 作为矩阵多元多项式关于各个变元的幂次有限, 因此经过有限步重复消元之后, 可得多项式组 PS_k 和由它选出的基列 BS_k, 使得 PS_k 从整体上对 BS_k 求余, 余式为零. 若 BS_k 为一非矛盾升列, 则 BS_k 即为 PS 的特征列.

1.5.3 程序包说明

通过调用矩阵多元多项式带余除法软件包, 在 Mathematica 系统下, 已将 1.5.2 部分中求特征列的方法编制成了程序包, 程序包为 SEARCHPS[ps, t]. 其中 ps 是给定的多项式组, t 为变元顺序表, t 中后出现的变元次序高. 该程序包的功能: 计算多项式组 ps 关于变元顺序表 t 的特征列, 并输出结果. “Charset is:” 是结果输出前的提示信息.

下面举例说明方法的有效性. 以下例子在 TOSHIBA Satellite 2410 笔记本, 主频 1.70 GHz, 内存 256 MB, Windows XP Home Edition 操作系统, Mathematica 4.0 环境下完成.

例 1.5.1 p1= x^2-1; p2=y^3*x+3; p3=z^2-y*x; p4=$x-1$;

ps ={p1, p2, p3, p4}; t=$\{x,y,z\}$; SEARCHPS[ps, t]

Charset is:

$\{-1+x, 3+y^2, -y+z^2\}$.

例 1.5.2 p1=$(x^3-1)*(y^2-1)$; p2=$(x^4*z^2-z^3)*(3*x-3)$; p3=y^2-x^2; ps ={p1, p2, p3}; t=$\{x,y,z\}$; SEARCHPS[ps, t]

Charset is:

$\{1 - x^2 - x^3 + x^5, -x^2 + y^2, z^2 - x^2z^2 - x^3z^2 + x^4z^2 - z^3 + xz^3\}$.

例 1.5.3 p1=$y^2 - 1$; p2=$x^4 * z^2 - z^3$; p3=$y^2 - x^2$;

ps ={p1, p2, p3}; t=$\{x, y, z\}$;

SEARCHPS[ps, t]

Charset is:

$\{-1 + x^2, -1 + y^2, z^2 - z^3\}$.

例 1.5.4 p1=$x3 * (x5^2 - (x4 - x1)^2) - 2 * x1 * x5 * (x4 - x1)$; p2=$x3 * (x5^2 - (x4 - x2)^2) - 2 * x2 * x5 * (x4 - x2)$; p3=$x4 - x1 - x2$;

ps ={p1, p2, p3}; t=$\{x3, x4, x5\}$;

SEARCHPS[ps, t]

Charset is:

$\{x1^2x3 - x2^2x3, -x1 - x2 + x4, x1x2x5\}$.

例 1.5.5 p1=$(u1 - x1)^2 - x1^2$; p2=$(u2 - x1)^2 + (u3 - x2)^2 - x1^2 - x2^2$; p3=$(u4 - x1)^2 + (x3 - u2)^2 - x1^2 - x2^2$; p4=$(x3 - x5) * u3 + (u4 - x4) * (u2 - u1)$; p5=$x5 * (u2 - u1) - u3 * (x4 - x1)$; p6=$(x3 - x7) * u3 + (u4 - x6) * u2$; p7=$x7 * u2 - x6 * u3$;

ps ={p1, p2, p3, p4, p5, p6, p7}; t=$\{x1, x2, x3, x4, x5, x6, x7\}$;

SEARCHPS[ps, t]

Charset is:

$\{u1^2 - 2u1x1, -u1u2 + u2^2 + u3^2 - 2u3x2, -u1^4u2^2 + 4u1^3u2^3 - 6u1^2u2^4 + 4u1u2^5 - u2^6 + 2u1^3u2u3^2 - 3u1^2u2^2u3^2 + u2^4u3^2 - u1^2u3^4 + 4u1u2u3^4 + u2^2u3^4 - u3^6 - 4u1^3u3^2u4 + 8u1^2u2u3^2u4 - 4u1u2^2u3^2u4 - 4u1u3^4u4 + 4u1^2u3^2u4^2 - 8u1u2u3^2u4^2 + 4u2^2u3^2u4^2 + 4u3^4u4^2 - 8u1^2u2u3^2x3 + 16u1u2^2u3^2x3 - 8u2^3u3^2x3 - 8u2u3^4x3 + 4u1^2u3^2x3^2 - 8u1u2u3^2x3^2 + 4u2^2u3^2x3^2 + 4u3^4x3^2, -u1u3^2/2 - u1^2u4 + 2u1u2u4 - u2^2u4 + u1u3x3 - u2u3x3 + u1^2x4 - 2u1u2x4 + u2^2x4 + u3^2x4, -u1^2u3^3 + u1u2u3^3 + 2u1u3^3u4 - 2u2u3^3u4 - 2u3^4x3 + 2u1^2u3^2x5 - 4u1u2u3^2x5 + 2u2^2u3^2x5 + 2u3^4x5, u2^2u4 + u2u3x3 - u2^2x6 - u3^2x6, -u1^2u2^2u3^2u4 + 2u1u2^3u3^2u4 - u2^4u3^2u4 - u2^2u3^4u4 -$

$u1^2u2u3^3x3+2u1u2^2u3^3x3-u2^3u3^3x3-u2u3^5x3+u1^2u2^3u3x7-2u1u2^4u3x7+u2^5u3x7+u1^2u2u3^3x7-2u1u2^2u3^3x7+2u2^3u3^3x7+u2u3^5x7\}$.

第二章 无穷维 Hamilton 算子的谱

以应用为目的或以力学等科学中的问题为背景的偏微分方程求解问题的研究, 不仅是传统应用数学和力学的一个最主要的内容, 而且是当代数学和力学中的一个重要组成部分, 是理论与实际应用之间的一座重要桥梁. 然而, 经常见到的情况是, 以实际问题为背景的偏微分方程建立起来了, 求解却非常困难. 值得注意的是, 对于线性系统对应的线性算子而言, 通过线性算子的谱理论, 可以刻画线性算子本身的结构, 进而能够刻画相应方程解的构造. 例如, 通过矩阵的特征值, 可以刻画矩阵的不变子空间、写出它的标准形, 并且彻底弄清楚相应齐次或非齐次方程解的构造. 线性无穷维 Hamilton 正则系统的一般形式为

$$\dot{U} = HU,$$

其中系统对应的线性算子 H 称为无穷维 Hamilton 算子, 它是形如

$$H = \begin{bmatrix} A & B \\ C & -A^* \end{bmatrix} : \mathscr{D}(H) \subseteq X \times X \to X \times X$$

的分块算子矩阵, 其中 X 是无穷维 Hilbert 空间, A 是 X 中的稠定闭线性算子, A^* 是 A 的共轭算子, B, C 是 X 中的自伴算子. 因此, 通过研究无穷维 Hamilton 算子谱理论, 能够刻画线性 Hamilton 正则系统解的构造等. 于是, 从本章开始我们将讨论无穷维 Hamilton 算子的谱理论.

2.1 线性算子的谱

2.1.1 无界线性算子的闭性和可闭性

线性算子的图对于研究无界线性算子的闭性和可闭性至关重要, 这个概念最早是由 von Neumann 提出的.

定义 2.1.1 Hilbert 空间 X 中线性算子 T 的图 $G(T)$ 定义为

$$G(T)=\{<x,Tx>: x\in\mathscr{D}(T)\}.$$

$G(T)$ 是乘积空间 $X\times X$ 中的子集. 其中 $X\times X$ 也是 Hilbert 空间, 其内积定义为

$$(<\varphi_1,\psi_1>,<\varphi_2,\psi_2>)=(\varphi_1,\varphi_2)+(\psi_1,\psi_2).$$

称线性算子 T 为闭算子, 如果它的图 $G(T)$ 是 $X\times X$ 中的闭子集.

那么, 空间 $X\times X$ 中什么样的集合才是某个算子的图呢? 我们有如下结论, 具体证明见 [8].

引理 2.1.1 乘积空间 $X\times X$ 中的子集 G 是一个线性算子 T 的图, 当且仅当 G 是一个线性子空间且满足 $<0,y>\in G$ 可推出 $y=0$.

定理 2.1.1 Hilbert 空间 X 中线性算子 T 为闭算子当且仅当对任意 $\{x_n\}\subset\mathscr{D}(T)$, $x_n\to x$ 及 $Tx_n\to y(n\to\infty)$, 可推出 $x\in\mathscr{D}(T)$ 且 $y=Tx$.

证明 设 $<x,y>\in\overline{G(T)}$, 则存在 $\{x_n\}\subset\mathscr{D}(T)$ 使得当 $n\to\infty$ 时有

$$<x_n,Tx_n>\to<x,y>,$$

于是

$$\|<x_n-x,Tx_n-y>\|^2=\|x_n-x\|^2+\|Tx_n-y\|^2\to 0,$$

从而当 $x_n\to x, Tx_n\to y$, $x\in\mathscr{D}(T)$ 且 $y=Tx$ 时, $<x,y>\in G(T)$, 即 T 是闭算子.

反之, 设 $\{x_n\}\subset\mathscr{D}(T), x_n\to x$ 且 $Tx_n\to y(n\to\infty)$, 则

$$<x_n,Tx_n>\to<x,y>.$$

由于 $G(T)$ 是闭集, 从而 $<x,y>\in G(T)$, 即 $x\in \mathscr{D}(T)$ 且 $y=Tx$. ∎

注 2.1.1 容易证明闭算子的零空间是闭的, 这与有界线性算子零空间的性质类似.

定理 2.1.2 (Banach 闭图像定理) Hilbert 空间 X 中线性算子 T 是一个从 $\mathscr{D}(T)\subset X$ 到 X 的有界线性算子, 那么 T 是闭算子当且仅当 $\mathscr{D}(T)$ 是闭的.

证明 充分性. 设 $\{x_n\}\subset \mathscr{D}(T), x_n\to x, Tx_n\to y$, 由于 $\mathscr{D}(T)$ 是闭的, 故 $x\in \mathscr{D}(T)$. 又因为 T 是连续的, $Tx_n\to Tx$, 于是 $y=Tx$, 即 T 为闭算子.

必要性. 对任意的 $x\in \overline{\mathscr{D}(T)}$, 存在点列 $\{x_n\}\subset \mathscr{D}(T)$ 使得当 $n\to\infty$ 时有 $x_n\to x$. 因为 T 是连续的, $\{Tx_n\}$ 是 Cauchy 列, 因此存在 $y\in X$ 使得 $Tx_n\to y$. 考虑 T 是闭算子, 得知 $x\in \mathscr{D}(T)$ 且 $Tx=y$, 即 $\mathscr{D}(T)$ 是闭的. ∎

定义 2.1.2 设 T_1, T 为 Hilbert 空间 X 中线性算子, 如果 $G(T_1)\supset G(T)$, 则称算子 T_1 为算子 T 的延拓, 记为 $T_1\supset T$. 等价地, $T_1\supset T$ 当且仅当 $\mathscr{D}(T_1)\supset \mathscr{D}(T)$ 且对所有 $x\in \mathscr{D}(T)$ 有 $T_1x=Tx$.

定义 2.1.3 线性算子 T 称为可闭算子, 如果它存在闭延拓. 每个可闭算子都存在最小闭延拓, 称为闭包, 并记为 $\overline{T}$.

定理 2.1.3 Hilbert 空间 X 中线性算子 T 为可闭算子当且仅当对任意 $\{x_n\}\subset \mathscr{D}(T), x_n\to 0$ 及 $Tx_n\to y(n\to\infty)$, 可推出 $y=0$.

证明 设 $<0,y>\in \overline{G(T)}$, 则存在 $\{x_n\}\subset \mathscr{D}(T)$ 使得当 $n\to\infty$ 时有

$$<x_n, Tx_n>\to<0,y>,$$

于是

$$\|<x_n, Tx_n-y>\|^2=\|x_n\|^2+\|Tx_n-y\|^2\to 0,$$

从而 $x_n\to 0, Tx_n\to y$. 根据题设 $y=0$, 即 $\overline{G(T)}$ 是某个算子的图. 由引理 2.1.1 得知 T 可闭.

反之, 设 $\{x_n\}\subset \mathscr{D}(T), x_n\to 0$ 且 $Tx_n\to y(n\to\infty)$, 则

$$<x_n, Tx_n>\to<0,y>.$$

从而 $<0,y>\in \overline{G(T)}$, 由于 T 可闭, $\overline{G(T)}$ 是某个算子的图, 因此 $y=0$. ∎

2.1.2 线性算子谱的定义及分类

量子力学是线性算子谱分析的主要应用领域之一, 特别地, 运用无界自伴算子谱理论可以精确解释量子力学中某些用经典力学无法解释的物理现象. 比如, 从量子力学角度来说, 状态算子的特征值描述的是量子系统的能量级, 换句话说, 通过状态算子的点谱可以刻画量子系统的整个能量级的状态. 于是, 下面我们将分别探讨主对角无穷维 Hamilton 算子、斜对角无穷维 Hamilton 算子、上三角无穷维 Hamilton 算子、非负 Hamilton 算子以及一般无穷维 Hamilton 算子的各种谱的基本性质.

为了研究线性算子的谱理论, 首先提及的概念是线性算子的可逆性. 当线性算子 $T:\mathscr{D}(T)\subset X\to X$ 是单射时可以定义它的逆算子 T^{-1}, 而逆算子 T^{-1} 是否存在以及连续的问题显得格外重要. 一般地, 若 T^{-1} 存在、有界并且定义域为全空间 (即, $\mathcal{R}(T)=X$), 则称 T 可逆. 对有限维空间上的算子 $T-\lambda I$ 而言只有两种可能: 不是单射或者可逆. 当 $T-\lambda I$ 不是单射时, 称复数 λ 为 T 的特征值. 但在无穷维空间中, 情况就十分复杂, 无穷维空间 X 中的算子 $T:\mathscr{D}(T)\subset X\to X$ 不一定只有上述两种可能, 可能还有其他情形.

例 2.1.1 在 Hilbert 空间 $X=\ell^2[1,\infty)$ 上定义右移算子 $S_r:\ell^2\to\ell^2$, 即, 对任意的 $x\in X, x=(\xi_1,\xi_2,\xi_3,\cdots)$, 令

$$y=S_rx,$$

其中 $y=(0,\xi_1,\xi_2,\xi_3,\cdots)$, 则容易证明 S_r 是有界线性算子且满足 $\|S_rx\|^2=\|x\|^2$, 即 $\|S_r\|=1$. 然而, S_r 是单射且不可逆. 事实上, 在 X 中任取 $y=(\eta_1,\eta_2,\eta_3,\cdots),\eta_1\neq 0$, 则容易证明 y 不含于 $\mathcal{R}(S_r)$, 即 S_r 不是满射. 从而, S_r 是单射而不可逆的算子.

鉴于无穷维情形的复杂性, 根据复数 λ 的分类, 下面给出正则点的定义. 以后总假定 X 是无穷维复 Hilbert 空间, I 是 X 上的单位 (恒等) 算子.

定义 2.1.4 设 $\lambda\in\mathbb{C}$, T 是 X 中的稠定线性算子, 如果算子 $T-\lambda I$ 是单射, $(T-\lambda I)^{-1}$ 有界且 $\mathcal{R}(T-\lambda I)=X$, 则称 $\lambda\in\mathbb{C}$ 是 T 的正则点, 所有正则点的集合称为预解集, 记为 $\rho(T)$. 有时称 $\mathcal{R}(T,\lambda)=(T-\lambda I)^{-1}$ 为 T 的预解式.

注 2.1.2 对于一般的线性算子 T 而言, 关于 T 的可逆性, 不同的文献有不同的定义方式, 比如 [8] 和 [43], 我们采用了文献 [43] 中的定义方式. 然而, 对于稠定闭线性算子而言, 上述两个定义方式统一为双射即可.

预解集 $\rho(T)$ 的补集 $\mathbb{C}\backslash\rho(T)$ 称为 T 的谱集, 记为 $\sigma(T)$; 称 $\sup\{|\lambda| : \lambda \in \sigma(T)\}$ 为谱半径, 记为 $r(T)$. 当 $\lambda \in \sigma(T)$ 时, 有如下三种可能:

(i) $T - \lambda I$ 不是单射, 此时称 λ 为 T 的点谱, 点谱的全体记为 $\sigma_p(T)$;

(ii) $T - \lambda I$ 是单射, 但 $\overline{\mathcal{R}(T - \lambda I)} \neq X$, 此时称 λ 为 T 的剩余谱, 剩余谱的全体记为 $\sigma_r(T)$;

(iii) $T - \lambda I$ 是单射, $\overline{\mathcal{R}(T - \lambda I)} = X$ 但是 $\mathcal{R}(T - \lambda I) \neq X$, 此时称 λ 为 T 的连续谱, 连续谱的全体记为 $\sigma_c(T)$.

显然, $\sigma_p(T)$, $\sigma_r(T)$ 和 $\sigma_c(T)$ 是互不相交的集合, 并且

$$\sigma(T) = \sigma_p(T) \cup \sigma_r(T) \cup \sigma_c(T).$$

另外, 当 $\mathcal{R}(T - \lambda I) \neq X$ 时, 称 λ 为 T 的亏谱, 亏谱的全体记为 $\sigma_\delta(T)$.

显然,

$$\sigma_r(T) \cup \sigma_c(T) \subset \sigma_\delta(T)$$

且

$$\sigma(T) = \sigma_p(T) \cup \sigma_\delta(T)$$

成立.

此外, 根据值域的稠定性以及闭性, 对于 X 中稠定闭线性算子 T 的点谱和剩余谱还可以进一步细分:

$$\sigma_{p,1}(T) = \{\lambda \in \sigma_p(T) : \mathcal{R}(T - \lambda I) = X\};$$

$$\sigma_{p,2}(T) = \{\lambda \in \sigma_p(T) : \overline{\mathcal{R}(T - \lambda I)} = X, \mathcal{R}(T - \lambda I) \text{ 不是闭集}\};$$

$$\sigma_{p,3}(T) = \{\lambda \in \sigma_p(T) : \overline{\mathcal{R}(T - \lambda I)} \neq X, \mathcal{R}(T - \lambda I) \text{ 是闭集}\};$$

$$\sigma_{p,4}(T) = \{\lambda \in \sigma_p(T) : \overline{\mathcal{R}(T - \lambda I)} \neq X, \mathcal{R}(T - \lambda I) \text{ 不是闭集}\};$$

$$\sigma_{r,1}(T) = \{\lambda \in \sigma_r(T) : \mathcal{R}(T - \lambda I) \text{ 是闭集}\};$$

$$\sigma_{r,2}(T) = \{\lambda \in \sigma_r(T) : \mathcal{R}(T - \lambda I) \text{ 不是闭集}\}.$$

将点谱和剩余谱进一步细分, 我们可以得到谱和剩余谱之间的一些充分必要条件.

引理 2.1.2 设 T 是 Hilbert 空间 X 中的稠定闭线性算子, 则有

(i) $\lambda \in \sigma_{p,1}(T)$ 当且仅当 $\overline{\lambda} \in \sigma_{r,1}(T^*)$;

(ii) $\lambda \in \sigma_{p,2}(T)$ 当且仅当 $\overline{\lambda} \in \sigma_{r,2}(T^*)$;

(iii) $\lambda \in \sigma_{p,3}(T)$ 当且仅当 $\overline{\lambda} \in \sigma_{p,3}(T^*)$;

(iv) $\lambda \in \sigma_{p,4}(T)$ 当且仅当 $\overline{\lambda} \in \sigma_{p,4}(T^*)$.

证明 (i) 当 $\lambda \in \sigma_{p,1}(T)$ 时, $T-\lambda I$ 不是单射, 故存在 $x \neq 0$ 使得对任意的 $x^* \in \mathscr{D}(T^*)$ 有

$$((T-\lambda I)x, x^*) = (x, (T^*-\overline{\lambda}I)x^*) = 0,$$

故 $\mathcal{R}(T^*-\overline{\lambda}I)$ 不稠密. 又因为 $T-\lambda I$ 是满射, $\mathcal{R}(T-\lambda I)$ 是闭集, 从而 $\mathcal{R}(T^*-\overline{\lambda}I)$ 也是闭集, 下证 $T^*-\overline{\lambda}I$ 是单射. 设

$$(T^*-\overline{\lambda}I)x^* = 0,$$

则对任意的 $x \in \mathscr{D}(T)$ 有

$$(x, (T^*-\overline{\lambda}I)x^*) = ((T-\lambda I)x, x^*) = 0.$$

由于 $\mathcal{R}(T-\lambda I) = X$, 故 $x^* = 0$. 综上所述, $\overline{\lambda} \in \sigma_{r,1}(T^*)$.

反之, 当 $\overline{\lambda} \in \sigma_{r,1}(T^*)$ 时, 由 $\mathcal{R}(T^*-\overline{\lambda}I)$ 是闭集可知 $\mathcal{R}(T-\lambda I)$ 是闭集. 再由 $\mathcal{R}(T^*-\overline{\lambda}I)$ 不稠密可知, 存在 $x \neq 0$ 使得对任意的 $y \in \mathscr{D}(T^*)$ 有

$$(x, (T^*-\overline{\lambda}I)y) = 0,$$

故 $x \in \mathscr{D}(T)$ 且 $((T-\lambda I)x, y) = 0$. 考虑到 $\mathscr{D}(T^*)$ 的稠密性即得 $\lambda \in \sigma_{p,1}(T) \cup \sigma_{p,3}(T)$. 可以断言 $\mathcal{R}(T-\lambda I)$ 稠密. 若不然, 假定存在 $0 \neq x^* \in X$ 使得

$$((T-\lambda I)x, x^*) = 0,$$

则 $x^* \in \mathscr{D}(T^*)$ 且 $(x, (T^*-\overline{\lambda}I)x^*) = 0$, 故 $(T^*-\overline{\lambda}I)x^* = 0$, 这与 $T^*-\overline{\lambda}I$ 是单射矛盾. 于是 $\lambda \in \sigma_{p,1}(T)$.

(ii) 的证明与 (i) 完全类似.

(iii) 当 $\lambda \in \sigma_{p,3}(T)$ 时, 由 $\mathcal{R}(T-\lambda I)$ 是闭集可知 $\mathcal{R}(T^*-\overline{\lambda} I)$ 是闭集. 再令 x 是 λ 所对应的特征向量, 则对任意的 $y \in \mathscr{D}(T^*)$ 有

$$((T-\lambda I)x, y) = (x, (T^*-\overline{\lambda} I)y) = 0.$$

于是 $\mathcal{R}(T^*-\overline{\lambda} I)$ 不稠密. 再由 $\mathcal{R}(T-\lambda I)$ 不稠密可知, 存在 $\widetilde{x} \neq 0$ 使得对任意的 $x \in \mathscr{D}(T)$ 有

$$((T-\lambda I)x, \widetilde{x}) = 0.$$

从而 $\widetilde{x} \in \mathscr{D}(T^*)$ 且 $(T^*-\overline{\lambda} I)\widetilde{x} = 0$, 即 $\overline{\lambda} \in \sigma_{p,3}(T^*)$. 反之证明类似.

(iv) 的证明与 (iii) 完全类似. ∎

对于 X 中的稠定闭线性算子 T 而言, T^{-1} 存在连续和 T 可逆不等价. 事实上, T^{-1} 存在连续不一定有 $\mathcal{R}(T) = X$, 即 T^{-1} 不一定是全空间上定义的有界线性算子. 根据 Banach 闭值域定理容易证明, T^{-1} 存在有界当且仅当存在 $M > 0$ 使得对任意的 $x \in \mathscr{D}(T)$ 有

$$\|Tx\| \geqslant M\|x\|. \tag{2.1.1}$$

当 T 满足式 (2.1.1) 时称 T 为下方有界的, 使得 $T-\lambda I$ 下方有界的全体复数 λ 的点集称为 T 的正则型域, 记为 $\Gamma(T)$, 即

$$\Gamma(T) = \{\lambda \in \mathbb{C} : \mathcal{R}(T^*-\lambda I) = X\}.$$

根据一类剩余谱的定义不难知道

$$\Gamma(T) = \sigma_{r,1}(T) \cup \rho(T).$$

对于正常算子而言, 下方有界和可逆是等价的.

下面是 X 中的稠定闭线性算子 T 下方有界的充分必要条件.

引理 2.1.3 设 T 是 Hilbert 空间 X 中的稠定闭线性算子, 则下列命题等价:

(i) T 下方有界;

(ii) T 是单射且 $\mathcal{R}(T)$ 为闭集;

(iii) $\mathcal{R}(T^*) = X$;

(iv) 存在 $R \in \mathscr{B}(X)$ 使得 $T^*R = I$;

(v) 存在 $L \in \mathscr{B}(X)$ 使得 $LT = I_{\mathscr{D}(T)}$.

证明 (i)⇒(ii): 当 T 是下方有界的时, $0 \in \sigma_{r,1}(T) \cup \rho(T)$, 即, T 是单射且 $\mathcal{R}(T)$ 为闭集.

(ii)⇒(iii): 当 T 是单射且 $\mathcal{R}(T)$ 为闭集时, $0 \in \sigma_{r,1}(T) \cup \rho(T)$, 即, $0 \in \sigma_{p,1}(T^*) \cup \rho(T^*)$. 于是, $\mathcal{R}(T^*) = X$.

(iii)⇒(iv): 令 $X = \mathbb{N}(T^*) \oplus \mathbb{N}(T^*)^{\perp}$, 则 T^* 具有分块形式

$$T^* = \begin{bmatrix} 0 & T_1^* \end{bmatrix} : \mathbb{N}(T^*) \oplus (\mathbb{N}(T^*)^{\perp} \cap \mathscr{D}(T^*)) \to X.$$

易证 $T_1^* : \mathbb{N}(T^*)^{\perp} \cap \mathscr{D}(T^*) \to X$ 是闭算子、单射且 $\mathcal{R}(T_1^*) = \mathcal{R}(T^*) = X$, 即 T_1^* 可逆. 令

$$R = \begin{bmatrix} 0 \\ (T_1^*)^{-1} \end{bmatrix},$$

则

$$T^*R = \begin{bmatrix} 0 & T_1^* \end{bmatrix} \begin{bmatrix} 0 \\ (T_1^*)^{-1} \end{bmatrix} = I.$$

(iv)⇒(v): 因为 $(R^*T)^* = T^*R = I$, 故 $\overline{R^*T} = I$. 于是, 存在 $L \in \mathscr{B}(X)$ 使得 $LT = I_{\mathscr{D}(T)}$.

(v)⇒(i): 对任意的 $x \in \mathscr{D}(T)$ 有

$$\|x\| = \|LTx\| \leqslant \|L\|\|Tx\|.$$

考虑 $\|L\| \neq 0$ 即得结论成立. ∎

于是, X 中的稠定闭线性算子 T 可逆当且仅当 T 为下方有界的且 $\overline{\mathcal{R}(T - \lambda I)} = X$. 这样又得到一种谱点分类方法: 对于 X 中的稠定闭线性算子 T 而言, 当 $T - \lambda I$ 不是下方有界的, 即, 存在向量序列 $\{x_n\}_{n=1}^{+\infty}, \|x_n\| = 1, n = 1, 2, \cdots$, 使得当 $n \to \infty$ 时

$$\|(T - \lambda I)x_n\| \to 0, \tag{2.1.2}$$

则称 λ 属于 T 的近似点谱, 全体近似点谱记为 $\sigma_{ap}(T)$. 易知

$$\sigma_{ap}(T) = \sigma(T) \backslash \sigma_{r,1}(T).$$

当 $\overline{\mathcal{R}(T-\lambda I)} \neq X$ 时, 则称 λ 属于 T 的压缩谱, 全体压缩谱记为 $\sigma_{com}(T)$. 显然,

$$\sigma(T) = \sigma_{ap}(T) \cup \sigma_{com}(T)$$

成立.

从定义不难发现, 有限维空间中的特征值集合对应着无穷维空间中的点谱集合. 当有限维空间中 $T-\lambda I$ 是单射时, 不会出现 $\overline{\mathcal{R}(T-\lambda I)} \neq X$ 或者 $\overline{\mathcal{R}(T-\lambda I)} = X, \mathcal{R}(T-\lambda I) \neq X$ 的情形, 因此在有限维空间中 $\sigma_r(T) = \emptyset$ 且 $\sigma_c(T) = \emptyset$. 下面通过一些具体例子来说明线性算子的谱点分类.

例 2.1.2 在 Hilbert 空间 $X = \ell^2[1,\infty)$ 上定义算子 $A : \ell^2 \to \ell^2$, 即, 对任意的 $x \in X, x = (\xi_1, \xi_2, \xi_3, \cdots)$, 令

$$y = Ax,$$

其中 $y = \left(\frac{\xi_1}{1}, \frac{\xi_2}{2}, \frac{\xi_3}{3}, \cdots\right)$, 下面试给出 $\sigma_p(A), \sigma_r(A), \sigma_c(A)$ 以及 $\rho(A)$ 对应的集合.

对于 $\lambda \neq \frac{1}{n}(n = 1, 2, \cdots)$, 易得 $(A-\lambda I)x = 0$ 当且仅当 $x = 0$, 而且 $A - \lambda I$ 是满射, 从而 $\rho(A) = \{\lambda : \lambda \neq \frac{1}{n}, n = 1, 2, \cdots\}$.

容易验证, A 是单射且对于 $\lambda = \frac{1}{n}(n = 1, 2, \cdots)$ 有 $A - \lambda I$ 不是单射, $\mathcal{R}(A - \lambda I)$ 是闭集且不稠密, 从而

$$\sigma_p(A) = \sigma_{p,3}(A) = \left\{\lambda : \lambda = \frac{1}{n}, n = 1, 2, \cdots\right\}.$$

还可以证明 $\mathcal{R}(A)$ 稠密但不是满的, 从而 $\sigma_c(A) = \{0\}$, $\sigma_r(A) = \emptyset$ 且

$$\sigma_{ap}(A) = \left\{\lambda : \lambda = \frac{1}{n}, n = 1, 2, \cdots\right\} \cup \{0\},$$

$$\sigma_{\delta}(A) = \left\{\lambda : \lambda = \frac{1}{n}, n = 1, 2, \cdots\right\} \cup \{0\},$$

$$\sigma_{com}(A) = \left\{\lambda : \lambda = \frac{1}{n}, n = 1, 2, \cdots\right\}.$$

例 2.1.3 在Hilbert空间 $X=\ell^2[1,\infty)$ 上定义右移算子 $S_r:\ell^2\to\ell^2$, 即, 对任意的 $x\in X, x=(\xi_1,\xi_2,\xi_3,\cdots)$, 令

$$y=S_rx,$$

其中 $y=(0,\xi_1,\xi_2,\xi_3,\cdots)$, 试给出 $\sigma_p(S_r),\sigma(S_r)$ 以及 $\rho(S_r)$ 对应的集合.

事实上, 对任意的 $\lambda\neq 0$, 令 $(S_r-\lambda I)x=0$, 则易得 $x=0$, 即 $\lambda\notin\sigma_p(S_r)$. 再令 $S_rx=0$, 则也得 $x=0$. 从而, $\sigma_p(S_r)=\emptyset$.

当 $|\lambda|>1$ 时, 对任意的 $y\in X, y=(\eta_1,\eta_2,\eta_3,\cdots)$ 取

$$x=\left(-\frac{\eta_1}{\lambda},-\left(\frac{\eta_1}{\lambda^2}+\frac{\eta_2}{\lambda}\right),-\frac{\eta_1}{\lambda^3}-\frac{\eta_2}{\lambda^2}-\frac{\eta_3}{\lambda},\cdots\right),$$

则 $x\in X$ 且

$$(S_r-\lambda I)x=y.$$

从而 $\{\lambda:|\lambda|>1\}\subset\rho(S_r)$. 反之, 当 $\lambda\in\rho(S_r)$ 时容易验证 $|\lambda|>1$. 因此 $\rho(S_r)=\{\lambda:|\lambda|>1\}$. 故 $\sigma(S_r)=\sigma_r(S_r)\cup\sigma_c(S_r)=\{\lambda:|\lambda|\leqslant 1\}$.

注 2.1.3 对算子 S_r, 还有

$$\sigma_r(S_r)=\{\lambda:|\lambda|<1\},$$
$$\sigma_c(S_r)=\{\lambda:|\lambda|=1\},$$
$$\sigma_{ap}(S_r)=\{\lambda:|\lambda|=1\},$$
$$\sigma_{com}(S_r)=\{\lambda:|\lambda|<1\},$$
$$\sigma_\delta(S_r)=\{\lambda:|\lambda|\leqslant 1\}.$$

具体可以参阅 [8], [9], [10].

下面是稠定闭线性算子谱集的一些基本性质.

引理 2.1.4 设 T 是Hilbert空间 X 中的稠定闭线性算子, 则有

(i) 若 $\lambda\in\sigma_p(T)$, 则 $\overline{\lambda}\in\sigma_p(T^*)\cup\sigma_r(T^*)$;

(ii) 若 $\lambda\in\sigma_r(T)$, 则 $\overline{\lambda}\in\sigma_p(T^*)$;

(iii) $\lambda\in\sigma(T)$ 当且仅当 $\overline{\lambda}\in\sigma(T^*)$;

(iv) $\lambda \in \sigma_c(T)$ 当且仅当 $\overline{\lambda} \in \sigma_c(T^*)$;

(v) $\lambda \in \sigma_{ap}(T)$ 当且仅当 $\overline{\lambda} \in \sigma_\delta(T^*)$;

(vi) $\lambda \in \sigma_{com}(T)$ 当且仅当 $\overline{\lambda} \in \sigma_p(T^*)$.

证明 (i) 当 $\lambda \in \sigma_p(T)$ 时, 对应的特征向量不妨设为 x_0, 如果 $T^* - \overline{\lambda}I$ 不是单射, 则结论显然成立.

如果 $T^* - \overline{\lambda}I$ 是单射, 则对任意的 $y \in X$ 有

$$((T - \lambda I)x_0, y) = (x_0, (T^* - \overline{\lambda}I)y) = 0,$$

即 $\overline{R(T^* - \overline{\lambda}I)} \neq X$, 从而 $\overline{\lambda} \in \sigma_r(T^*)$.

(ii) 当 $\lambda \in \sigma_r(T)$ 时, 由于

$$\overline{R(T - \lambda I)}^\perp = N(T^* - \overline{\lambda}I),$$

从而由剩余谱的定义即得

$$N(T^* - \overline{\lambda}I) \neq \{0\},$$

即 $\overline{\lambda} \in \sigma_p(T^*)$.

(iii) 只需证明 $\lambda \in \rho(T)$ 当且仅当 $\overline{\lambda} \in \rho(T^*)$ 即可. 当 $\lambda \in \rho(T)$ 时, 由

$$\overline{R(T - \lambda I)}^\perp = N(T^* - \overline{\lambda}I),$$

知 $(T^* - \overline{\lambda}I)^{-1}$ 存在且有界. 再由

$$(T^* - \overline{\lambda}I)^{-1} = ((T - \lambda I)^{-1})^*,$$

即得 $\overline{\lambda} \in \rho(T^*)$.

当 $\overline{\lambda} \in \rho(T^*)$ 时, $\lambda \in \rho(T)$ 的证明类似.

(iv) 考虑到 $\mathcal{R}(T - \lambda I)$ 闭当且仅当 $\mathcal{R}(T^* - \overline{\lambda}I)$ 闭, 结论是显然的.

(v) 当 $\lambda \in \sigma_{ap}(T)$ 时, $\lambda \in \sigma_p(T) \cup \sigma_{r,2}(T) \cup \sigma_c(T)$, 由 (i)—(iv) 的证明可知 $\mathcal{R}(T^* - \overline{\lambda}I)$ 不满, 即 $\overline{\lambda} \in \sigma_\delta(T^*)$.

反之, 当 $\overline{\lambda} \in \sigma_\delta(T^*)$ 时, $\lambda \in (\sigma_p(T) \backslash \sigma_{p,1}(T)) \cup \sigma_r(T) \cup \sigma_c(T)$, 于是由 (i)—(iv) 的证明可知 $\lambda \in \sigma_p(T) \cup \sigma_{r,2}(T) \cup \sigma_c(T)$, 即 $\lambda \in \sigma_{ap}(T)$.

(vi) 当 $\lambda \in \sigma_{com}(T)$ 时, $\mathcal{R}(T-\lambda I)$ 不稠密, $\lambda \in \sigma_{p,3}(T) \cup \sigma_{p,4}(T) \cup \sigma_r(T)$, 由 (i)—(iv) 的证明可知 $\overline{\lambda} \in \sigma_p(T^*)$.

反之, 当 $\overline{\lambda} \in \sigma_p(T^*)$ 时, $\lambda \in \sigma_{p,3}(T) \cup \sigma_{p,4}(T) \cup \sigma_r(T)$, $\mathcal{R}(T-\lambda I)$ 不稠密, 故 $\lambda \in \sigma_{com}(T)$. 结论证毕. ▮

注 2.1.4 当 T 是自伴算子时,

$$\sigma_{ap}(T) = \sigma_\delta(T),$$
$$\sigma_{com}(T) = \sigma_p(T).$$

除了上述提到的谱以外, 需要提及的一类非常重要的谱是本质谱. 线性算子的本质谱理论是线性算子谱分析的重要组成部分, 它在数学和物理学的诸多领域, 包括矩阵理论、函数理论、复分析、微分和积分方程以及控制理论中具有广泛应用. 本质谱的最初定义追溯到 Weyl[46] 的工作. 令 T 是 Hilbert 空间 X 中的自伴算子, 则 $\sigma(T)$ 中的全体聚点和无穷维的孤立特征值称为 T 的本质谱, 记为 $\sigma_{ess}(T)$, 即

$$\sigma_{ess}(T) = \sigma(T) \backslash \sigma_{dis}(T),$$

其中 $\sigma_{dis}(T)$ 表示有限重的孤立特征值集合. Weyl 不仅证明了 $\lambda \notin \sigma_{ess}(T)$ 当且仅当 $\mathcal{R}(T-\lambda I)$ 是闭集且 $\dim \mathbb{N}(T-\lambda I) = \dim \mathcal{R}(T-\lambda I)^\perp < \infty$, 还证明了本质谱在紧扰动下保持不变, 即, 对任意紧算子 K 有

$$\sigma_{ess}(T+K) = \sigma_{ess}(T).$$

后来, 基于 $\mathcal{R}(T-\lambda I)$ 的闭性以及 $\dim \mathbb{N}(T-\lambda I), \dim \mathcal{R}(T-\lambda I)^\perp$ 是否有限, 人们引进了 Fredholm 算子以及半 Fredholm 算子的定义, 给出了非自伴算子本质谱的定义. 值得注意的是, 关于本质谱的定义很多文献中有不同的定义方式. 为了给出不同本质谱的定义, 首先引进 Fredholm 算子及半 Fredholm 算子的定义.

定义 2.1.5 设 T 是稠定闭线性算子, 如果 $\mathcal{R}(T)$ 是闭的且 $\dim \mathbb{N}(T) < \infty$, 则称 T 为左半 Fredholm 算子; 如果 $\mathcal{R}(T)$ 是闭的且 $\dim \mathcal{R}(T)^\perp < \infty$, 则称 T 为

右半 Fredholm 算子; 如果 T 既是左半 Fredholm 算子又是右半 Fredholm 算子, 则称 T 是 Fredholm 算子; 如果 T 是左半 Fredholm 或右半 Fredholm 算子, 则称 T 是半 Fredholm 算子.

定义 2.1.6 设 T 是稠定闭线性算子, 如果 $\mathcal{R}(T)$ 是闭集且 $\dim \mathbb{N}(T) = 0$, 则称 T 为左可逆算子; 如果 $\mathcal{R}(T) = X$, 则称 T 为右可逆算子.

注 2.1.5 左可逆算子是左半 Fredholm 算子, 右可逆算子是右半 Fredholm 算子; T 是左可逆算子当且仅当 T^* 是右可逆算子; T 是左半 Fredholm 算子当且仅当 T^* 是右半 Fredholm 算子.

定义 2.1.7 当 T 是半 Fredholm 算子时, 称 $\operatorname{ind}(T) = nul(T) - def(T)$ 为算子 T 的指标 , 其中 $nul(T) =: \dim \mathbb{N}(T)$, $def(T) =: \dim \mathcal{R}(T)^{\perp}$. 指标为 0 的 Fredholm 算子称为 Weyl 算子.

下面讨论八种形式定义的本质谱:

$$\sigma_{e,i}(T) = \mathbb{C}\backslash\triangle_i(T), i = 1, 2, \cdots, 6;$$
$$\sigma_{e,7}(T) = \bigcap_{K\in\mathcal{K}(X)} \sigma_{ap}(T + K);$$
$$\sigma_{e,8}(T) = \bigcap_{K\in\mathcal{K}(X)} \sigma_{\delta}(T + K).$$

其中 $\triangle_i(T)(i = 1, 2, \cdots, 6)$ 的定义如下:

$$\triangle_1(T) = \{\lambda \in \mathbb{C} : T - \lambda I \text{ 是左半 Fredholm 算子}\};$$
$$\triangle_2(T) = \{\lambda \in \mathbb{C} : T - \lambda I \text{ 是右半 Fredholm 算子}\};$$
$$\triangle_3(T) = \{\lambda \in \mathbb{C} : T - \lambda I \text{ 是半 Fredholm 算子}\};$$
$$\triangle_4(T) = \{\lambda \in \mathbb{C} : T - \lambda I \text{ 是 Fredholm 算子}\};$$
$$\triangle_5(T) = \{\lambda \in \mathbb{C} : T - \lambda I \text{ 是 Weyl 算子}\};$$
$$\triangle_6(T) = \{\lambda \in \triangle_5(T) : \lambda \text{ 的某个去心邻域包含于 } \rho(T)\}.$$

注 2.1.6 $\sigma_{e,1}(T), \sigma_{e,2}(T), \sigma_{e,3}(T), \sigma_{e,4}(T)$ 分别称为 Gutasfson 本质谱, Weidmann 本质谱, Kato 本质谱, Wolf 本质谱; $\sigma_{e,5}(T)$ 称为 Schechter 本质

谱或 Weyl 谱; $\sigma_{e,6}(T)$ 称为 Browder 本质谱; $\sigma_{e,7}(T), \sigma_{e,8}(T)$ 分别称为本质近似点谱和本质亏谱 (详见文献 [47]—[50]).

从定义不难发现

$$\sigma_{e,3}(T) = \sigma_{e,1}(T) \cap \sigma_{e,2}(T) \subset \sigma_{e,4}(T) \subset \sigma_{e,5}(T) \subset \sigma_{e,6}(T).$$

除此之外,

$$\triangle_6(T) = \rho(T) \cup \{\lambda \in \mathbb{C} : \lambda \text{ 是孤立谱点且 } T - \lambda I \text{ 是 Weyl 算子}\}.$$

于是

$$\sigma_{e,6}(T) = \sigma(T) \backslash \sigma_{dis}(T),$$

其中 $\sigma_{dis}(T)$ 表示代数重数有限孤立特征值集合 (详情见 [51] 的引理 B.1). 除此之外, 各种本质谱之间还有如下关系.

引理 2.1.5 设 T 是 Hilbert 空间 X 中的稠定闭线性算子, 则

(i) $(\sigma_c(T) \cup \sigma_{p,2}(T) \cup \sigma_{p,4}(T) \cup \sigma_{r,2}(T)) \subset \bigcap_{i=1}^{8} \sigma_{ess,i}(T)$;

(ii) $\lambda \in \sigma_{e,1}(T)$ 当且仅当 $\overline{\lambda} \in \sigma_{e,2}(T^*)$;

(iii) $\lambda \in \sigma_{e,i}(T)$ 当且仅当 $\overline{\lambda} \in \sigma_{e,i}(T^*)$, $i = 3, 4, 5, 6$;

(iv) $\lambda \in \sigma_{e,7}(T)$ 当且仅当 $\overline{\lambda} \in \sigma_{e,8}(T^*)$.

证明 考虑各种本质谱的定义, 该引理证明是显然的. ▮

下面是关于 $\sigma_{e,7}(T)$ 和 $\sigma_{e,8}(T)$ 的性质.

引理 2.1.6 设 T 是 Hilbert 空间 X 中的稠定闭线性算子, 则

(i) $\lambda \notin \sigma_{e,7}(T)$ 当且仅当 $\lambda \in \triangle_1(T)$ 且 $\mathrm{ind}(T - \lambda I) \leqslant 0$;

(ii) $\lambda \notin \sigma_{e,8}(T)$ 当且仅当 $\lambda \in \triangle_2(T)$ 且 $\mathrm{ind}(T - \lambda I) \geqslant 0$;

(iii) $\sigma_{e,5}(T) = \sigma_{e,7}(T) \cup \sigma_{e,8}(T)$;

(iv) $\sigma_{e,1}(T) \subset \sigma_{e,7}(T)$ 且 $\sigma_{e,2}(T) \subset \sigma_{e,8}(T)$.

证明 (i) 当 $\lambda \in \triangle_1(T)$ 且 $\mathrm{ind}(T - \lambda I) \leqslant 0$ 时, 对任意的 $K \in \mathcal{K}(X)$ 有 $\lambda \in \triangle_1(T + K)$ 且 $\mathrm{ind}(T + K - \lambda I) \leqslant 0$. 于是, $\lambda \in \sigma_{p,3}(T + K) \cup \sigma_{r,1}(T + K) \cup \rho(T + K)$. 假定 $\lambda \in \sigma_{p,3}(T + K)$, 则 $T + K - \lambda I$ 在空间分解

$X=\mathbb{N}(T+K-\lambda I)\oplus\mathbb{N}(T+K-\lambda I)^{\perp}$ 和 $X=\mathcal{R}(T+K-\lambda I)^{\perp}\oplus\mathcal{R}(T+K-\lambda I)$ 下具有如下分块形式:

$$T+K-\lambda I=\begin{bmatrix}0 & 0\\ 0 & (T+K)_{\lambda}\end{bmatrix},$$

即

$$T-\lambda I=\begin{bmatrix}I_{\mathbb{N}(T+K-\lambda I)} & 0\\ 0 & (T+K)_{\lambda}\end{bmatrix}-\left(\begin{bmatrix}I_{\mathbb{N}(T+K-\lambda I)} & 0\\ 0 & 0\end{bmatrix}+K\right),$$

其中 $I_{\mathbb{N}(T+K-\lambda I)}$ 表示 $\mathbb{N}(T+K-\lambda I)$ 上的恒等算子, 由 $\dim\mathbb{N}(T+K-\lambda I)<\infty$ 知 $I_{\mathbb{N}(T+K-\lambda I)}$ 是紧算子, 从而 $\widetilde{K}=\begin{bmatrix}I_{\mathbb{N}(T+K-\lambda I)} & 0\\ 0 & 0\end{bmatrix}+K$ 是紧算子. 再考虑 $(T+K)_{\lambda}$ 是 Fredholm 算子, 得 $\lambda\notin\sigma_{ap}(T+\widetilde{K})$, 即 $\lambda\notin\sigma_{e,7}(T)$.

反之, 当 $\lambda\notin\sigma_{e,7}(T)$ 时, 存在 $K\in\mathcal{K}(X)$ 使得 $\lambda\in\sigma_{r,1}(T+K)\cup\rho(T+K)$, 此时显然 $\lambda\in\triangle_1(T)$ 且 $\operatorname{ind}(T-\lambda I)\leqslant 0$.

(ii) 根据结论 (i) 和引理 2.1.5, 结论容易得证.

考虑 (i) 和 (ii), 结论 (iii) 和 (iv) 的证明是平凡的. ∎

注 2.1.7 由引理2.1.6 可知

$$\sigma_{e,7}(T)=\sigma_{e,1}(T)\cup\{\lambda\in\mathbb{C}:\operatorname{ind}(T-\lambda I)>0\},$$

$$\sigma_{e,8}(T)=\sigma_{e,2}(T)\cup\{\lambda\in\mathbb{C}:\operatorname{ind}(T-\lambda I)<0\}.$$

当 T 为自伴算子时, 上述各种本质谱重叠.

推论 2.1.1 设 T 是Hilbert空间 X 中的自伴算子, 则

$$\sigma_{e,i}(T)=\sigma_{ess}(T), i=1,2,\cdots,8.$$

证明 当 T 是 Hilbert 空间 X 中的自伴算子时

$$\sigma_{e,i}(T)=\sigma_{ess}(T), i=1,2,3,4,5$$

和

$$\sigma_{e,7}(T)=\sigma_{e,8}(T)$$

的证明是平凡的. 再考虑到 $\sigma_{e,5}(T) = \sigma_{e,7}(T) \cup \sigma_{e,8}(T)$ 即得 $\sigma_{e,5}(T) = \sigma_{e,7}(T) = \sigma_{e,8}(T)$. 结论证毕. ∎

定理 2.1.4 设 T 是 Hilbert 空间 X 中的稠定闭线性算子,

(i) 如果 $\sigma_{e,3}(T)$ 的补集是连通的, 且 $\rho(T) \neq \emptyset$, 则 $\sigma_{e,3}(T) = \sigma_{e,4}(T)$;

(ii) 如果 $\sigma_{e,1}(T)$ 的补集是连通的, 且 $\rho(T) \neq \emptyset$, 则 $\sigma_{e,1}(T) = \sigma_{e,7}(T)$;

(iii) 如果 $\sigma_{e,2}(T)$ 的补集是连通的, 且 $\rho(T) \neq \emptyset$, 则 $\sigma_{e,2}(T) = \sigma_{e,8}(T)$;

(iv) 如果 $\sigma_{e,4}(T)$ 的补集是连通的, 且 $\rho(T) \neq \emptyset$, 则 $\sigma_{e,4}(T) = \sigma_{e,5}(T)$;

(v) 如果 $\sigma_{e,5}(T)$ 的补集是连通的, 且 $\rho(T) \neq \emptyset$, 则 $\sigma_{e,5}(T) = \sigma_{e,6}(T)$.

证明 只证 (i), 其他结论的证明完全类似. 假定 $\lambda_0 \in \triangle_3(T) \cap \sigma_{e,4}(T)$, 则 $T - \lambda_0 I$ 是半 Fredholm 算子但不是 Fredholm 算子. 又因为 $\rho(T) \neq \emptyset$, 故存在 $\lambda_1 \in \mathbb{C}$ 使得 $\lambda_1 \in \rho(T)$, 即, $\lambda_1 \in \triangle_3(T)$ 且

$$\dim \mathbb{N}(T - \lambda_1 I) = \dim \mathcal{R}(T - \lambda_1 I)^{\perp} = 0.$$

考虑 [55] 的定理 5.31 有, 存在 $\varepsilon > 0$ 使得当 $|\mu| \leqslant \varepsilon$ 时, $T - \lambda_1 I - \mu I$ 是 Fredholm 算子且

$$\begin{aligned} \dim \mathbb{N}(T - \lambda_1 I) &= \dim \mathbb{N}(T - \lambda_1 I - \mu I) = 0, \\ \dim \mathcal{R}(T - \lambda_1 I)^{\perp} &= \dim \mathcal{R}(T - \lambda_1 I - \mu I)^{\perp} = 0. \end{aligned}$$

再考虑 $\triangle_3(T)$ 的连通性即得,

$$\begin{aligned} \dim \mathbb{N}(T - \lambda_0 I) &= \dim \mathbb{N}(T - \lambda_1 I) = 0, \\ \dim \mathcal{R}(T - \lambda_0 I)^{\perp} &= \dim \mathcal{R}(T - \lambda_1 I)^{\perp} = 0. \end{aligned}$$

这与 $\lambda_0 \in \sigma_{e,4}(T)$ 矛盾, 从而 $\triangle_3(T) \cap \sigma_{e,4}(T) = \emptyset$, 即 $\sigma_{e,3}(T) \supset \sigma_{e,4}(T)$. 考虑到 $\sigma_{e,3}(T) \subset \sigma_{e,4}(T)$, 从而 $\sigma_{e,3}(T) = \sigma_{e,4}(T)$. ∎

2.2 主对角无穷维 Hamilton 算子的谱

对于无穷维 Hamilton 算子

$$H = \begin{bmatrix} A & B \\ C & -A^* \end{bmatrix} : \mathscr{D}(H) \subseteq X \times X \to X \times X$$

而言, 当 $B=C=0$ 时, 称 H 为主对角无穷维 Hamilton 算子, 它是比较简单而且在现实问题中也比较常见的一类无穷维 Hamilton 算子. 这一节, 我们将探讨主对角无穷维 Hamilton 算子的点谱、剩余谱、连续谱以及本质谱的基本性质. 下面是主对角无穷维 Hamilton 算子的具体应用.

例 2.2.1 考虑算子方程

$$\Pi A+A^*\Pi=0, \tag{2.2.1}$$

方程 (2.2.1) 的求解问题与主对角无穷维 Hamilton 算子有密切联系. 事实上, 如果存在算子 P,Q,R 使得

$$\begin{bmatrix} A & 0 \\ 0 & -A^* \end{bmatrix}\begin{bmatrix} P \\ Q \end{bmatrix}=\begin{bmatrix} P \\ Q \end{bmatrix}R \tag{2.2.2}$$

且 P 可逆, 则 $\Pi=QP^{-1}$ 就是方程 (2.2.1) 的解.

2.2.1 主对角无穷维 Hamilton 算子的点谱

运用点谱的定义容易证明, 主对角无穷维 Hamilton 算子

$$H=\begin{bmatrix} A & 0 \\ 0 & -A^* \end{bmatrix}:\mathscr{D}(A)\times\mathscr{D}(A^*)\to X\times X$$

的点谱满足

$$\sigma_p(H)=\sigma_p(A)\cup\sigma_p(-A^*).$$

对于有限维的情形, 集合 $\sigma_p(A)$ 和集合 $\sigma_p(-A^*)$ 是关于虚轴对称的, 故主对角 Hamilton 矩阵的点谱是关于虚轴对称的. 于是, 自然提出的一个问题是: 主对角无穷维 Hamilton 算子的点谱是否关于虚轴对称呢? 答案是否定的.

例 2.2.2 令 $X=L^2[0,\infty), A=\frac{\mathrm{d}}{\mathrm{d}t}, Ax=\frac{\mathrm{d}x}{\mathrm{d}t}$,

$$\mathscr{D}(A)=\{x\in X: x \text{ 局部绝对连续}, x'\in X, x(0)=0\},$$

则 $A^*=-\frac{\mathrm{d}}{\mathrm{d}t}$,

$$\mathscr{D}(A^*)=\{x\in X: x \text{ 局部绝对连续}, x'\in X\}.$$

令无穷维 Hamilton 算子

$$H=\begin{bmatrix}A & 0\\0 & -A^*\end{bmatrix}=\begin{bmatrix}\dfrac{\mathrm{d}}{\mathrm{d}t} & 0\\0 & \dfrac{\mathrm{d}}{\mathrm{d}t}\end{bmatrix},$$

则易得 $\sigma_p(A)=\emptyset$. 事实上, 令 $\lambda\in\sigma_p(A)$, 则

$$x'(t)=\lambda x(t),$$

求解上述微分方程得 $x(t)=Ce^{\lambda t}$, 再考虑 $x(0)=0$, 即得 $C=0$. 于是, $\sigma_p(A)=\emptyset$, 进而 $\sigma_r(A^*)=\emptyset$.

$$\sigma_p(H)=\sigma_p(-A^*)=\{\lambda\in\mathbb{C}:Re(\lambda)<0\},$$

即, 对角无穷维 Hamilton 算子的点谱不一定关于虚轴对称.

定理 2.2.1 主对角无穷维 Hamilton 算子

$$H=\begin{bmatrix}A & 0\\0 & -A^*\end{bmatrix}:\mathscr{D}(A)\times\mathscr{D}(A^*)\to X\times X$$

的点谱关于虚轴对称当且仅当 $(\sigma_r(A)\setminus\sigma_p(-A^*))\cup(\sigma_r(-A^*)\setminus\sigma_p(A))=\emptyset$.

证明 不妨设 $\sigma_p(H)\neq\emptyset$ 且关于虚轴对称. 假定 $\sigma_r(A)\setminus\sigma_p(-A^*)\neq\emptyset$, 则存在 $\lambda\in\sigma_r(A)$ 使得 $\lambda\notin\sigma_p(-A^*)$. 由 $\lambda\in\sigma_r(A)$ 可知 $-\overline{\lambda}\in\sigma_p(-A^*)$, 即, $-\overline{\lambda}\in\sigma_p(H)$. 考虑 $\sigma_p(H)$ 关于虚轴的对称性和 $\lambda\notin\sigma_p(-A^*)$, 得 $\lambda\in\sigma_p(A)$, 这与 $\lambda\in\sigma_r(A)$ 矛盾. 同理可证 $\sigma_r(-A^*)\setminus\sigma_p(A)=\emptyset$.

反之, 当 $(\sigma_r(A)\setminus\sigma_p(-A^*))\cup(\sigma_r(-A^*)\setminus\sigma_p(A))=\emptyset$ 时, 易得 $\sigma_r(A)\subset\sigma_p(-A^*)$ 且 $\sigma_r(-A^*)\subset\sigma_p(A)$. 不妨设 $\sigma_p(H)\neq\emptyset$. 令 $\lambda\in\sigma_p(H)$, 则 $\lambda\in\sigma_p(A)\cup\sigma_p(-A^*)$. 当 $\lambda\in\sigma_p(A)$ 时, $-\overline{\lambda}\in\sigma_p(-A^*)\cup\sigma_r(-A^*)$. 考虑

$$(\sigma_p(-A^*)\cup\sigma_r(-A^*))\subset(\sigma_p(-A^*)\cup\sigma_p(A))=\sigma_p(H),$$

即得 $-\overline{\lambda}\in\sigma_p(H)$. 当 $\lambda\in\sigma_p(-A^*)$ 时, 同理可证 $-\overline{\lambda}\in\sigma_p(H)$. 于是, $\sigma_p(H)$ 关于虚轴对称. ▮

注 2.2.1 定理2.2.1 的另一种等价叙述为: $\sigma_p(H)$ 关于虚轴对称当且仅当 $\sigma_r(A) \subset \sigma_p(-A^*)$ 且 $\sigma_r(-A^*) \subset \sigma_p(A)$.

推论 2.2.1 如果 $\sigma_r(A) = \emptyset$ 且 $\sigma_r(A^*) = \emptyset$, 则主对角无穷维 Hamilton 算子

$$H = \begin{bmatrix} A & 0 \\ 0 & -A^* \end{bmatrix} : \mathscr{D}(A) \times \mathscr{D}(A^*) \to X \times X$$

的点谱为空集或者关于虚轴对称.

证明 如果 $\sigma_r(A) = \emptyset$ 且 $\sigma_r(A^*) = \emptyset$, 则 $(\sigma_r(A) \setminus \sigma_p(-A^*)) \cup (\sigma_r(-A^*) \setminus \sigma_p(A)) = \emptyset$. 由定理 2.2.1 可知 $\sigma_p(H)$ 关于虚轴对称. ▮

注 2.2.2 对于有限维情形, 很显然 $\sigma_r(A) = \emptyset$ 且 $\sigma_r(-A^*) = \emptyset$. 于是 Hamilton 矩阵的特征值集合 $\sigma_p(H)$ 关于虚轴对称.

注 2.2.3 若上述推论中的条件改为 $\sigma_r(A) = \emptyset$ 或者 $\sigma_r(A^*) = \emptyset$, 不足以保证对角无穷维 Hamilton 算子的点谱关于虚轴对称.

例 2.2.3 令 $X = L^2[0, \infty), A = \frac{\mathrm{d}}{\mathrm{d}t}, Ax = \frac{\mathrm{d}x}{\mathrm{d}t}$,

$$\mathscr{D}(A) = \{x \in X : x \text{ 局部绝对连续}, x' \in X, x(0) = 0\},$$

则 $A^* = -\frac{\mathrm{d}}{\mathrm{d}t}$,

$$\mathscr{D}(A^*) = \{x \in X : x \text{ 局部绝对连续}, x' \in X\}.$$

由例2.2.2 可知主对角无穷维 Hamilton 算子

$$H = \begin{bmatrix} A & 0 \\ 0 & -A^* \end{bmatrix} = \begin{bmatrix} \dfrac{\mathrm{d}}{\mathrm{d}t} & 0 \\ 0 & \dfrac{\mathrm{d}}{\mathrm{d}t} \end{bmatrix}$$

的点谱为

$$\sigma_p(H) = \{\lambda \in \mathbb{C} : Re(\lambda) < 0\},$$

即, 关于虚轴不对称.

接下来讨论对角无穷维 Hamilton 算子特征值何时只有纯虚点谱的问题.

定理 2.2.2 如果$\sigma_p(A) \subset \mathtt{i}\mathbb{R}$, 则对角无穷维 Hamilton 算子

$$H = \begin{bmatrix} A & 0 \\ 0 & -A^* \end{bmatrix} : \mathscr{D}(A) \times \mathscr{D}(A^*) \to X \times X$$

只有纯虚点谱当且仅当$\sigma_r(A) \subset \mathtt{i}\mathbb{R}$.

证明 当 $\sigma_r(A) \subset \mathtt{i}\mathbb{R}$ 时, 令 $\lambda \in \sigma_p(H)$, 则 $\lambda \in \sigma_p(A) \cup \sigma_p(-A^*)$. 不妨设 $\lambda \in \sigma_p(-A^*)$, 则考虑 $\sigma_r(A) \subset \mathtt{i}\mathbb{R}$, 即得 $-\overline{\lambda} \in \sigma_p(A)$. 于是 $Re(\lambda) = 0$.

反之, $\lambda \in \sigma_r(A)$, 则 $-\overline{\lambda} \in \sigma_p(-A^*)$, 考虑 $\sigma_p(H) \subset \mathtt{i}\mathbb{R}$, 得 $-\overline{\lambda} \in \mathtt{i}\mathbb{R}$, 即, $\lambda \in \mathtt{i}\mathbb{R}$. 结论证毕. ▮

同理可证下面的结论.

定理 2.2.3 如果$\sigma_p(A^*) \subset \mathtt{i}\mathbb{R}$,则对角无穷维 Hamilton 算子

$$H = \begin{bmatrix} A & 0 \\ 0 & -A^* \end{bmatrix} : \mathscr{D}(A) \times \mathscr{D}(A^*) \to X \times X$$

只有纯虚点谱当且仅当$\sigma_r(A^*) \subset \mathtt{i}\mathbb{R}$.

推论 2.2.2 如果$\mathscr{D}(A^*) \subset \mathscr{D}(A)$且对任意的$x \in \mathscr{D}(A)$有$(Ax, x) \subset \mathtt{i}\mathbb{R}$, 则对角无穷维 Hamilton 算子

$$H = \begin{bmatrix} A & 0 \\ 0 & -A^* \end{bmatrix} : \mathscr{D}(A) \times \mathscr{D}(A^*) \to X \times X$$

的点谱为空集或者位于虚轴上.

证明 不妨设对角无穷维 Hamilton 算子的点谱非空. 令 $\lambda \in \sigma_p(H)$, 则存在 $\begin{bmatrix} f & g \end{bmatrix}^T \neq 0$ 使得

$$Af = \lambda f \text{ 且 } A^*g = -\lambda g.$$

当 $f \neq 0$ 时, $(Af, f) = \lambda(f, f) \in \mathtt{i}\mathbb{R}$, 故 $\lambda \in \mathtt{i}\mathbb{R}$.

当 $g \neq 0$ 时, $(A^*g, g) = (g, Ag) = -\lambda(g, g) \in \mathtt{i}\mathbb{R}$, 故 $\lambda \in \mathtt{i}\mathbb{R}$. 结论证毕. ▮

同理可证下面的结论.

推论 2.2.3 如果$\mathscr{D}(A) \subset \mathscr{D}(A^*)$且对任意的$y \in \mathscr{D}(A^*)$有 $(A^*y, y) \subset \mathrm{i}\mathbb{R}$, 则对角无穷维 Hamilton 算子

$$H = \begin{bmatrix} A & 0 \\ 0 & -A^* \end{bmatrix} : \mathscr{D}(A) \times \mathscr{D}(A^*) \to X \times X$$

的点谱为空集或者位于虚轴上.

有了上面的结论, 自然提出的一个问题是对角无穷维 Hamilton 算子的点谱何时分布于实轴上呢? 容易证明下面的结论.

推论 2.2.4 如果$\sigma_p(A) \subset \mathbb{R}$, 则对角无穷维 Hamilton 算子

$$H = \begin{bmatrix} A & 0 \\ 0 & -A^* \end{bmatrix} : \mathscr{D}(A) \times \mathscr{D}(A^*) \to X \times X$$

有$\sigma_p(H) \subset \mathbb{R}$当且仅当$\sigma_r(A) \subset \mathbb{R}$.

证明 令 $\lambda \in \sigma_p(H)$, 则 $\lambda \in \sigma_p(A) \cup \sigma_p(-A^*)$. 当 $\lambda \in \sigma_p(A)$ 时, 考虑 $\sigma_p(A) \subset \mathbb{R}$, 即得 $\lambda \in \mathbb{R}$. 当 $\lambda \in \sigma_p(-A^*)$ 时, $-\overline{\lambda} \in \sigma_p(A) \cup \sigma_r(A)$. 于是, $\lambda \in \mathbb{R}$. 反之证明类似. ▌

推论 2.2.5 如果$\sigma_p(A) \subset \mathbb{R}$且 $\sigma_r(A) = \emptyset$, 则对角无穷维 Hamilton 算子

$$H = \begin{bmatrix} A & 0 \\ 0 & -A^* \end{bmatrix} : \mathscr{D}(A) \times \mathscr{D}(A^*) \to X \times X$$

有$\sigma_p(H) \subset \mathbb{R}$.

更一般地, 有如下结论.

定理 2.2.4 如果$\sigma_r(A)=\emptyset$且$\sigma_p(A)$关于虚轴对称, 则对角无穷维 Hamilton 算子

$$H = \begin{bmatrix} A & 0 \\ 0 & -A^* \end{bmatrix} : \mathscr{D}(A) \times \mathscr{D}(A^*) \to X \times X$$

的点谱满足$\sigma_p(H) = \sigma_p(A)$.

证明 只需证明 $\sigma_p(H)\subset\sigma_p(A)$ 即可. 令 $\lambda\in\sigma_p(H)$, 则 $\lambda\in\sigma_p(A)\cup\sigma_p(-A^*)$. 当 $\lambda\in\sigma_p(A)$ 时, 结论显然成立. 当 $\lambda\in\sigma_p(-A^*)$ 时, $-\overline{\lambda}\in\sigma_p(A)\cup\sigma_r(A)$. 考虑 $\sigma_r(A)=\emptyset$ 和 $\sigma_p(A)$ 关于虚轴的对称性即得 $\lambda\in\sigma_p(A)$. 结论证毕. ▮

下面我们将给出主对角无穷维 Hamilton 算子四类点谱的刻画.

定理 2.2.5 令 $H=\begin{bmatrix}A & 0\\ 0 & -A^*\end{bmatrix}:\mathscr{D}(A)\times\mathscr{D}(A^*)\to X\times X$ 是主对角无穷维 Hamilton 算子, 则

(i) $\sigma_{p,1}(H)=(\sigma_{p,1}(A)\cap\sigma_{p,1}(-A^*))\cup(\sigma_{p,1}(A)\cap\rho(-A^*))\cup(\rho(A)\cap\sigma_{p,1}(-A^*))$;

(ii) $\sigma_{p,2}(H)=\Delta_{11}\cup\Delta_{12}\cup\Delta_{13}\cup\Delta_{14}$;

(iii) $\sigma_{p,3}(H)=\Delta_{21}\cup\Delta_{22}\cup\Delta_{23}\cup\Delta_{24}$;

(iv) $\sigma_{p,4}(H)=\Delta_{31}\cup\Delta_{32}\cup\Delta_{33}\cup\Delta_{34}$.

其中

$$\Delta_{11}=\sigma_{p,1}(A)\cap\sigma_c(-A^*);$$
$$\Delta_{12}=\sigma_{p,2}(A)\setminus\sigma_{com}(-A^*);$$
$$\Delta_{13}=\sigma_{p,1}(-A^*)\cap\sigma_c(A);$$
$$\Delta_{14}=\sigma_{p,2}(-A^*)\setminus\sigma_{com}(A);$$
$$\Delta_{21}=\sigma_{p,1}(A)\cap\sigma_{r,1}(-A^*);$$
$$\Delta_{22}=\sigma_{p,3}(A)\setminus\sigma_{cr}(-A^*);$$
$$\Delta_{23}=\sigma_{p,1}(-A^*)\cap\sigma_{r,1}(A);$$
$$\Delta_{24}=\sigma_{p,3}(-A^*)\setminus\sigma_{cr}(A);$$
$$\Delta_{31}=\sigma_{p,4}(A)\cup\sigma_{p,4}(-A^*);$$
$$\Delta_{32}=(\sigma_{p,1}(A)\cap\sigma_{r,2}(-A^*))\cup(\sigma_{p,1}(-A^*)\cap\sigma_{r,2}(A));$$
$$\Delta_{33}=(\sigma_{p,2}(A)\cap\sigma_{com}(-A^*))\cup(\sigma_{p,2}(-A^*)\cap\sigma_{com}(A));$$
$$\Delta_{34}=(\sigma_{p,3}(A)\cap\sigma_{cr}(-A^*))\cup(\sigma_{p,3}(-A^*)\cap\sigma_{cr}(A)),$$

这里 $\sigma_{cr}(T)=\{\lambda\in\mathbb{C}:\mathcal{R}(T-\lambda I)$ 不是闭集$\}$.

证明 (i) 关系式

$$\sigma_{p,1}(H)\supset(\sigma_{p,1}(A)\cap\sigma_{p,1}(-A^*))\cup(\sigma_{p,1}(A)\cap\rho(-A^*))\cup(\rho(A)\cap\sigma_{p,1}(-A^*))$$

的证明是显然的. 下面证明反包含关系: 令 $\lambda\in\sigma_{p,1}(H)$, 则 $\lambda\in\sigma_{p,1}(A)\cup\rho(A)$. 当 $\lambda\in\sigma_{p,1}(A)$ 时, 考虑 $\mathcal{R}(H-\lambda I)=X\times X$, 有 $\mathcal{R}(-A^*-\lambda I)=X$, 故 $\lambda\in\sigma_{p,1}(-A^*)\cup\rho(-A^*)$.

当 $\lambda\notin\sigma_{p,1}(A)$ 时, 考虑 $\mathcal{R}(A-\lambda I)=X$, 得 $\lambda\in\rho(A)$, 再考虑 $\lambda\in\sigma_{p,1}(H)$, 得 $\lambda\in\sigma_{p,1}(-A^*)$, 于是反包含关系也成立.

(ii) 关系式

$$\sigma_{p,2}(H)\supset\Delta_{11}\cup\Delta_{12}\cup\Delta_{13}\cup\Delta_{14}$$

的证明是显然的. 为了证明反包含关系, 当 $\lambda\in\sigma_{p,2}(H)$ 且 $\lambda\notin\Delta_{11}\cup\Delta_{12}\cup\Delta_{13}$ 时, 只需证明 $\lambda\in\Delta_{14}$ 即可. 由 $\overline{\mathcal{R}(H-\lambda I)}=X\times X$ 可知

$$\overline{\mathcal{R}(A-\lambda I)}=X \text{ 且 } \overline{\mathcal{R}(-A^*-\lambda I)}=X,$$

即 $\lambda\notin\sigma_{com}(A)$ 且 $\lambda\notin\sigma_{com}(-A^*)$. 进而, 考虑 $\lambda\notin\Delta_{12}$, 即得 $\lambda\notin\sigma_{p,2}(A)$. 另一方面, 由 $\lambda\notin\Delta_{11}$ 可知

$$\lambda\in\sigma_c(A)\cup\rho(A) \text{ 或者 } \lambda\in\sigma_{p,1}(-A^*)\cup\sigma_{p,2}(-A^*)\cup\rho(-A^*). \tag{2.2.3}$$

可以断言 $\lambda\in\sigma_{p,2}(-A^*)$. 事实上, 假定 $\lambda\notin\sigma_{p,2}(-A^*)$, 则

$$\lambda\in\sigma_{p,1}(-A^*)\cup\rho(-A^*). \tag{2.2.4}$$

于是, 考虑 $\mathcal{R}(H-\lambda I)\neq X\times X$, 得 $\lambda\in\sigma_c(A)$. 这与 $\lambda\notin\Delta_{13}$ 矛盾. 于是 $\lambda\in\Delta_{14}$.

(iii) 和 (iv) 的证明与 (ii) 完全类似. ▮

根据上述结论, 下列推论是显然的.

推论 2.2.6 令 $H=\begin{bmatrix}A & 0\\ 0 & -A^*\end{bmatrix}:\mathscr{D}(A)\times\mathscr{D}(A^*)\to X\times X$ 为主对角无穷维 Hamilton 算子, 则

(i) $\sigma_{p,1}(H)\cap \mathrm{i}\mathbb{R}=\emptyset$;

(ii) $\sigma_{p,2}(H)\cap \mathrm{i}\mathbb{R}=\emptyset$.

推论 2.2.7 令 $H=\begin{bmatrix} A & 0 \\ 0 & -A^* \end{bmatrix}:\mathscr{D}(A)\times\mathscr{D}(A^*)\to X\times X$ 为主对角无穷维 Hamilton 算子, 如果 $\sigma(A)\cap\sigma(-A^*)=\emptyset$, 则 $\sigma_{p,i}(H)=\sigma_{p,i}(A)\cup\sigma_{p,i}(-A^*), i=1,2,3,4$.

下面将给出具体例子, 说明判别准则的有效性.

例 2.2.4 在 Hilbert 空间 $X=\ell^2[1,\infty)$ 上定义线性算子 S_r, S_l 为

$$S_r x=(0,x_1,x_2,x_3,\cdots),$$
$$S_l x=(x_2,x_3,x_4,\cdots),$$

其中 $x=(x_1,x_2,x_3,\cdots)\in X$, 则经计算易得

$$S_l^*=S_r$$

且

$$\sigma_p(S_r)=\emptyset,$$
$$\sigma_p(S_l)=\sigma_{p,1}(S_l)=\{\lambda\in\mathbb{C}:|\lambda|<1\},$$
$$\sigma_c(S_l)=\sigma_c(S_r)=\{\lambda\in\mathbb{C}:|\lambda|=1\}.$$

定义主对角无穷维 Hamilton 算子

$$H=\begin{bmatrix} A & 0 \\ 0 & -A^* \end{bmatrix}=\begin{bmatrix} S_l & 0 \\ 0 & -S_r \end{bmatrix},$$

则经计算易得

$$\sigma_p(H)=\sigma_{p,3}(H)=\{\lambda\in\mathbb{C}:|\lambda|<1\}.$$

另一方面, 考虑到 $\sigma_p(-A^*)=\emptyset$ 和 $\sigma_{p,1}(A)\cap\sigma_c(-A^*)=\emptyset$, 由定理 2.2.5 可知,

$$\sigma_{p,i}(H)=\emptyset, i=1,2,4.$$

同理, $\Delta_{22}=\Delta_{23}=\Delta_{24}=\emptyset$ 且 $\Delta_{21}=\{\lambda\in\mathbb{C}:|\lambda|<1\}$. 于是

$$\sigma_p(H)=\sigma_{p,3}(H)=\{\lambda\in\mathbb{C}:|\lambda|<1\}.$$

结果吻合.

2.2.2 主对角无穷维 Hamilton 算子的剩余谱

在这一节我们将探讨主对角无穷维 Hamilton 算子剩余谱的一些基本性质.

定理 2.2.6 令 $H=\begin{bmatrix} A & 0 \\ 0 & -A^* \end{bmatrix}:\mathscr{D}(A)\times\mathscr{D}(A^*)\to X\times X$ 为主对角无穷维 Hamilton 算子, 则

$$\sigma_r(H)=(\sigma_r(A)\setminus\sigma_p(-A^*))\cup(\sigma_r(-A^*)\setminus\sigma_p(A)).$$

证明 关系式

$$\sigma_r(H)\supset(\sigma_r(A)\setminus\sigma_p(-A^*))\cup(\sigma_r(-A^*)\setminus\sigma_p(A))$$

的证明是显然的. 下面证明反包含关系. 令 $\lambda\in\sigma_r(H)$, 如果 $\lambda\in\sigma_r(A)$, 则易得 $\lambda\notin\sigma_p(-A^*)$, 即 $\lambda\in\sigma_r(A)\setminus\sigma_p(-A^*)$.

如果 $\lambda\notin\sigma_r(A)$, 考虑到 $\lambda\in\sigma_r(H)$ 得 $\lambda\notin\sigma_p(A)$, 从而 $\lambda\in\sigma_c(A)\cup\rho(A)$. 再考虑到 $\mathcal{R}(H-\lambda I)\neq X\times X$ 即得 $\lambda\in\sigma_r(-A^*)\setminus\sigma_p(A)$. 于是

$$\sigma_r(H)=(\sigma_r(A)\setminus\sigma_p(-A^*))\cup(\sigma_r(-A^*)\setminus\sigma_p(A)).$$

结论证毕. ∎

下列推论回答了主对角无穷维 Hamilton 算子的剩余谱何时为空集的问题.

推论 2.2.8 令 $H=\begin{bmatrix} A & 0 \\ 0 & -A^* \end{bmatrix}:\mathscr{D}(A)\times\mathscr{D}(A^*)\to X\times X$ 为主对角无穷维 Hamilton 算子, 则 $\sigma_r(H)=\emptyset$ 当且仅当 $\sigma_r(A)\subset\sigma_p(-A^*)$ 且 $\sigma_r(-A^*)\subset\sigma_p(A)$.

注 2.2.4 从上面的推论易知, 当 $\sigma_r(A)=\emptyset$ 且 $\sigma_r(A^*)=\emptyset$ 时, $\sigma_r(H)=\emptyset$. 一般情况下, $\sigma_r(A)=\emptyset$ 不一定蕴含 $\sigma_r(A^*)=\emptyset$. 比如, 令 $X=\ell^2[1,\infty)$, 对任意 $x=(x_1,x_2,\cdots)\in X$, 定义线性算子

$$Ax=(x_2,x_3,\cdots),$$

则经计算得 $\sigma_r(A)=\emptyset$ 且 $\sigma_r(A^*)=\{\lambda\in\mathbb{C}:|\lambda|<1\}$.

推论 2.2.9 令 $H=\begin{bmatrix} A & 0 \\ 0 & -A^* \end{bmatrix}:\mathscr{D}(A)\times\mathscr{D}(A^*)\to X\times X$ 为主对角无穷维 Hamilton 算子, 如果 $\sigma(A)\cap\sigma(-A^*)=\emptyset$, 则 $\sigma_r(H)=\sigma_r(A)\cup\sigma_r(-A^*)$.

一般情况下, 主对角无穷维 Hamilton 算子的剩余谱不一定是空集, 但是不存在纯虚剩余谱.

定理 2.2.7 令 $H=\begin{bmatrix} A & 0 \\ 0 & -A^* \end{bmatrix}:\mathscr{D}(A)\times\mathscr{D}(A^*)\to X\times X$ 为主对角无穷维 Hamilton 算子, 则 $\sigma_r(H)\cap \mathrm{i}\mathbb{R}=\emptyset$.

证明 令 $\lambda\in\sigma_r(H)\cap\mathrm{i}\mathbb{R}$, 则 $\lambda=-\overline{\lambda}$ 且 $\overline{\lambda}\in\sigma_p(H^*)$. 再考虑 $-H$ 和 H^* 的相似性得, $-\overline{\lambda}\in\sigma_p(H)$, 即 $\lambda\in\sigma_p(H)$, 这与 $\lambda\in\sigma_r(H)$ 矛盾. 于是, $\sigma_r(H)\cap\mathrm{i}\mathbb{R}=\emptyset$. 结论证毕. ▮

下面探讨主对角无穷维 Hamilton 算子剩余谱的分布问题.

定理 2.2.8 令 $H=\begin{bmatrix} A & 0 \\ 0 & -A^* \end{bmatrix}:\mathscr{D}(A)\times\mathscr{D}(A^*)\to X\times X$ 为主对角无穷维 Hamilton 算子, 则 $\sigma_r(H)\subset\mathbb{C}_+$ 当且仅当

$$(\sigma_{p,12}(A)\setminus\sigma_{com}(-A^*))\cup(\sigma_{p,12}(-A^*)\setminus\sigma_{com}(A))\subset\mathbb{C}_-,$$

其中 $\mathbb{C}_-,\mathbb{C}_+$ 分别表示左、右开半平面, $\sigma_{p,12}(A)=\sigma_{p,1}(A)\cup\sigma_{p,2}(A)$.

证明 由引理 2.1.2 可知 $\lambda\in\sigma_r(H)$ 当且仅当 $-\overline{\lambda}\in\sigma_{p,12}(H)$. 另一方面, 容易证明

$$\sigma_{p,12}(H)=(\sigma_{p,12}(A)\setminus\sigma_{com}(-A^*))\cup(\sigma_{p,12}(-A^*)\setminus\sigma_{com}(A)).$$

事实上, $\sigma_{p,12}(H) \supset (\sigma_{p,12}(A) \setminus \sigma_{com}(-A^*)) \cup (\sigma_{p,12}(-A^*) \setminus \sigma_{com}(A))$ 是显然的. 为了证明反包含关系, 令 $\lambda \in \sigma_{p,12}(H)$, 则考虑

$$\sigma_p(H) = \sigma_{p,12}(A) \cup \sigma_{p,34}(A) \cup \sigma_{p,12}(-A^*) \cup \sigma_{p,34}(-A^*),$$

当 $\lambda \in \sigma_{p,12}(A)$ 时, 由 $\lambda \in \sigma_{p,12}(H)$ 得 $\mathcal{R}(-A^* - \lambda I)$ 稠密, 即 $\lambda \notin \sigma_{com}(-A^*)$, 其中 $\sigma_{p,34}(A) = \sigma_{p,3}(A) \cup \sigma_{p,4}(A)$.

当 $\lambda \notin \sigma_{p,12}(A)$ 时, 考虑 $\lambda \in \sigma_{p,12}(H)$, 得 $\lambda \in \sigma_{p,12}(-A^*)$ 且 $\mathcal{R}(A - \lambda I)$ 稠密, 即 $\lambda \in \sigma_{p,12}(-A^*) \setminus \sigma_{com}(A)$. 结论证毕. ∎

下面我们将给出主对角无穷维 Hamilton 算子两类剩余谱的刻画.

定理 2.2.9 令 $H = \begin{bmatrix} A & 0 \\ 0 & -A^* \end{bmatrix} : \mathscr{D}(A) \times \mathscr{D}(A^*) \to X \times X$ 为主对角无穷维 Hamilton 算子, 则

(i) $\sigma_{r,1}(H) = (\sigma_{r,1}(A) \setminus \sigma_{ap}(-A^*)) \cup (\sigma_{r,1}(-A^*) \setminus \sigma_{ap}(A))$;

(ii) $\sigma_{r,2}(H) = \Delta_1 \cup \Delta_2$,

其中

$$\Delta_1 = (\sigma_{r,1}(A) \cap \sigma_c(-A^*)) \cup (\sigma_{r,2}(A) \setminus \sigma_p(-A^*)),$$
$$\Delta_2 = (\sigma_{r,1}(-A^*) \cap \sigma_c(A)) \cup (\sigma_{r,2}(-A^*) \setminus \sigma_p(A)).$$

证明 (i) 考虑当 $\lambda \notin \sigma_{ap}(A)$ 时, $\lambda \in \rho(A) \cup \sigma_{r,1}(A)$, 关系式

$$\sigma_{r,1}(H) \supset (\sigma_{r,1}(A) \setminus \sigma_{ap}(-A^*)) \cup (\sigma_{r,1}(-A^*) \setminus \sigma_{ap}(A))$$

的证明是显然的. 下面证明反包含关系: 令 $\lambda \in \sigma_{r,1}(H)$ 且 $\lambda \notin (\sigma_{r,1}(A) \setminus \sigma_{ap}(-A^*))$, 则可以断言 $\lambda \notin \sigma_{r,1}(A)$. 再由 $A - \lambda I$ 和 $-A^* - \lambda I$ 为单射且 $\mathcal{R}(A - \lambda I)$ 和 $\mathcal{R}(-A^* - \lambda I)$ 为闭集, 得 $\lambda \in \rho(A)$, 即 $\lambda \notin \sigma_{ap}(A)$. 又因为 $\mathcal{R}(H - \lambda I)$ 不稠密, 再考虑 $\lambda \in \rho(A)$, 得 $\lambda \in \sigma_{r,1}(-A^*)$, 即 $\lambda \in (\sigma_{r,1}(-A^*) \setminus \sigma_{ap}(A))$.

(ii) 关系式

$$\sigma_{r,2}(H) \supset \Delta_1 \cup \Delta_2$$

的证明是显然的. 下面证明反包含关系: 令 $\lambda \in \sigma_{r,2}(H)$ 且 $\lambda \notin \Delta_1$, 则由 $\lambda \notin (\sigma_{r,2}(A) \setminus \sigma_p(-A^*))$ 得 $\lambda \notin \sigma_{r,2}(A)$. 再考虑 $\lambda \notin (\sigma_{r,1}(A) \cap \sigma_c(-A^*))$, 得 $\lambda \in (\rho(A) \cup \sigma_c(A)) \cup (\sigma_r(-A^*) \cup \rho(-A^*))$. 又因为 $\mathcal{R}(H-\lambda I)$ 不稠密, 故 $\lambda \in \sigma_r(-A^*)$. 当 $\lambda \in \sigma_{r,1}(-A^*)$ 时, 考虑到 $\mathcal{R}(H-\lambda I)$ 不闭, 得 $\lambda \in \sigma_c(A)$. 当 $\lambda \in \sigma_{r,2}(-A^*)$ 时, 考虑到 $H-\lambda I$ 是单射, 得 $\lambda \notin \sigma_p(A)$, 即 $\lambda \in \Delta_2$. 结论证毕. ▮

根据上述结论, 下列推论是显然的.

推论 2.2.10 令 $H = \begin{bmatrix} A & 0 \\ 0 & -A^* \end{bmatrix} : \mathscr{D}(A) \times \mathscr{D}(A^*) \to X \times X$ 为主对角无穷维 Hamilton 算子, 如果 $\sigma(A) \cap \sigma(-A^*) = \emptyset$, 则

(i) $\sigma_{r,1}(H) = \sigma_{r,1}(A) \cup \sigma_{r,1}(-A^*)$;

(ii) $\sigma_{r,2}(H) = \sigma_{r,2}(A) \cup \sigma_{r,2}(-A^*)$.

下面将给出具体例子, 说明判别准则的有效性.

例 2.2.5 在 Hilbert 空间 $X = \ell^2[1,\infty)$ 上定义线性算子 S_r, S_l 为

$$S_r x = (0, x_1, x_2, x_3, \cdots),$$
$$S_l x = (x_2, x_3, x_4, \cdots),$$

其中 $x = (x_1, x_2, x_3, \cdots) \in X$, 则经计算易得

$$S_l^* = S_r$$

且

$$\sigma_r(S_l) = \emptyset,$$
$$\sigma_p(S_r) = \emptyset,$$
$$\sigma_r(S_r) = \sigma_{r,1}(S_r) = \{\lambda \in \mathbb{C} : |\lambda| < 1\}.$$

定义主对角无穷维 Hamilton 算子

$$H = \begin{bmatrix} A & 0 \\ 0 & -A^* \end{bmatrix} = \begin{bmatrix} S_l & 0 \\ 0 & -S_r \end{bmatrix},$$

则经计算易得 $\sigma_r(H)=\emptyset$. 另一方面, 考虑

$$\sigma_r(A)=\sigma_p(-A^*)=\emptyset$$

和

$$\sigma_r(-A^*)=\sigma_p(A)=\{\lambda\in\mathbb{C}:|\lambda|<1\},$$

有 $\sigma_r(A)\setminus\sigma_p(-A^*)=\emptyset$ 且 $\sigma_r(-A^*)\setminus\sigma_p(A)=\emptyset$, 由定理 2.2.6 即得 $\sigma_r(H)=\emptyset$. 与结论吻合.

2.2.3 主对角无穷维 Hamilton 算子的连续谱

在这一节我们将探讨主对角无穷维 Hamilton 算子连续谱的基本性质. 主对角无穷维 Hamilton 算子

$$H=\begin{bmatrix} A & 0 \\ 0 & -A^* \end{bmatrix}:\mathscr{D}(A)\times\mathscr{D}(A^*)\to X\times X,$$

考虑

$$(JH)^*=JH,$$

其中 $J=\begin{bmatrix} 0 & I \\ -I & 0 \end{bmatrix}$, 易得 $\lambda\in\sigma_c(H)$ 当且仅当 $-\overline{\lambda}\in\sigma_c(H)$, 即, 连续谱关于虚轴对称. 下面将给出主对角无穷维 Hamilton 算子连续谱的具体分布.

定理 2.2.10 令 $H=\begin{bmatrix} A & 0 \\ 0 & -A^* \end{bmatrix}:\mathscr{D}(A)\times\mathscr{D}(A^*)\to X\times X$ 是主对角无穷维 Hamilton 算子, 则

$$\sigma_c(H)=(\sigma_c(A)\cap\rho(-A^*))\cup(\sigma_c(-A^*)\cap\rho(A))\cup(\sigma_c(A)\cap\sigma_c(-A^*)).$$

证明 关系式

$$\sigma_c(H)\supset(\sigma_c(A)\cap\rho(-A^*))\cup(\sigma_c(-A^*)\cap\rho(A))\cup(\sigma_c(A)\cap\sigma_c(-A^*))$$

的证明是显然的. 下面证明反包含关系: 令 $\lambda \in \sigma_c(H)$ 且 $\lambda \notin (\sigma_c(A) \cap \rho(-A^*)) \cup (\sigma_c(-A^*) \cap \rho(A))$, 则由 $\lambda \in \sigma_c(H)$ 可知

$$\lambda \in (\sigma(A) \cap \sigma(-A^*)).$$

因为 $\overline{\mathcal{R}(A - \lambda I)} = \overline{\mathcal{R}(-A^* - \lambda I)} = X$, 故 $\lambda \in (\sigma_c(A) \cap \sigma_c(-A^*))$. 结论证毕. ▮

当 $\sigma(A) \cap \sigma(-A^*) = \emptyset$ 时, 容易证明

$$\sigma_c(A) \cap \rho(-A^*) = \sigma_c(A) \backslash \sigma(-A^*) = \sigma_c(A),$$
$$\sigma_c(-A^*) \cap \rho(A) = \sigma_c(-A^*) \backslash \sigma(A) = \sigma_c(-A^*).$$

于是得到下列推论.

推论 2.2.11 令 $H = \begin{bmatrix} A & 0 \\ 0 & -A^* \end{bmatrix} : \mathscr{D}(A) \times \mathscr{D}(A^*) \to X \times X$ 为主对角无穷维 Hamilton 算子, 如果 $\sigma(A) \cap \sigma(-A^*) = \emptyset$, 则 $\sigma_c(H) = \sigma_c(A) \cup \sigma_c(-A^*)$.

下面是主对角无穷维 Hamilton 算子连续谱的另一种刻画形式.

定理 2.2.11 令 $H = \begin{bmatrix} A & 0 \\ 0 & -A^* \end{bmatrix} : \mathscr{D}(A) \times \mathscr{D}(A^*) \to X \times X$ 为主对角无穷维 Hamilton 算子, 如果 $\sigma_c(A) \subset \sigma(-A^*)$ 或者 $\sigma_c(-A^*) \subset \sigma(A)$, 则 $\sigma_c(H) = \sigma_c(A) \cap \sigma_c(-A^*)$.

证明 当 $\sigma_c(A) \subset \sigma(-A^*)$ 时, 容易证明 $\sigma_c(-A^*) \subset \sigma(A)$. 事实上, 令 $\lambda \in \sigma_c(-A^*)$, 则 $-\overline{\lambda} \in \sigma_c(A)$. 考虑 $\sigma_c(A) \subset \sigma(-A^*)$, 得 $-\overline{\lambda} \in \sigma(-A^*)$, 即 $\lambda \in \sigma(A)$. 于是, $\sigma_c(-A^*) \subset \sigma(A)$. 进而有

$$\sigma_c(A) \cap \rho(-A^*) = \sigma_c(A) \backslash \sigma(-A^*) = \emptyset,$$
$$\sigma_c(-A^*) \cap \rho(A) = \sigma_c(-A^*) \backslash \sigma(A) = \emptyset.$$

由定理 2.2.10 即得 $\sigma_c(H) = \sigma_c(A) \cap \sigma_c(-A^*)$. 同理, 当 $\sigma_c(-A^*) \subset \sigma(A)$ 时, 易证 $\sigma_c(A) \subset \sigma(-A^*)$. 于是, 结论证毕. ▮

线性算子连续谱是非常不稳定的, 即使在退化扰动下也不稳定, 而这种特性给理论研究和实际问题的解决带来不便. 所以, 系统对应的线性算子连续谱是否为空集的问题显得格外重要. 下面我们将回答主对角无穷维 Hamilton 算子的连续谱何时为空集的问题.

定理 2.2.12 令 $H = \begin{bmatrix} A & 0 \\ 0 & -A^* \end{bmatrix} : \mathscr{D}(A) \times \mathscr{D}(A^*) \to X \times X$ 为主对角无穷维 Hamilton 算子, 则 $\sigma_c(H) = \emptyset$ 当且仅当 $\sigma_c(A) \subset \sigma(-A^*)$ 且 $\sigma_c(A) \cap \sigma_c(-A^*) = \emptyset$. 等价地还有, $\sigma_c(H) = \emptyset$ 当且仅当 $\sigma_c(-A^*) \subset \sigma(A)$ 且 $\sigma_c(A) \cap \sigma_c(-A^*) = \emptyset$. 特别地, 如果 $\sigma_c(A) = \emptyset$, 则 $\sigma_c(H) = \emptyset$.

证明 考虑 $\sigma_c(A) \subset \sigma(-A^*)$ 当且仅当 $\sigma_c(-A^*) \subset \sigma(A)$ 和 $\sigma_c(A) = \emptyset$ 当且仅当 $\sigma_c(-A^*) = \emptyset$, 再由定理 2.2.10, 结论即可得证. ∎

由推论 2.2.11 易得下列结论.

推论 2.2.12 令 $H = \begin{bmatrix} A & 0 \\ 0 & -A^* \end{bmatrix} : \mathscr{D}(A) \times \mathscr{D}(A^*) \to X \times X$ 为主对角无穷维 Hamilton 算子, 如果 $\sigma(A) \cap \sigma(-A^*) = \emptyset$, 则 $\sigma_c(H) = \emptyset$ 当且仅当 $\sigma_c(A) = \emptyset$.

注 2.2.5 结合正则点的定义和近似点谱的定义容易证明, 对角无穷维 Hamilton 算子 H 有

$$\sigma_{ap}(H) = \sigma_{ap}(A) \cup \sigma_{ap}(-A^*),$$

$$\sigma(H) = \sigma(A) \cup \sigma(-A^*).$$

于是, 对角无穷维 Hamilton 算子的谱集关于虚轴对称.

下面将给出具体例子, 说明判别准则的有效性.

例 2.2.6 在 Hilbert 空间 $X = \ell^2[1, \infty)$ 上定义线性算子 S_r, S_l 为

$$S_r x = (0, x_1, x_2, x_3, \cdots),$$

$$S_l x = (x_2, x_3, x_4, \cdots),$$

其中 $x = (x_1, x_2, x_3, \cdots) \in X$, 则经计算易得

$$S_l^* = S_r$$

且

$$\sigma_c(S_r) = \sigma_c(S_r) = \{\lambda \in \mathbb{C} : |\lambda| = 1\},$$
$$\rho(S_r) = \rho(S_r) = \{\lambda \in \mathbb{C} : |\lambda| > 1\}.$$

定义主对角无穷维 Hamilton 算子

$$H = \begin{bmatrix} A & 0 \\ 0 & -A^* \end{bmatrix} = \begin{bmatrix} S_l & 0 \\ 0 & -S_r \end{bmatrix},$$

则经计算易得

$$\sigma_c(H) = \{\lambda \in \mathbb{C} : |\lambda| = 1\}.$$

另一方面, 考虑 $\sigma_c(A) \cap \rho(-A^*) = \emptyset$ 和 $\sigma_c(-A^*) \cap \rho(A) = \emptyset$, 由定理 2.2.10 即得

$$\sigma_c(H) = \sigma_c(A) \cap \sigma_c(-A^*) = \{\lambda \in \mathbb{C} : |\lambda| = 1\}.$$

与结论吻合.

2.2.4 主对角无穷维 Hamilton 算子的本质谱

下面开始讨论主对角无穷维 Hamilton 算子的本质谱.

定理 2.2.13 令 $H = \begin{bmatrix} A & 0 \\ 0 & -A^* \end{bmatrix} : \mathscr{D}(A) \times \mathscr{D}(A^*) \to X \times X$ 为主对角无穷维 Hamilton 算子, 如果存在 $\lambda \in \mathrm{i}\mathbb{R}$ 使得 $A - \lambda I$ 是 Fredholm 算子, 则 $H - \lambda I$ 是 Weyl 算子.

证明 对任意的 $\lambda \in \mathrm{i}\mathbb{R}$ 有

$$H - \lambda I = \begin{bmatrix} A - \lambda I & 0 \\ 0 & -A^* - \lambda I \end{bmatrix} = \begin{bmatrix} A - \lambda I & 0 \\ 0 & -(A - \lambda I)^* \end{bmatrix}.$$

当 $A-\lambda I$ 是 Fredholm 算子时, 容易证明 $H-\lambda I$ 是 Fredholm 算子且

$$\begin{aligned}\dim \mathbb{N}(H-\lambda I) &= \dim \mathbb{N}(A-\lambda I) + \dim \mathbb{N}(A-\lambda I)^* \\ &= \dim \mathbb{N}(A-\lambda I) + \dim \mathcal{R}(A-\lambda I)^{\perp} < \infty, \\ \dim \mathcal{R}(H-\lambda I)^{\perp} &= \dim \mathcal{R}(A-\lambda I)^{\perp} + \dim \mathcal{R}(A^*-\overline{\lambda} I)^{\perp} \\ &= \dim \mathcal{R}(A-\lambda I)^{\perp} + \dim \mathbb{N}(A-\lambda I) < \infty,\end{aligned}$$

即 $\operatorname{ind}(H-\lambda I)=0$. 结论证毕. ∎

考虑主对角无穷维 Hamilton 算子的辛自伴性, 下列结论是显然的.

定理 2.2.14 令 $H=\begin{bmatrix} A & 0 \\ 0 & -A^* \end{bmatrix}: \mathscr{D}(A)\times\mathscr{D}(A^*)\to X\times X$ 为主对角无穷维 Hamilton 算子, 则

(i) $\lambda\in\sigma_{e,1}(H)$ 当且仅当 $-\overline{\lambda}\in\sigma_{e,2}(H)$;

(ii) $\lambda\in\sigma_{e,i}(H)$ 当且仅当 $-\overline{\lambda}\in\sigma_{e,i}(H), i=3,4,5,6$;

(iii) $\lambda\in\sigma_{e,7}(H)$ 当且仅当 $-\overline{\lambda}\in\sigma_{e,8}(H)$.

定理 2.2.15 令 $H=\begin{bmatrix} A & 0 \\ 0 & -A^* \end{bmatrix}: \mathscr{D}(A)\times\mathscr{D}(A^*)\to X\times X$ 为主对角无穷维 Hamilton 算子, 则

(i) $\sigma_{e,i}(H)=\sigma_{e,i}(A)\cup\sigma_{e,i}(-A^*), i=1,2,4$;

(ii) $\sigma_{e,3}(H)\supset\sigma_{e,3}(A)\cup\sigma_{e,3}(-A^*)$;

(iii) $\sigma_{e,i}(H)\subset\sigma_{e,i}(A)\cup\sigma_{e,i}(-A^*), i=5,6,7,8$.

证明 (i) 只证明 $\sigma_{e,1}(H)=\sigma_{e,1}(A)\cup\sigma_{e,1}(-A^*)$, 其他情形完全类似. 当 $\lambda\in\triangle_1(A)\cap\triangle_1(-A^*)$ 时, 易得 $\mathcal{R}(H-\lambda I)$ 是闭集且

$$\dim \mathbb{N}(H-\lambda I) = \dim \mathbb{N}(A-\lambda I) + \dim \mathbb{N}(-A^*-\lambda I) < \infty,$$

从而 $\lambda\in\triangle_1(H-\lambda I)$, 即 $\sigma_{e,1}(H)\subset\sigma_{e,1}(A)\cup\sigma_{e,1}(-A^*)$. 反之, 当 $\lambda\in\triangle_1(H)$ 时, 易得 $\mathcal{R}(A-\lambda I),\mathcal{R}(-A^*-\lambda I)$ 是闭集且考虑

$$\dim \mathbb{N}(H-\lambda I) = \dim \mathbb{N}(A-\lambda I) + \dim \mathbb{N}(-A^*-\lambda I),$$

即得 $\dim \mathbb{N}(A-\lambda I)<\infty$ 且 $\dim \mathbb{N}(-A^*-\lambda I)<\infty$, 于是 $\sigma_{e,1}(H)\supset\sigma_{e,1}(A)\cup\sigma_{e,1}(-A^*)$.

(ii) 当 $\lambda\in\triangle_3(H)$ 时, 由 (i) 可知 $\lambda\in\triangle_3(A)\cap\triangle_3(-A^*)$, 从而结论成立.

(iii) 只证明 $\sigma_{e,5}(H)\subset\sigma_{e,5}(A)\cup\sigma_{e,5}(-A^*)$, 其他情形完全类似. 当 $\lambda\in\triangle_5(A)\cap\triangle_5(-A^*)$ 时, 易得 $\mathcal{R}(H-\lambda I)$ 闭且

$$\dim \mathbb{N}(H-\lambda I)=\dim \mathbb{N}(A-\lambda I)+\dim \mathbb{N}(-A^*-\lambda I)<\infty,$$
$$\dim \mathcal{R}(H-\lambda I)^\perp=\dim \mathcal{R}(A-\lambda I)^\perp+\dim \mathcal{R}(-A^*-\lambda I)^\perp<\infty,$$
$$\operatorname{ind}(H-\lambda I)=\operatorname{ind}(A-\lambda I)+\operatorname{ind}(-A^*-\lambda I)=0.$$

于是 $\sigma_{e,5}(H)\subset\sigma_{e,5}(A)\cup\sigma_{e,5}(-A^*)$ 成立. 结论证毕. ▮

注 2.2.6 对于主对角无穷维 Hamilton 算子而言, $\operatorname{ind}(H)=0$ 不一定蕴含 $\operatorname{ind}(A)=0$. 于是, 上述定理的结论 (ii) 和 (iii) 中的等号不一定成立. 例如, 令

$$H=\begin{bmatrix} A & 0\\ 0 & -A^*\end{bmatrix},$$

其中线性算子 $A:\ell^2\to\ell^2$ 定义为

$$Ax=(x_1,x_3,x_5,\cdots)$$

其中 $x=(x_1,x_2,x_3,\cdots)\in\ell^2$, 则易知

$$\dim \mathbb{N}(A)=+\infty,\dim \mathcal{R}(A)^\perp=0,$$
$$\dim \mathbb{N}(H)=\dim \mathcal{R}(H)^\perp=+\infty,$$

即, $0\in\triangle_3(A)\cap\triangle_3(-A^*)$. 但是, $0\notin\triangle_3(H)$.

再令

$$H=\begin{bmatrix} A & 0\\ 0 & -A^*\end{bmatrix}=\begin{bmatrix} S_l & 0\\ 0 & -S_r\end{bmatrix},$$

其中 S_l,S_r 分别是左移算子和右移算子. 经计算易得 $\operatorname{ind}(H)=0$, 但 $\operatorname{ind}(A)\neq 0$.

2.3 斜对角无穷维 Hamilton 算子的谱

对于无穷维 Hamilton 算子

$$H=\begin{bmatrix} A & B \\ C & -A^* \end{bmatrix}: \mathscr{D}(H)\subseteq X\times X\to X\times X$$

而言, 当 $A=0$ 时称 H 为斜对角无穷维 Hamilton 算子. 这一节, 我们将探讨斜对角无穷维 Hamilton 算子的点谱、剩余谱、连续谱以及本质谱的基本性质. 下面是斜对角无穷维 Hamilton 算子的具体例子.

例 2.3.1 波动方程

$$\begin{cases} \dfrac{\partial^2 u}{\partial t^2}=\dfrac{\partial^2 u}{\partial x^2}, \\ u(0,t)=u(1,t)=0, \\ u(x,0)=\varphi(x), u_t(x,0)=\phi(x) \end{cases}$$

对应的无穷维 Hamilton 系统为

$$\frac{\partial}{\partial t}\begin{bmatrix} u \\ v \end{bmatrix}=\begin{bmatrix} 0 & I \\ \dfrac{\partial^2}{\partial x^2} & 0 \end{bmatrix}\begin{bmatrix} u \\ v \end{bmatrix},$$

其中 $\frac{\partial v}{\partial t}=\frac{\partial^2 u}{\partial x^2}$. 令 $X=L^2[0,1]$, 则得到如下斜对角无穷维 Hamilton 算子

$$H=\begin{bmatrix} A & B \\ C & -A^* \end{bmatrix}=\begin{bmatrix} 0 & I \\ \dfrac{\mathrm{d}^2}{\mathrm{d}x^2} & 0 \end{bmatrix},$$

其中 $\mathscr{D}(C)=\{x\in X: x'$ 绝对连续$, x', x''\in X, x(0)=x(1)=0\}$.

定理 2.3.1 设 $H=\begin{bmatrix} 0 & B \\ C & 0 \end{bmatrix}$ 是斜对角无穷维 Hamilton 算子, 则算子 H 与 $-H, H^*, -H^*$ 是相似算子.

证明 容易证明

$$H=J_1(-H)J_1, H=J_2(H^*)J_2, H=J_3(-H^*)J_3,$$

其中

$$J_1=\begin{bmatrix} I & 0 \\ 0 & -I \end{bmatrix}, J_2=\begin{bmatrix} 0 & I \\ I & 0 \end{bmatrix}, J_3=\begin{bmatrix} 0 & \mathrm{i}I \\ -\mathrm{i}I & 0 \end{bmatrix},$$

且满足 $J_1=J_1^{-1}$, $J_2=J_2^{-1}$, $J_3=J_3^{-1}$, 从而结论得证. ∎

2.3.1 斜对角无穷维 Hamilton 算子的点谱

定义 2.3.1 对称算子 T 称为非负算子, 如果对全部 $x\in\mathscr{D}(T)$ 有 $(Tx,x)\geqslant 0$; 如果 T 或者 $-T$ 是非负算子, 则称 T 为半定算子.

为了讨论斜对角无穷维 Hamilton 算子的点谱, 首先给出下列引理.

引理 2.3.1 设 $T:\mathscr{D}(T)\subset X\to X$ 是 Hilbert 空间 X 中的非负算子, 如果存在 $x_0\in\mathscr{D}(T)$ 使得 $(Tx_0,x_0)=0$, 则 $Tx_0=0$.

证明 定义 $[x,y]_T=(Tx,y)$, 则易证 $[x,y]_T$ 是准内积. 记 $Y=\mathscr{D}(T)$, 则对任意的 $x\in Y$ 有

$$[x,x]_T\geqslant 0.$$

由于在准内积空间 $\{Y,[\cdot,\cdot]_T\}$ 中 Schwarz 不等式成立, 故对任意的 $x,y\in Y$ 有

$$|[x,y]_T|^2\leqslant [x,x]_T[y,y]_T.$$

而由于 $[x_0,x_0]_T=0$, 从而对任意的 $y\in Y$ 有

$$|[x_0,y]_T|^2\leqslant [x_0,x_0]_T[y,y]_T=0.$$

即

$$(Tx_0,y)=0,$$

而由于 $\overline{\mathscr{D}(T)}=X$, 所以有 $Tx_0=0$. 结论证毕. ∎

引理 2.3.2 设 B,C 是 Hilbert 空间 X 中的线性算子 (不一定有界), 则 $\sigma_p(BC)\backslash\{0\}=\sigma_p(CB)\backslash\{0\}$.

证明 当 $\lambda \in \sigma_p(BC)\backslash\{0\}$ 时, 存在 $x_0 \neq 0$ 使得

$$BCx_0 = \lambda x_0.$$

从而 $BCx_0 \in \mathscr{D}(C)$ 且

$$CB(Cx_0) = C(BCx_0) = \lambda Cx_0.$$

由 $\lambda \neq 0$ 可知 $Cx_0 \neq 0$, 因此 $\lambda \in \sigma_p(CB)\backslash\{0\}$ 且对应的一个特征向量为 Cx_0. 当 $\lambda \in \sigma_p(CB)\backslash\{0\}$ 时, $\lambda \in \sigma_p(BC)\backslash\{0\}$ 的证明完全类似. ∎

一般情况下, $0 \in \sigma_p(CB)$ 不一定蕴含 $0 \in \sigma_p(BC)$.

例 2.3.2 令 $X = l^2$, 对任意的 $x = (x_1, x_2, x_3, \cdots) \in l^2$ 定义线性算子

$$\begin{aligned} Bx &= (x_2, x_3, \cdots), \\ Cx &= (0, x_1, x_2, x_3, \cdots), \end{aligned}$$

则

$$\begin{aligned} CBx &= (0, x_2, x_3, \cdots), \\ BCx &= (x_1, x_2, x_3, \cdots). \end{aligned}$$

显然, $0 \in \sigma_p(CB)$ 但 $0 \notin \sigma_p(BC)$.

注 2.3.1 当 B, C 是全空间上定义的有界线性算子时, 对任意的 $\lambda \neq 0$ 有

$$\begin{bmatrix} \lambda I - CB & 0 \\ 0 & I \end{bmatrix} = F(\lambda) \begin{bmatrix} \lambda I - BC & 0 \\ 0 & I \end{bmatrix} E(\lambda),$$

其中

$$E(\lambda) = \begin{bmatrix} -\lambda^{-1}B & \lambda^{-1}I \\ \lambda I - CB & C \end{bmatrix}, \quad F(\lambda) = \begin{bmatrix} -C & I - \lambda^{-1}CB \\ I & \lambda^{-1}B \end{bmatrix}$$

且

$$E(\lambda)^{-1} = \begin{bmatrix} -C & \lambda^{-1}I \\ \lambda I - BC & \lambda^{-1}B \end{bmatrix}, F(\lambda)^{-1} = \begin{bmatrix} \lambda^{-1}B & \lambda^{-1}BC + I \\ I & C \end{bmatrix}.$$

于是 CB 和 BC 非零的谱集是一样的. 然而, 对于无界算子, 上述结论不一定成立. 比如, 令

$$B=\begin{bmatrix} I & S \\ 0 & S \end{bmatrix},\ C=\begin{bmatrix} I & 0 \\ 0 & S^{-1} \end{bmatrix},$$

其中 S 是无界稠定闭算子且 $0\in\rho(S)$, 则

$$BC=\begin{bmatrix} I & I \\ 0 & I \end{bmatrix},\ CB=\begin{bmatrix} I & S \\ 0 & I \end{bmatrix}.$$

经计算, $\sigma(BC)=\{1\},\sigma(CB)=\mathbb{C}$, 显然 $\sigma(BC)\backslash\{0\}\neq\sigma(CB)\backslash\{0\}$.

为了讨论关系式 $\sigma(BC)\backslash\{0\}=\sigma(CB)\backslash\{0\}$ 何时成立的问题, 下面将要给出几个引理.

引理 2.3.3 令 $T=\begin{bmatrix} 0 & B \\ C & 0 \end{bmatrix}$ 是闭算子, 如果 BC,CB 稠定且 $\lambda\in\rho(T)$, 则

$$\lambda^2\in\rho(BC)\cap\rho(CB).$$

而且算子

$$(CB-\lambda^2 I)^{-1}C,\ \ B(CB-\lambda^2 I)^{-1}C$$

在它们的定义域 $\mathscr{D}(C)$ 上有界; 算子

$$(BC-\lambda^2 I)^{-1}B,\ \ C(BC-\lambda^2 I)^{-1}B$$

在它们的定义域 $\mathscr{D}(B)$ 上有界; 当 $\lambda\neq 0$ 时

$$\begin{aligned}(T-\lambda I)^{-1}&=\begin{bmatrix} -\dfrac{1}{\lambda}+\dfrac{1}{\lambda}\overline{B(CB-\lambda^2 I)^{-1}C} & B(CB-\lambda^2 I)^{-1} \\ \overline{(CB-\lambda^2 I)^{-1}C} & \lambda(CB-\lambda^2 I)^{-1} \end{bmatrix}\\ &=\begin{bmatrix} \lambda(BC-\lambda^2 I)^{-1} & \overline{(BC-\lambda^2 I)^{-1}B} \\ C(BC-\lambda^2 I)^{-1} & -\dfrac{1}{\lambda}+\dfrac{1}{\lambda}\overline{C(BC-\lambda^2 I)^{-1}B} \end{bmatrix}.\end{aligned}$$

证明 不妨设 $\lambda\in\rho(T)\backslash\{0\}$, 则考虑

$$T=J(-T)J,$$

其中 $J=\begin{bmatrix} I & 0 \\ 0 & -I \end{bmatrix}$, $J^{-1}=J^*=J$, 即得 $-\lambda\in\rho(T)$. 而

$$(T-\lambda I)(T+\lambda I)=(T+\lambda I)(T-\lambda I)=\begin{bmatrix} BC-\lambda^2 I & 0 \\ 0 & CB-\lambda^2 I \end{bmatrix},$$

于是 $\lambda^2\in\rho(BC)\cap\rho(CB)$.

由于

$$C(BC-\lambda^2 I)=(CB-\lambda^2 I)C,$$

两边同时右乘 $(BC-\lambda^2 I)^{-1}$, 再左乘 $(CB-\lambda^2 I)^{-1}$ 得

$$(CB-\lambda^2 I)^{-1}C=C(BC-\lambda^2 I)^{-1}|_{\mathscr{D}(C)}. \tag{2.3.1}$$

由于 $C(BC-\lambda^2 I)^{-1}$ 有界, 故 $(CB-\lambda^2 I)^{-1}C$ 在定义域 $\mathscr{D}(C)$ 上有界. 式 (2.3.1) 两边同时左乘 B 得

$$B(CB-\lambda^2 I)^{-1}C=BC(BC-\lambda^2 I)^{-1}=I|_{\mathscr{D}(C)}+\lambda^2(BC-\lambda^2 I)^{-1}|_{\mathscr{D}(C)},$$

即 $B(CB-\lambda^2 I)^{-1}C$ 在定义域 $\mathscr{D}(C)$ 上有界. 算子 $(BC-\lambda^2 I)^{-1}B, C(BC-\lambda^2 I)^{-1}B$ 在定义域 $\mathscr{D}(B)$ 上有界的证明类似.

又因为

$$(T-\lambda I)\begin{bmatrix} -\dfrac{1}{\lambda}+\dfrac{1}{\lambda}\overline{B(CB-\lambda^2 I)^{-1}C} & B(CB-\lambda^2 I)^{-1} \\ \overline{(CB-\lambda^2 I)^{-1}C} & \lambda(CB-\lambda^2 I)^{-1} \end{bmatrix}=\begin{bmatrix} I & 0 \\ 0 & I \end{bmatrix}$$

且

$$\begin{bmatrix} -\dfrac{1}{\lambda}+\dfrac{1}{\lambda}\overline{B(CB-\lambda^2 I)^{-1}C} & B(CB-\lambda^2 I)^{-1} \\ \overline{(CB-\lambda^2 I)^{-1}C} & \lambda(CB-\lambda^2 I)^{-1} \end{bmatrix}(T-\lambda I)=\begin{bmatrix} I|_{\mathscr{D}(C)} & 0 \\ 0 & I|_{\mathscr{D}(B)} \end{bmatrix},$$

于是, 考虑 $T-\lambda I$ 的闭性即得

$$(T-\lambda I)^{-1}=\begin{bmatrix} -\dfrac{1}{\lambda}+\dfrac{1}{\lambda}\overline{B(CB-\lambda^2 I)^{-1}C} & B(CB-\lambda^2 I)^{-1} \\ \overline{(CB-\lambda^2 I)^{-1}C} & \lambda(CB-\lambda^2 I)^{-1} \end{bmatrix}.$$

结论证毕. ▮

推论 2.3.1 当 $T=\begin{bmatrix}0 & B\\ C & 0\end{bmatrix}$ 满足 $\rho(T)\neq\emptyset$ 时, 如果 BC 稠定, 则 $(BC)^*=C^*B^*$. 如果 CB 稠定, 则 $(CB)^*=B^*C^*$.

证明 当 $\rho(T)\neq\emptyset$ 时, 令 $\lambda\in\rho(T)$, 则 $\lambda^2\in\rho(BC)\cap\rho(CB)$. 考虑 $\lambda\in\rho(T)$ 当且仅当 $\overline{\lambda}\in\rho(T^*)$, $T^*=\begin{bmatrix}0 & C^*\\ B^* & 0\end{bmatrix}$, 与引理 2.3.3 类似可证

$$\overline{\lambda^2}\in\rho(B^*C^*)\cap\rho(C^*B^*).$$

不妨设 BC 稠定, 则为了证明 $(BC)^*=C^*B^*$, 考虑到 $(BC)^*\supset C^*B^*$, 只需证明 $\mathscr{D}((BC)^*)\subset\mathscr{D}(C^*B^*)$ 即可. 设 $x^*\in\mathscr{D}((BC)^*)$, 由于 $\overline{\lambda^2}\in\rho(C^*B^*)$, 存在 $\widetilde{x}\in\mathscr{D}(C^*B^*)$ 使得

$$((BC)^*-\overline{\lambda^2}I)x^*=(C^*B^*-\overline{\lambda^2}I)\widetilde{x},$$

由于 $(BC)^*|_{\mathscr{D}(C^*B^*)}=C^*B^*$, $(C^*B^*-\overline{\lambda^2}I)\widetilde{x}=((BC)^*-\overline{\lambda^2}I)\widetilde{x}$, 于是得

$$((BC)^*-\overline{\lambda^2}I)(x^*-\widetilde{x})=0.$$

由 $\lambda^2\in\rho(BC)$ 知, $\overline{\lambda^2}\in\rho(BC)^*$, 从而 $x^*=\widetilde{x}$, 即 $\mathscr{D}((BC)^*)\subset\mathscr{D}(C^*B^*)$. ▮

引理 2.3.4 如果 $T=\begin{bmatrix}0 & B\\ C & 0\end{bmatrix}$ 是稠定闭算子, 且 BC, CB 稠定, 则 $\rho(T)=\{\lambda\in\mathbb{C}:\lambda^2\in\rho(BC)\cap\rho(CB)\}$.

证明 由引理 2.3.3 的证明过程知

$$\rho(T)\subset\{\lambda\in\mathbb{C}:\lambda^2\in\rho(BC)\cap\rho(CB)\}$$

是显然的.

反之, 当 $\lambda\in\{\lambda\in\mathbb{C}:\lambda^2\in\rho(BC)\cap\rho(CB)\}$ 时, 考虑

$$(T-\lambda I)(T+\lambda I)=\begin{bmatrix}BC-\lambda^2I & 0\\ 0 & CB-\lambda^2I\end{bmatrix},$$

得 $T-\lambda I$ 是满射. 再考虑

$$(T+\lambda I)(T-\lambda I)=\begin{bmatrix} BC-\lambda^2 I & 0 \\ 0 & CB-\lambda^2 I \end{bmatrix},$$

得 $T-\lambda I$ 是单射. 由于 T 闭, 于是 $\lambda\in\rho(T)$. ▮

定理 2.3.2 如果 $\rho(BC)\cap\rho(CB)\neq\emptyset$, 则 $\sigma(BC)\backslash\{0\}=\sigma(CB)\backslash\{0\}$.

证明 如果 $\rho(BC)\cap\rho(CB)\neq\emptyset$, 则由引理 2.3.4 知 $\rho(T)\neq\emptyset$. 因为 $\rho(T)$ 是开集, 不妨设 $\rho(T)\backslash\{0\}\neq\emptyset$, 且令 $\lambda\in\rho(T)\backslash\{0\}$, 则 $\lambda^2\in\rho(CB)\backslash\{0\}$, 即

$$\rho(T)\backslash\{0\}\subset\{\lambda\in\mathbb{C}:\lambda^2\in\rho(CB)\}\backslash\{0\}.$$

反之, 当 $\lambda\in\{\lambda\in\mathbb{C}:\lambda^2\in\rho(CB)\}\backslash\{0\}$ 时

$$(T-\lambda I)^{-1}=\begin{bmatrix} -\dfrac{1}{\lambda}+\dfrac{1}{\lambda}\overline{B(CB-\lambda^2 I)^{-1}C} & B(CB-\lambda^2 I)^{-1} \\ \overline{(CB-\lambda^2 I)^{-1}C} & \lambda(CB-\lambda^2 I)^{-1} \end{bmatrix},$$

即 $\lambda\in\rho(T)$, 于是

$$\rho(T)\backslash\{0\}=\{\lambda\in\mathbb{C}:\lambda^2\in\rho(CB)\}\backslash\{0\}.$$

同理还有

$$\rho(T)\backslash\{0\}=\{\lambda\in\mathbb{C}:\lambda^2\in\rho(BC)\}\backslash\{0\}.$$

综上得, $\rho(BC)\backslash\{0\}=\rho(CB)\backslash\{0\}$. 结论证毕. ▮

定理 2.3.3 如果 $\rho(BC)\neq\emptyset$ 且 $\rho(CB)\neq\emptyset$, 则 $\sigma(BC)\backslash\{0\}=\sigma(CB)\backslash\{0\}$.

证明 如果 $\rho(BC)\neq\emptyset$ 且 $\rho(CB)\neq\emptyset$, 则 $\rho(BC)\backslash\{0\}\neq\emptyset$ 且 $\rho(CB)\backslash\{0\}\neq\emptyset$. 由 $\rho(BC)\backslash\{0\}=\rho(CB)\backslash\{0\}$ 知

$$\rho(CB)\cap\rho(BC)\neq\emptyset.$$

由定理 2.3.2 知

$$\sigma(BC)\backslash\{0\}=\sigma(CB)\backslash\{0\}.$$

结论证毕. ▮

定理 2.3.4 设 $H=\begin{bmatrix}0 & B\\ C & 0\end{bmatrix}$ 是斜对角无穷维 Hamilton 算子, 则

(i) $\sigma_p(H)=\sigma_p(-H)=\sigma_p(H^*)=\sigma_p(-H^*)$;

(ii) $\sigma_{p,i}(H)=\sigma_{p,i}(-H)=\sigma_{p,i}(H^*)=\sigma_{p,i}(-H^*), i=1,2,3,4$;

(iii) $\lambda\in\sigma_p(H)$ 当且仅当 $\lambda^2\in\sigma_p(H^2)$;

(iv) $\lambda\in\sigma_{p,i}(H)$ 当且仅当 $\lambda^2\in\sigma_{p,i}(H^2), i=1,2$;

(v) $\lambda\in(\sigma_{p,3}(H)\cup\sigma_{p,4}(H))$ 当且仅当 $\lambda^2\in(\sigma_{p,3}(H^2)\cup\sigma_{p,4}(H^2))$.

证明 由定理 2.3.1 可知 H 与 $-H$, H^* 以及 $-H^*$ 是相似算子, 从而结论 (i) 和 (ii) 是显然的.

(iii) 当 $\lambda\in\sigma_p(H)$ 时, 由 (i) 可知 $-\lambda\in\sigma_p(H)$, 再考虑

$$H^2-\lambda^2 I=(H+\lambda I)(H-\lambda I)$$

即得 $\lambda^2\in\sigma_p(H^2)$. 反之, 当 $\lambda^2\in\sigma_p(H^2)$ 时, 考虑

$$H^2-\lambda^2 I=(H+\lambda I)(H-\lambda I)=(H-\lambda I)(H+\lambda I),$$

再由 H 和 $-H$ 的相似性即得 $\lambda\in\sigma_p(H)$.

(iv) $\lambda\in\sigma_{p,1}(H)$ 当且仅当 $\lambda^2\in\sigma_{p,1}(H^2)$ 的证明是显然的. 当 $\lambda\in\sigma_{p,2}(H)$ 时, $\overline{\lambda}\in\sigma_{r,2}(H^*)$ 且 $\mathcal{R}(H-\lambda I)$ 稠密但不满, 再由 (i) 可知 $\mathcal{R}(H+\lambda I)$ 稠密但不满, 从而可以断言 $\mathcal{R}(H^2-\lambda^2 I)$ 稠密但不满. 事实上, $\mathcal{R}(H^2-\lambda^2 I)$ 不满是显然的, 于是假定 $\mathcal{R}(H^2-\lambda^2 I)$ 不稠密, 则 $\overline{\lambda^2}\in\sigma_p((H^*)^2)$, 即 $\overline{\lambda}\in\sigma_p(H^*)$, 这与 $\overline{\lambda}\in\sigma_{r,2}(H^*)$ 矛盾. 于是, $\lambda\in\sigma_{p,2}(H)$ 当且仅当 $\lambda^2\in\sigma_{p,2}(H^2)$.

(v) 的证明与 (iv) 完全类似. ▮

定理 2.3.5 设 $H=\begin{bmatrix}0 & B\\ C & 0\end{bmatrix}$ 是斜对角无穷维 Hamilton 算子, 则

(i) $0\in\sigma_p(H)$ 当且仅当 $0\in\sigma_p(B)\cup\sigma_p(C)$;

(ii) $\sigma_p(H)=\{\lambda\in\mathbb{C}:\lambda^2\in\sigma_p(CB)\cup\sigma_p(BC)\}$;

(iii) 如果 B 或者 C 是一致正定算子, 则 $\sigma_p(H)\subset\mathbb{R}\cup\mathrm{i}\mathbb{R}$.

证明 (i) 的证明是平凡的. 下面证明 (ii): 关系式

$$\sigma_p(H)\subset\{\lambda\in\mathbb{C}:\lambda^2\in\sigma_p(CB)\cup\sigma_p(BC)\}$$

由 $\mathscr{D}(H^2)=\mathscr{D}(BC)\times\mathscr{D}(CB)$,

$$H^2=\begin{bmatrix} BC & 0 \\ 0 & CB \end{bmatrix},$$

以及

$$H^2-\lambda^2 I=(H+\lambda I)(H-\lambda I)$$

直接可证.

当 $\lambda^2\in\sigma_p(CB)\cup\sigma_p(BC)$ 时, $\lambda^2\in\sigma_p(H^2)$, 因此 $\lambda\in\sigma_p(H)\cup\sigma_p(-H)$. 由定理 2.3.1 有, $\sigma_p(H)=\sigma_p(-H)$, 从而 $\lambda\in\sigma_p(H)$, 即 $\sigma_p(H)=\{\lambda\in\mathbb{C}:\lambda^2\in\sigma_p(CB)\cup\sigma_p(BC)\}$.

(iii) 不妨设 B 是一致正定的. 令 $\lambda\in\sigma_p(H)$ 且对应的特征向量为 $\begin{bmatrix} f & g \end{bmatrix}^T$, 则易得 $f\neq 0$ 且

$$\lambda^2=\frac{(Cf,f)}{(B^{-1}f,f)}\in\mathbb{R}.$$

于是结论成立. ▮

下面将给出一类点谱和二类点谱的刻画.

定理 2.3.6 设 $H=\begin{bmatrix} 0 & B \\ C & 0 \end{bmatrix}$ 是斜对角无穷维 Hamilton 算子, 则

(i) $(\sigma_{p,1}(H)\cup\sigma_{p,2}(H))\cap\mathbb{R}=\emptyset$ 且 $(\sigma_{p,1}(H)\cup\sigma_{p,2}(H))\cap\mathrm{i}\mathbb{R}=\emptyset$;

(ii) $\sigma_{p,1}(H)=\{\lambda\in\mathbb{C}:\lambda^2\in\sigma_{p,1}(CB)\cap\sigma_{p,1}(BC)\}$;

(iii) $\sigma_{p,2}(H)=\{\lambda\in\mathbb{C}:\lambda^2\in(\sigma_{p,1}(BC)\cap\sigma_{p,2}(CB))\cup(\sigma_{p,2}(BC)\cap\sigma_{p,1}(CB))\cup(\sigma_{p,2}(BC)\cap\sigma_{p,2}(CB))\}$.

证明 (i) 只证明 $\sigma_{p,1}(H)\cap\mathbb{R}=\emptyset$, 其他情形的证明完全类似. 令 $\lambda\in\sigma_{p,1}(H)\cap\mathbb{R}$, 则 $\lambda=\overline{\lambda}$ 且 $\lambda\in\sigma_{r,1}(H^*)$, 即 $\lambda\in\sigma_{r,1}(H^*)$. 另一方面, 考虑 H 与 H^* 的相似性, 有 $\lambda\in\sigma_{p,1}(H^*)$, 推出矛盾.

(ii) 令 $\lambda\subset\sigma_{p,1}(H)$, 则考虑

$$(H-\lambda I)(H+\lambda I)=(H+\lambda I)(H-\lambda I)=\begin{bmatrix} BC-\lambda^2 I & 0 \\ 0 & CB-\lambda^2 I \end{bmatrix} \tag{2.3.2}$$

即得 $\lambda^2 \in \sigma_p(BC) \cup \sigma_p(CB)$, $\mathcal{R}(BC-\lambda^2 I) = X$ 且 $\mathcal{R}(CB-\lambda^2 I) = X$. 不妨设 $\lambda^2 \in \sigma_p(BC)$, 则由 $\mathcal{R}(BC-\lambda^2 I) = X$ 可知 $\lambda^2 \in \sigma_{p,1}(BC)$. 又考虑 $\lambda \neq 0$, 由引理 2.3.2 可知 $\lambda^2 \in \sigma_p(CB)$, 再由 $\mathcal{R}(CB-\lambda^2 I) = X$ 可知 $\lambda^2 \in \sigma_{p,1}(CB)$, 即关系式

$$\sigma_{p,1}(H) \subset \{\lambda \in \mathbb{C} : \lambda^2 \in \sigma_{p,1}(CB) \cap \sigma_{p,1}(BC)\}$$

成立. 反之, 当 $\lambda^2 \in \sigma_{p,1}(CB) \cap \sigma_{p,1}(BC)$ 时, $\lambda \in \sigma_p(H)$ 是显然的. 再考虑 $\mathcal{R}(BC-\lambda^2 I) = X$ 且 $\mathcal{R}(CB-\lambda^2 I) = X$, 由式 (2.3.2) 得 $H-\lambda I$ 是满射, 即, $\lambda \in \sigma_{p,1}(H)$.

(iii) 令 $\lambda \in \sigma_{p,2}(H)$, 则 $-\lambda \in \sigma_{p,2}(H)$, 从而 $\mathcal{R}(H^2-\lambda^2 I) \neq X \times X$ 是显然的. 下面证明 $\mathcal{R}(H^2-\lambda^2 I)$ 稠密: 假定 $\mathcal{R}(H^2-\lambda^2 I)$ 不稠密, 则 $\overline{\lambda^2} \in \sigma_p((H^*)^2)$, 即 $\overline{\lambda} \in \sigma_p(H^*)$. 另一方面, 由 $\lambda \in \sigma_{p,2}(H)$ 可知, $\overline{\lambda} \in \sigma_{r,2}(H^*)$, 推出矛盾. 于是 $\mathcal{R}(H^2-\lambda^2 I)$ 稠密.

当 $\lambda^2 \in \sigma_{p,1}(BC)$ 时, 考虑 $\lambda \neq 0$, 由引理 2.3.2 可知 $\lambda^2 \in \sigma_{p,2}(CB)$. 当 $\lambda^2 \in \sigma_{p,2}(BC)$ 时, 考虑 $\lambda \neq 0$, 由引理 2.3.2 可知 $\lambda^2 \in \sigma_{p,1}(CB) \cup \sigma_{p,2}(CB)$. 于是关系式

$$\begin{aligned}\sigma_{p,2}(H) \subset \{\lambda \in \mathbb{C} : \lambda^2 \in &(\sigma_{p,1}(BC) \cap \sigma_{p,2}(CB)) \cup (\sigma_{p,2}(BC) \cap \sigma_{p,1}(CB)) \\ &\cup (\sigma_{p,2}(BC) \cap \sigma_{p,2}(CB))\}\end{aligned}$$

成立. 反包含关系的证明是显然的. ∎

注 2.3.2 不难证明, 当斜对角无穷维 Hamilton 算子 H 的点谱非空时, 如果 $B \geqslant 0, C \geqslant 0$ 或者 $-B \geqslant 0, -C \geqslant 0$, 则 $\sigma_p(H) \subset \mathbb{R}$ 并且 $\lambda \in \sigma_p(H)$ 当且仅当 $-\lambda \in \sigma_p(H)$; 如果 $B \geqslant 0, -C \geqslant 0$ 或者 $-B \geqslant 0, C \geqslant 0$, 则 $\sigma_p(H) \subset \mathrm{i}\mathbb{R}$ 并且 $\lambda \in \sigma_p(H)$ 当且仅当 $-\lambda \in \sigma_p(H)$, 即, B, C 的符号相同则只有实点谱, 符号相反则只有纯虚点谱, 并且均正负成对地出现.

2.3.2 斜对角无穷维 Hamilton 算子的剩余谱

定理 2.3.7 设$H=\begin{bmatrix}0 & B\\ C & 0\end{bmatrix}$是斜对角无穷维Hamilton算子,则

(i) $\sigma_r(H)=\sigma_r(-H)=\sigma_r(H^*)=\sigma_r(-H^*)$;

(ii) $\sigma_{r,i}(H)=\sigma_{r,i}(-H)=\sigma_{r,i}(H^*)=\sigma_{r,i}(-H^*)$, $i=1,2$;

(iii) $\lambda\in\sigma_r(H)$当且仅当$\lambda^2\in\sigma_r(H^2)$.

证明 由定理 2.3.1 可知 H 与 $-H$, H^* 以及 $-H^*$ 相似, 从而结论 (i) 和 (ii) 是显然的.

(iii) 当 $\lambda\in\sigma_r(H)$ 时, $-\lambda\in\sigma_r(H)$, 从而 $H^2-\lambda^2 I$ 为单射. 再考虑 $\mathcal{R}(H-\lambda I)$ 不稠密即得 $\mathcal{R}(H^2-\lambda^2 I)$ 不稠密, 即 $\lambda^2\in\sigma_r(H^2)$. 反之, 当 $\lambda^2\in\sigma_r(H^2)$ 时, 易知 $H-\lambda I$ 为单射且 $H+\lambda I$ 为单射. 假定 $\overline{\mathcal{R}(H-\lambda I)}=X\times X$, 则 $\overline{\mathcal{R}(H+\lambda I)}=X\times X$, 故 $\lambda\in\sigma_c(H)$. 于是 $\overline{\lambda}\in\sigma_c(H^*)$ 且 $-\overline{\lambda}\in\sigma_c(H^*)$, 即, $(H^*)^2-\overline{\lambda}^2 I$ 是单射. 然而, 由 $\lambda^2\in\sigma_r(H^2)$ 可知 $(H^*)^2-\overline{\lambda}^2 I$ 不是单射, 推出矛盾. 于是 $\overline{\mathcal{R}(H-\lambda I)}\neq X\times X$, 即, $\lambda\in\sigma_r(H)$. 结论证毕. ∎

定理 2.3.8 设$H=\begin{bmatrix}0 & B\\ C & 0\end{bmatrix}$是斜对角无穷维Hamilton算子,则

(i) 剩余谱$\sigma_r(H)$与实轴以及虚轴无交点, 即$\sigma_r(H)\cap\mathbb{R}=\emptyset$且$\sigma_r(H)\cap\mathrm{i}\mathbb{R}=\emptyset$;

(ii) $\sigma_r(H)=\{\lambda\in\mathbb{C}:\overline{\lambda^2}\in\sigma_p(BC),\lambda^2\notin\sigma_p(BC)\}$;

(iii) $\sigma_r(H)=\{\lambda\in\mathbb{C}:\overline{\lambda^2}\in\sigma_p(CB),\lambda^2\notin\sigma_p(CB)\}$.

证明 (i) 假设存在 $\lambda\in\mathbb{R}$ 使得 $\lambda\in\sigma_r(H)$, 则 $\lambda\in\sigma_p(H^*)$, 由定理 2.3.1, 得

$$\lambda\in\sigma_p(H),$$

这与 $\lambda\in\sigma_r(H)$ 矛盾.

同理, 令 $\lambda\in\mathrm{i}\mathbb{R}$ 使得 $\lambda\in\sigma_r(H)$, 则 $-\lambda\in\sigma_p(H^*)$, 即 $\lambda\in\sigma_p(-H^*)$. 由定理 2.3.1, 得 $\lambda\in\sigma_p(H)$, 推出矛盾.

(ii) 令 $\lambda\in\sigma_r(H)$, 则 $\lambda\notin\mathbb{R}$ 且 $\overline{\lambda}\in\sigma_p(H^*)$, 因此 $\overline{\lambda}\in\sigma_p(H)$. 由定理

2.3.5, 得 $\overline{\lambda^2} \in \sigma_p(BC) \cup \sigma_p(CB)$. 考虑 $\lambda \neq 0$ 和

$$\sigma_p(BC) \setminus \{0\} = \sigma_p(CB) \setminus \{0\}$$

得 $\overline{\lambda^2} \in \sigma_p(BC)$. 另一方面, $\lambda \in \sigma_r(H)$ 蕴含 $\lambda \notin \sigma_p(H)$, 从而 $\lambda^2 \notin \sigma_p(BC)$. 综上所述, $\sigma_r(H) \subset \{\lambda \in \mathbb{C} : \overline{\lambda^2} \in \sigma_p(BC),\ \lambda^2 \notin \sigma_p(BC)\}$.

令 $\overline{\lambda^2} \in \sigma_p(BC)$, $\lambda^2 \notin \sigma_p(BC)$, 则 $\lambda \notin \mathcal{R}$, 由 $\sigma_p(BC) \setminus \{0\} = \sigma_p(CB) \setminus \{0\}$ 知, $\lambda^2 \notin \sigma_p(CB)$, 即

$$\lambda \notin \sigma_p(H).$$

又因为,

$$\begin{bmatrix} CB - \overline{\lambda^2} I & 0 \\ 0 & BC - \overline{\lambda^2} I \end{bmatrix} = (H^* - \overline{\lambda} I)(H^* + \overline{\lambda} I) = (H^* + \overline{\lambda} I)(H^* - \overline{\lambda} I),$$

故 $\overline{\lambda} \in \sigma_p(H^*) \cup \sigma_p(-H^*)$. 由 $\sigma_p(H^*) = \sigma_p(-H^*)$, 得 $\overline{\lambda} \in \sigma_p(H^*)$ 且 $\lambda \in \sigma_p(H) \cup \sigma_r(H)$, 因此 $\lambda \in \sigma_r(H)$.

(iii) 的证明与 (ii) 完全类似. ▮

定理 2.3.9 设 $H = \begin{bmatrix} 0 & B \\ C & 0 \end{bmatrix}$ 是斜对角无穷维 Hamilton 算子, 如果 B 或者 C 是半定算子, 则 $\sigma_r(H) = \emptyset$.

证明 令 $\lambda \in \sigma_r(H)$, 则 $Re(\lambda) \neq 0, Im(\lambda) \neq 0$ 且 $\overline{\lambda} \in \sigma_p(H)$, 故存在非零向量 $f \in \mathscr{D}(C)$, $g \in \mathscr{D}(B)$ 使得

$$Bg = \overline{\lambda} f, Cf = \overline{\lambda} g.$$

第一式两边右侧与 g 做内积, 第二式两边左侧与 f 做内积. 首先, 后两式相加得

$$(f, Cf) + (Bg, g) = 2Re(\lambda)(f, g). \tag{2.3.3}$$

其次, 后两式相减得

$$(Bg, g) - (f, Cf) = -2\mathrm{i} Im(\lambda)(f, g). \tag{2.3.4}$$

由于 B,C 是自伴算子, 由式 (2.3.3) 可知 $(f,g)\in\mathbb{R}$, 由式 (2.3.4) 可知 $(f,g)\in\mathrm{i}\mathbb{R}$, 即 $(f,g)=0$. 于是 $(Bg,g)=0$ 且 $(f,Cf)=0$. 考虑 B 或者 C 是半定的, 不妨设 B 非负, 则有 $Bg=0$, 该结论蕴含 $f=0$ 且 $g=0$, 推出矛盾. 因此 $\sigma_r(H)=\emptyset$. 结论证毕. ▮

下面将给出其他剩余谱的刻画.

定理 2.3.10 设 $H=\begin{bmatrix}0 & B\\ C & 0\end{bmatrix}$ 是斜对角无穷维 Hamilton 算子, 则

(i) $\sigma_{r,1}(H)=\{\lambda\in\mathbb{C}:\overline{\lambda^2}\in\sigma_{p,1}(CB)\cap\sigma_{p,1}(BC)\}$;

(ii) $\sigma_{r,2}(H)=\{\lambda\in\mathbb{C}:\overline{\lambda^2}\in(\sigma_{p,1}(BC)\cap\sigma_{p,2}(CB))\cup(\sigma_{p,2}(BC)\cap\sigma_{p,1}(CB))\cup(\sigma_{p,2}(BC)\cap\sigma_{p,2}(CB))\}$.

证明 考虑 $\lambda\in\sigma_{r,i}(H)$ 当且仅当 $\overline{\lambda}\in\sigma_{p,i}(H^*)$ 当且仅当 $\overline{\lambda}\in\sigma_{p,i}(H), i=1,2$, 再由定理 2.3.6, 结论立即得证. ▮

引理 2.3.5 设 B,C 是稠定闭算子, 如果 CB,BC 稠定且 $\rho(BC)\cap\rho(CB)\neq\emptyset$, 则 $\sigma_r(BC)\backslash\{0\}=\sigma_r(CB)\backslash\{0\}$.

证明 当 $\rho(BC)\cap\rho(CB)\neq\emptyset$ 且 CB,BC 稠定时, 可以断言

$$(BC)^*=C^*B^*,(CB)^*=B^*C^*.$$

事实上, 当 $\rho(BC)\cap\rho(CB)\neq\emptyset$ 时, 令 $\lambda^2\in\rho(BC)\cap\rho(CB)$, 则考虑

$$(T-\lambda I)(T+\lambda I)=(T+\lambda I)(T-\lambda I)=\begin{bmatrix}BC-\lambda^2 I & 0\\ 0 & CB-\lambda^2 I\end{bmatrix},$$

得 $\lambda\in\rho(T)\cap\rho(-T)$, 其中 $T=\begin{bmatrix}0 & B\\ C & 0\end{bmatrix}$, 于是 $\overline{\lambda}\in\rho(T^*)\cap\rho(-T^*)$, 即 $\overline{\lambda^2}\in\rho(C^*B^*)\cap\rho(B^*C^*)$. 不妨设 BC 稠定, 则为了证明 $(BC)^*=C^*B^*$, 考虑 $(BC)^*\supset C^*B^*$, 只需证明 $\mathscr{D}((BC)^*)\subset\mathscr{D}(C^*B^*)$ 即可. 设 $x^*\in\mathscr{D}((BC)^*)$, 由于 $\overline{\lambda}\in\rho(C^*B^*)$, 存在 $\widetilde{x}\in\mathscr{D}(C^*B^*)$ 使得

$$((BC)^*-\overline{\lambda^2}I)x^*=(C^*B^*-\overline{\lambda^2}I)\widetilde{x}.$$

由于 $(BC)^*|_{\mathscr{D}(C^*B^*)} = C^*B^*$, 从而

$$(C^*B^* - \overline{\lambda^2}I)\widetilde{x} = ((BC)^* - \overline{\lambda^2}I)\widetilde{x},$$

即

$$((BC)^* - \overline{\lambda^2}I)(x^* - \widetilde{x}) = 0.$$

由 $\lambda^2 \in \rho(BC)$ 知, $\overline{\lambda^2} \in \rho((BC)^*)$, 从而 $x^* = \widetilde{x}$, 即 $\mathscr{D}((BC)^*) \subset \mathscr{D}(C^*B^*)$. 同理可证 $(CB)^* = B^*C^*$.

下面证明 $\sigma_r(BC)\backslash\{0\} = \sigma_r(CB)\backslash\{0\}$: 令 $\lambda \in \sigma_r(BC)\backslash\{0\}$, 则 $\overline{\lambda} \in \sigma_p(C^*B^*)\backslash\{0\}$, 即, $\overline{\lambda} \in \sigma_p(B^*C^*)\backslash\{0\}$, 于是 $\lambda \in \sigma_r(CB)\backslash\{0\} \cup \sigma_p(CB)\backslash\{0\}$, 考虑 $\lambda \notin \sigma_p(CB)\backslash\{0\}$ 即得 $\lambda \in \sigma_r(CB)\backslash\{0\}$. 反之证明类似. ▮

定理 2.3.11 设 $H = \begin{bmatrix} 0 & B \\ C & 0 \end{bmatrix}$ 是斜对角无穷维 Hamilton 算子, 如果 $\rho(H) \neq \emptyset$ 且 CB, BC 稠定, 则

$$\begin{aligned} \sigma_r(H) &= \{\lambda \in \mathbb{C}\backslash\{0\} : \lambda^2 \in \sigma_r(BC)\} \\ &= \{\lambda \in \mathbb{C}\backslash\{0\} : \lambda^2 \in \sigma_r(CB)\}. \end{aligned}$$

证明 令 $\lambda \in \sigma_r(H)$, 则 $\lambda \neq 0$ 且 $\lambda^2 \in \sigma_r(H^2)$, 再由引理 2.3.5, 结论即可得证. ▮

2.3.3 斜对角无穷维 Hamilton 算子的连续谱

定理 2.3.12 设 $H = \begin{bmatrix} 0 & B \\ C & 0 \end{bmatrix}$ 是斜对角无穷维 Hamilton 算子, 则 $\sigma_c(H) = \sigma_c(-H) = \sigma_c(H^*) = \sigma_c(-H^*)$.

证明 由定理 2.3.1 可知 H 与 $-H$, H^* 以及 $-H^*$ 相似, 从而结论得证. ▮

引理 2.3.6 设 $H = \begin{bmatrix} 0 & B \\ C & 0 \end{bmatrix}$ 是斜对角无穷维 Hamilton 算子, 如果 BC, CB 是稠定闭算子, 则 $\lambda \in \sigma_c(H)$ 当且仅当 $\lambda^2 \in \sigma_c(H^2)$.

证明 当 $\lambda \in \sigma_c(H)$ 时, $-\lambda \in \sigma_c(H)$ 且 $\overline{\lambda} \in \sigma_c(H)$, 从而 $H^2 - \lambda^2 I$ 是单射. 再考虑 $\mathcal{R}(H-\lambda I)$ 稠密且不满, 易得 $\mathcal{R}(H^2-\lambda^2 I)$ 稠密且不满. 事实上, $\mathcal{R}(H^2-\lambda^2 I)$ 不满是显然的, 假定 $\mathcal{R}(H^2-\lambda^2 I)$ 不稠密, 则 $\overline{\lambda^2} \in \sigma_p((H^*)^2)$, 再由定理 2.3.5, 可知 $\overline{\lambda} \in \sigma_p(H)$, 这与 $\overline{\lambda} \in \sigma_c(H)$ 矛盾. 于是, $\lambda^2 \in \sigma_c(H^2)$. 反之, 证明类似. ∎

定理 2.3.13 设 $H=\begin{bmatrix} 0 & B \\ C & 0 \end{bmatrix}$ 是斜对角无穷维 Hamilton 算子, 如果 BC, CB 是稠定闭算子, 则

$$\sigma_c(H)=\{\lambda\in\mathbb{C}:\lambda^2\in(\sigma_c(BC)\cap\sigma_c(CB))\cup(\rho(BC)\cap\sigma_c(CB))\\ \cup(\sigma_c(BC)\cap\rho(CB))\}.$$

证明 关系式

$$\sigma_c(H)\supset\{\lambda\in\mathbb{C}:\lambda^2\in(\sigma_c(BC)\cap\sigma_c(CB))\cup(\rho(BC)\cap\sigma_c(CB))\\ \cup(\sigma_c(BC)\cap\rho(CB))\}$$

的证明是显然的. 反之, 当 $\lambda \in \sigma_c(H)$ 时, 考虑到引理 2.3.6, 有 $\lambda^2 \in \sigma_c(H^2)$, 即 $H^2-\lambda^2 I$ 是单射、值域稠密但不满. 当 $\lambda^2 \in \sigma_c(BC)$ 时, 考虑 $\overline{\mathcal{R}(H^2-\lambda^2 I)} = X\times X$, 即得 $\lambda^2\in(\sigma_c(CB)\cup\rho(CB))$. 当 $\lambda^2 \notin \sigma_c(BC)$ 时, 考虑 $\overline{\mathcal{R}(BC-\lambda^2 I)} = X$, 即得 $\lambda^2 \in \rho(BC)$. 于是, 再由 $\mathcal{R}(H^2-\lambda^2 I)$ 稠密但不满可知, $\lambda^2 \in \sigma_c(CB)$. 结论证毕. ∎

定理 2.3.14 设 $H=\begin{bmatrix} 0 & B \\ C & 0 \end{bmatrix}$ 是斜对角无穷维 Hamilton 算子, 如果 $0 \in \rho(B)\cap\rho(C)$ 且 BC, CB 是稠定闭算子, 则 $\sigma_c(H)=\{\lambda\in\mathbb{C}:\lambda^2\in(\sigma_c(BC)\cap\sigma_c(CB))\}$.

证明 如果 $0 \in \rho(B)\cap\rho(C)$, 则对任意的 $\lambda \in \sigma_c(H)$ 有 $\lambda \neq 0$ 且

$$(\rho(BC)\cap\sigma_c(CB))\cup(\sigma_c(BC)\cap\rho(CB))=\emptyset.$$

于是, 结论成立. ∎

2.3.4 斜对角无穷维 Hamilton 算子的本质谱

为了讨论斜对角无穷维 Hamilton 算子的本质谱, 首先给出下列引理, 具体证明见 [56] 的定理 XVII1.3.

引理 2.3.7 设 T, S 是 Hilbert 空间 X 中稠定闭 Fredholm 算子, 则 TS 是 Fredholm 算子且 $\operatorname{ind}(TS) = \operatorname{ind}(T) + \operatorname{ind}(S)$.

此时, 自然可以提出的一个问题是两个稠定闭半 Fredholm 算子的乘积是否也是半 Fredholm 算子呢? 为了回答这个问题首先给出下列定理.

定理 2.3.15 设 T 是 Hilbert 空间 X 中的稠定闭算子, 则

(i) T 是左半 Fredholm 算子当且仅当存在 $T_1 \in \mathscr{B}(X)$ 和有限秩算子 K_1, 使得对任意的 $x \in \mathscr{D}(T)$ 有 $T_1Tx = (I + K_1)x$;

(ii) T 是右半 Fredholm 算子当且仅当存在 $T_2 \in \mathscr{B}(X)$ 和有限秩算子 K_2, 使得 $TT_2 = I + K_2$.

证明 (i) 如果存在 $T_1 \in \mathscr{B}(X)$ 和有限秩算子 K_1 使得对任意的 $x \in \mathscr{D}(T)$ 有当 $T_1Tx = (I + K_1)x$ 时, 考虑 $\mathbb{N}(T) \subset \mathbb{N}(T_1T)$ 得

$$\dim \mathbb{N}(T) \leqslant \dim \mathbb{N}(I + K_1).$$

再由 K_1 是紧算子, 即得 $\dim \mathbb{N}(T) < \infty$. 下面证明 $\mathcal{R}(T)$ 是闭集. 假定 $\mathcal{R}(T)$ 不闭, 则存在序列 $\{x_n\}_{n=1}^{+\infty} \subset \mathscr{D}(T) \cap \mathbb{N}(T)^{\perp}$, $\|x_n\| = 1 (n = 1, 2, 3, \cdots)$, 使得当 $n \to \infty$ 时

$$Tx_n \to 0,$$

即

$$x_n + K_1x_n \to 0.$$

因为 $\{K_1x_n\}$ 有收敛子列, 故 $\{x_n\}$ 有收敛子列, 不妨设 $x_n \to x_0$, 则考虑 T 是闭算子, 即得 $x_0 \in \mathscr{D}(T)$ 且 $Tx_0 = 0$. 因为 $\mathbb{N}(T)^{\perp}$ 是闭集, 故 $x_0 \in \mathbb{N}(T)^{\perp}$ 且 $x_0 \in \mathbb{N}(T)$, 从而 $x_0 = 0$, 这与 $\|x_n\| = 1 (n = 1, 2, 3, \cdots)$ 矛盾. 于是, T 是左半 Fredholm 算子.

反之, 当 T 是左半 Fredholm 算子时, 在空间分解 $X = \mathbb{N}(T) \oplus \mathbb{N}(T)^{\perp}$ 和 $X = \mathcal{R}(T)^{\perp} \oplus \mathcal{R}(T)$ 下具有如下分块形式:

$$T = \begin{bmatrix} 0 & 0 \\ 0 & T_0 \end{bmatrix} : \mathbb{N}(T) \oplus (\mathbb{N}(T)^{\perp} \cap \mathscr{D}(T)) \to \mathcal{R}(T)^{\perp} \oplus \mathcal{R}(T),$$

即

$$T = \begin{bmatrix} -I_{\mathbb{N}(T)} & 0 \\ 0 & T_0 \end{bmatrix} + \begin{bmatrix} I_{\mathbb{N}(T)} & 0 \\ 0 & 0 \end{bmatrix},$$

其中 $I_{\mathbb{N}(T)}$ 表示空间 $\mathbb{N}(T)$ 上的恒等算子, 由 $\dim \mathbb{N}(T) < \infty$ 知 $I_{\mathbb{N}(T)}$ 是有限秩算子, 令

$$T_1 = \begin{bmatrix} -I_{\mathbb{N}(T)} & 0 \\ 0 & T_0 \end{bmatrix}^{-1}, K_1 = \begin{bmatrix} -I_{\mathbb{N}(T)} & 0 \\ 0 & T_0 \end{bmatrix}^{-1} \begin{bmatrix} I_{\mathbb{N}(T)} & 0 \\ 0 & 0 \end{bmatrix},$$

则 T_1 在全空间上有界, K_1 是有限秩算子且对任意的 $x \in \mathscr{D}(T)$ 有 $T_1 T x = (I + K_1)x$.

(ii) 当 $TT_2 = I + K_2$ 时, 对任意的 $x \in \mathscr{D}(T^*)$ 有

$$T_2^* T^* x = (I + K_2^*)x,$$

即 T^* 是左半 Fredholm 算子, 从而 T 是右半 Fredholm 算子. 反之, 证明完全类似. ∎

推论 2.3.2 设 T, S, TS 是 Hilbert 空间 X 中的稠定闭算子, 则

(i) T, S 是左半 Fredholm 算子蕴含 TS 是左半 Fredholm 算子;

(ii) T, S 是右半 Fredholm 算子蕴含 TS 是右半 Fredholm 算子;

(iii) T, S 是 Fredholm 算子蕴含 TS 是 Fredholm 算子;

(iv) T, S 是 Weyl 算子蕴含 TS 是 Weyl 算子.

证明 (i) T, S 是左半 Fredholm 算子, 由定理 2.3.15, 可知存在全空间上有界算子 T_1, S_1 和有限秩算子 K_1, K_2 使得对任意的 $x \in \mathscr{D}(T)$ 和对任意的

$y \in \mathscr{D}(S)$ 有

$$T_1 T x = (I + K_1) x,$$
$$S_1 S y = (I + K_2) y.$$

于是对任意的 $z \in \mathscr{D}(TS)$ 有

$$\begin{aligned} S_1 T_1 T S z &= S_1 (I + K_1) S z \\ &= S_1 S z + S_1 K_1 S z \\ &= [I + (K_2 + S_1 K_1 S)] z \\ &= [I + K_2 + \overline{S_1 K_1 S}] z. \end{aligned}$$

考虑 $\overline{K_2 + S_1 K_1 S} = K_2 + S_1 \overline{K_1 S}$ 是全空间上的紧算子, 即得 TS 是左半 Fredholm 算子.

(ii) 的证明与 (i) 完全类似. 再由引理 2.3.7, 结论 (iii) 和 (iv) 是显然的. ▮

值得注意的是, 当 T 是左半 Fredholm 算子, S 是右半 Fredholm 算子时, TS 不一定是半 Fredholm 算子.

例 2.3.3 令 $X = l^2, x = (x_1, x_2, x_3, \cdots) \in X$, 定义线性算子

$$Tx = (x_1, 0, x_2, 0, x_3, \cdots),$$
$$Sx = (x_2, x_4, x_6, \cdots),$$

则

$$TSx = (x_2, 0, x_4, 0, x_6, \cdots).$$

根据定义易知, T 是左半 Fredholm 算子, S 是右半 Fredholm 算子, 而

$$\dim \mathbb{N}(TS) = \infty,$$
$$\dim \mathcal{R}(TS)^{\perp} = \infty,$$

即, TS 没有半 Fredholm 性质.

注 2.3.3 关于推论 2.3.2, 文献 [57] 的定理 7.32 也给出了另一种证明方法.

定理 2.3.16 设 $H=\begin{bmatrix} 0 & B \\ C & 0 \end{bmatrix}$ 是斜对角无穷维 Hamilton 算子, 则 $\sigma_{e,i}(H)=\sigma_{e,i}(-H)=\sigma_{e,i}(H^*)=\sigma_{e,i}(-H^*)$, $i=1,2,\cdots,8$.

证明 由定理 2.3.1 可知 H 与 $-H$, H^* 以及 $-H^*$ 相似, 从而结论得证. ▮

定理 2.3.17 设 $H=\begin{bmatrix} 0 & B \\ C & 0 \end{bmatrix}$ 是斜对角无穷维 Hamilton 算子, 如果 BC, CB 是稠定闭算子, 则

(i) $\sigma_{e,i}(H)=\{\lambda\in\mathbb{C}:\lambda^2\in(\sigma_{e,i}(BC)\cup\sigma_{e,i}(CB))\}, i=2,4$;

(ii) $\sigma_{e,1}(H)=\{\lambda\in\mathbb{C}:\lambda^2\in(\sigma_{e,1}((BC)^*)\cup\sigma_{e,1}((CB)^*))\}=\{\lambda\in\mathbb{C}:\overline{\lambda}^2\in(\sigma_{e,2}(BC)\cup\sigma_{e,2}(CB))\}$;

(iii) $\sigma_{e,5}(H)=\{\lambda\in\mathbb{C}:\lambda^2\in(\sigma_{e,4}(BC)\cup\sigma_{e,4}(CB))\}\cup\{\lambda\in\mathbb{C}:\operatorname{ind}(BC-\lambda^2I)+\operatorname{ind}(CB-\lambda^2I)\neq 0\}$;

(iv) $\sigma_{e,7}(H)=\{\lambda\in\mathbb{C}:\lambda^2\in(\sigma_{e,1}(BC)\cup\sigma_{e,1}(CB))\}\cup\{\lambda\in\mathbb{C}:\operatorname{ind}(BC-\lambda^2I)+\operatorname{ind}(CB-\lambda^2I)>0\}$;

(v) $\sigma_{e,8}(H)=\{\lambda\in\mathbb{C}:\lambda^2\in(\sigma_{e,2}(BC)\cup\sigma_{e,2}(CB))\}\cup\{\lambda\in\mathbb{C}:\operatorname{ind}(BC-\lambda^2I)+\operatorname{ind}(CB-\lambda^2I)<0\}$.

证明 (i) 只证 $\sigma_{e,2}(H)=\{\lambda\in\mathbb{C}:\lambda^2\in(\sigma_{e,2}(BC)\cup\sigma_{e,2}(CB))\}$, 结论 $\sigma_{e,4}(H)=\{\lambda\in\mathbb{C}:\lambda^2\in(\sigma_{e,4}(BC)\cup\sigma_{e,4}(CB))\}$ 的证明完全类似. 当 $\lambda\in\triangle_2(H)$ 时, $H-\lambda I$ 是右半 Fredholm 算子, 再由定理 2.3.1, 可知 $H+\lambda I$ 也是右半 Fredholm 算子, 故

$$(H-\lambda I)(H+\lambda I)=\begin{bmatrix} BC-\lambda^2I & 0 \\ 0 & CB-\lambda^2I \end{bmatrix}$$

也是右半 Fredholm 算子, 即 $BC-\lambda^2I$ 是右半 Fredholm 算子且 $CB-\lambda^2I$ 是右半 Fredholm 算子.

反之, 当 $BC-\lambda^2I$ 是右半 Fredholm 算子且 $CB-\lambda^2I$ 是右半 Fredholm

算子时, 由

$$(H-\lambda I)(H+\lambda I)=(H+\lambda I)(H-\lambda I)=\begin{bmatrix} BC-\lambda^2 I & 0 \\ 0 & CB-\lambda^2 I \end{bmatrix}$$

可知

$$\mathcal{R}(H-\lambda I)\supset\mathcal{R}(BC-\lambda^2 I)\oplus\mathcal{R}(CB-\lambda^2 I).$$

于是 $\dim X/\mathcal{R}(H-\lambda I)<\infty$, 从而 $\mathcal{R}(H-\lambda I)$ 是闭集且 $\dim\mathcal{R}(H-\lambda I)^{\perp}<\infty$. 于是 $H-\lambda I$ 是右半 Fredholm 算子.

(ii) 令 $\lambda\in\sigma_{e,1}(H)$, 考虑 H 和 H^* 的相似性, $\lambda\in\sigma_{e,1}(H^*)$, 即, $\overline{\lambda}\in\sigma_{e,2}(H)$. 由 (i) 得 $\overline{\lambda}^2\in\sigma_{e,2}(BC)\cup\sigma_{e,2}(CB)$, 即 $\lambda^2\in\sigma_{e,1}((BC)^*)\cup\sigma_{e,1}((CB)^*)$. 反之, 证明完全类似.

(iii) 令 $\lambda\notin\sigma_{e,5}(H)$, 考虑 H 和 $-H$ 的相似性, $H^2-\lambda^2 I$ 是 Weyl 算子, 即, $H^2-\lambda^2 I$ 是 Fredholm 算子且 $\operatorname{ind}(H^2-\lambda^2 I)=0$. 于是, $\lambda\notin\{\lambda\in\mathbb{C}:\lambda^2\in(\sigma_{e,4}(BC)\cup\sigma_{e,4}(CB))\}\cup\{\lambda\in\mathbb{C}:\operatorname{ind}(BC-\lambda^2 I)+\operatorname{ind}(CB-\lambda^2 I)\neq 0\}$.

反之, $\lambda\notin\{\lambda\in\mathbb{C}:\lambda^2\in(\sigma_{e,4}(BC)\cup\sigma_{e,4}(CB))\}\cup\{\lambda\in\mathbb{C}:\operatorname{ind}(BC-\lambda^2 I)+\operatorname{ind}(CB-\lambda^2 I)\neq 0\}$, 则由 (i) 可知 $H-\lambda I$ 和 $H+\lambda I$ 是 Fredholm 算子且考虑 H 和 $-H$ 的相似性, 得

$$\operatorname{ind}(H-\lambda I)=\operatorname{ind}(H+\lambda I).$$

于是, 由

$$\operatorname{ind}(H^2-\lambda^2 I)=\operatorname{ind}(H-\lambda I)+\operatorname{ind}(H+\lambda I)$$

即得 $\operatorname{ind}(H-\lambda I)=\operatorname{ind}(H+\lambda I)=0$, 即, $\lambda\notin\sigma_{e,5}(H)$.

由引理 2.1.6, (iv) 和 (v) 的证明是显然的. ∎

2.4 上三角无穷维 Hamilton 算子的谱

对于无穷维 Hamilton 算子

$$H=\begin{bmatrix} A & B \\ C & -A^* \end{bmatrix}:\mathscr{D}(H)\subseteq X\times X\to X\times X$$

而言, 当 $C=0$ 时, 称 H 为上三角无穷维 Hamilton 算子. 上三角无穷维 Hamilton 算子的自然定义域是

$$\mathscr{D}(H)=\mathscr{D}(A)\times(\mathscr{D}(B)\cap\mathscr{D}(A^*)).$$

从这一节开始, 我们将探讨定义域为

$$\mathscr{D}(H)=\mathscr{D}(A)\times\mathscr{D}(A^*)\ (\text{对角占优})$$

和

$$\mathscr{D}(H)=\mathscr{D}(A)\times\mathscr{D}(B)\ (\text{上端占优})$$

的上三角无穷维 Hamilton 算子的点谱、剩余谱、连续谱以及近似点谱的基本性质. 下面是弹性力学问题中出现的上三角无穷维 Hamilton 算子的具体例子 (见 [45]).

例 2.4.1 考虑两对边简支矩形板问题

$$D\left(\frac{\partial^2}{\partial x^2}+\frac{\partial^2}{\partial y^2}\right)^2 w=0,$$

其中边界条件为

$$w(x,0)=w(x,1)=0,\ \frac{\partial^2 w}{\partial y^2}(x,0)=\frac{\partial^2 w}{\partial y^2}(x,1)=0.$$

令 $\theta=\frac{\partial w}{\partial x}$, $q=D\left(\frac{\partial^3 w}{\partial x^3}+\frac{\partial^3 w}{\partial x\partial y^2}\right)$, $m=-D\left(\frac{\partial^2 w}{\partial x^2}+\frac{\partial^2 w}{\partial y^2}\right)$, 则得到对应的无穷维 Hamilton 系统为

$$\frac{\partial}{\partial x}\begin{bmatrix} w\\ \theta\\ q\\ m\end{bmatrix}=\begin{bmatrix} 0 & 1 & 0 & 0\\ -\dfrac{\partial^2}{\partial y^2} & 0 & 0 & -\dfrac{1}{D}\\ 0 & 0 & 0 & \dfrac{\partial^2}{\partial y^2}\\ 0 & 0 & -1 & 0\end{bmatrix}\begin{bmatrix} w\\ \theta\\ q\\ m\end{bmatrix}. \tag{2.4.1}$$

再令 $X=L^2[0,1]$, 则系统对应的无穷维 Hamilton 算子为

$$H=\begin{bmatrix} 0 & 1 & 0 & 0 \\ -\dfrac{\mathrm{d}^2}{\mathrm{d}y^2} & 0 & 0 & -\dfrac{1}{D} \\ 0 & 0 & 0 & \dfrac{\mathrm{d}^2}{\mathrm{d}y^2} \\ 0 & 0 & -1 & 0 \end{bmatrix},$$

其中

$$\mathscr{D}(H)=\left\{\begin{bmatrix} w \\ \theta \\ q \\ m \end{bmatrix}\in X^4: \begin{array}{c} w(0)=w(1)=q(0)=q(1)=0, w, w', m, m' \\ \text{绝对连续且 } w', w'', m', m''\in X \end{array}\right\}.$$

对角占优上三角无穷维 Hamilton 算子是辛自伴的, 从而是闭算子.

引理 2.4.1 令 $H=\begin{bmatrix} A & B \\ 0 & -A^* \end{bmatrix}:\mathscr{D}(A)\times\mathscr{D}(A^*)\to X\times X$ 是对角占优上三角无穷维 Hamilton 算子, 则

$$H^*=\begin{bmatrix} A^* & 0 \\ B & -A \end{bmatrix},$$

即 $(JH)^*=JH$, 其中 $J=\begin{bmatrix} 0 & I \\ -I & 0 \end{bmatrix}$.

证明 只需证明 $\mathscr{D}(H^*)\subset\mathscr{D}(A^*)\times\mathscr{D}(A)$ 即可. 令 $\begin{bmatrix} u & v \end{bmatrix}^T\in\mathscr{D}(H^*)$, 则存在 $\begin{bmatrix} f & g \end{bmatrix}^T\in X\times X$ 使得对任意的 $\begin{bmatrix} x & y \end{bmatrix}^T\in\mathscr{D}(H)$ 有

$$(Ax+By,u)-(A^*y,v)=(x,f)+(y,g).$$

令 $y=0$, 则对任意的 $x\in\mathscr{D}(A)$ 有

$$(Ax,u)=(x,f),$$

即, $u\in\mathscr{D}(A^*)$. 又因为 $\mathscr{D}(A^*)\subset\mathscr{D}(B)$, 故 $u\in\mathscr{D}(B)$. 再令 $x=0$, 则对任意的 $y\in\mathscr{D}(A^*)$ 有

$$(By,u)-(A^*y,v)=(y,g),$$

即,

$$(A^*y,v)=(y,Bu-g),$$

于是, $v\in\mathscr{D}(A)$. 综上所述, $\mathscr{D}(H^*)\subset\mathscr{D}(A^*)\times\mathscr{D}(A)$. ▮

上端占优上三角无穷维 Hamilton 算子是辛对称的, 从而是可闭算子, 但不一定是闭算子.

例 2.4.2 考虑上端占优上三角无穷维 Hamilton 算子

$$H=\begin{bmatrix} A & B \\ 0 & -A^* \end{bmatrix}=\begin{bmatrix} A & AA^* \\ 0 & -A^* \end{bmatrix},$$

其中 A 稠定闭算子, $\mathscr{D}(A)\neq X, 0\in\rho(A)$, 则 $0\in\rho(AA^*)$ 且

$$H=\begin{bmatrix} I & 0 \\ -A^{-1} & I \end{bmatrix}\begin{bmatrix} 0 & AA^* \\ I_{\mathscr{D}(A)} & 0 \end{bmatrix}\begin{bmatrix} I & 0 \\ (A^*)^{-1} & I \end{bmatrix}.$$

考虑 $\begin{bmatrix} I & 0 \\ -A^{-1} & I \end{bmatrix}$ 和 $\begin{bmatrix} I & 0 \\ (A^*)^{-1} & I \end{bmatrix}$ 是可逆的有界线性算子, $I_{\mathscr{D}(A)}$ 可闭但不闭, 于是算子 H 不闭.

引理 2.4.2 令 $H=\begin{bmatrix} A & B \\ 0 & -A^* \end{bmatrix}:\mathscr{D}(A)\times\mathscr{D}(B)\to X\times X$ 是上端占优上三角无穷维 Hamilton 算子, 则 H 是闭算子当且仅当 $A^*(B-\mathrm{i}I)^{-1}A$ 是闭算子.

证明 考虑 $\mathscr{D}(B)\subset\mathscr{D}(A^*)$ 和 B 是自伴算子, $\mathrm{i}\in\rho(B)$ 且 $A^*(B-\mathrm{i}I)^{-1}$ 在全空间上有界, 于是有

$$\begin{bmatrix} A & B \\ 0 & -A^* \end{bmatrix}=\begin{bmatrix} I & 0 \\ A^*(B-\mathrm{i}I)^{-1} & I \end{bmatrix}\begin{bmatrix} 0 & B-\mathrm{i}I \\ S_1 & 0 \end{bmatrix}\begin{bmatrix} I & 0 \\ (A^*(B-\mathrm{i}I)^{-1})^* & I \end{bmatrix}$$
$$+\begin{bmatrix} 0 & \mathrm{i}I \\ 0 & 0 \end{bmatrix},$$

其中 $S_1 = A^*(B-\mathrm{i}I)^{-1}A$. 考虑 $\begin{bmatrix} I & 0 \\ A^*(B-\mathrm{i}I)^{-1} & I \end{bmatrix}$, $\begin{bmatrix} I & 0 \\ (A^*(B-\mathrm{i}I)^{-1})^* & I \end{bmatrix}$ 在全空间上有界且可逆, $\begin{bmatrix} 0 & \mathrm{i}I \\ 0 & 0 \end{bmatrix}$ 在全空间上有界, $B-\mathrm{i}I$ 是闭算子, 故 H 是闭算子当且仅当 $A^*(B-\mathrm{i}I)^{-1}A$ 是闭算子. ▮

根据引理 2.4.1, 下列推论的证明是显然的.

推论 2.4.1 令 $H = \begin{bmatrix} A & B \\ 0 & -A^* \end{bmatrix} : \mathscr{D}(A)\times\mathscr{D}(B) \to X\times X$ 是上端占优上三角无穷维 Hamilton 算子, 则 $H^* = \begin{bmatrix} A^* & 0 \\ B & -A \end{bmatrix}$ 当且仅当 $(A^*(B-\mathrm{i}I)^{-1}A)^* = A^*(B+\mathrm{i}I)^{-1}A$.

2.4.1 上三角无穷维 Hamilton 算子的点谱

在有限维情形下, 上三角 Hamilton 矩阵 $H_{2n} = \begin{bmatrix} A_{n\times n} & B_{n\times n} \\ 0 & -A^T_{n\times n} \end{bmatrix}$ 的特征值集合 $\sigma_p(H_{2n})$ 满足

$$\sigma_p(H_{2n}) = \sigma_p(A_{n\times n}) \cup \sigma_p(-A^T_{n\times n}).$$

于是, Hamilton 矩阵的点谱关于虚轴对称. 但是, 无穷维情形的上述结论不一定成立.

例 2.4.3 令 $X = l^2[1,\infty)$, 对任意的 $x = (x_1, x_2, x_3, \cdots) \in l^2$ 定义线性算子

$$S_l x = (x_2, x_3, \cdots),$$

$$S_r x = (0, x_1, x_2, x_3, \cdots),$$

则经计算易得 $\sigma_p(S_l) = \{\lambda : |\lambda| \leqslant 1\}$ 且 $\sigma_p(S_r) = \emptyset$, 即 $0 \in \sigma_p(S_l)\cup\sigma_p(-S_r)$. 另一方面, 定义上三角无穷维 Hamilton 算子

$$H = \begin{bmatrix} A & B \\ 0 & -A^* \end{bmatrix} = \begin{bmatrix} S_r & I - S_r S_l \\ 0 & -S_l \end{bmatrix},$$

则容易验证 $0 \in \rho(H)$. 于是, $\sigma_p(H) \neq \sigma_p(A) \cup \sigma_p(-A^*)$.

定理 2.4.1 令 $H = \begin{bmatrix} A & B \\ 0 & -A^* \end{bmatrix} : \mathscr{D}(A) \times (\mathscr{D}(A^*) \cap \mathscr{D}(B)) \to X \times X$ 是上三角无穷维 Hamilton 算子, 则

$$(\sigma_p(A) \cup \sigma_p(-A^*)) \backslash (\sigma_\delta(A) \cap \sigma_p(-A^*)) \subset \sigma_p(H) \subset (\sigma_p(A) \cup \sigma_p(-A^*)).$$

因此

$$\sigma_p(H) = (\sigma_p(A) \cup \sigma_p(-A^*)) \backslash W,$$

其中 W 是集合 $\sigma_\delta(A) \cap \sigma_p(-A^*)$ 的子集.

证明 关系式 $\sigma_p(H) \subset (\sigma_p(A) \cup \sigma_p(-A^*))$ 的证明是显然的. 下面证明 $(\sigma_p(A) \cup \sigma_p(-A^*)) \backslash (\sigma_\delta(A) \cap \sigma_p(-A^*)) \subset \sigma_p(H)$: 令 $\lambda \in (\sigma_p(A) \cup \sigma_p(-A^*)) \backslash (\sigma_\delta(A) \cap \sigma_p(-A^*))$, 则 $\lambda \in (\sigma_p(A) \cup \sigma_p(-A^*))$ 且 $\lambda \notin (\sigma_\delta(A) \cap \sigma_p(-A^*))$. 当 $\lambda \in \sigma_p(A)$ 且 $\lambda \notin (\sigma_\delta(A) \cap \sigma_p(-A^*))$ 时, $\lambda \in \sigma_p(H)$ 是显然的. 当 $\lambda \in \sigma_p(-A^*)$ 且 $\lambda \notin (\sigma_\delta(A) \cap \sigma_p(-A^*))$ 时易得, $\lambda \in (\sigma_p(-A^*) \cap (\rho(A) \cup \sigma_{p,1}(A)))$. 当 $\lambda \in (\sigma_p(-A^*) \cap \sigma_{p,1}(A))$ 时, $\lambda \in \sigma_p(H)$ 是显然的. 当 $\lambda \in (\sigma_p(-A^*) \cap \rho(A))$ 时考虑

$$\begin{bmatrix} A - \lambda I & B \\ 0 & -A^* - \lambda I \end{bmatrix} = \begin{bmatrix} A - \lambda I & 0 \\ 0 & -A^* - \lambda I \end{bmatrix} \begin{bmatrix} I & \overline{(A - \lambda I)^{-1} B} \\ 0 & I \end{bmatrix}$$

即得 $\lambda \in \sigma_p(H)$. 又因为

$$\sigma_p(H) = (\sigma_p(A) \cup \sigma_p(-A^*)) \backslash ((\sigma_p(A) \cup \sigma_p(-A^*)) \backslash \sigma_p(H))$$

且 $(\sigma_p(A) \cup \sigma_p(-A^*)) \backslash \sigma_p(H) \subset (\sigma_\delta(A) \cap \sigma_p(-A^*))$, 故存在 $W \subset (\sigma_\delta(A) \cap \sigma_p(-A^*))$ 使得

$$\sigma_p(H) = (\sigma_p(A) \cup \sigma_p(-A^*)) \backslash W.$$

结论证毕. ∎

很显然, 如果 $\sigma(A) \cap \sigma(-A^*) = \emptyset$, 则有

$$\sigma_p(H) = \sigma_p(A) \cup \sigma_p(-A^*). \tag{2.4.2}$$

于是, 关系式 (2.4.2) 何时成立的问题显得格外重要.

定理 2.4.2 令 $H = \begin{bmatrix} A & B \\ 0 & -A^* \end{bmatrix} : \mathscr{D}(A) \times \mathscr{D}(A^*) \to X \times X$ 是对角占优上三角无穷维 Hamilton 算子, 则

$$\sigma_p(H) = \sigma_p(A) \cup \sigma_p(-A^*)$$

成立当且仅当满足下列命题之一:

(i) $\sigma_p(-A^*) \subset \sigma_p(A)$;

(ii) 对任意的 $\lambda \in \sigma_p(-A^*) \setminus \sigma_p(A)$ 有 $\mathbb{N}(B) \cap \mathbb{N}(-A^* - \lambda I) \neq \{0\}$;

(iii) 对任意的 $\lambda \in \sigma_p(-A^*) \setminus \sigma_p(A)$ 有 $B\mathbb{N}(-A^* - \lambda I) \cap \mathcal{R}(A - \lambda I) \neq \{0\}$.

证明 如果当 $\sigma_p(-A^*) \subset \sigma_p(A)$ 时, 则考虑 $\sigma_p(A) \subset \sigma_p(H)$, 即得等式

$$\sigma_p(H) = \sigma_p(A) \cup \sigma_p(-A^*)$$

成立. 如果对任意的 $\lambda \in \sigma_p(-A^*) \setminus \sigma_p(A)$ 有 $\mathbb{N}(B) \cap \mathbb{N}(-A^* - \lambda I) \neq \{0\}$ 或者 $B\mathbb{N}(-A^* - \lambda I) \cap \mathcal{R}(A - \lambda I) \neq \{0\}$ 时, 考虑

$$\sigma_p(-A^*) = (\sigma_p(-A^*) \setminus \sigma_p(A)) \cup (\sigma_p(-A^*) \cap \sigma_p(A)),$$

即得 $\sigma_p(-A^*) \subset \sigma_p(H)$. 于是

$$\sigma_p(H) = \sigma_p(A) \cup \sigma_p(-A^*)$$

成立.

反之, 当关系式

$$\sigma_p(H) = \sigma_p(A) \cup \sigma_p(-A^*)$$

成立时, 令 $\sigma_p(-A^*) \subset \sigma_p(A)$ 不成立, 则 $\sigma_p(-A^*) \setminus \sigma_p(A) \neq \emptyset$ 且对任意的 $\lambda \in \sigma_p(-A^*) \setminus \sigma_p(A)$ 有 $\lambda \in \sigma_p(H)$, 即, 存在 $0 \neq \begin{bmatrix} x & y \end{bmatrix}^T \in \mathscr{D}(H)$ 使得

$$\begin{cases} Ax + By = \lambda x, \\ -A^* y = \lambda y. \end{cases} \tag{2.4.3}$$

由于 $\lambda \notin \sigma_p(A)$, 故 $y \neq 0$. 如果 $x=0$, 则 $By=0$, 从而 $\mathbb{N}(B)\cap\mathbb{N}(-A^*-\lambda I) \neq \{0\}$. 如果 $x \neq 0$, 则 $By = -(A-\lambda I)x$, 即, $B\mathbb{N}(-A^*-\lambda I)\cap\mathcal{R}(A-\lambda I) \neq \{0\}$. 结论证毕. ▮

下面将给出对角占优上三角无穷维 Hamilton 算子是单射的充分必要条件.

定理 2.4.3 令 $H = \begin{bmatrix} A & B \\ 0 & -A^* \end{bmatrix} : \mathscr{D}(A) \times \mathscr{D}(A^*) \to X \times X$ 是对角占优上三角无穷维 Hamilton 算子, 则 H 是单射当且仅当满足下列条件:

(i) A 是单射;

(ii) $B|_{\mathbb{N}(A^*)}$ 是单射;

(iii) $B\mathbb{N}(A^*) \cap \mathcal{R}(A) = \{0\}$.

证明 当上三角无穷维 Hamilton 算子 H 是单射时, A 单射是显然的. 假定 $B|_{\mathbb{N}(A^*)}$ 不是单射, 则存在 $0 \neq y \in \mathbb{N}(A^*)$ 使得

$$By = 0.$$

此时, $0 \neq \begin{bmatrix} 0 & y \end{bmatrix}^T \in \mathscr{D}(H)$ 且

$$\begin{bmatrix} A & B \\ 0 & -A^* \end{bmatrix} \begin{bmatrix} 0 \\ y \end{bmatrix} = 0,$$

这与 H 是单射矛盾. 同理, 假定 $B\mathbb{N}(A^*)\cap\mathcal{R}(A) \neq \{0\}$, 则存在 $0 \neq y \in \mathbb{N}(A^*)$ 和 $x \in \mathscr{D}(A)$ 使得

$$By = Ax.$$

此时, $0 \neq \begin{bmatrix} -x & y \end{bmatrix}^T \in \mathscr{D}(H)$ 且

$$\begin{bmatrix} A & B \\ 0 & -A^* \end{bmatrix} \begin{bmatrix} -x \\ y \end{bmatrix} = \begin{bmatrix} -Ax + By \\ -A^*y \end{bmatrix} = 0,$$

这与 H 是单射矛盾.

反之, 令 $\begin{bmatrix} A & B \\ 0 & -A^* \end{bmatrix}\begin{bmatrix} x \\ y \end{bmatrix} = 0$, 则容易证明 $x = 0$ 且 $y = 0$. 事实上, 假定 $x \neq 0$, 则由 A 是单射可知 $Ax \neq 0$ 且由

$$Ax = -By \tag{2.4.4}$$

可知 $y \neq 0$, 即 $y \in \mathbb{N}(A^*)\backslash\{0\}$. 于是, 由式 (2.4.4) 可知 $B(\mathbb{N}(A^*)) \cap \mathcal{R}(A) \neq \{0\}$, 推出矛盾. 同理可证 $y = 0$. ∎

根据上述结论, 下面的命题是显然的.

推论 2.4.2 令 $H = \begin{bmatrix} A & B \\ 0 & -A^* \end{bmatrix} : \mathscr{D}(A) \times \mathscr{D}(A^*) \to X \times X$ 是对角占优上三角无穷维 Hamilton 算子, 则 $0 \in \sigma_p(H)$ 当且仅当满足下列条件之一:

(i) A 不是单射;

(ii) $B|_{\mathbb{N}(A^*)}$ 不是单射;

(iii) $B\mathbb{N}(A^*) \cap \mathcal{R}(A) \neq \{0\}$.

根据当 $\lambda \in \rho(-A^*)$ 时的 Schur 分解

$$\begin{bmatrix} A - \lambda I & B \\ 0 & -A^* - \lambda I \end{bmatrix} = \begin{bmatrix} I & -B(A^* - \lambda I)^{-1} \\ 0 & I \end{bmatrix}\begin{bmatrix} A - \lambda I & 0 \\ 0 & -A^* - \lambda I \end{bmatrix},$$

或者当 $\lambda \in \rho(A)$ 时的 Schur 分解

$$\begin{bmatrix} A - \lambda I & B \\ 0 & -A^* - \lambda I \end{bmatrix} = \begin{bmatrix} A - \lambda I & 0 \\ 0 & -A^* - \lambda I \end{bmatrix}\begin{bmatrix} I & \overline{(A - \lambda I)^{-1}B} \\ 0 & I \end{bmatrix},$$

下列推论是显然的.

推论 2.4.3 令 $H = \begin{bmatrix} A & B \\ 0 & -A^* \end{bmatrix} : \mathscr{D}(A) \times \mathscr{D}(A^*) \to X \times X$ 是对角占优上三角无穷维 Hamilton 算子, 则

(i) $\sigma_p(H) \cap \rho(-A^*) = \sigma_p(A) \cap \rho(-A^*)$;

(ii) $\sigma_p(H) \cap \rho(A) = \sigma_p(-A^*) \cap \rho(A)$;

(iii) $\sigma_{p,i}(H) \cap \rho(A) = \sigma_{p,i}(-A^*) \cap \rho(A), i = 1, 2, 3, 4$;

(iv) $\sigma_{p,i}(H)\cap\rho(-A^*)=\sigma_{p,i}(A)\cap\rho(-A^*), i=1,2,3,4.$

对于上端占优的情形, 在一定条件下等式

$$\sigma_p(H)=\sigma_p(A)\cup\sigma_p(-A^*)$$

仍然成立, 证明思路与对角占优完全类似.

定理 2.4.4 令 $H=\begin{bmatrix} A & B \\ 0 & -A^* \end{bmatrix}:\mathscr{D}(A)\times\mathscr{D}(B)\to X\times X$ 是上端占优上三角无穷维 Hamilton 算子, 则

$$\sigma_p(H)=\sigma_p(A)\cup\sigma_p(-A^*)$$

成立当且仅当满足下列命题之一:

(i) $\sigma_p(-A^*|_{\mathscr{D}(B)})\subset\sigma_p(A)$;

(ii) 对任意的 $\lambda\in\sigma_p(-A^*|_{\mathscr{D}(B)})\backslash\sigma_p(A)$ 有 $\mathbb{N}(B)\cap\mathbb{N}(-A^*|_{\mathscr{D}(B)}-\lambda I)\neq\{0\}$;

(iii) 对任意的 $\lambda\in\sigma_p(-A^*|_{\mathscr{D}(B)})\setminus\sigma_p(A)$ 有 $B\mathbb{N}(-A^*|_{\mathscr{D}(B)}-\lambda I)\cap\mathcal{R}(A-\lambda I)\neq\{0\}$.

对于上端占优上三角无穷维 Hamilton 算子, 利用其结构的特殊性在一定条件下可以转化为讨论斜对角算子的情形.

定理 2.4.5 令 $H=\begin{bmatrix} A & B \\ 0 & -A^* \end{bmatrix}:\mathscr{D}(A)\times\mathscr{D}(B)\to X\times X$ 是上端占优上三角无穷维 Hamilton 算子, 如果 B 可逆, 则 $\lambda\in\sigma_p(H)$ 当且仅当 $0\in\sigma_p((A^*+\lambda I)B^{-1}(A-\lambda I))$.

证明 当 B 可逆时

$$\begin{bmatrix} A-\lambda I & B \\ 0 & -A^*-\lambda I \end{bmatrix}=\begin{bmatrix} I & 0 \\ -(A^*+\lambda I)B^{-1} & I \end{bmatrix}\begin{bmatrix} 0 & B \\ S(\lambda) & 0 \end{bmatrix}\begin{bmatrix} I & 0 \\ \overline{B^{-1}(A-\lambda I)} & I \end{bmatrix}, \tag{2.4.5}$$

其中 $S(\lambda)=(A^*+\lambda I)B^{-1}(A-\lambda I)$. 于是, $\lambda\in\sigma_p(H)$ 当且仅当 $0\in\sigma_p((A^*+\lambda I)B^{-1}(A-\lambda I))$. ▮

2.4.2 上三角无穷维 Hamilton 算子的剩余谱

下列结论说明, 对角占优上三角无穷维 Hamilton 算子剩余谱与虚轴无交点.

定理 2.4.6 令 $H=\begin{bmatrix}A & B\\ 0 & -A^*\end{bmatrix}:\mathscr{D}(A)\times\mathscr{D}(A^*)\to X\times X$ 是对角占优上三角无穷维Hamilton算子, 则 $\sigma_r(H)\cap\mathrm{i}\mathbb{R}=\emptyset$.

证明 假定 $\lambda\in\sigma_r(H)\cap\mathrm{i}\mathbb{R}$, 则 $\overline{\lambda}=-\lambda$ 且 $\overline{\lambda}\in\sigma_p(H^*)$. 由引理 2.4.1 可知

$$H^*=JHJ,$$

其中 $J=\begin{bmatrix}0 & I\\ -I & 0\end{bmatrix}$, 考虑到 $J^2=-I$ 得 $\lambda\in\sigma_p(H)$, 推出矛盾. 于是 $\sigma_r(H)\cap\mathrm{i}\mathbb{R}=\emptyset$. ▮

下面将给出对角占优上三角算子矩阵 $H-\lambda I$ 的值域 $\mathcal{R}(H-\lambda I)$ 不稠密的充分必要条件.

定理 2.4.7 令 $H=\begin{bmatrix}A & B\\ 0 & -A^*\end{bmatrix}:\mathscr{D}(A)\times\mathscr{D}(A^*)\to X\times X$ 是对角占优上三角无穷维Hamilton算子, 则 $\overline{\mathcal{R}(H-\lambda I)}\neq X\times X$ 当且仅当下列条件之一满足:

(i) $A+\overline{\lambda}I$ 不是单射;

(ii) $B|_{\mathbb{N}(A^*-\overline{\lambda}I)}$ 不是单射;

(iii) $B\mathbb{N}(A^*-\overline{\lambda}I)\cap\mathcal{R}(A+\overline{\lambda}I)\neq\{0\}$.

证明 因为 $\overline{\mathcal{R}(H-\lambda I)}\neq X\times X$ 当且仅当 $0\in\sigma_p(H^*-\overline{\lambda}I)$. 由引理 2.4.1 可知

$$H^*-\overline{\lambda}I=\begin{bmatrix}A^*-\overline{\lambda}I & 0\\ B & -A-\overline{\lambda}I\end{bmatrix}=\begin{bmatrix}0 & I\\ I & 0\end{bmatrix}\begin{bmatrix}-A-\overline{\lambda}I & B\\ 0 & A^*-\overline{\lambda}I\end{bmatrix}\begin{bmatrix}0 & I\\ I & 0\end{bmatrix}.$$

再由推论 2.4.2, 结论即可得证. ▮

下面将给出对角占优上三角算子矩阵 $H-\lambda I$ 为单射的充分必要条件.

定理 2.4.8 令 $H = \begin{bmatrix} A & B \\ 0 & -A^* \end{bmatrix} : \mathscr{D}(A) \times \mathscr{D}(A^*) \to X \times X$ 是对角占优上三角无穷维 Hamilton 算子, 则 $H - \lambda I$ 是单射当且仅当满足下列条件:

(i) $A - \lambda I$ 是单射;

(ii) $B|_{\mathbb{N}(A^*+\lambda I)}$ 是单射;

(iii) $B\mathbb{N}(A^* + \lambda I) \cap \mathcal{R}(A - \lambda I) = \{0\}$.

证明 根据推论 2.4.2, 结论是显然的. ▮

根据定理 2.4.7 和定理 2.4.8 容易得到下面的结论.

定理 2.4.9 令 $H = \begin{bmatrix} A & B \\ 0 & -A^* \end{bmatrix} : \mathscr{D}(A) \times \mathscr{D}(A^*) \to X \times X$ 是对角占优上三角无穷维 Hamilton 算子, 则 $\lambda \in \sigma_r(H)$ 当且仅当下列条件之一满足:

(i) $A + \overline{\lambda} I$ 不是单射, $A - \lambda I$ 是单射, $B|_{\mathbb{N}(A^*+\lambda I)}$ 是单射, $B\mathbb{N}(A^* + \lambda I) \cap \mathcal{R}(A - \lambda I) = \{0\}$;

(ii) $B|_{\mathbb{N}(A^*-\overline{\lambda} I)}$ 是单射, $A - \lambda I$ 是单射, $B|_{\mathbb{N}(A^*+\lambda I)}$ 是单射, $B\mathbb{N}(A^* + \lambda I) \cap \mathcal{R}(A - \lambda I) = \{0\}$;

(iii) $B\mathbb{N}(A^* - \overline{\lambda} I) \cap \mathcal{R}(A + \overline{\lambda} I) \neq \{0\}$, $A - \lambda I$ 是单射, $B|_{\mathbb{N}(A^*+\lambda I)}$ 是单射, $B\mathbb{N}(A^* + \lambda I) \cap \mathcal{R}(A - \lambda I) = \{0\}$.

下列推论是显然的.

推论 2.4.4 令 $H = \begin{bmatrix} A & B \\ 0 & -A^* \end{bmatrix} : \mathscr{D}(A) \times \mathscr{D}(A^*) \to X \times X$ 是对角占优上三角无穷维 Hamilton 算子, 则

(i) $\sigma_r(H) \cap \rho(-A^*) = \sigma_r(A) \cap \rho(-A^*)$;

(ii) $\sigma_r(H) \cap \rho(A) = \sigma_r(-A^*) \cap \rho(A)$;

(iii) $\sigma_{r,i}(H) \cap \rho(A) = \sigma_{r,i}(-A^*) \cap \rho(A), i = 1, 2$;

(iv) $\sigma_{r,i}(H) \cap \rho(-A^*) = \sigma_r(A, i) \cap \rho(-A^*), i = 1, 2$.

下面将给出上端占优上三角无穷维 Hamilton 算子剩余谱的刻画.

定理 2.4.10 令 $H = \begin{bmatrix} A & B \\ 0 & -A^* \end{bmatrix} : \mathscr{D}(A) \times \mathscr{D}(B) \to X \times X$ 是上端

占优上三角无穷维 Hamilton 算子, 如果 B 可逆, 则 $\lambda \in \sigma_r(H)$ 当且仅当 $0 \in \sigma_r((A^* + \lambda I)B^{-1}(A - \lambda I))$.

证明 考虑

$$\begin{bmatrix} A-\lambda I & B \\ 0 & -A^*-\lambda I \end{bmatrix} = \begin{bmatrix} I & 0 \\ -(A^*+\lambda I)B^{-1} & I \end{bmatrix} \begin{bmatrix} 0 & B \\ S(\lambda) & 0 \end{bmatrix} \begin{bmatrix} I & 0 \\ \overline{B^{-1}(A-\lambda I)} & I \end{bmatrix},$$

其中 $S(\lambda) = (A^* + \lambda I)B^{-1}(A - \lambda I)$, 结论是显然的. ∎

2.4.3 上三角无穷维 Hamilton 算子的连续谱

在这一节我们将要讨论上三角无穷维 Hamilton 算子连续谱的性质. 令

$$H = \begin{bmatrix} A & B \\ 0 & -A^* \end{bmatrix} : \mathscr{D}(A) \times \mathscr{D}(A^*) \to X \times X$$

是上三角无穷维 Hamilton 算子, 则容易证明

$$(\sigma_c(A) \cap \sigma_c(-A^*)) \cup (\rho(A) \cap \sigma_c(-A^*)) \cup (\sigma_c(A) \cap \rho(-A^*)) \subset \sigma_c(H).$$

于是, 自然可以提出的一个问题是上述关系式等号何时成立呢?

定理 2.4.11 令 $H = \begin{bmatrix} A & B \\ 0 & -A^* \end{bmatrix} : \mathscr{D}(A) \times \mathscr{D}(A^*) \to X \times X$ 是上三角无穷维 Hamilton 算子, 若满足下列条件之一:

(i) 存在全空间上定义的有界线性算子 Z 使得 $B = AZ + ZA^*$;

(ii) $\sigma(A) \cap \sigma(-A^*) = \emptyset$;

(iii) $(\sigma(A) \backslash \sigma_p(A)) \cap (\sigma(-A^*) \backslash \sigma_\delta(-A^*)) = \emptyset$,

则关系式

$$\sigma_c(H) = (\sigma_c(A) \cap \sigma_c(-A^*)) \cup (\rho(A) \cap \sigma_c(-A^*)) \cup (\sigma_c(A) \cap \rho(-A^*))$$

成立.

证明 (i) 存在全空间上定义的有界线性算子 Z 使得当 $B = AZ + ZA^*$ 时, 考虑

$$\mathscr{D}(B) = \{y : Zy \in \mathscr{D}(A), y \in \mathscr{D}(A^*)\},$$

容易证明

$$\begin{bmatrix} A & B \\ 0 & -A^* \end{bmatrix} = \begin{bmatrix} I & -Z \\ 0 & I \end{bmatrix} \begin{bmatrix} A & 0 \\ 0 & -A^* \end{bmatrix} \begin{bmatrix} I & Z \\ 0 & I \end{bmatrix}.$$

于是, 根据相似算子的性质, 结论立即得证.

(ii) 考虑

$$(\sigma_c(A) \cap \sigma_c(-A^*)) \cup (\rho(A) \cap \sigma_c(-A^*)) \cup (\sigma_c(A) \cap \rho(-A^*)) \subset \sigma_c(H),$$

令 $\lambda \in \sigma_c(H)$ 且 $\lambda \notin (\sigma_c(A) \cap \sigma_c(-A^*)) \cup (\rho(A) \cap \sigma_c(-A^*)) \cup (\sigma_c(A) \cap \rho(-A^*))$, 则 $\lambda \in (\sigma(A) \cap \sigma(-A^*))$. 事实上, 假定 $\lambda \notin (\sigma(A) \cap \sigma(-A^*))$, 则 $\lambda \in (\rho(A) \cup \rho(-A^*))$. 当 $\lambda \in \rho(A)$ 时,

$$H - \lambda I = \begin{bmatrix} I & B(A - \lambda I)^{-1} \\ 0 & I \end{bmatrix} \begin{bmatrix} A - \lambda I & 0 \\ 0 & -A^* - \lambda I \end{bmatrix},$$

从而有 $\lambda \in \sigma_c(-A^*)$, 推出矛盾. 同理, 当 $\lambda \in \rho(-A^*)$ 时, 也推出矛盾. 从而 $\lambda \in (\sigma(A) \cap \sigma(-A^*))$. 于是, 当 $\sigma(A) \cap \sigma(-A^*) = \emptyset$ 时, 等式

$$\sigma_c(H) = (\sigma_c(A) \cap \sigma_c(-A^*)) \cup (\rho(A) \cap \sigma_c(-A^*)) \cup (\sigma_c(A) \cap \rho(-A^*))$$

成立.

(iii) 令 $\lambda \in \sigma_c(H)$ 且 $\lambda \notin (\sigma_c(A) \cap \sigma_c(-A^*)) \cup (\rho(A) \cap \sigma_c(-A^*)) \cup (\sigma_c(A) \cap \rho(-A^*))$, 则 $\lambda \in (\sigma(A) \backslash \sigma_p(A)) \cap (\sigma(-A^*) \backslash \sigma_\delta(-A^*))$. 于是, 当 $(\sigma(A) \backslash \sigma_p(A)) \cap (\sigma(-A^*) \backslash \sigma_\delta(-A^*)) = \emptyset$ 时, 等式

$$\sigma_c(H) = (\sigma_c(A) \cap \sigma_c(-A^*)) \cup (\rho(A) \cap \sigma_c(-A^*)) \cup (\sigma_c(A) \cap \rho(-A^*))$$

成立. 结论证毕. ▮

下面将讨论一般上三角无穷维 Hamilton 算子的连续谱何时为空集的问题.

引理 2.4.3 令 $H=\begin{bmatrix} A & B \\ 0 & -A^* \end{bmatrix}: \mathscr{D}(A)\times(\mathscr{D}(A^*)\cap\mathscr{D}(B))\to X\times X$ 是上三角无穷维 Hamilton 算子, 若 $\sigma_p(H)^c\subset\rho(A)\cap\rho(A_1)$, 则对于任意的 $\lambda\in\sigma_p(H)^c$ 有 $1\in\rho(K_\lambda)$, 其中 $K_\lambda=\widehat{B}A_\lambda^{-1}$, $A_\lambda=\begin{bmatrix} \lambda I-A & 0 \\ 0 & \lambda I-A_1 \end{bmatrix}$, $\widehat{B}=\begin{bmatrix} 0 & B \\ 0 & 0 \end{bmatrix}$, A_1 为 $-A^*$ 在 $\mathscr{D}(B)\cap\mathscr{D}(A^*)$ 上的限制, $\sigma_p(H)^c$ 表示 $\sigma_p(H)$ 的补集.

证明 对于任意的 $\lambda\in\sigma_p(H)^c$, 由已知条件可知 $\lambda\in\rho(A)\cap\rho(A_1)$, 从而 $\lambda I-A$, $\lambda I-A_1$ 都是在上的. 又因为 A_1 是 $-A^*$ 在 $\mathscr{D}(B)\cap\mathscr{D}(A^*)$ 上的限制, 所以 $\mathscr{D}(A_1)\subset\mathscr{D}(B)$, 从而 $\mathscr{D}(I-K_\lambda)=X\times X$. 因此若对 $u=\begin{bmatrix} u_1 \\ u_2 \end{bmatrix}\in X\times X$ 有 $(I-K_\lambda)u=0$, 即

$$\begin{bmatrix} I & -B(\lambda I-A_1)^{-1} \\ 0 & I \end{bmatrix}\begin{bmatrix} u_1 \\ u_2 \end{bmatrix}=\begin{bmatrix} 0 \\ 0 \end{bmatrix}, \tag{2.4.6}$$

则显然有 $\begin{bmatrix} u_1 \\ u_2 \end{bmatrix}=\begin{bmatrix} 0 \\ 0 \end{bmatrix}$, 即 $u=0$, 所以 $I-K_\lambda$ 是一一的. 下面看 $I-K_\lambda$ 是否是在上的: 也就是对任意的 $v=\begin{bmatrix} v_1 \\ v_2 \end{bmatrix}\in X\times X$, 是否存在 $u=\begin{bmatrix} u_1 \\ u_2 \end{bmatrix}\in X\times X$ 使得 $(I-K_\lambda)u=v$, 即

$$\begin{bmatrix} I & -B(\lambda I-A_1)^{-1} \\ 0 & I \end{bmatrix}\begin{bmatrix} u_1 \\ u_2 \end{bmatrix}=\begin{bmatrix} v_1 \\ v_2 \end{bmatrix}. \tag{2.4.7}$$

而 (2.4.7) 等价于 $\begin{bmatrix} u_1 \\ u_2 \end{bmatrix}=\begin{bmatrix} v_1+B(\lambda I-A_1)^{-1}v_2 \\ v_2 \end{bmatrix}$, 前面已证明了 $D(I-K_\lambda)=X\times X$, 从而 $u=\begin{bmatrix} u_1 \\ u_2 \end{bmatrix}=\begin{bmatrix} v_1+B(\lambda I-A_1)^{-1}v_2 \\ v_2 \end{bmatrix}\in D(I-K_\lambda)$, 因

此 $I-K_\lambda$ 是在上的. 综上可得 $1\in\rho(K_\lambda)$. ▮

引理 2.4.4 令 $H=\begin{bmatrix} A & B \\ 0 & -A^* \end{bmatrix}:\mathscr{D}(A)\times(\mathscr{D}(A^*)\cap\mathscr{D}(B))\to X\times X$ 是上三角无穷维 Hamilton 算子, 若 $\sigma_p(H)^c\subset\rho(A)\cap\rho(A_1)$, 则 $\sigma_p(H)^c\subset\rho(H)$, 其中 A_1 为 $-A^*$ 在 $\mathscr{D}(B)\cap\mathscr{D}(A^*)$ 上的限制.

证明 对于任意的 $\lambda\in\sigma_p(H)^c$, 由点谱的定义可知 $\lambda I-H$ 是一一的. 下面证明 $\lambda I-H$ 是在上的: 对任意的 $v=\begin{bmatrix} v_1 \\ v_2 \end{bmatrix}\in X\times X$, 需找到 $u=\begin{bmatrix} u_1 \\ u_2 \end{bmatrix}\in\mathscr{D}(H)$ 使得 $(\lambda I-H)u=v$, 即

$$\begin{bmatrix} \lambda I-A & -B \\ 0 & \lambda I+A^* \end{bmatrix}\begin{bmatrix} u_1 \\ u_2 \end{bmatrix}=\begin{bmatrix} v_1 \\ v_2 \end{bmatrix}, \tag{2.4.8}$$

因为 $\mathscr{D}(H)=\mathscr{D}(A)\times(\mathscr{D}(B)\cap\mathscr{D}(A^*))$, 所以 (2.4.8) 式等价于

$$\begin{bmatrix} \lambda I-A & -B \\ 0 & \lambda I-A_1 \end{bmatrix}\begin{bmatrix} u_1 \\ u_2 \end{bmatrix}=\begin{bmatrix} v_1 \\ v_2 \end{bmatrix}. \tag{2.4.9}$$

我们将 (2.4.9) 拆分成下式

$$\begin{bmatrix} \lambda I-A & 0 \\ 0 & \lambda I-A_1 \end{bmatrix}\begin{bmatrix} u_1 \\ u_2 \end{bmatrix}-\begin{bmatrix} 0 & B \\ 0 & 0 \end{bmatrix}\begin{bmatrix} u_1 \\ u_2 \end{bmatrix}=\begin{bmatrix} v_1 \\ v_2 \end{bmatrix}. \tag{2.4.10}$$

由引理 2.4.3, (2.4.10) 变为

$$A_\lambda u-\overline{B}u=v. \tag{2.4.11}$$

由已知条件可得, 若 $\lambda\in\sigma_p(H)^c$, 则有 $\lambda\in\rho(A)\cap\rho(A_1)$. 所以 $0\in\rho(A_\lambda)$. 这样 A_λ 就在 $X\times X$ 上有有界逆, 从而以 A_λ^{-1} 作用于 (2.4.11) 的两端有

$$u-A_\lambda^{-1}\overline{B}u=A_\lambda^{-1}v. \tag{2.4.12}$$

令 $w=\overline{B}u$, $K_\lambda=\overline{B}A_\lambda^{-1}$, 并用 $\overline{B}$ 作用于 (2.4.12) 的两端得

$$w-K_\lambda w=K_\lambda v. \tag{2.4.13}$$

由已知条件 $\lambda \in \sigma_p(H)^c$, 又由引理 2.4.3 可知 $1 \in \rho(K_\lambda)$, 所以算子 $I - K_\lambda$ 有有界逆, 从而由 (2.4.13) 式可得 $w = (I - K_\lambda)^{-1}K_\lambda v$, 故由 (2.4.12) 式可知

$$u = A_\lambda^{-1}w + A_\lambda^{-1}v = A_\lambda^{-1}[(I - K_\lambda)^{-1}K_\lambda + I]v.$$

因此, 对任意的 $v = \begin{bmatrix} v_1 \\ v_2 \end{bmatrix} \in X \times X$, 取 $u = A_\lambda^{-1}[(I - K_\lambda)^{-1}K_\lambda + I]v$, 则 $u \in \mathscr{D}(H)$ 且满足 (2.4.8) 式, 即 $\lambda I - H$ 是在上的. 以上我们证明了当 $\lambda \in \sigma_p(H)^c$ 时, $\lambda I - H$ 是一一的并且也是在上的, 即 $\lambda \in \rho(H)$. 因此, $\sigma_p(H)^c \subset \rho(H)$. ▮

定理 2.4.12 若 $\sigma_p(H)^c \subset \rho(A) \cap \rho(A_1)$, 则无穷维 Hamilton 算子 $H = \begin{bmatrix} A & B \\ 0 & -A^* \end{bmatrix}$ 的连续谱 $\sigma_c(H) = \emptyset$, 其中 A_1 为 $-A^*$ 在 $\mathscr{D}(B) \cap \mathscr{D}(A^*)$ 上的限制.

证明 对任意的 $\lambda \in \mathbb{C}$, 以下分两种情况进行讨论: 若 $\lambda \in \sigma_p(H)$, 由谱的定义显然有 $\lambda \notin \sigma_c(H)$; 而若 $\lambda \in \sigma_p(H)^c$, 由引理 2.4.4 可知 $\sigma_p(H)^c \subset \rho(H)$, 故 $\lambda \notin \sigma_c(H)$. 从而, 对任意的 $\lambda \in \mathbb{C}$ 都有 $\lambda \notin \sigma_c(H)$. 因此, $\sigma_c(H) = \emptyset$. ▮

定理 2.4.13 设 $\sigma_r(H) = \emptyset$, A_1 为 $-A^*$ 在 $\mathscr{D}(B) \cap \mathscr{D}(A^*)$ 上的限制且 $A_1 = A$, 若无穷维 Hamilton 算子 $H = \begin{bmatrix} A & B \\ 0 & -A^* \end{bmatrix}$ 的连续谱 $\sigma_c(H) = \emptyset$, 则 $\sigma_p(H)^c \subset \rho(A)$.

证明 考虑 $\sigma_r(H) = \emptyset$ 且 $\sigma_c(H) = \emptyset$, 当 $\lambda \in \sigma_p(H)^c$ 时,$\lambda \in \rho(H)$. 因此, $\lambda I - H$ 既是一一的又是在上的. 由 $\lambda I - H$ 是一一的可知: 对于 $u = \begin{bmatrix} u_1 \\ u_2 \end{bmatrix} \in \mathscr{D}(H)$,

$$\begin{bmatrix} \lambda I - A & -B \\ 0 & \lambda I + A^* \end{bmatrix} \begin{bmatrix} u_1 \\ u_2 \end{bmatrix} = \begin{bmatrix} 0 \\ 0 \end{bmatrix} \tag{2.4.14}$$

只有零解. 而 $\mathscr{D}(H) = \mathscr{D}(A) \times (\mathscr{D}(B) \cap \mathscr{D}(A^*))$, 所以 (2.4.14) 式等价于

$$\begin{bmatrix} \lambda I - A & -B \\ 0 & \lambda I - A_1 \end{bmatrix} \begin{bmatrix} u_1 \\ u_2 \end{bmatrix} = \begin{bmatrix} 0 \\ 0 \end{bmatrix},$$

即

$$\begin{cases}(\lambda I-A)u_1-Bu_2=0,\\ \qquad (\lambda I-A_1)u_2=0.\end{cases}$$

因此对于 $u_1\in\mathscr{D}(A)$, $u_2\in\mathscr{D}(A^*)\cap\mathscr{D}(B)$, 方程组只有零解. 从而对任意的 $u_1\in\mathscr{D}(A)$, 取 $u_2=0$, 代入方程组可得

$$\begin{cases}(\lambda I-A)u_1=0,\\ \qquad 0=0.\end{cases}$$

因为 $u_1\in\mathscr{D}(A)$, $u_2=0\in\mathscr{D}(A^*)\cap\mathscr{D}(B)$, 所以 $u_1\in\mathscr{D}(A)$ 且 $(\lambda I-A)u_1=0$ 只有零解, 即 $\lambda I-A$ 是一一的. 而由 $\lambda I-H$ 是在上的可知: 对任意的 $\begin{bmatrix}v_1\\ v_2\end{bmatrix}\in X\times X$, 存在 $\begin{bmatrix}u_1\\ u_2\end{bmatrix}\in\mathscr{D}(H)$, 有

$$\begin{cases}(\lambda I-A)u_1-Bu_2=v_1,\\ \qquad (\lambda I-A_1)u_2=v_2.\end{cases}$$

从而知 $\lambda I-A_1$ 是在上的. 注意到已知条件 $A_1=A$, 我们有 $\lambda I-A$ 是在上的. 因此 $\lambda I-A$ 既是一一的, 又是在上的, 故 $\lambda\in\rho(A)$. ∎

下面将构造具体的例子, 加以说明结果的有效性.

例 2.4.4 设 $X=L^2(0,1)$, 另设 A,B 均为二阶常微分算子 $A=B=\frac{\mathrm{d}^2}{\mathrm{d}x^2}$, 其定义域为

$$\begin{aligned}\mathscr{D}(A)&=\mathscr{D}(B)\\ &=\left\{u_1\in X: u_1' \text{ 绝对连续}, u_1(0)=u_1(1)=0, u_1\in X, u_1'\in X, u_1''\in X\right\},\end{aligned}$$

则

$$H=\begin{bmatrix}A & B\\ 0 & -A^*\end{bmatrix}$$

是无穷维 Hamilton 算子并且其连续谱 $\sigma_c(H)=\emptyset$. 事实上, 在所设条件下算

子 A, B 均为 Sturm-Liouville 算子, 因此 A, B 均为自伴算子. 从而

$$H=\begin{bmatrix} A & B \\ 0 & -A^* \end{bmatrix}=\begin{bmatrix} \dfrac{\mathrm{d}^2}{\mathrm{d}x^2} & \dfrac{\mathrm{d}^2}{\mathrm{d}x^2} \\ 0 & -\dfrac{\mathrm{d}^2}{\mathrm{d}x^2} \end{bmatrix}$$

是无穷维 Hamilton 算子. 通过求解如下方程组

$$\begin{cases} \lambda u_1-\dfrac{\mathrm{d}^2 u_1}{\mathrm{d}x^2}-\dfrac{\mathrm{d}^2 u_2}{\mathrm{d}x^2}=0, \quad u_1(0)=u_1(1)=0, \\ \lambda u_2+\dfrac{\mathrm{d}^2 u_2}{\mathrm{d}x^2}=0, \quad u_2(0)=u_2(1)=0 \end{cases}$$

得 H 的点谱 $\sigma_p(H)=\{\lambda\in\mathbb{C}:\lambda=\pm k^2\pi^2, k=1,2,\cdots\}$ 并且 $\sigma_c(H)=\emptyset$.

下面应用定理 2.4.12 来说明 $\sigma_c(H)=\emptyset$. 经计算得

$$\sigma(A)=\sigma_p(A)=\left\{\ \lambda\in\mathbb{C}:\lambda=-k^2\pi^2, k=1,2,\cdots\right\},$$

即, A 的谱集仅含有点谱. 注意到, 在本例中 $\mathscr{D}(B)=\mathscr{D}(A^*)=\mathscr{D}(A)$, 因此 $A_1=-A^*=-A$, 从而类似可知 A_1 的谱集也仅含有点谱且

$$\sigma(A_1)=\sigma_p(A_1)=\left\{\lambda\in\mathbb{C}:\lambda=k^2\pi^2, k=1,2,\cdots\right\}.$$

因此, 由 $\lambda\in\sigma_p(H)^c$ 可知 $\lambda\notin\sigma_p(A)$ 且 $\lambda\notin\sigma_p(A_1)$, 从而 $\lambda\in\rho(A)\cap\rho(A_1)$. 综上所述, 定理 2.4.12 的条件就都得到了满足, 故 $\sigma_c(H)=\emptyset$. 这样, 我们直接计算所得的结果和应用定理 2.4.12 所得的结果是一致的.

2.4.4 上三角无穷维 Hamilton 算子的谱等式

前面我们讨论了上三角无穷维 Hamilton 算子的点谱、剩余谱和连续谱. 这一节我们将探讨上三角无穷维 Hamilton 算子的谱集何时满足谱等式

$$\sigma(H)=\sigma(A)\cup\sigma(-A^*) \tag{2.4.15}$$

的问题.

引理 2.4.5 令 $H=\begin{bmatrix} A & B \\ 0 & -A^* \end{bmatrix}:\mathscr{D}(A)\times\mathscr{D}(A^*)\to X\times X$ 是上三角无穷维 Hamilton 算子, 则 $0\in\rho(H)$ 当且仅当下列条件满足:

(i) A 下方有界;

(ii) $\mathbb{N}(B)\cap\mathbb{N}(-A^*)=\{0\}$;

(iii) $\mathcal{R}(A)\oplus B\mathbb{N}(-A^*)=X$.

证明 考虑到 H 是闭算子, 当 $0\in\rho(H)$ 时, H 是下方有界, 即, 存在 $M>0$ 使得对任意的 $u=\begin{bmatrix} f & g \end{bmatrix}^T\in\mathscr{D}(H)$ 有

$$\|Hu\|\geqslant M\|u\|.$$

于是, 令 $g=0$ 即得 A 下方有界. 再考虑到 H 是单射, $\mathbb{N}(B)\cap\mathbb{N}(-A^*)=\{0\}$ 的证明是平凡的. 为了证明 $B\mathbb{N}(-A^*)\oplus\mathcal{R}(A)=X$, 首先, 令 $y_0\in B\mathbb{N}(-A^*)\cap\mathcal{R}(A)$, 则存在 $x_1\in\mathscr{D}(A),x_2\in N(A^*)$ 使得

$$Ax_1=Bx_2=y_0,$$

即

$$\begin{bmatrix} A & B \\ 0 & -A^* \end{bmatrix}\begin{bmatrix} -x_1 \\ x_2 \end{bmatrix}=0.$$

于是 $x_1=x_2=0$. 另一方面, 考虑 H 是满射, 即得 $B\mathbb{N}(-A^*)+\mathcal{R}(A)=X$, 从而 $B\mathbb{N}(-A^*)\oplus\mathcal{R}(A)=X$.

反之, 为了证明 $0\in\rho(H)$, 只需证明 H 是双射即可. 由 (i) 和 (ii) 可知 H 是单射. 对任意的 $\begin{bmatrix} f & g \end{bmatrix}^T\in X\times X$, 考虑 A 下方有界得 A^* 是满射, 即存在 $x_3\in\mathscr{D}(A^*)$ 使得

$$-A^*x_3=g.$$

又因为 $B\mathbb{N}(-A^*)\oplus\mathcal{R}(A)=X$, 故存在 $x_1\in\mathscr{D}(A),x_2\in N(-A^*)$ 使得

$$Ax_1+Bx_2=f-Bx_3.$$

于是

$$\begin{bmatrix} A & B \\ 0 & -A^* \end{bmatrix} \begin{bmatrix} x_1 \\ x_2 + x_3 \end{bmatrix} = \begin{bmatrix} f \\ g \end{bmatrix},$$

即, H 是满射. 结论证毕. ▮

定理 2.4.14 令 $H = \begin{bmatrix} A & B \\ 0 & -A^* \end{bmatrix} : \mathscr{D}(A) \times \mathscr{D}(A^*) \to X \times X$ 是上三角无穷维 Hamilton 算子, 则 $\sigma(H) = \sigma(A) \cup \sigma(-A^*)$ 成立当且仅当

$$(\sigma_{r,1}(A) \cap \sigma_{p,1}(-A^*)) = \emptyset$$

或者对任意的 $\lambda \in (\sigma_{r,1}(A) \cap \sigma_{p,1}(-A^*))$ 下列条件之一满足:

(i) $\mathbb{N}(B) \cap \mathbb{N}(-A^* - \lambda I) \neq \{0\}$;

(ii) $B\mathbb{N}(-A^* - \lambda I) \cap \mathcal{R}(A - \lambda I) \neq \{0\}$;

(iii) $B\mathbb{N}(-A^* - \lambda I) + \mathcal{R}(A - \lambda I) \neq X$.

证明 当 $\sigma(H) = \sigma(A) \cup \sigma(-A^*)$ 成立时, 不妨设 $(\sigma_{r,1}(A) \cap \sigma_{p,1}(-A^*)) \neq \emptyset$. 任取 $\lambda \in (\sigma_{r,1}(A) \cap \sigma_{p,1}(-A^*))$, 假定不满足条件 (i), (ii) 和 (iii) 中的任何一个, 则由引理 2.4.5 可知, $\lambda \in \rho(H)$, 考虑

$$\rho(H) = \rho(A) \cap \rho(-A^*),$$

即得 $\lambda \in \rho(A) \cap \rho(-A^*)$, 这与 $\lambda \in (\sigma_{r,1}(A) \cap \sigma_{p,1}(-A^*))$ 矛盾. 于是, 对任意的 $\lambda \in (\sigma_{r,1}(A) \cap \sigma_{p,1}(-A^*))$ 必定满足条件 (i), (ii) 和 (iii) 之一.

反之, 当 $(\sigma_{r,1}(A) \cap \sigma_{p,1}(-A^*)) = \emptyset$ 时, $\sigma(H) = \sigma(A) \cup \sigma(-A^*)$ 的证明是显然的. 当任意的 $\lambda \in (\sigma_{r,1}(A) \cap \sigma_{p,1}(-A^*))$ 满足条件 (i), (ii) 和 (iii) 之一时, 假定 $\sigma(H) \neq \sigma(A) \cup \sigma(-A^*)$, 则存在 $\mu \in (\sigma(A) \cup \sigma(-A^*))$ 使得 $\mu \notin \sigma(H)$, 即 $\mu \in \rho(H)$. 由引理 2.4.5 可知, $\mu \in (\sigma_{r,1}(A) \cap \sigma_{p,1}(-A^*))$, 此时 $\mu \notin \rho(H)$, 推出矛盾. 于是 $\sigma(H) = \sigma(A) \cup \sigma(-A^*)$. ▮

推论 2.4.5 令 $H = \begin{bmatrix} A & B \\ 0 & -A^* \end{bmatrix}$ 是全空间上有界上三角无穷维 Hamilton 算子, 如果满足下列条件之一:

(i) $AB=-BA^*$;

(ii) 存在 $\mu\in\mathbb{C}$ 使得 $(A-\mu I)B=0$ 或者 $B(A^*+\mu I)=0$;

(iii) $int(\sigma(A)\cup\sigma(-A^*))=\emptyset$;

(iv) $AA^*\geqslant A^*A$ 或者 $AA^*\leqslant A^*A$,

则 $\sigma(H)=\sigma(A)\cup\sigma(-A^*)$, 其中 $int(G)$ 表示集合 G 的核.

证明 (i) 不妨设 $(\sigma_{r,1}(A)\cap\sigma_{p,1}(-A^*))\neq\emptyset$, 则对任意的 $\lambda\in(\sigma_{r,1}(A)\cap\sigma_{p,1}(-A^*))$ 有

$$(A-\lambda I)B=-B(A^*+\lambda I).$$

于是, 对任意的 $y\in\mathbb{N}(-A^*-\lambda I)$ 有 $(A-\lambda I)By=0$. 再由 $\lambda\in\sigma_{r,1}(A)$ 可知 $By=0$. 于是

$$B\mathbb{N}(-A^*-\lambda I)+\mathcal{R}(A-\lambda I)=\mathcal{R}(A-\lambda I)\neq X.$$

由定理 2.4.14 可知 $\sigma(H)=\sigma(A)\cup\sigma(-A^*)$.

(ii) 不妨设 $(\sigma_{r,1}(A)\cap\sigma_{p,1}(-A^*))\neq\emptyset$, 则对任意的 $\lambda\in(\sigma_{r,1}(A)\cap\sigma_{p,1}(-A^*))$ 有

$$(A-\lambda I)B+(\lambda-\mu)B=0.$$

于是 $(A-\lambda I)B\mathbb{N}(-A^*-\lambda I)+(\lambda-\mu)B\mathbb{N}(-A^*-\lambda I)=\{0\}$, 即 $B\mathbb{N}(-A^*-\lambda I)\subset\mathcal{R}(A-\lambda I)$. 从而

$$B\mathbb{N}(-A^*-\lambda I)+\mathcal{R}(A-\lambda I)=\mathcal{R}(A-\lambda I)\neq X.$$

由定理 2.4.14, 可知 $\sigma(H)=\sigma(A)\cup\sigma(-A^*)$. 当 $B(A^*+\mu I)=0$ 时, 证明完全类似.

(iii) 考虑 $\partial\sigma(A)\subset\sigma_{ap}(A)$, 得 $\sigma_{r,1}(A)\subset int(\sigma(A))$. 于是, 当 $int(\sigma(A)\cup\sigma(-A^*))=\emptyset$ 时, $\sigma_{r,1}(A)=\emptyset$. 由定理 2.4.14, 可知 $\sigma(H)=\sigma(A)\cup\sigma(-A^*)$.

(iv) 当 $AA^*\geqslant A^*A$ 时, 容易证明 $\sigma_{p,1}(-A^*)=\emptyset$. 当 $AA^*\leqslant A^*A$ 时, $\sigma_{r,1}(A)=\emptyset$. 于是, 由定理 2.4.14, 可知 $\sigma(H)=\sigma(A)\cup\sigma(-A^*)$. ∎

定理 2.4.15 令 $H = \begin{bmatrix} A & B \\ 0 & -A^* \end{bmatrix} : \mathscr{D}(A) \times \mathscr{D}(A^*) \to X \times X$ 是上三角无穷维 Hamilton 算子, 则 $\sigma_\delta(H) = \sigma_\delta(A) \cup \sigma_\delta(-A^*)$ 成立当且仅当

$$(\sigma_\delta(A) \cap \sigma_{p,1}(-A^*)) = \emptyset$$

或者对任意的 $\lambda \in (\sigma_\delta(A) \cap \sigma_{p,1}(-A^*))$ 满足 $B\mathbb{N}(-A^* - \lambda I) + \mathcal{R}(A - \lambda I) \neq X$.

证明 当 $\sigma_\delta(H) = \sigma_\delta(A) \cup \sigma_\delta(-A^*)$ 时, 不妨设 $(\sigma_\delta(A) \cap \sigma_{p,1}(-A^*)) \neq \emptyset$. 假定存在 $\lambda \in (\sigma_\delta(A) \cap \sigma_{p,1}(-A^*))$ 使得

$$B\mathbb{N}(-A^* - \lambda I) + \mathcal{R}(A - \lambda I) = X,$$

则可以断言 $\mathcal{R}(H - \lambda I) = X \oplus X$. 事实上, 任取 $\begin{bmatrix} f & g \end{bmatrix}^T \in X \oplus X$, 则由 $\lambda \in \sigma_{p,1}(-A^*)$ 可知存在 $y \in \mathscr{D}(A^*)$ 使得

$$-(A^* + \lambda I)y = g. \tag{2.4.16}$$

再由 $B\mathbb{N}(-A^* - \lambda I) + \mathcal{R}(A - \lambda I) = X$, 可知存在 $x \in \mathscr{D}(A), y_1 \in \mathbb{N}(-A^* - \lambda I)$ 使得

$$(A - \lambda I)x + By_1 = f - By. \tag{2.4.17}$$

结合式 (2.4.16) 和式 (2.4.17) 即得

$$\begin{bmatrix} A - \lambda I & B \\ 0 & -A^* - \lambda I \end{bmatrix} \begin{bmatrix} x \\ y + y_1 \end{bmatrix} = \begin{bmatrix} f \\ g \end{bmatrix},$$

即, $\mathcal{R}(H - \lambda I) = X \oplus X$. 另一方面, 由 $\sigma_\delta(H) = \sigma_\delta(A) \cup \sigma_\delta(-A^*)$ 可知 $\lambda \in \sigma_\delta(H)$, 推出矛盾. 于是, $B\mathbb{N}(-A^* - \lambda I) + \mathcal{R}(A - \lambda I) \neq X$.

反之, 令 $\rho_\delta(T) = \{\lambda \in \mathbb{C} : \mathcal{R}(T - \lambda I) = X\}$, 则考虑

$$\rho_\delta(A) \cup \rho_\delta(-A^*) \subset \rho_\delta(H),$$

只需证明反包含关系即可. 令 $\lambda \in \rho_\delta(H)$, 则 $\lambda \in \rho_\delta(-A^*) = \rho(-A^*) \cup \sigma_{p,1}(-A^*)$. 当 $\lambda \in \rho(-A^*)$ 时, 考虑

$$H - \lambda I = \begin{bmatrix} I & -B(A^* - \lambda I)^{-1} \\ 0 & I \end{bmatrix} \begin{bmatrix} A - \lambda I & 0 \\ 0 & -A^* - \lambda I \end{bmatrix},$$

即得 $\lambda \in \rho_\delta(A)$. 当 $\lambda \in \sigma_{p,1}(-A^*)$ 时, 如果 $(\sigma_\delta(A) \cap \sigma_{p,1}(-A^*)) \neq \emptyset$, 则由给定条件可知 $\lambda \in \sigma_\delta(H)$, 这与 $\lambda \in \rho_\delta(H)$ 矛盾. 于是, $(\sigma_\delta(A) \cap \sigma_{p,1}(-A^*)) = \emptyset$, 故 $\lambda \in \rho_\delta(A)$. ▮

考虑 $\lambda \in \sigma_{ap}(H)$ 当且仅当 $\overline{\lambda} \in \sigma_\delta(H^*)$, 以及

$$\begin{bmatrix} -A & B \\ 0 & A^* \end{bmatrix} = \begin{bmatrix} 0 & I \\ I & 0 \end{bmatrix} \begin{bmatrix} A^* & 0 \\ B & -A \end{bmatrix} \begin{bmatrix} 0 & I \\ I & 0 \end{bmatrix},$$

下列结论的证明是显然的.

定理 2.4.16 令 $H = \begin{bmatrix} A & B \\ 0 & -A^* \end{bmatrix} : \mathscr{D}(A) \times \mathscr{D}(A^*) \to X \times X$ 是上三角无穷维 Hamilton 算子, 则 $\sigma_{ap}(H) = \sigma_{ap}(A) \cup \sigma_{ap}(-A^*)$ 成立当且仅当

$$(\sigma_{r,1}(A) \cap \sigma_{ap}(-A^*)) = \emptyset$$

或者对任意的 $\lambda \in (\sigma_{r,1}(A) \cap \sigma_{ap}(-A^*))$ 满足 $B\mathbb{N}(A^* - \overline{\lambda}I) + \mathcal{R}(A + \overline{\lambda}I) \neq X$.

推论 2.4.6 令 $H = \begin{bmatrix} A & B \\ 0 & -A^* \end{bmatrix} : \mathscr{D}(A) \times \mathscr{D}(A^*) \to X \times X$ 是上三角无穷维 Hamilton 算子, 如果 $\sigma(A) \cap \sigma(-A^*) = \emptyset$, 则

(i) $\sigma(H) = \sigma(A) \cup \sigma(-A^*)$;

(ii) $\sigma_\delta(H) = \sigma_\delta(A) \cup \sigma_\delta(-A^*)$;

(iii) $\sigma_{ap}(H) = \sigma_{ap}(A) \cup \sigma_{ap}(-A^*)$.

值得一提的是, 上三角算子矩阵可逆补问题在插值理论、控制论、系统理论等相关学科中具有重要应用 (见 [58]). 所谓上三角算子矩阵可逆补问题是指考虑缺项算子矩阵

$$M_x = \begin{bmatrix} A & x \\ 0 & D \end{bmatrix},$$

补齐缺项算子 x 使得 M_x 具有可逆性. 下面将给出上三角无穷维 Hamilton 算子的可逆补.

定理 2.4.17 上三角无穷维 Hamilton 算子 $H_B = \begin{bmatrix} A & B \\ 0 & -A^* \end{bmatrix}$ 存在有界自伴算子 B 使得 H_B 可逆当且仅当 A 左可逆.

证明 如果存在有界自伴算子 B 使得 H_B 可逆, 则由引理 2.4.15 可知 A 左可逆. 反之, 当 A 左可逆时, $\mathcal{R}(A) = \mathbb{N}(A^*)^{\perp}$ 是闭集且 $\mathcal{R}(A^*) = \mathbb{N}(A)^{\perp} = X$. 选定有界自伴算子 B 使得 PBP 是可逆算子, 其中 $P : X \to \mathbb{N}(A^*)$ 是正交投影算子, 则空间分解 $X \oplus X = X \oplus \mathcal{R}(A) \oplus \mathcal{R}(A)^{\perp} = \mathcal{R}(A) \oplus \mathcal{R}(A)^{\perp} \oplus X$ 下算子 H_B 具有如下分块形式:

$$H_B = \begin{bmatrix} A_1 & B_1 & B_2 \\ 0 & B_3 & B_4 \\ 0 & \widetilde{A^*} & 0 \end{bmatrix} : \mathscr{D}(A) \oplus (\mathcal{R}(A) \cap \mathscr{D}(A^*)) \oplus \mathcal{R}(A)^{\perp} \to \mathcal{R}(A) \oplus \mathcal{R}(A)^{\perp} \oplus X.$$

考虑 $B_4 = PBP$ 是可逆算子, 而且 $A_1 : \mathscr{D}(A) \to \mathcal{R}(A)$ 和 $\widetilde{A^*} : (\mathcal{R}(A) \cap \mathscr{D}(A^*) \to X$ 可逆. 于是, H_B 可逆. 结论证毕. ▮

2.5 非负 Hamilton 算子的谱

对于无穷维 Hamilton 算子

$$H = \begin{bmatrix} A & B \\ C & -A^* \end{bmatrix} : \mathscr{D}(H) \subseteq X \times X \to X \times X$$

而言, 当 $C \geqslant 0, B \geqslant 0$ 时称 H 为非负 Hamilton 算子. 非负 Hamilton 算子是非负 Hamilton 矩阵从有限维到无穷维的推广, 它在控制论以及弹性力学问题中具有广泛应用.

例 2.5.1 考虑对边简支矩形板问题对应的微分方程

$$D\left(\frac{\partial^2}{\partial x^2} + \frac{\partial^2}{\partial y^2}\right)^2 w = 0,$$

其中边界条件为

$$w(x,0) = w(x,1) = 0, \ \frac{\partial^2 w}{\partial y^2}(x,0) = \frac{\partial^2 w}{\partial y^2}(x,1) = 0.$$

令 $\theta = \frac{\partial w}{\partial x}$, $q = D\left(\frac{\partial^3 w}{\partial x^3} + \frac{\partial^3 3}{\partial x \partial y^2}\right)$, $m = -D\left(\frac{\partial^2 w}{\partial x^2} + \frac{\partial^2 w}{\partial y^2}\right)$, 则得到对应的无穷维 Hamilton 系统为

$$\frac{\partial}{\partial x}\begin{bmatrix} w \\ \theta \\ q \\ m \end{bmatrix} = \begin{bmatrix} 0 & 1 & 0 & 0 \\ -\frac{\partial^2}{\partial y^2} & 0 & 0 & -\frac{1}{D} \\ 0 & 0 & 0 & \frac{\partial^2}{\partial y^2} \\ 0 & 0 & -1 & 0 \end{bmatrix}\begin{bmatrix} w \\ \theta \\ q \\ m \end{bmatrix}. \tag{2.5.1}$$

再令 $X = L^2[0,1]$, 则系统对应的无穷维 Hamilton 算子为

$$H = \begin{bmatrix} 0 & 1 & 0 & 0 \\ -\frac{\mathrm{d}^2}{\mathrm{d}y^2} & 0 & 0 & -\frac{1}{D} \\ 0 & 0 & 0 & \frac{\mathrm{d}^2}{\mathrm{d}y^2} \\ 0 & 0 & -1 & 0 \end{bmatrix},$$

其中

$$\mathscr{D}(H) = \left\{ \begin{bmatrix} w \\ \theta \\ q \\ m \end{bmatrix} \in X^4 : \begin{array}{c} w(0) = w(1) = m(0) = m(1) = 0, w, w', m, m' \\ \text{绝对连续且 } w', w'', m', m'' \in X \end{array} \right\},$$

而且 $-H$ 就是非负 Hamilton 算子.

为了研究非负 Hamilton 算子的性质, 首先引进增生算子的定义.

定义 2.5.1 Hilbert 空间 X 中的线性算子 T 称为增生算子, 如果数值域 $W(T)$ 包含于右半闭平面, 即, 对任意的 $u \in \mathscr{D}(T)$ 有

$$Re(Tu, u) \geqslant 0.$$

如果 T 是增生算子且 T 的任一增生延拓与 T 重叠, 则称 T 为极大增生算子.

注 2.5.1 根据 Zorn 引理, 增生算子必存在极大增生延拓.

引理 2.5.1 设T是 Hilbert 空间 X 中的稠定闭算子, T是极大增生算子, 则对任意的$Re(\lambda)>0$有 $\mathcal{R}(T+\lambda I)=X$.

证明 当 T 是极大增生算子时, 对任意的 $Re(\lambda)>0$ 和任意的 $u\in\mathscr{D}(T), \|u\|=1$ 有

$$\begin{aligned}\|(T+\lambda I)u\| &\geqslant |((T+\lambda I)u,u)| \\ &= |(Tu,u)-(-\lambda)| \\ &\geqslant Re(\lambda).\end{aligned}$$

于是 $(T+\lambda I)^{-1}$ 存在. 下面只讨论 $\lambda=1$ 的情形, 其他情形完全类似. 令

$$S=(T-I)(T+I)^{-1},$$

则 $\mathscr{D}(S)=\mathcal{R}(T+I)$ 且 S 是收缩算子, 即, T 的增生性与 S 的收缩性对应. 事实上, 对任意的 $y_0\in\mathscr{D}(T)$, 令 $u_0=Ty_0+y_0$, 则 $Su_0=Ty_0-y_0$ 且

$$\begin{aligned}\|Su_0\|^2 &= \|Ty_0\|^2+\|y_0\|^2-2Re(Ty_0,y_0) \\ &\leqslant \|Ty_0\|^2+\|y_0\|^2+2Re(Ty_0,y_0) \\ &= \|u_0\|^2.\end{aligned}$$

根据 Banach-Steinhaus 定理, 收缩算子存在全空间上定义的收缩延拓. 从而, 当T是极大增生时S极大收缩, 考虑 $\mathscr{D}(S)=\mathcal{R}(T+I)$, 即得 $\mathcal{R}(T+I)=X$. 结论证毕. ▌

引理 2.5.2 设T,S是Hilbert空间 X 中的稠定线性算子, 当 $\rho(T)\neq\emptyset$时, $(T-\lambda I)^{-1}S$有界当且仅当 $\mathscr{D}(T^*)\subset\mathscr{D}(S^*)$, 其中$\lambda\in\rho(T)$.

证明 如果 $\mathscr{D}(T^*)\subset\mathscr{D}(S^*)$, 则 $S^*(T^*-\overline{\lambda}I)^{-1}$ 有界且

$$(S^*(T^*-\overline{\lambda}I)^{-1})^*\supset(T-\lambda I)^{-1}S,$$

于是 $(T-\lambda)^{-1}S$ 有界.

反之, 如果 $(T-\lambda I)^{-1}S$ 在 $\mathscr{D}(S)$ 上有界, 则 $\overline{(T-\lambda I)^{-1}S}$ 是全空间上定义的有界算子而且有

$$(S^*(T^*-\overline{\lambda}I)^{-1})^*\supset\overline{(T-\lambda I)^{-1}S},$$

因此, $\mathscr{D}(T^*) \subset \mathscr{D}(S^*)$. 结论证毕. ▮

定理 2.5.1 设 T 是 Hilbert 空间 X 中的稠定闭算子, 则 T 极大增生当且仅当对任意的 $Re(\lambda) > 0$ 有 $(T+\lambda I)^{-1} \in \mathscr{B}(X)$ 且 $\|(T+\lambda I)^{-1}\| \leqslant \frac{1}{Re(\lambda)}$.

证明 当 T 是极大增生算子时, 对任意的 $Re(\lambda) > 0$ 有 $(T+\lambda I)^{-1}$ 存在且 $\mathcal{R}(T+\lambda I) = X$. 于是 $(T+\lambda I)^{-1} \in \mathscr{B}(X)$. 又因为, 对任意的 $Re(\lambda) > 0$ 和任意的 $u \in \mathscr{D}(T), \|u\| = 1$ 有

$$
\begin{aligned}
\|(T+\lambda I)u\| &\geqslant |((T+\lambda I)u, u)| \\
&= |(Tu, u) - (-\lambda I)| \\
&\geqslant Re(\lambda).
\end{aligned}
$$

于是 $\|(T+\lambda I)^{-1}\| \leqslant \frac{1}{Re(\lambda)}$. 考虑 $T+\lambda I$ 增生当且仅当 $(T+\lambda I)^{-1}$ 是增生算子, 反之证明显然. ▮

由定理 2.5.1, 下列推论的证明是显然的.

推论 2.5.1 设 T 是 Hilbert 空间 X 中的稠定闭算子, 则 T 是极大增生算子当且仅当 T^* 是极大增生算子.

定理 2.5.2 设 $H = \begin{bmatrix} A & B \\ C & -A^* \end{bmatrix} : \mathscr{D}(C) \times \mathscr{D}(B) \to X \times X$ 是无穷维 Hamilton 算子, 则 H 是非负 Hamilton 算子当且仅当 $\mathfrak{J}H$ 是增生算子, 其中 $\mathfrak{J} = \begin{bmatrix} 0 & I \\ I & 0 \end{bmatrix}$.

证明 考虑 $\mathscr{D}(H) = \mathscr{D}(C) \times \mathscr{D}(B)$, 易证 $B \geqslant 0, C \geqslant 0$ 当且仅当 $Re(\mathfrak{J}H) \geqslant 0$, 于是结论是显然的. ▮

定理 2.5.3 设 $H = \begin{bmatrix} A & B \\ C & -A^* \end{bmatrix} : \mathscr{D}(H) \subset X \times X \to X \times X$ 是非负 Hamilton 算子, 则 $\mathfrak{J}H$ 是极大增生算子当且仅当 $(JH)^* = JH$, 即, H 辛自伴, 其中 $\mathfrak{J} = \begin{bmatrix} 0 & I \\ I & 0 \end{bmatrix}$, $J = \begin{bmatrix} 0 & I \\ -I & 0 \end{bmatrix}$.

证明 当 $\mathfrak{J}H$ 是极大增生算子时, 考虑 $H \subset JH^*J$, 即得

$$\mathfrak{J}H \subset \mathfrak{J}JH^*J.$$

而且对任意的 $u \in \mathscr{D}(H)$ 有

$$Re(\mathfrak{J}JH^*Ju, u) = Re(\mathfrak{J}Hu, u) \geqslant 0,$$

即, $\mathfrak{J}JH^*J$ 是 $\mathfrak{J}H$ 的增生扩张. 考虑 $\mathfrak{J}H$ 是极大增生, 得

$$\mathfrak{J}H = \mathfrak{J}JH^*J,$$

即 $(JH)^* = JH$.

反之, 当 $(JH)^* = JH$ 时, 考虑 $B \geqslant 0, C \geqslant 0$, $\mathfrak{J}H$ 是增生算子是显然的. 对任意的 $Re(\lambda) > 0$, 容易证明 $-\lambda \in \Gamma(\mathfrak{J}H)$. 假定 $-\lambda \in \sigma_{r,1}(\mathfrak{J}H)$, 则 $-\overline{\lambda} \in \sigma_{p,1}(H^*\mathfrak{J})$, 即, 存在 $u = \begin{bmatrix} f & g \end{bmatrix}^T \in \mathscr{D}(H^*\mathfrak{J})$, $\|u\|^2 = 1$ 使得

$$(H^*\mathfrak{J} + \overline{\lambda}I)u = \begin{bmatrix} C + \overline{\lambda}I & A^* \\ -A & B + \overline{\lambda}I \end{bmatrix} \begin{bmatrix} f \\ g \end{bmatrix} = 0,$$

即

$$Cf + \overline{\lambda}f + A^*g = 0$$

且

$$-Af + Bg + \overline{\lambda}g = 0.$$

第一式右侧与 f 做内积、第二式左侧与 g 做内积后两式相加得

$$(Cf, f) + (g, Bg) + \overline{\lambda}(f, f) + \lambda(g, g) = 0.$$

考虑到 $\|f\|^2 + \|g\|^2 = 1$ 即得 $Im(\lambda) = 0$ 且

$$(Cf, f) + (g, Bg) + \lambda I = 0.$$

这与 $Re(\lambda)>0$ 矛盾. 于是, $-\lambda\in\rho(\mathfrak{J}H)$, 即, $(\mathfrak{J}H+\lambda I)^{-1}\in\mathscr{B}(X\times X)$. 又因为, 对任意的 $Re(\lambda)>0$ 和任意的 $u\in\mathscr{D}(T),\|u\|=1$ 有

$$\begin{aligned}\|(\mathfrak{J}H+\lambda I)u\| &\geqslant |((\mathfrak{J}H+\lambda I)u,u)|\\ &=|(\mathfrak{J}Hu,u)-(-\lambda I)|\\ &\geqslant Re(\lambda).\end{aligned}$$

于是 $\|(\mathfrak{J}H+\lambda I)^{-1}\|\leqslant\frac{1}{Re(\lambda)}$. 由定理 2.5.1 可知 $\mathfrak{J}H$ 是极大增生算子. ▮

2.5.1 非负 Hamilton 算子的点谱

在有限维情形下, 对于非负 Hamilton 矩阵 $H=\begin{bmatrix}A_{n\times n} & B_{n\times n}\\ C_{n\times n} & -A_{n\times n}^T\end{bmatrix}$ 而言, 如果存在实部非零的特征值, 则该非负 Hamilton 矩阵是 Schur 可约的, 即存在酉矩阵

$$Q=\begin{bmatrix}Q_{11} & Q_{12}\\ -Q_{12} & Q_{11}\end{bmatrix},Q_{11},Q_{12}\in\mathbb{C}^{n\times n},$$

使得

$$Q^THQ=\begin{bmatrix}L_{n\times n} & R_{n\times n}\\ 0 & -L_{n\times n}^T\end{bmatrix},\tag{2.5.2}$$

其中 $L_{n\times n}$ 是上三角矩阵, $R_{n\times n}^T=R_{n\times n}$, 也称式 (2.5.2) 为 Schur-Hamilton 分解(见 [64]). 于是, 自然可以提出的一个问题是上述结论能否推广到非负 Hamilton 算子的情形呢? 为了回答这个问题, 我们首先探讨非负 Hamilton 算子的点谱的性质.

为了研究非负 Hamilton 算子谱的性质, 首先给出下列引理.

定理 2.5.4 设 $H=\begin{bmatrix}A & B\\ C & -A^*\end{bmatrix}:\mathscr{D}(H)\subset X\times X\to X\times X$ 是非负 Hamilton 算子, 则 H 单射当且仅当 $\mathbb{N}(A)\cap\mathbb{N}(C)=\{0\}$ 且 $\mathbb{N}(B)\cap\mathbb{N}(-A^*)=\{0\}$.

证明 当 $\mathbb{N}(A)\cap\mathbb{N}(C)=\{0\}$ 且 $\mathbb{N}(B)\cap\mathbb{N}(-A^*)=\{0\}$ 时, 假设存在 $0\neq u=\begin{bmatrix}f & g\end{bmatrix}^T\in\mathscr{D}(H)$ 使得 $Hu=0$, 则

$$Af+Bg=0, Cf-A^*g=0.$$

第一式与 g 做内积、f 与第二式做内积后两式相加得

$$(Bg,g)+(Cf,f)=0.$$

由于 B、C 是非负算子, 从而有

$$(Bg,g)=0,(Cf,f)=0.$$

进而由引理 2.3.1 可得

$$Bg=0, Cf=0.$$

代入后得

$$Af=0, A^*g=0.$$

这与 $\mathbb{N}(A)\cap\mathbb{N}(C)=\{0\}$ 且 $\mathbb{N}(B)\cap\mathbb{N}(-A^*)=\{0\}$ 矛盾. 于是, H 为单射.

反之, 当 H 为单射时, 不妨设 $\mathbb{N}(A)\cap\mathbb{N}(C)\neq\{0\}$, 则存在 $f\neq 0$ 使得 $f\in\mathbb{N}(A)\cap\mathbb{N}(C)$, 此时

$$\begin{bmatrix}A & B\\ C & -A^*\end{bmatrix}\begin{bmatrix}f\\ 0\end{bmatrix}=\begin{bmatrix}Af\\ Cf\end{bmatrix}=0.$$

这与 H 为单射矛盾. 同理可证 $\mathbb{N}(B)\cap\mathbb{N}(-A^*)=\{0\}$. 结论证毕. ▮

根据定理 2.5.4, 下列推论的证明是显然的.

推论 2.5.2 设 $H=\begin{bmatrix}A & B\\ C & -A^*\end{bmatrix}:\mathscr{D}(H)\subset X\times X\to X\times X$ 是非负 Hamilton 算子, 如果 B,C 是单射, 则对任意的 $\lambda\in\mathrm{i}\mathbb{R}$ 算子 $H-\lambda I$ 也是单射, 即 $\sigma_p(H)\cap\mathrm{i}\mathbb{R}=\emptyset$.

证明 对任意的 $\lambda\in\mathrm{i}\mathbb{R}$ 算子 $H-\lambda I$ 是非负 Hamilton 算子, 从而当 B,C 是单射时, $H-\lambda I$ 也是单射. ▮

推论 2.5.3 设 $H=\begin{bmatrix} A & B \\ C & -A^* \end{bmatrix}:\mathscr{D}(H)\subset X\times X\to X\times X$ 是非负 Hamilton 算子, 则以下命题成立:

(i) 如果 A, A^* 是单射, 则 H 是单射;

(ii) 如果 B, C 是单射, 则 H 是单射;

(iii) 如果 A, B 是单射, 则 H 是单射;

(iv) 如果 C, A^* 是单射, 则 H 是单射.

定理 2.5.5 设 $H=\begin{bmatrix} A & B \\ C & -A^* \end{bmatrix}:\mathscr{D}(H)\subset X\times X\to X\times X$ 是非负 Hamilton 算子, 则

$$\sigma_{Imp}(H)\subset\sigma_p(A)\cup\sigma_p(-A^*).$$

其中 $\sigma_{Imp}(H)=\{\lambda\in\sigma_p(H):Re(\lambda)=0\}$.

证明 设 $\lambda\in\sigma_{Imp}(H)$, 则存在 $u=\begin{bmatrix} f & g\end{bmatrix}^T\neq 0$ 使得

$$Af+Bg=\lambda f \text{ 且 } Cf-A^*g=\lambda g. \tag{2.5.3}$$

第一式两边与 g 作内积, f 与第二式两边作内积后两式相加得

$$(f,Cf)+(Bg,g)=0.$$

由于 B,C 是非负算子, 从而

$$(f,Cf)=0 \text{ 且 } (Bg,g)=0.$$

再由引理 2.3.1 可知

$$Cf=0 \text{ 且 } Bg=0. \tag{2.5.4}$$

进而, 代入式 (2.5.3) 得

$$Af=\lambda f \text{ 且 } -A^*g=\lambda g.$$

由于 f 与 g 的至少一个为非零向量, 因此有

$$\lambda\in\sigma_p(A)\cup\sigma_p(-A^*),$$

即, $\sigma_{Imp}(H) \subset \sigma_p(A) \cup \sigma_p(-A^*)$. ▮

定理 2.5.6 设 $H = \begin{bmatrix} A & B \\ C & -A^* \end{bmatrix} : \mathscr{D}(H) \subset X \times X \to X \times X$ 是非负 Hamilton 算子, 如果 $0 \in \rho(B)$, $\mathscr{D}(B) \subset \mathscr{D}(A^*)$ 并且对任意的 $x \in \mathscr{D}(A)$ 有 $(B^{-1}Ax, x) \in \mathbb{R}$, 则无穷维 Hamilton 算子 H 只有实特征值 (若非空), 并且正负成对出现.

证明 设 $\lambda \in \sigma_p(H)$, 且令 $u = \begin{bmatrix} f & g \end{bmatrix}^T$ 为对应的特征函数, 则有

$$Af + Bg = \lambda f,$$
$$Cf - A^*g = \lambda g.$$

由于 $0 \in \rho(B)$, 从而 B^{-1} 为正定算子, 故由第一式得

$$g = \lambda B^{-1}f - B^{-1}Af,$$

代入第二式后得

$$\lambda^2 B^{-1}f + \lambda A^*B^{-1}f - \lambda B^{-1}Af - Cf - A^*B^{-1}Af = 0.$$

易知 $f \neq 0$, 若不然推出 $g = 0$, 这与特征函数的概念矛盾. 从而, 上式两边与 f 做内积后得

$$\lambda^2(B^{-1}f, f) + \lambda(A^*B^{-1}f, f) - \lambda(B^{-1}Af, f) - (Cf, f) - (A^*B^{-1}Af, f) = 0.$$

由 $(B^{-1}Af, f) \in \mathbb{R}$ 可知

$$\lambda(A^*B^{-1}f, f) - \lambda(B^{-1}Af, f) = 0.$$

从而有

$$\lambda = \pm\sqrt{\frac{(Cf, f) + (B^{-1}Af, Af)}{(B^{-1}f, f)}},$$

即算子 H 只有实特征值.

下面证明 $-\lambda \in \sigma_p(H)$, 事实上, 当取 $\widetilde{u} = \begin{bmatrix} -f \\ \lambda B^{-1}f + B^{-1}Af \end{bmatrix}$ 时

$$H\widetilde{u} + \lambda\widetilde{u} = 2\lambda \begin{bmatrix} 0 \\ B^{-1}Af - A^*B^{-1}f \end{bmatrix}.$$

对任意的 $x \in \mathscr{D}(A)$ 有 $(B^{-1}Ax, x) \in \mathbb{R}$ 可知, $B^{-1}A$ 是对称算子, $B^{-1}A \subset A^*B^{-1}$, 从而 $B^{-1}Af - A^*B^{-1}f = 0$, 即, $-\lambda \in \sigma_p(H)$ 且对应的特征函数为

$$\widetilde{u} = \begin{bmatrix} -f \\ \lambda B^{-1}f + B^{-1}Af \end{bmatrix}.$$

结论证毕. ▮

注 2.5.2 上述定理的条件改为 $0 \in \rho(C)$, $\mathscr{D}(C) \subset \mathscr{D}(A)$ 且对任意的 $x \in \mathscr{D}(A^*)$ 有 $(C^{-1}A^*x, x) \in \mathbb{R}$, 则同理可证算子 H 只有实特征值 (若非空), 并且正负成对出现.

以上结论说明, 当算子 B 以及 C 同号 (即, B, C 同时为非负或 $-B, -C$ 同时为非负) 时在一定条件下无穷维 Hamilton 算子 H 的特征值只有实数且正负成对出现. 那么, 如果 B 以及 C 是异号 (即, B 以及 C 中一个是正定, 另一个是负定) 时会出现什么样的情况呢? 下面将要回答这个问题.

定理 2.5.7 设 $H = \begin{bmatrix} A & B \\ C & -A^* \end{bmatrix} : \mathscr{D}(H) \subset X \times X \to X \times X$ 是无穷维 Hamilton 算子, 如果 $B, -C$ 是非负算子, $0 \in \rho(B)$, $\mathscr{D}(B) \subset \mathscr{D}(A^*)$, A^*B^{-1} 是对称算子且 $C + A^*B^{-1}A \leqslant 0$, 则有如下结论:

(i) 无穷维 Hamilton 算子 H 只有纯虚特征值并且正负成对出现;

(ii) 设 $\lambda \in \sigma_p(H)$, 且令 $u = \begin{bmatrix} f & g \end{bmatrix}^T$ 是对应的特征函数, 则有 $(Bg, g) = -(Cf, f)$.

证明 (i) 设 $\lambda \in \sigma_p(H)$, 且令 $u = \begin{bmatrix} f & g \end{bmatrix}^T$ 为对应的特征函数, 则根据题意有

$$\lambda = \pm\sqrt{\frac{(Cf + A^*B^{-1}Af, f)}{(B^{-1}f, f)}},$$

从而有 $\sigma_p(H) \subset \mathrm{i}\mathbb{R}$. 下面证明 $-\lambda \in \sigma_p(H)$, 事实上, 当取 $\widetilde{u} = \begin{bmatrix} -f \\ \lambda B^{-1}f + B^{-1}Af \end{bmatrix}$ 时, 考虑 $(B^{-1}Ax, x) \in \mathbb{R}$ 得

$$(H + \lambda I)\widetilde{u} = 0,$$

即 $-\lambda \in \sigma_p(H)$, 且对应的特征函数为 $\widetilde{u} = \begin{bmatrix} -f \\ \lambda B^{-1}f + B^{-1}Af \end{bmatrix}$.

(ii) 设 $\lambda \in \sigma_p(H)$, 且令 $u = \begin{bmatrix} f & g \end{bmatrix}^T$ 是对应的特征函数, 则

$$Af + Bg = \lambda f, \tag{2.5.5}$$

$$Cf - A^*g = \lambda g. \tag{2.5.6}$$

在式 (2.5.5) 两边与 g 做内积, f 与式 (2.5.6) 两边做内积后两式相加得

$$(Bg, g) + (Cf, f) = 2Re(\lambda)(f, g).$$

由 (i) 可知 $Re(\lambda) = 0$, 从而

$$(Bg, g) = -(Cf, f).$$

结论证毕. ∎

注 2.5.3 上述结论中条件改为 $-B, C$ 是非负算子, $0 \in \rho(C)$ 且 $\mathscr{D}(C) \subset \mathscr{D}(A)$, AC^{-1} 是对称算子且 $B + AC^{-1}A^* \leqslant 0$, 则同理可证其算子 H 只有纯虚特征值.

2.5.2 非负 Hamilton 算子的可逆性

系统导出的算子存在有界逆时 (即, $T^{-1} : \mathcal{R}(T) \to X$ 有界), 为半解析法提供了强有力的保障, 此时系统的求解问题会变得相对简单一些. 因此, 为了解决无穷维 Hamilton 系统的求解问题, 无穷维 Hamilton 算子何时存在有界逆的问题显得格外重要.

定理 2.5.8 设 $H = \begin{bmatrix} A & B \\ C & -A^* \end{bmatrix} : \mathscr{D}(H) \subset X \times X \to X \times X$ 是非负 Hamilton 算子, 如果

(i) $0 \in \rho(B) \cap \rho(C)$, 则 H 存在有界逆;

(ii) $0 \in \rho(A)$ 且 $A^{-1}B^{\frac{1}{2}}$ 和 $(A^*)^{-1}C^{\frac{1}{2}}$ 是有界线性算子, 则 H 存在有界逆.

证明 (i) 假定 H 不存在有界逆, 则存在正交化序列 $\{x_n = \begin{bmatrix} x_n^{(1)} \\ x_n^{(2)} \end{bmatrix}\}_{n=1}^{\infty}$, $(\|x_n\| = 1, n = 1, 2, \cdots)$ 使得

$$Hx_n \to 0.$$

进而得

$$Ax_n^{(1)} + Bx_n^{(2)} \to 0, Cx_n^{(1)} - A^*x_n^{(2)} \to 0.$$

第一式与 $x_n^{(2)}$ 做内积、$x_n^{(1)}$ 与第二式做内积后两式相加得

$$(Bx_n^{(2)}, x_n^{(2)}) + (Cx_n^{(1)}, x_n^{(1)}) \to 0.$$

由于 B, C 是非负算子, 从而有

$$(Bx_n^{(2)}, x_n^{(2)}) \to 0, (Cx_n^{(1)}, x_n^{(1)}) \to 0.$$

由于 B, C 是自伴且非负算子, 故存在唯一的平方根算子 $B^{\frac{1}{2}}$ 和 $C^{\frac{1}{2}}$, 进而得

$$B^{\frac{1}{2}}x_n^{(2)} \to 0, C^{\frac{1}{2}}x_n^{(1)} \to 0.$$

当 $0 \in \rho(B) \cap \rho(C)$ 时, B^{-1} 和 C^{-1} 的平方根算子分别记为 $B^{-\frac{1}{2}}$ 和 $C^{-\frac{1}{2}}$, 则

$$B^{-\frac{1}{2}}(B^{\frac{1}{2}}x_n^{(2)}) = x_n^{(2)} \to 0, C^{-\frac{1}{2}}(C^{\frac{1}{2}}x_n^{(1)}) = x_n^{(1)} \to 0.$$

这与 $\|x_n\| = 1$ $(n = 1, 2, \cdots)$ 矛盾. 因此, $0 \in \rho(B) \cap \rho(C)$, 则 H 存在有界逆.

(ii) 当 $0 \in \rho(A)$ 且 $A^{-1}B^{\frac{1}{2}}$ 和 $(A^*)^{-1}C^{\frac{1}{2}}$ 是有界线性算子时, 由上式得

$$x_n^{(1)} + A^{-1}B^{\frac{1}{2}}(B^{\frac{1}{2}}x_n^{(2)}) \to 0, x_n^{(2)} - (A^*)^{-1}C^{\frac{1}{2}}(C^{\frac{1}{2}}x_n^{(1)}) \to 0,$$

由于 $B^{\frac{1}{2}}x_n^{(2)} \to 0$, $C^{\frac{1}{2}}x_n^{(1)} \to 0$, 从而

$$A^{-1}Bx_n^{(2)} \to 0, (A^*)^{-1}Cx_n^{(1)} \to 0.$$

进而得

$$x_n^{(1)} \to 0, x_n^{(2)} \to 0.$$

这与 $\|x_n\| = 1\ (n = 1, 2, \cdots)$ 矛盾. 因此, $0 \in \rho(A)$ 且 $A^{-1}B^{\frac{1}{2}}$ 和 $(A^*)^{-1}C^{\frac{1}{2}}$ 是有界线性算子, 则 H 存在有界逆. ▮

推论 2.5.4 设 $H = \begin{bmatrix} A & B \\ C & -A^* \end{bmatrix} : \mathscr{D}(A) \times \mathscr{D}(A^*) \to X \times X$ 是非负 Hamilton 算子, 如果 $0 \in \rho(A)$, 则算子 H 存在有界逆.

证明 当 B, C 非负时, $\mathscr{D}(B) \subset \mathscr{D}(B^{\frac{1}{2}}), \mathscr{D}(C) \subset \mathscr{D}(C^{\frac{1}{2}})$ 是平凡的. 于是当 $\mathscr{D}(A) \subset \mathscr{D}(C)$, $\mathscr{D}(A^*) \subset \mathscr{D}(B)$ 且 $0 \in \rho(A)$ 时, 由引理 2.5.2 知, $A^{-1}B^{\frac{1}{2}}$ 和 $(A^*)^{-1}C^{\frac{1}{2}}$ 是有界线性算子. 再由定理 2.5.8 可知 H 存在有界逆. ▮

推论 2.5.5 设 $H = \begin{bmatrix} A & B \\ C & -A^* \end{bmatrix} : \mathscr{D}(H) \subset X \times X \to X \times X$ 是非负 Hamilton 算子, 如果 $0 \in \rho(B) \cap \rho(C)$, 则对任意的 $\lambda \in \mathrm{i}\mathbb{R}$ 算子 $H - \lambda I$ 存在有界逆.

证明 根据非负 Hamilton 算子的定义, 对任意的 $\lambda \in \mathrm{i}\mathbb{R}$, 算子 $H - \lambda I$ 仍然是非负 Hamilton 算子. 当 $0 \in \rho(B) \cap \rho(C)$ 时, 由上述定理得知 $H - \lambda I$ 存在有界逆. ▮

推论 2.5.6 设 $H = \begin{bmatrix} A & B \\ C & -A^* \end{bmatrix} : \mathscr{D}(H) \subset X \times X \to X \times X$ 是非负 Hamilton 算子, 如果 $A \in \mathscr{B}(X)$ 或者 $B, C \in \mathscr{B}(X)$, 则

(i) A 可逆蕴含 H 可逆;

(ii) B, C 可逆蕴含 H 可逆;

(iii) A, A^* 是满射蕴含 H 是满射;

(iv) B, C 是满射蕴含 H 是满射.

证明 当 $A \in \mathscr{B}(X)$ 或者 $B, C \in \mathscr{B}(X)$ 时,

$$H^* = \begin{bmatrix} A^* & C \\ B & -A \end{bmatrix},$$

即, H^* 也是非负 Hamilton 算子且满足 $(JH)^* = JH$, 于是 H 的剩余谱和虚轴无交点. 从而, A 可逆或者 B, C 可逆蕴含 H 可逆.

当 A, A^* 是满射或者 B, C 是满射时, $0 \in \rho(A)$ 或者 $0 \in \rho(B) \cap \rho(C)$, 故 H^* 下方有界, 即 H 是满射. 结论证毕. ∎

推论 2.5.7 设 $H = \begin{bmatrix} A & B \\ C & -A^* \end{bmatrix} : \mathscr{D}(H) \subset X \times X \to X \times X$ 是非负 Hamilton 算子, 如果 $A \in \mathscr{B}(X)$ 或者 $B, C \in \mathscr{B}(X)$, 则 B, C 满射蕴含对任意的 $\lambda \in \mathrm{i}\mathbb{R}$ 算子 $H - \lambda I$ 是满射.

以上讨论了非负 Hamilton 算子的有界逆存在性问题, 事实上还可以通过内部元素的可逆性来刻画无穷维 Hamilton 算子的可逆性问题. 下列结论是由 Denisov 得到的 (见 [59]).

定理 2.5.9 设 $H = \begin{bmatrix} A & B \\ C & -A^* \end{bmatrix} : \mathscr{D}(H) \subset X \times X \to X \times X$ 是非负 Hamilton 算子, 如果 $\mathfrak{J}H$ 是极大增生算子, 则 $0 \in \rho(B) \cap \rho(C)$ 蕴含 $0 \in \rho(H)$.

证明 由定理 2.5.3 可知 $(JH)^* = JH$, 于是 $0 \notin \sigma_r(H)$. 假定 $0 \notin \rho(H)$, 则 $0 \in \sigma_{ap}(H)$, 即, 存在 $\{x_n = \begin{bmatrix} x_n^{(1)} \\ x_n^{(2)} \end{bmatrix}\}_{n=1}^{\infty}$ ($\|x_n\| = 1, n = 1, 2, \cdots$) 使得

$$Hx_n \to 0.$$

进而得

$$Ax_n^{(1)} + Bx_n^{(2)} \to 0, Cx_n^{(1)} - A^* x_n^{(2)} \to 0.$$

第一式与 $x_n^{(2)}$ 做内积、$x_n^{(1)}$ 与第二式做内积后两式相加得:

$$(Bx_n^{(2)}, x_n^{(2)}) + (Cx_n^{(1)}, x_n^{(1)}) \to 0.$$

由于 B, C 是非负算子, 从而有

$$(Bx_n^{(2)}, x_n^{(2)}) \to 0, (Cx_n^{(1)}, x_n^{(1)}) \to 0.$$

由于 B, C 是自伴且非负算子, 故存在唯一的平方根算子 $B^{\frac{1}{2}}$ 和 $C^{\frac{1}{2}}$, 进而得

$$B^{\frac{1}{2}}x_n^{(2)} \to 0, C^{\frac{1}{2}}x_n^{(1)} \to 0.$$

当 $0 \in \rho(B) \cap \rho(C)$ 时, B^{-1} 和 C^{-1} 的平方根算子分别记为 $B^{-\frac{1}{2}}$ 和 $C^{-\frac{1}{2}}$, 则

$$B^{-\frac{1}{2}}(B^{\frac{1}{2}}x_n^{(2)}) = x_n^{(2)} \to 0, C^{-\frac{1}{2}}(C^{\frac{1}{2}}x_n^{(1)}) = x_n^{(1)} \to 0.$$

这与 $\|x_n\| = 1$ $(n = 1, 2, \cdots)$ 矛盾. 因此, $0 \in \rho(B) \cap \rho(C)$, 则 H 可逆. 结论证毕. ▮

自然可以提出的一个问题是能否通过主对角元的可逆性来刻画非负 Hamilton 算子的可逆性呢?

定理 2.5.10 设 $H = \begin{bmatrix} A & B \\ C & -A^* \end{bmatrix} : \mathscr{D}(A) \times \mathscr{D}(A^*) \to X \times X$ 是非负 Hamilton 算子, 如果 $\mathfrak{J}H$ 是极大增生算子, 则 $0 \in \rho(A)$ 蕴含 $0 \in \rho(H)$.

证明 由定理 2.5.3, 可知 $(JH)^* = JH$, 于是 $0 \notin \sigma_r(H)$. 假定 $0 \notin \rho(H)$, 则 $0 \in \sigma_{ap}(H)$, 即, 存在 $\{x_n = \begin{bmatrix} x_n^{(1)} \\ x_n^{(2)} \end{bmatrix}\}_{n=1}^{\infty}$ $(\|x_n\| = 1, n = 1, 2, \cdots)$ 使得

$$Hx_n \to 0.$$

进而得

$$Ax_n^{(1)} + Bx_n^{(2)} \to 0, \tag{2.5.7}$$

$$Cx_n^{(1)} - A^*x_n^{(2)} \to 0. \tag{2.5.8}$$

第一式与 $x_n^{(2)}$ 做内积、$x_n^{(1)}$ 与第二式做内积后两式相加得

$$(Bx_n^{(2)}, x_n^{(2)}) + (Cx_n^{(1)}, x_n^{(1)}) \to 0.$$

由于 B, C 是非负算子, 从而有

$$(Bx_n^{(2)}, x_n^{(2)}) \to 0, (Cx_n^{(1)}, x_n^{(1)}) \to 0.$$

由于 B, C 是自伴且非负算子, 故存在唯一的平方根算子 $B^{\frac{1}{2}}$ 和 $C^{\frac{1}{2}}$, 进而得

$$B^{\frac{1}{2}}x_n^{(2)} \to 0, C^{\frac{1}{2}}x_n^{(1)} \to 0.$$

当 $0 \in \rho(A)$ 时, 考虑 $\mathscr{D}(A^*) \subset \mathscr{D}(B) \subset \mathscr{D}(B^{\frac{1}{2}})$ 和 $\mathscr{D}(A) \subset \mathscr{D}(C) \subset \mathscr{D}(C^{\frac{1}{2}})$, 由引理 2.5.2 可知 $A^{-1}B^{\frac{1}{2}}$ 和 $(A^*)^{-1}C^{\frac{1}{2}}$ 有界, 于是

$$A^{-1}Bx_n^{(2)} \to 0 \text{ 且 } (A^*)^{-1}Cx_n^{(1)} \to 0.$$

另一方面, 由式 (2.5.7) 和式 (2.5.8) 可知

$$x_n^{(1)} + A^{-1}Bx_n^{(2)} \to 0, \tag{2.5.9}$$

$$(A^*)^{-1}Cx_n^{(1)} - x_n^{(2)} \to 0. \tag{2.5.10}$$

进而得

$$x_n^{(2)} \to 0 \text{ 且 } x_n^{(1)} \to 0.$$

这与 $\|x_n\| = 1$ 矛盾. 于是, H 可逆. 结论证毕. ∎

根据 [60] 中结构稳定矩阵的定义, 我们定义结构稳定算子.

定义 2.5.2 在虚轴上没有谱点的算子称为结构稳定算子.

由定理 2.5.9 和定理 2.5.10 易得下列推论.

推论 2.5.8 设 $H = \begin{bmatrix} A & B \\ C & -A^* \end{bmatrix} : \mathscr{D}(H) \subset X \times X \to X \times X$ 是非负 Hamilton 算子, $\mathfrak{J}H$ 是极大增生算子,

(i) 如果 $0 \in \rho(B) \cap \rho(C)$, 则 H 结构稳定;

(ii) 如果 $\mathscr{D}(A) \subset \mathscr{D}(C), \mathscr{D}(A^*) \subset \mathscr{D}(B)$ 且 A 结构稳定, 则 H 结构稳定.

很显然, 判别算子 $\mathfrak{J}H$ 的极大增生性 (或 H 的辛自伴性) 并非易事. 于是, 下面将要给出一些关于非负 Hamilton 算子可逆的判别准则.

引理 2.5.3 设 $H=\begin{bmatrix} A & B \\ C & -A^* \end{bmatrix}: \mathscr{D}(H)\subset X\times X\to X\times X$ 是无穷维 Hamilton 算子, 如果存在 $M>0$ 使得对任意的 $\begin{bmatrix} x & y \end{bmatrix}^T\in\mathscr{D}(H)$ 有

$$|(By,y)+(Cx,x)|\geqslant M\|\begin{bmatrix} x \\ y \end{bmatrix}\|^2,$$

则 H 存在有界逆, 从而 $\mathcal{R}(H)$ 是闭的.

证明 如果存在 $M>0$ 使得对任意的 $\begin{bmatrix} x & y \end{bmatrix}^T\in\mathscr{D}(H)$ 有

$$|(By,y)+(Cx,x)|\geqslant M\|\begin{bmatrix} x \\ y \end{bmatrix}\|^2$$

成立, 则

$$\begin{aligned} |(\mathfrak{J}Hu,u)| &= |(By,y)+(Cx,x)+2\mathrm{i}Im(Ax,y))| \\ &\geqslant |(By,y)+(Cx,x)|\geqslant M\|\begin{bmatrix} x \\ y \end{bmatrix}\|^2, \end{aligned}$$

因此 $\mathfrak{J}H$ 存在有界逆, 即 H 存在有界逆并且 $\mathcal{R}(H)$ 是闭的, 其中 $\mathfrak{J}=\begin{bmatrix} 0 & I \\ I & 0 \end{bmatrix}$, $u=\begin{bmatrix} x & y \end{bmatrix}^T\in\mathscr{D}(H)$. ∎

定理 2.5.11 设 $H=\begin{bmatrix} A & B \\ C & -A^* \end{bmatrix}: \mathscr{D}(A)\times\mathscr{D}(A^*)\to X\times X$ 是无穷维 Hamilton 算子, 如果存在 $M>0$ 使得对任意的 $\begin{bmatrix} x & y \end{bmatrix}^T\in\mathscr{D}(H)$ 有

$$|(By,y)+(Cx,x)|\geqslant M\|\begin{bmatrix} x \\ y \end{bmatrix}\|^2,$$

且 $0\in\rho(A)$, 算子 $I+(CA^{-1}B(A^*)^{-1})^*$ 是单射, 则 $0\in\rho(H)$.

证明 考虑 $\mathscr{D}(A)\subset\mathscr{D}(C)$, $\mathscr{D}(A^*)\subset\mathscr{D}(B)$ 且 $0\in\rho(A)$, 易得

$$H=\begin{bmatrix} I & B(A^*)^{-1} \\ CA^{-1} & -I \end{bmatrix}\begin{bmatrix} A & 0 \\ 0 & A^* \end{bmatrix}.$$

又因为算子 $T=\begin{bmatrix} I & B(A^*)^{-1} \\ CA^{-1} & -I \end{bmatrix}$ 有界且满足

$$T^*=\begin{bmatrix} I & \overline{(A^*)^{-1}C} \\ \overline{A^{-1}B} & -I \end{bmatrix},$$

于是有

$$H^*=\begin{bmatrix} A^* & 0 \\ 0 & A \end{bmatrix}\begin{bmatrix} I & \overline{(A^*)^{-1}C} \\ \overline{A^{-1}B} & -I \end{bmatrix}.$$

由引理 2.5.3 知, 算子 H 存在有界逆, 即 $0\in\rho(H)\cup\sigma_{r,1}(H)$, 从而

$$0\in\rho(H^*)\cup\sigma_{p,1}(H^*).$$

由于 $0\in\rho(H)$ 当且仅当 $0\in\rho(H^*)$, 为了证明 $0\in\rho(H)$ 只需证明 $0\notin\sigma_p(H^*)$ 即可. 假定 $0\in\sigma_p(H^*)$, 则存在不全为零的向量 $x_0,y_0\in X$ 使得

$$\begin{bmatrix} A^* & 0 \\ 0 & A \end{bmatrix}\begin{bmatrix} I & \overline{(A^*)^{-1}C} \\ \overline{A^{-1}B} & -I \end{bmatrix}\begin{bmatrix} x_0 \\ y_0 \end{bmatrix}=0,$$

即 $x_0\neq 0, y_0\neq 0$ 且

$$(I+(CA^{-1}BA(A^*)^{-1})^*)x_0=0,$$

这与 $I+(CA^{-1}B(A^*)^{-1})^*$ 是单射矛盾, 于是 $0\notin\sigma_p(H^*)$, 即 $0\in\rho(H)$. ▮

定理 2.5.12 设 $H=\begin{bmatrix} A & B \\ C & -A^* \end{bmatrix}:\mathscr{D}(C)\times\mathscr{D}(B)\to X\times X$ 是无穷维 Hamilton 算子, 如果存在 $M>0$ 使得对任意的 $\begin{bmatrix} x & y \end{bmatrix}^T\in\mathscr{D}(H)$ 有

$$|(By,y)+(Cx,x)|\geqslant M\|\begin{bmatrix} x \\ y \end{bmatrix}\|^2,$$

且 $I+(AC^{-1}A^*B^{-1})^*$ 是单射, 则 $0\in\rho(H)$.

证明 易知

$$H=\begin{bmatrix} I & AC^{-1} \\ -A^*B^{-1} & I \end{bmatrix}\begin{bmatrix} 0 & B \\ C & 0 \end{bmatrix},$$

且

$$H^*=\begin{bmatrix} 0 & C \\ B & 0 \end{bmatrix}\begin{bmatrix} I & \overline{-B^{-1}A} \\ \overline{C^{-1}A^*} & I \end{bmatrix}.$$

由引理 2.5.3 知, 算子 H 存在有界逆, 即 $0\in\rho(H)\cup\sigma_{r,1}(H)$, 从而

$$0\in\rho(H^*)\cup\sigma_{p,1}(H^*).$$

由于 $0\in\rho(H)$ 当且仅当 $0\in\rho(H^*)$, 为了证明 $0\in\rho(H)$ 只需证明 $0\notin\sigma_p(H^*)$ 即可. 假定 $0\in\sigma_p(H^*)$, 则存在不全为零的向量 $x_0,y_0\in X$ 使得

$$\begin{bmatrix} 0 & C \\ B & 0 \end{bmatrix}\begin{bmatrix} I & \overline{-B^{-1}A} \\ \overline{C^{-1}A^*} & I \end{bmatrix}\begin{bmatrix} x_0 \\ y_0 \end{bmatrix}=0.$$

考虑 $0\in\rho(B)\cap\rho(C)$ 有, $x_0\neq 0, y_0\neq 0$ 且

$$(I+(AC^{-1}A^*B^{-1})^*)x_0=0,$$

这与 $I+(AC^{-1}A^*B^{-1})^*$ 是单射矛盾, 于是 $0\notin\sigma_p(H^*)$, 即 $0\in\rho(H)$. ▮

运用以上结论, 可以解决无穷维 Hamilton 算子的逆紧 (即逆算子为紧算子) 问题.

推论 2.5.9 设 $H=\begin{bmatrix} A & B \\ C & -A^* \end{bmatrix}:\mathscr{D}(C)\times\mathscr{D}(B)\to X\times X$ 是无穷维 Hamilton 算子, 存在 $M>0$ 使得对任意的 $\begin{bmatrix} x & y \end{bmatrix}^T\in\mathscr{D}(H)$ 有

$$|(By,y)+(Cx,x)|\geqslant M\|\begin{bmatrix} x \\ y \end{bmatrix}\|^2,$$

且 $I+(AC^{-1}A^*B^{-1})^*$ 是单射, B^{-1},C^{-1} 是紧算子, 则 H^{-1} 也是紧算子.

证明 由于

$$H = \begin{bmatrix} I & AC^{-1} \\ -A^*B^{-1} & I \end{bmatrix} \begin{bmatrix} 0 & B \\ C & 0 \end{bmatrix},$$

且 $0 \in \rho(H), 0 \in \rho(B) \cap \rho(C)$, 于是算子 $\begin{bmatrix} I & AC^{-1} \\ -A^*B^{-1} & I \end{bmatrix}$ 可逆且

$$H^{-1} = \begin{bmatrix} 0 & C^{-1} \\ B^{-1} & 0 \end{bmatrix} \begin{bmatrix} I & AC^{-1} \\ -A^*B^{-1} & I \end{bmatrix}^{-1},$$

即 H^{-1} 是紧算子. ▮

推论 2.5.10 设 $H = \begin{bmatrix} A & B \\ C & -A^* \end{bmatrix} : \mathscr{D}(A) \times \mathscr{D}(A^*) \to X \times X$ 是无穷维 Hamilton 算子, 如果存在 $M > 0$ 使得对任意的 $\begin{bmatrix} x & y \end{bmatrix}^T \in \mathscr{D}(H)$ 有

$$|(By, y) + (Cx, x)| \geqslant M \| \begin{bmatrix} x \\ y \end{bmatrix} \|^2,$$

且算子 $I + (CA^{-1}B(A^*)^{-1})^*$ 是单射, A^{-1} 是紧算子则 H^{-1} 是紧算子.

证明 根据给定条件, 由定理 2.5.11 得知 $0 \in \rho(H)$ 并且

$$H^{-1} = \begin{bmatrix} A^{-1} & 0 \\ 0 & (A^*)^{-1} \end{bmatrix} \begin{bmatrix} I & B(A^*)^{-1} \\ CA^{-1} & -I \end{bmatrix}^{-1}.$$

于是 H^{-1} 存在且是紧算子. ▮

2.6 一般无穷维 Hamilton 算子的谱

对于一般的无穷维 Hamilton 算子

$$H = \begin{bmatrix} A & B \\ C & -A^* \end{bmatrix}$$

而言, 它的自然定义域是

$$\mathscr{D}(H)=(\mathscr{D}(A)\cap\mathscr{D}(C))\times(\mathscr{D}(B)\cap\mathscr{D}(A^*)).$$

一般无穷维 Hamilton 算子的运算不仅需要满足分块算子矩阵的运算准则, 而且还要满足一般无界线性算子的运算准则. 因此, 一般的无穷维 Hamilton 算子的运算比一般无界算子更复杂. 研究一般无穷维 Hamilton 算子的首要目的是运用内部元 A,B,C 的信息来刻画分块算子矩阵 H 的相关信息, 然而这并非易事, 主要困难体现在以下几个方面:

(a) 研究一般线性算子时要求闭或者可闭, 但是, 对一般的无穷维 Hamilton 算子而言, 即使每个矩阵元是闭线性算子, 也不能保证分块算子矩阵 H 的闭性, 甚至定义域不一定稠密;

(b) 一般稠定可闭线性算子的闭包和共轭算子一般情况下是可以刻画出来的, 然而, 一般的无穷维 Hamilton 算子的闭包以及共轭算子的形式十分复杂, 甚至不一定具有分块形式. 例如, 令 A 是无界自伴算子, 则无穷维 Hamilton 算子

$$H=\begin{bmatrix}A & B\\ C & -A^*\end{bmatrix}=\begin{bmatrix}A & -A\\ A & -A\end{bmatrix}$$

的共轭算子不具有分块形式;

(c) 对于有界无穷维 Hamilton 算子

$$H=\begin{bmatrix}A & B\\ C & -A^*\end{bmatrix},$$

在可交换条件下 H 的谱的性质 (比如, 可逆性) 可由算子 AA^*+BC 来刻画. 而对于无界情形, 算子 AA^*+BC 有可能定义域不稠密;

(d) 一般线性算子 T 的数值域定义为 $W(T)=\{(Tx,x):\|x\|=1,\ x\in\mathscr{D}(T)\}$, 它是刻画线性算子谱分布的重要工具. 一般无穷维 Hamilton 算子

$$H=\begin{bmatrix}A & B\\ C & -A^*\end{bmatrix}$$

的数值域为

$$W(H)=\{\lambda\in\mathbb{C}:\lambda=(Ax,x)+(By,x)+(Cx,y)-(A^*y,y)\},$$

其中 $\|x\|^2+\|y\|^2=1, x\in\mathscr{D}(A)\cap\mathscr{D}(C)$, $y\in\mathscr{D}(B)\cap\mathscr{D}(A^*)$, 形式变得十分复杂. 鉴于此, 这一节我们将给出无穷维 Hamilton 算子的闭包刻画, 进而运用分块算子矩阵的二次补理论研究无穷维 Hamilton 算子谱的性质. 最后, 还将给出谱的二分性相关结论.

2.6.1 无穷维 Hamilton 算子的闭包

在量子力学中, 系统对应的算子代表了系统总能量 (如果可测) 的一种度量, 通过算子的谱可以刻画系统的能量变化. 比如, 系统对应的算子是闭算子, 则该系统的能量是守恒的. 对于稠定无穷维 Hamilton 算子

$$H=\begin{bmatrix}A & B\\ C & -A^*\end{bmatrix}:(\mathscr{D}(A)\cap\mathscr{D}(C))\times(\mathscr{D}(B)\cap\mathscr{D}(A^*))\to X\times X$$

而言容易证明

$$H\subset JH^*J,$$

其中 $J=\begin{bmatrix}0 & I\\ -I & 0\end{bmatrix}$. 再考虑 J 的可逆性及 H^* 的闭性, 得 JH^*J 是 H 的闭延拓, 即, H 是可闭算子且

$$\overline{H}=\begin{bmatrix}A & B\\ C & -A^*\end{bmatrix}^{**}\subset\begin{bmatrix}A^* & C\\ B & -A\end{bmatrix}^{*}.$$

然而, H 不一定是闭算子.

例 2.6.1 令无穷维 Hamilton 算子

$$H=\begin{bmatrix}A & B\\ C & -A^*\end{bmatrix}=\begin{bmatrix}A & -A\\ A & -A\end{bmatrix},$$

其中 A 是无界自伴算子, 则可以断言 H 不是闭算子. 事实上, 取 $x_0 \notin \mathscr{D}(A)$, 则存在 $\{x_n\} \subset \mathscr{D}(A)$ 使得当 $n \to \infty$ 时

$$x_n \to x_0.$$

于是 $\{\begin{bmatrix} x_n & x_n \end{bmatrix}^T\} \subset \mathscr{D}(H)$, $\begin{bmatrix} x_n & x_n \end{bmatrix}^T \to \begin{bmatrix} x_0 & x_0 \end{bmatrix}^T$ 且

$$\begin{bmatrix} A & -A \\ A & -A \end{bmatrix} \begin{bmatrix} x_n \\ x_n \end{bmatrix} = 0.$$

假定 H 是闭算子, 则由定理 2.1.1 可知 $\begin{bmatrix} x_0 & x_0 \end{bmatrix}^T \in \mathscr{D}(H)$, 这与 $x_0 \notin \mathscr{D}(A)$ 矛盾.

引理 2.6.1 当 R, T 是全空间上定义的有界算子且 $0 \in \rho(R) \cap \rho(T)$ 时,

(i) 算子 RST 闭当且仅当 S 闭;

(ii) 算子 RST 可闭当且仅当 S 可闭, 且满足 $\overline{RST} = R\overline{S}T$.

证明 (i) 当 S 闭时, 任取 $\{x_n\} \subset \mathscr{D}(RST) = \{x : Tx \in \mathscr{D}(S)\}$ 使得 $x_n \to x_0, RSTx_n \to y_0$, 考虑 R, T 是全空间上有界且可逆, 即得

$$Tx_n \to Tx_0, STx_n \to R^{-1}y_0.$$

由于 S 是闭算子, 于是 $Tx_0 \in \mathscr{D}(S)$ 且 $STx_0 = R^{-1}y_0$, 即 $x_0 \in \mathscr{D}(RST)$ 且 $RSTx_0 = y_0$. 由定理 2.1.1, 得 RST 闭.

反之, 当 RST 闭时, 令 $\mathcal{A} = RST$, 则 $S = R^{-1}\mathcal{A}T^{-1}$. 考虑 R^{-1} 和 T^{-1} 在全空间上有界且可逆, 与上述证明完全类似可证 S 闭.

(ii) 当 S 可闭时, 任取 $\{x_n\} \subset \mathscr{D}(RST) = \{x : Tx \in \mathscr{D}(S)\}$ 使得 $x_n \to 0, RSTx_n \to y_0$, 则考虑 R, T 有界且可逆, 即得

$$Tx_n \to 0, STx_n \to R^{-1}y_0.$$

由于 S 是可闭算子, 于是 $R^{-1}y_0 = 0$, 即 $y_0 = 0$. 由定理 2.1.3 得, RST 可闭.

反之, 当 RST 可闭时, 令 $\mathcal{A} = RST$, 则 $S = R^{-1}\mathcal{A}T^{-1}$, 考虑 R^{-1}, T^{-1} 有界且可逆, 与上述证明完全类似可证 S 可闭. 因为, $RST \subset R\overline{S}T$ 且 $\overline{RST}$ 是 RST 的最小闭扩张, 从而

$$\overline{RST} \subset R\overline{S}T.$$

任取 $x \in \mathscr{D}(R\overline{S}T)$, 由 $Tx \in \mathscr{D}(\overline{S})$ 得, 存在 $\{u_n\} \subset \mathscr{D}(S)$ 使得

$$u_n \to Tx, Su_n \to \overline{S}Tx.$$

令 $u_n = Tx_n$, 则

$$x_n \to x, STx_n \to \overline{S}Tx,$$

即 $x_n \to x, RSTx_n \to R\overline{S}Tx$, 从而 $x \in \mathscr{D}(\overline{RST})$, 即 $\mathscr{D}(R\overline{S}T) \subset \mathscr{D}(\overline{RST})$. 于是有 $\overline{RST} = R\overline{S}T$. ▮

定理 2.6.1 设 $H = \begin{bmatrix} A & B \\ C & -A^* \end{bmatrix}$ 是无穷维 Hamilton 算子,

(i) 如果 $\mathscr{D}(B) \subset \mathscr{D}(A^*)$, 则对任意的 $\lambda \in \mathbb{C}\backslash\mathbb{R}$ 算子 $S_1(\lambda) = C + A^*(B - \lambda I)^{-1}A$ 是可闭算子且

$$\overline{H} = \begin{bmatrix} I & 0 \\ -A^*(B-\lambda I)^{-1} & I \end{bmatrix} \begin{bmatrix} 0 & B-\lambda I \\ \overline{S_1(\lambda)} & 0 \end{bmatrix} \begin{bmatrix} I & 0 \\ \overline{(B-\lambda I)^{-1}A} & I \end{bmatrix} + \begin{bmatrix} 0 & \lambda I \\ 0 & 0 \end{bmatrix},$$

其中 $\overline{S_1(\lambda)}$ 表示算子 $S_1(\lambda)$ 的闭包. 如果满足 $\mathscr{D}(\overline{S_1(\lambda)}) \subset \mathscr{D}((B-\lambda I)\overline{(B-\lambda I)^{-1}A})$, 则

$$\overline{H} = \begin{bmatrix} (B-\lambda I)\overline{(B-\lambda I)^{-1}A} & B \\ -A^*\overline{(B-\lambda I)^{-1}A} + \overline{S_1(\lambda)} & -A^* \end{bmatrix}.$$

(ii) 如果 $\mathscr{D}(C) \subset \mathscr{D}(A)$, 则对任意的 $\lambda \in \mathbb{C}\backslash\mathbb{R}$ 算子 $S_2(\lambda) = B + A(C - \lambda I)^{-1}A^*$ 是可闭算子且

$$\overline{H} = \begin{bmatrix} I & A(C-\lambda I)^{-1} \\ 0 & I \end{bmatrix} \begin{bmatrix} 0 & \overline{S_2(\lambda)} \\ C-\lambda I & 0 \end{bmatrix} \begin{bmatrix} I & -\overline{(C-\lambda I)^{-1}A^*} \\ 0 & I \end{bmatrix} + \begin{bmatrix} 0 & 0 \\ \lambda I & 0 \end{bmatrix}.$$

其中 $\overline{S_2(\lambda)}$ 表示算子 $S_2(\lambda)$ 的闭包. 如果还有 $\mathscr{D}(\overline{S_2(\lambda)}) \subset \mathscr{D}((C-\lambda I)\overline{(C-\lambda I)^{-1}A^*})$, 则

$$\overline{H} = \begin{bmatrix} A & \overline{S_2(\lambda)} - A\overline{(C-\lambda I)^{-1}A^*} \\ C & -(C-\lambda I)\overline{(C-\lambda I)^{-1}A^*} \end{bmatrix}.$$

证明 只证结论 (i), 结论 (ii) 的证明完全类似. 因为 B 是自伴算子, 故对任意的 $\lambda \in \mathbb{C}\backslash\mathbb{R}$ 有 $\lambda \in \rho(B)$ 且

$$H = \begin{bmatrix} I & 0 \\ -A^*(B-\lambda I)^{-1} & I \end{bmatrix} \begin{bmatrix} 0 & B-\lambda I \\ S_1(\lambda) & 0 \end{bmatrix} \begin{bmatrix} I & 0 \\ \overline{(B-\lambda I)^{-1}A} & I \end{bmatrix} + \begin{bmatrix} 0 & \lambda I \\ 0 & 0 \end{bmatrix},$$

其中 $S_1(\lambda) = C + A^*(B-\lambda I)^{-1}A$. 于是由引理 2.6.1 即得

$$\overline{H} = \begin{bmatrix} I & 0 \\ -A^*(B-\lambda I)^{-1} & I \end{bmatrix} \begin{bmatrix} 0 & B-\lambda I \\ \overline{S_1(\lambda)} & 0 \end{bmatrix} \begin{bmatrix} I & 0 \\ \overline{(B-\lambda I)^{-1}A} & I \end{bmatrix} + \begin{bmatrix} 0 & \lambda I \\ 0 & 0 \end{bmatrix}.$$

如果 $\mathscr{D}(\overline{S_1(\lambda)}) \subset \mathscr{D}((B-\lambda I)\overline{(B-\lambda I)^{-1}A})$, 则

$$\begin{bmatrix} 0 & B-\lambda I \\ \overline{S_1(\lambda)} & 0 \end{bmatrix} \begin{bmatrix} I & 0 \\ \overline{(B-\lambda I)^{-1}A} & I \end{bmatrix} = \begin{bmatrix} (B-\lambda I)\overline{(B-\lambda I)^{-1}A} & B-\lambda I \\ \overline{S_1(\lambda)} & 0 \end{bmatrix},$$

于是

$$\overline{H} = \begin{bmatrix} (B-\lambda I)\overline{(B-\lambda I)^{-1}A} & B \\ -A^*\overline{(B-\lambda I)^{-1}A} + \overline{S_1(\lambda)} & -A^* \end{bmatrix}.$$

结论证毕. ▮

注 2.6.1 在上述分解中

$$S_1(\lambda) = C + A^*(B-\lambda I)^{-1}A, \lambda \in \mathbb{C}\backslash\mathbb{R},$$
$$S_2(\lambda) = B + A(C-\lambda I)^{-1}A^*, \lambda \in \mathbb{C}\backslash\mathbb{R},$$

称为无穷维 Hamilton 算子的二次补.

利用上述结论, 容易得到下列推论.

推论 2.6.1 设 $H = \begin{bmatrix} A & B \\ C & -A^* \end{bmatrix} : \mathscr{D}(H) \subset X \times X \to X \times X$ 是无穷维 Hamilton 算子,

(i) 如果 $\mathscr{D}(B) \subset \mathscr{D}(A^*)$, 则 H 是闭算子当且仅当存在 $\lambda \in \mathbb{C}\backslash\mathbb{R}$ 使得 $S_1(\lambda) = C + A^*(B-\lambda I)^{-1}A$ 是闭算子;

(ii) 如果 $\mathscr{D}(C) \subset \mathscr{D}(A)$, 则 H 是闭算子当且仅当存在 $\lambda \in \mathbb{C}\backslash\mathbb{R}$ 使得 $S_2(\lambda) = B + A(C-\lambda I)^{-1}A^*$ 是闭算子.

定理 2.6.2 设 $H=\begin{bmatrix} A & B \\ C & -A^* \end{bmatrix}$ 是无穷维 Hamilton 算子,

(i) 如果 $\mathscr{D}(B)\subset\mathscr{D}(A^*)$ 且 B 可逆, 则 $\sigma_*(H-\lambda I)=\sigma_*(S_3(\lambda))$;

(ii) 如果 $\mathscr{D}(C)\subset\mathscr{D}(A)$ 且 C 可逆, 则 $\sigma_*(H-\lambda I)=\sigma_*(S_4(\lambda))$, 其中 $\sigma_*\in\{\sigma_p,\sigma_r,\sigma_c,\sigma_{ap},\sigma_{e,i},i=1,2,\cdots,8\}$ 且 $S_3(\lambda)=C+(A^*+\lambda I)B^{-1}(A-\lambda I)$, $S_4(\lambda)=B+(A-\lambda I)C^{-1}(A^*+\lambda I)$.

证明 只证结论 (i), 结论 (ii) 的证明完全类似. 如果 $\mathscr{D}(B)\subset\mathscr{D}(A^*)$ 且 B 可逆, 则

$$H-\lambda I=\begin{bmatrix} I & 0 \\ -(A^*+\lambda I)B^{-1} & I \end{bmatrix}\begin{bmatrix} 0 & B \\ S_3(\lambda) & 0 \end{bmatrix}\begin{bmatrix} I & 0 \\ \overline{B^{-1}(A-\lambda I)} & I \end{bmatrix},$$

于是结论成立. ▮

由上述定理易得, 当 $\lambda\in \mathrm{i}\mathbb{R}$ 时, 二次补 $S_3(\lambda)$ 和 $S_4(\lambda)$ 是对称算子, 这给刻画 $S_1(\lambda)$ 和 $S_2(\lambda)$ 的谱性质带来方便. 鉴于此, 下面将探讨无穷维 Hamilton 算子何时只有纯虚谱的问题.

定理 2.6.3 设 $H=\begin{bmatrix} A & B \\ C & -A^* \end{bmatrix}$ 是无穷维 Hamilton 算子, 如果 $(JH)^*=JH\leqslant 0$, 则 $(\mathbb{C}_+\cup\mathbb{C}_-)\subset\rho(H)$, 即 H 只有纯虚谱, 其中 $J=\begin{bmatrix} 0 & I \\ -I & 0 \end{bmatrix}$, $\mathbb{C}_-,\mathbb{C}_+$ 分别表示左、右半开平面.

证明 下面分四个步骤予以证明.

首先证明 $\sigma_p(H)\cap(\mathbb{C}_+\cup\mathbb{C}_-)=\emptyset$. 假设 $\lambda\in\sigma_p(H)\cap(\mathbb{C}_+\cup\mathbb{C}_-)$ 且相应的特征向量记为 $x_0(x_0\neq 0)$, 则有

$$(JHx_0,x_0)=\lambda(Jx_0,x_0)\leqslant 0.$$

另一方面,$(Jx_0,x_0)\in \mathrm{i}\mathbb{R}$ 且 $Re(\lambda)\neq 0$, 故只能有

$$(Jx_0,x_0)=0.$$

从而 $(JHx_0, x_0) = 0$, 因此由引理 2.3.1 得 $JHx_0 = 0$, 即, $Hx_0 = \lambda x_0 = 0$, 这与 $x_0 \neq 0$ 矛盾.

其次证明 $\sigma_r(H) = \emptyset$. 若存在 $\lambda = -\overline{\lambda}$ 使得 $\lambda \in \sigma_r(H)$, 则 $\overline{\lambda} \in \sigma_p(H^*)$. 考虑 $H^* = JHJ$ 且 $J^2 = -I$ 得, $\lambda \in \sigma_p(H)$, 这与 $\lambda \in \sigma_r(H)$ 矛盾. 若存在 $\lambda \neq -\overline{\lambda}$ 使得 $\lambda \in \sigma_r(H)$, 则同理得 $-\overline{\lambda} \in \sigma_p(H)$. 这与 $\sigma_p(H) \cap (\mathbb{C}_+ \cup \mathbb{C}_-) = \emptyset$ 矛盾. 因此 $\sigma_r(H) = \emptyset$.

再次证明当 H 为连续算子时, 有 $(\mathbb{C}_+ \cup \mathbb{C}_-) \subset \rho(H)$. 假定存在 $-\overline{\lambda}_0 \neq \lambda_0 \in \sigma(H)$, 则由第一部分和第二部分的证明可知 $\lambda_0 \in \sigma_c(H)$. 因此存在正交化序列 $\{x_n\}(\|x_n\| = 1, n = 1, 2, \cdots)$ 使得当 $n \to \infty$ 时 $(H - \lambda_0 I)x_n \to 0$, 即,

$$(J(H - \lambda_0 I)x_n, x_n) = (J(Hx_n - Im(\lambda_0)I)x_n, x_n) - \mathtt{i}Re(\lambda_0)(Jx_n, x_n) \to 0.$$

考虑 $Re(\lambda_0) \neq 0$, 有 $(Jx_n, x_n) \to 0$, 于是

$$(JHx_n, x_n) \to 0.$$

又因为

$$(-JHx_n, x_n) = ((-JH)^{\frac{1}{2}}x_n, (-JH)^{\frac{1}{2}}x_n),$$

故 $(-JH)^{\frac{1}{2}}x_n \to 0$. 由于

$$Hx_n = J(-JH)^{\frac{1}{2}}(-JH)^{\frac{1}{2}}x_n,$$

从而 $Hx_n \to 0$, 即, $\lambda x_n \to 0$, 这与 $\|x_n\| = 1$ 矛盾. 因此当 H 为连续算子时, 有 $(\mathbb{C}_+ \cup \mathbb{C}_-) \subset \rho(H)$.

最后证明对于一般的 H 具有 $(\mathbb{C}_+ \cup \mathbb{C}_-) \subset \rho(H)$. 令 $\mu \in \rho(H)$, 则 $-\overline{\mu} \in \rho(H)$. 定义算子

$$B = (H + \overline{\mu}I)^{-1}H(H - \mu I)^{-1},$$

则易证 $(JB)^* = JB \geqslant 0$, 由前面的证明可知

$$\sigma(B) \cap (\mathbb{C}_+ \cup \mathbb{C}_-) = \emptyset.$$

又因为

$$\sigma(B)=\left\{\frac{\lambda}{(\lambda+\overline{\mu})(\lambda-\mu)}:\lambda\in\sigma(H)\right\},$$

于是对任意的 $Re(\lambda_0)\neq 0$, 当 $|\lambda_0|\neq|\mu|$ 时, $\frac{\lambda_0}{(\lambda_0+\overline{\mu})(\lambda_0-\mu)}\notin \mathrm{i}\mathbb{R}$, 于是 $\lambda_0\in\rho(B)$, 即 $\lambda_0\in\rho(H)$, 从而有

$$(\mathbb{C}_+\cup\mathbb{C}_-)\backslash\{\lambda:|\lambda|=|\mu|\}\subset\rho(H). \tag{2.6.1}$$

再令 $\mu_1\in\rho(H),|\mu_1|\neq|\mu|$, 则同理可证

$$(\mathbb{C}_+\cup\mathbb{C}_-)\backslash\{\lambda:|\lambda|=|\mu_1|\}\subset\rho(H). \tag{2.6.2}$$

由式 (2.6.1) 和式 (2.6.2) 即得 $(\mathbb{C}_+\cup\mathbb{C}_-)\subset\rho(H)$. ▮

同理可证下列结论.

定理 2.6.4 设 $H=\begin{bmatrix}A & B\\ C & -A^*\end{bmatrix}$ 是无穷维 Hamilton 算子, 如果 $(JH)^*=JH\geqslant 0$, 则 $(\mathbb{C}_+\cup\mathbb{C}_-)\subset\rho(H)$, 即 H 只有纯虚谱, 其中 $J=\begin{bmatrix}0 & I\\ -I & 0\end{bmatrix}$, $\mathbb{C}_-,\mathbb{C}_+$ 分别表示左、右半开平面.

2.6.2 无穷维 Hamilton 算子谱的二分性

给定稠定闭线性算子 T, 如果 $\sigma(T)$ 与虚轴无交点, 则称 $\sigma(T)$ 具有二分性. $\sigma(T)$ 的二分性与微分方程的求解问题密切相关. 因此, $\sigma(T)$ 的二分性受到了广泛关注. 这一节, 我们将探讨无穷维 Hamilton 算子谱 $\sigma(H)$ 的二分性.

定理 2.6.5 设 $H=\begin{bmatrix}A & B\\ C & -A^*\end{bmatrix}:\mathscr{D}(H)\subset X\times X\to X\times X$ 是无穷维 Hamilton 算子, B,C 是全空间上定义的非负自伴算子, 如果存在 $c,w_0>0$ 使得

$$\sup_{|Re(z)|<w_0}\|(A-zI)^{-1}\|\leqslant c<\infty,$$

则存在 $0<w<w_0$ 和 $\widehat{c}$ 使得

$$\{z:|Re(z)|<w\}\subset\rho(H),\quad \sup_{|Re(z)|<w}\|(H-zI)^{-1}\|\leqslant\widehat{c}.$$

证明 选取 $w>0$ 使得

$$w+\max\{\|B\|^{\frac{1}{2}},\|C\|^{\frac{1}{2}}\}\sqrt{w}<\frac{1}{\sqrt{2}c}. \tag{2.6.3}$$

首先证明, 存在 $d>0$ 使得对任意的 $z\in\{z\in\mathbb{C}:|Re(z)|<w\}$ 和全体 $u\in\mathscr{D}(H),\|u\|=1$ 有

$$\|(H-zI)^{-1}u\|\geqslant d.$$

否则 $z\in\sigma_{ap}(H)$, 存在向量序列 $\begin{bmatrix}x_n & y_n\end{bmatrix}^T\in\mathscr{D}(H)$ 和常数列 $z_n=s_n+\mathrm{i}t_n$, $|s_n|<w$, $t_n\in\mathbb{R}$, $n=1,2,\cdots$, 使得 $\|x_n\|^2+\|y_n\|^2=1$ 且当 $n\to\infty$ 时

$$(A-s_n-\mathrm{i}t_n)x_n+By_n\to 0,\ Cx_n-(A^*+s_n+\mathrm{i}t_n)x_n\to 0.$$

第一式与 y_n 做内积, x_n 与第二式做内积后两式相加得

$$(By_n,y_n)+(Cx_n,x_n)-2s_n(x_n,y_n)\to 0.$$

进而有

$$\begin{aligned}0&\leqslant\|B^{\frac{1}{2}}y_n\|^2+\|C^{\frac{1}{2}}x_n\|^2\\&\leqslant 2|s_n||(x_n,y_n)|+|\|B^{\frac{1}{2}}y_n\|^2+\|C^{\frac{1}{2}}x_n\|^2-2s_n(x_n,y_n)|\\&\leqslant|s_n|+|\|B^{\frac{1}{2}}y_n\|^2+\|C^{\frac{1}{2}}x_n\|^2-2s_n(x_n,y_n)|.\end{aligned}$$

于是

$$\|B^{\frac{1}{2}}y_n\|\leqslant\sqrt{|s_n|+|\|B^{\frac{1}{2}}y_n\|^2+\|C^{\frac{1}{2}}x_n\|^2-2s_n(x_n,y_n)|}$$

且

$$\|C^{\frac{1}{2}}x_n\|\leqslant\sqrt{|s_n|+|\|B^{\frac{1}{2}}y_n\|^2+\|C^{\frac{1}{2}}x_n\|^2-2s_n(x_n,y_n)|}.$$

另一方面, 考虑 $\|x_n\|^2+\|y_n\|^2=1$, 不妨设

$$\liminf_{n\to\infty}\|x_n\|^2\geqslant\frac{1}{2},$$

则

$$\begin{aligned}\frac{1}{\sqrt{2}c}&\leqslant\liminf_{n\to\infty}\frac{1}{c}\|x_n\|\\&\leqslant\liminf_{n\to\infty}\|(A-\mathrm{i}t_n)x_n\|\end{aligned}$$

$$
\begin{aligned}
&\leqslant \liminf_{n\to\infty}(\|s_n x_n\| + \|By_n\|) \\
&\leqslant \liminf_{n\to\infty}(|s_n|\|x_n\| + \|B^{\frac{1}{2}}\|\|B^{\frac{1}{2}}y_n\|) \\
&\leqslant \liminf_{n\to\infty}(|s_n| + \|B^{\frac{1}{2}}\|\sqrt{|s_n|}) \leqslant w + \|B^{\frac{1}{2}}\|\sqrt{w}.
\end{aligned}
$$

这与式 (2.6.3) 矛盾, 故 $z \notin \sigma_{ap}(H)$.

同理, 考虑

$$
H^* = \begin{bmatrix} A^* & C \\ B & -A \end{bmatrix},
$$

则存在 $d > 0$ 使得对任意的 $z \in \{z \in \mathbb{C} : |Re(z)| < w\}$ 和全体 $u \in \mathscr{D}(H^*), \|u\| = 1$ 有

$$
\|(H^* - zI)^{-1}u\| \geqslant d.
$$

于是, $z \notin \sigma_{ap}(H^*)$. 从而,

$$
\{z : |Re(z)| < w\} \subset \rho(H), \quad \sup_{|Re(z)|<w} \|(H - zI)^{-1}\| \leqslant \widehat{c}.
$$

结论证毕. ▮

对于斜对角元为无界的无穷维 Hamilton 算子, 关于谱 $\sigma(H)$ 的二分性可以得到如下结论.

定理 2.6.6 设 $H = \begin{bmatrix} A & B \\ C & -A^* \end{bmatrix} : \mathscr{D}(A) \times \mathscr{D}(A^*) \to X \times X$ 是无穷维 Hamilton 算子, 如果 $\sigma_r(H) \cap \mathrm{i}\mathbb{R} = \emptyset$, $B \geqslant 0, C \geqslant 0$, 存在 $w > 0$ 使得

$$
\Delta_w = \{z : |Re(z)| < w\} \subset \rho(A),
$$

且

$$
\sup_{\lambda\in\Delta_w} \|C^{\frac{1}{2}}(A - \lambda I)^{-1}\| < \infty, \quad \sup_{\lambda\in\Delta_w} \|B^{\frac{1}{2}}(A^* + \lambda I)^{-1}\| < \infty,
$$

则存在 $0 < w_0 \leqslant w$ 使得 $\Delta_{w_0} \subset \rho(H)$.

证明 考虑 A 可逆且 $\sigma_r(H) \cap \mathrm{i}\mathbb{R} = \emptyset$ 即得

$$
H^* = \begin{bmatrix} A^* & C \\ B & -A \end{bmatrix}. \tag{2.6.4}
$$

令

$$M = \max\{\sup_{\lambda\in\Delta_w} \|C^{\frac{1}{2}}(A-\lambda I)^{-1}\|, \sup_{\lambda\in\Delta_w} \|B^{\frac{1}{2}}(A^*+\lambda I)^{-1}\|\},$$

则不妨设 $M > 0$. 如果 $M = 0$, 则 $B = C = 0$, 结论显然成立. 取 $w_0 = \frac{1}{2M^2}$, 则可以断言

$$\Delta_{w_0} = \{\lambda : |Re(\lambda)| < w_0\} \subset \rho(H).$$

事实上, 假定存在 $\lambda \in \Delta_{w_0}$ 使得 $\lambda \in \sigma_{ap}(H)$, 则存在序列 $\|x_n\|^2 + \|y_n\|^2 = 1, n = 1, 2, \cdots$, 使得

$$(A-\lambda I)x_n + By_n \to 0 \tag{2.6.5}$$

且

$$Cx_n - (A^*+\lambda I)y_n \to 0. \tag{2.6.6}$$

于是当 $n \to \infty$ 时,

$$(By_n, y_n) + (Cx_n, x_n) - 2Re(\lambda)(x_n, y_n) \to 0,$$

从而

$$\liminf_{n\to\infty}(\|B^{\frac{1}{2}}y_n\|^2 + \|C^{\frac{1}{2}}x_n\|^2) \leqslant |Re(\lambda)|. \tag{2.6.7}$$

不失一般性, 令 $\liminf_{n\to\infty}\|x_n\|^2 \geqslant \frac{1}{2}$, 则由式 (2.6.5) 和 (2.6.7) 得,

$$\begin{aligned}\frac{1}{\sqrt{2}} &\leqslant \liminf_{n\to\infty}\|x_n\| \\ &\leqslant \liminf_{n\to\infty}\|(A-\lambda I)^{-1}B^{\frac{1}{2}}\|\|B^{\frac{1}{2}}y_n\| \\ &\leqslant M\sqrt{|Re(\lambda)|} < \frac{1}{\sqrt{2}}.\end{aligned}$$

推出矛盾. 于是

$$\Delta_{w_0} \subset \rho(H) \cup \sigma_{r,1}(H). \tag{2.6.8}$$

另一方面, 考虑关系式 (2.6.4), 同理可证

$$\Delta_{w_0} \subset \rho(H^*) \cup \sigma_{r,1}(H^*). \tag{2.6.9}$$

结合式 (2.6.8) 和 (2.6.9), 得 $\Delta_{w_0} \subset \rho(H)$. 结论证毕. ▮

第三章　无穷维 Hamilton 算子特征函数系的完备性

3.1　无穷维辛空间

一切守恒的真实物理过程都能表示成适当的 Hamilton 体系, 它们的共同数学基础是辛空间. 辛空间与研究长度等度量性质的欧几里得空间不同, 它是研究面积的, 或者是说研究做功的[28]. 无穷维 Hamilton 算子的特征函数系是辛正交的. 于是, 本节以辛结构为主线, 简单介绍无穷维复辛空间及其他的一些基本性质.

3.1.1　无穷维复辛空间及其例子

定义 3.1.1　设 X 为数域 $\mathbb{C}$ 上的无穷维线性空间, 对任意的 $x, y \in X$ 定义二元函数 (或泛函) $Q(x,y) =< x, y >$,如果满足以下四个条件:

(i) (非退化) 对所有的 $y \in X$ 有 $Q(x,y) = 0$, 则 $x = 0$,

(ii) (辛共轭对称) $Q(x,y) = -\overline{Q(y,x)}$,

(iii) (齐次性) $Q(\alpha x, y) = \alpha Q(x,y)$,

(iv) (可加性) $Q(x_1 + x_2, y) = Q(x_1, y) + Q(x_2, y)$,

其中 $\alpha \in \mathbb{C}$, $x_1, x_2, x, y \in X$, 则称 $< \cdot, \cdot >$ 为辛结构 (或辛内积), X 赋予辛结构后 $\{X, < \cdot, \cdot >\}$ 称为无穷维复辛空间.

注 3.1.1　设 $\{X \times X, (\cdot, \cdot)\}$ 为数域 $\mathbb{C}$ 上的无穷维复内积空间, 令 $J = \begin{bmatrix} 0 & I \\ -I & 0 \end{bmatrix}$, 其中 I 是 X 上的恒等算子, 定义二元函数

$$< x, y >= (Jx, y),$$

则 $\{X\times X, < \cdot,\cdot >\}$ 是无穷维复辛空间. 事实上, 根据内积定义容易证明 $< \cdot,\cdot >$ 满足性质 (i), (iii) 和 (iv). 再考虑 $J^*=-J$, 即得

$$(Jx,y)=-\overline{(Jy,x)},$$

即, $< \cdot,\cdot >$ 满足性质 (ii). 于是 $\{X\times X, < \cdot,\cdot >\}$ 是辛空间. 同理定义二元函数

$$< x,y >=(\mathfrak{J}x,y),$$

其中 $\mathfrak{J}=\begin{bmatrix} \mathrm{i}I & 0 \\ 0 & -\mathrm{i}I \end{bmatrix}$, 则 $\{X\times X, < \cdot,\cdot >\}$ 也是无穷维复辛空间.

下面将给出具体的辛空间的例子.

例 3.1.1 设 $X=\ell^2$, 即, 满足 $\sum_{i=1}^{\infty}|x_i|^2<\infty$ 的复值数列 $x=(x_1,x_2,\cdots)$ 的全体. 内积定义为

$$(x,y)=\sum_{i=1}^{\infty}x_i\overline{y_i}, x=(x_1,x_2,\cdots), y=(y_1,y_2,\cdots)\in X.$$

定义二元函数

$$< x,y >=(S_\infty x,y),$$

其中矩阵 S_∞ 定义为

$$S_\infty=\begin{bmatrix} J_2 & & \\ & J_2 & \\ & & \ddots \end{bmatrix},$$

$J_2=\begin{bmatrix} 0 & 1 \\ -1 & 0 \end{bmatrix}$ 是 2×2 矩阵, 则 $\{X, < \cdot,\cdot >\}$ 为无穷维辛空间.

首先证明 $< \cdot,\cdot >$ 有意义, 为此只需证明对任意的 $x\in X$ 有 $S_\infty x\in X$ 即可. 事实上

$$\|S_\infty x\|^2=(S_\infty x,S_\infty x)=\|x\|^2.$$

于是 $< \cdot,\cdot >$ 有意义. 其次, $< \cdot,\cdot >$ 满足性质 (i)—(iv) 的证明是显然的. 于是 $\{X, < \cdot,\cdot >\}$ 是无穷维辛空间.

定义 3.1.2 设$\{X, <\cdot,\cdot>\}$是辛空间, 向量$x, y \in X$满足$< x, y >= 0$, 则称 x 与 y 辛正交. 向量组 $\{\alpha_i\}_{i=1}^{\infty}$ 满足

$$< \alpha_i, \alpha_j >= 0, i \neq j,$$

则称向量组 $\{\alpha_i\}_{i=1}^{\infty}$ 是辛正交向量组. 若向量组 $\{\alpha_i\}_{i=1}^{\infty}, \{\beta_i\}_{i=1}^{\infty}$ 满足

(i) $< \alpha_i, \alpha_j >=< \beta_i, \beta_j >= 0, i, j = 1, 2, \cdots,$

(ii) $< \alpha_i, \beta_j >= 0, i \neq j,$

(iii) $< \alpha_i, \beta_j >\neq 0, i = j,$

则称向量组 $\{\alpha_1, \alpha_2, \cdots\}$ 和 $\{\beta_1, \beta_2, \cdots\}$ 是共轭辛正交向量组. 如果

$$\overline{Span\{\alpha_1, \alpha_2, \cdots, \beta_1, \beta_2, \cdots\}} = X,$$

则称 $\{\alpha_1, \alpha_2, \cdots\}, \{\beta_1, \beta_2, \cdots\}$ 是完备共轭辛正交向量组.

注 3.1.2 在内积空间 $\{X, (\cdot,\cdot)\}$ 中向量组 $\{\alpha_i\}_{i=1}^{\infty}, \{\beta_i\}_{i=1}^{\infty}$ 满足

(i) $(\alpha_i, \alpha_j) = (\beta_i, \beta_j) = 0, i \neq j, i, j = 1, 2, \cdots,$

(ii) $(\alpha_i, \beta_j) = 0, i \neq j,$

(iii) $(\alpha_i, \beta_j) \neq 0, i = j,$

则称向量组 $\{\alpha_1, \alpha_2, \cdots\}$ 和 $\{\beta_1, \beta_2, \cdots\}$ 是共轭正交向量组.

例 3.1.2 令 $X = L^2[0,1]$, 定义内积为 $(f, g) = \int_0^1 f(x)\overline{g(x)}\mathrm{d}x$, 定义空间 $X \times X$ 上的辛内积为

$$\left\langle \begin{bmatrix} f_1 \\ f_2 \end{bmatrix}, \begin{bmatrix} g_1 \\ g_2 \end{bmatrix} \right\rangle = (f_2, g_1) - (f_1, g_2),$$

则容易证明向量组

$$\left\{ \begin{bmatrix} \sin \pi x \\ \pi \sin \pi x \end{bmatrix}, \begin{bmatrix} \sin 2\pi x \\ 2\pi \sin 2\pi x \end{bmatrix}, \cdots \right\}$$

和

$$\left\{ \begin{bmatrix} -\sin \pi x \\ \pi \sin \pi x \end{bmatrix}, \begin{bmatrix} -\sin 2\pi x \\ 2\pi \sin 2\pi x \end{bmatrix}, \cdots \right\}$$

是共轭辛正交向量组.

从定义不难发现, 复辛空间 $\{X, <\cdot,\cdot>\}$, 对于 $u \in X$ 不一定有 $<u,u>=0$. 这是实辛空间和复辛空间的本质区别. 另外, 辛结构在一定条件下还能诱导内积. 设 $\{X, <\cdot,\cdot>\}$ 是无穷维复辛空间, 如果存在 X 的子流形

$$X_+ = \{u \in X : 0 < Im < u,u >\} \cup \{0\},$$

$$X_- = \{u \in X : 0 > Im < u,u >\} \cup \{0\},$$

使得

$$X = X_+ \oplus X_-, \tag{3.1.1}$$

即, $<X_+, X_->=0$ 且对任意的 $u \in X$ 存在唯一的 $u_\pm \in X_\pm$, 使得

$$u = u_+ + u_-,$$

此时定义

$$(u_-, u_-)_- = \mathtt{i} < u_-, u_- >,$$

$$(u_+, u_+)_+ = -\mathtt{i} < u_+, u_+ >,$$

$$(u,u) = (u_+, u_+)_+ + (u_-, u_-)_-,$$

则容易证明 $\{X, (\cdot,\cdot)\}$ 是无穷维复内积空间, 从而 X 上有了拓扑, 而且由范数等价定理可知该拓扑与 X 的分解 (3.1.1) 无关. 此时, 在辛空间 $\{X, <\cdot,\cdot>\}$ 中可以引进 “有界” “连续” 和 “闭” 等概念. 进一步, 如果 $\{X_\pm, (\cdot,\cdot)_\pm\}$ 是 Hilbert 空间, 则称 $\{X, <\cdot,\cdot>\}$ 是完备辛空间.

定义 3.1.3 设 $L \subset X$ 是复辛空间 $\{X, <\cdot,\cdot>\}$ 的一个子流形, 如果 L 满足

$$<L, L>=0,$$

即, 对任意的 $u, v \in L$, 有 $<u,v>=0$, 则称 L 是 Lagrange 子流形. 如果 $u \in X$ 且 $<u, L>=0$ 蕴含 $u \in L$, 则称 Lagrange 子流形 $L \subset X$ 是完备的.

很显然, 完备 Lagrange 子流形是极大 Lagrange 子流形. 如果 X 存在分解 (3.1.1), 则 Lagrange 子流形 L 的闭包 $\overline{L}$ 仍是 Lagrange 子流形. 完备 Lagrange 子流形是闭的.

3.1.2 辛空间中的线性算子

令 $\{X, <\cdot,\cdot>\}$ 是完备辛空间,

$$X = X_+ \oplus X_-$$

是对应的分解, 如果用 $P_\pm$ 分别表示 Hilbert 空间 X 在 $X_\pm$ 上投影算子, 令 $J = \mathrm{i}P_- - \mathrm{i}P_+$, 那么

$$(x, y) =< Jx, y >= - < x, Jy > .$$

算子 J 有如下性质

$$J^* = J^{-1} = -J. \tag{3.1.2}$$

此时, 可以引进辛结构意义下的共轭算子, 即, 令 $T : \mathscr{D}(T) \subset X \to X$ 是稠定线性算子, 则辛空间中的共轭算子 T^s 和其诱导的 Hilbert 空间中的共轭算子 T^* 之间有如下联系:

$$T^s = -J^{-1}T^*J = JT^*J. \tag{3.1.3}$$

如果 $T \subset T^s$, 则称 T 是辛对称算子; 如果 $T = T^s$, 则称 T 是辛自伴算子.

下面是完备辛空间中稠定闭线性算子谱的性质.

引理 3.1.1 设 T 是完备辛空间 $\{X, <\cdot,\cdot>\}$ 中稠定闭线性算子, 则

(i) $\lambda \in \rho(T)$ 当且仅当 $-\overline{\lambda} \in \rho(T^s)$;

(ii) $\lambda \in \sigma_{r,1}(T)$ 当且仅当 $-\overline{\lambda} \in \sigma_{p,1}(T^s)$;

(iii) $\lambda \in \sigma_{r,2}(T)$ 当且仅当 $-\overline{\lambda} \in \sigma_{p,2}(T^s)$;

(iv) $\lambda \in \sigma_c(T)$ 当且仅当 $-\overline{\lambda} \in \sigma_c(T^s)$;

(v) $\lambda \in \sigma_{p,3}(T)$ 当且仅当 $-\overline{\lambda} \in \sigma_{p,3}(T^s)$;

(vi) $\lambda \in \sigma_{p,4}(T)$ 当且仅当 $-\overline{\lambda} \in \sigma_{p,4}(T^s)$;

(vii) $\lambda \in \sigma_{ap}(T)$ 当且仅当 $-\overline{\lambda} \in \sigma_{\delta}(T^s)$;

(viii) $\lambda \in \sigma_{com}(T)$ 当且仅当 $-\overline{\lambda} \in \sigma_{p}(T^s)$.

证明 只证结论 (i), 其他证明类似. 设 $\lambda \in \rho(T)$, 则 $\overline{\lambda} \in \rho(T^*)$, 再由

$$T^s = JT^*J$$

和 $J^2 = -I$, 知 $-\overline{\lambda} \in \rho(T^s)$. 反之同理. ▮

引理 3.1.2 设 T 是完备辛空间 $\{X, < \cdot, \cdot >\}$ 中辛自伴算子, 则有 $\sigma_r(T) \cap \mathrm{i}\mathbb{R} = \emptyset$.

证明 假定存在 $\lambda \in \mathrm{i}\mathbb{R}$ 使得 $\lambda \in \sigma_r(T)$, 则由引理 3.1.1 得 $\lambda \in \sigma_p(T^s) = \sigma_p(T)$, 推出矛盾. ▮

注 3.1.3 引进完备辛空间 $\{X \times X, < \cdot, \cdot >\}$, 辛结构定义为

$$< x, y >= (Jx, y),$$

其中 $J = \begin{bmatrix} 0 & I \\ -I & 0 \end{bmatrix}$, 则无穷维 Hamilton 算子 $H = \begin{bmatrix} A & B \\ C & -A^* \end{bmatrix}$ 是辛对称算子.

3.2 无穷维 Hamilton 算子特征函数系的辛正交性

在数学物理方程中, 对于分离变量以后可导向 Sturm-Liouville 问题的偏微分方程, 如有界弦振动方程、调和方程等, 传统的分离变量法是一种十分有效的求解方法. 但是, 对非 Sturm-Liouville 问题, 由于不能保证特征函数系的正交性和完备性, 分离变量法则显得无能为力. 为了克服这个困难, 钟万勰院士把无穷维 Hamilton 算子与分离变量法相结合, 同时引进辛正交系, 创立了弹性力学求解新体系. 求解新体系拓广了 Sturm-Liouville 问题及其按特征函数系展开的解法, 被钱令希誉为 “弹性力学新开篇”. 弹性力学求解新体系运用无穷维 Hamilton 算子特征函数系的辛正交性代替了 Sturm-Liouville 算子特征函数系的正交性, 解决了非自伴算子特征列展开系数不能计算的问题.

定义 3.2.1 给定线性算子 T, 使得

$$\mathbb{N}(T-\lambda I)^k=\mathbb{N}(T-\lambda I)^{k+1}$$

成立的最小非负整数 k 称为算子 T 在 λ 处的零链长 (或称代数指标), 记为 $P_\lambda(T)$. 向量 $v\neq 0$ 称为 T 的一阶广义特征向量, 如果 $(T-\lambda I)v=u$, 其中 $u\in\mathbb{N}(T-\lambda I)$. 同理, 可以定义 k 阶广义特征向量. 特征向量和广义特征向量统称为根向量组. 当所有的 $\lambda\in\sigma_p(T)$ 有 $P_\lambda(T)=1$ 时, T 的特征向量组和广义特征向量组相同.

例 3.2.1 考虑 6×6 矩阵 $K=\begin{bmatrix}1&0&0&0&0&0\\1&1&0&0&0&0\\0&0&2&0&0&0\\0&0&0&3&0&0\\0&0&0&1&3&0\\0&0&0&0&1&3\end{bmatrix}$, 则有特征值 $\lambda_1=1,\lambda_2=2$ 和 $\lambda_3=3$. 此时, $\lambda_1=1$ 的零链长为 2. 对应的特征向量和一阶广义特征向量为

$$U=\begin{bmatrix}0&1&0&0&0&0\end{bmatrix}^T,$$
$$V_1=\begin{bmatrix}1&0&0&0&0&0\end{bmatrix}^T.$$

$\lambda_3=3$ 的零链长为 3. 对应的特征向量、一阶广义特征向量和二阶广义特征向量为

$$U=\begin{bmatrix}0&0&0&0&0&1\end{bmatrix}^T,$$
$$V_1=\begin{bmatrix}0&0&0&0&1&0\end{bmatrix}^T,$$
$$V_2=\begin{bmatrix}0&0&0&1&0&0\end{bmatrix}^T.$$

对无穷维 Hamilton 算子而言, 不仅它的特征向量具有辛正交性, 而且它的广义特征向量也具有辛正交性.

引理 3.2.1 设 $H=\begin{bmatrix}A&B\\C&-A^*\end{bmatrix}:\mathscr{D}(H)\subset X\times X\to X\times X$ 是无穷维 Hamilton 算子, $\lambda_1,\lambda_2\in\sigma_p(H)$, u_1,u_2 和 v_1,v_2 是对应的特征向量和广义特

征向量, 如果 $\lambda_1+\overline{\lambda}_2\neq 0$, 则

$$(u_1,Ju_2)=0,(u_1,Jv_2)=0,(v_1,Ju_2)=0,(v_1,Jv_2)=0,$$

其中 $J=\begin{bmatrix}0 & I\\ -I & 0\end{bmatrix}$, 且该算子能诱导辛结构, 所以上述加权正交性也称为辛正交性.

证明 首先证明特征向量的辛正交性. 由特征向量和特征值的定义可知

$$Hu_1=\lambda_1 u_1, \tag{3.2.1}$$

$$Hu_2=\lambda_2 u_2. \tag{3.2.2}$$

式 (3.2.1) 右侧与 Ju_2 作内积, 式 (3.2.2) 左侧与 Ju_1 作内积后两式相减得

$$(\lambda_1+\overline{\lambda_2})(u_1,Ju_2)=0.$$

考虑 $\lambda_1+\overline{\lambda_2}\neq 0$, 即得 $(u_1,Ju_2)=0$.

其次证明特征向量 u_1 和广义特征向量 v_2 的辛正交性. 由特征向量和广义特征向量的定义可知

$$(H-\lambda_2 I)^{k+1}v_2=0,\ (H-\lambda_2 I)^k v_2\neq 0. \tag{3.2.3}$$

令 $(H-\lambda_2 I)^k v_2=v_2^{(1)}$, 则 $v_2^{(1)}\in\mathbb{N}(H-\lambda_2 I)$ 且

$$(v_2^{(1)},Ju_1)=0.$$

再令 $(H-\lambda_2 I)^{k-1}v_2=v_2^{(2)}$, 则

$$(H-\lambda_2 I)v_2^{(2)}=v_2^{(1)}. \tag{3.2.4}$$

式 (3.2.3) 右侧与 $Jv_2^{(2)}$ 作内积, 式 (3.2.4) 左侧与 Ju_1 作内积后两式相减并考虑 $(u_1,Jv_2^{(1)})=0$, 得

$$(\lambda_1+\overline{\lambda_2})(u_1,Jv_2^{(2)})=0.$$

考虑 $\lambda_1+\overline{\lambda}_2\neq 0$, 即得 $(u_1,Jv_2^{(2)})=0$. 同理, 令 $(H-\lambda_2 I)^{k-2}v_2=v_2^{(3)}$, 则 $(u_1,Jv_2^{(3)})=0$. 重复上述过程, 最后可得 $(u_1,Jv_2)=0$. $(v_1,Ju_2)=0$ 的证明类似.

最后证明广义特征向量的辛正交性. 不失一般性, 只证一阶广义特征向量的辛正交性, 其他证明类似. 由定义可知

$$Hv_1=\lambda_1 v_1+u_1, \tag{3.2.5}$$

$$Hv_2=\lambda_2 v_2+u_2, \tag{3.2.6}$$

式 (3.2.5) 右侧与 Jv_2 作内积, 式 (3.2.6) 左侧与 Jv_1 作内积后两式相减并考虑 $(u_1,Jv_2)=0$ 和 $(u_2,Jv_1)=0$, 得

$$(\lambda_1+\overline{\lambda_2})(v_1,Jv_2)=0.$$

考虑 $\lambda_1+\overline{\lambda}_2\neq 0$, 即得 $(v_1,Jv_2)=0$. ∎

另一方面, 无穷维 Hamilton 算子是一类非自伴算子, 所以, 要想在无穷维 Hamilton 体系下采用分离变量法, 利用辛正交性解决了系数计算问题之后, 特征函数系的完备性是另一个需要解决的问题. 而实现无穷维 Hamilton 算子特征函数系的完备性并非易事.

例 3.2.2 考虑调和方程

$$\begin{cases} \dfrac{\partial^2 u}{\partial x^2}+\dfrac{\partial^2 u}{\partial y^2}=0, \\ u|_{x=0}=0, u|_{x=1}=0, \\ u|_{y=0}=\varphi(x), u|_{y=1}=\phi(x). \end{cases}$$

并把它导入 Hamilton 系统后, 得到 Hamilton 正则方程为

$$\frac{\partial}{\partial y}\begin{bmatrix} u \\ \sigma \end{bmatrix}=\begin{bmatrix} 0 & I \\ -\dfrac{\partial^2}{\partial x^2} & 0 \end{bmatrix}\begin{bmatrix} u \\ \sigma \end{bmatrix},$$

其中$\sigma = \frac{\partial u}{\partial y}$. 令$X = L^2[0,1]$,则在$X \times X$中导出的Hamilton算子为

$$H = \begin{bmatrix} A & B \\ C & -A^* \end{bmatrix} = \begin{bmatrix} 0 & I \\ -\dfrac{\mathrm{d}^2}{\mathrm{d}x^2} & 0 \end{bmatrix},$$

其中$\mathscr{D}(C) = \{x \in X : x'$绝对连续, $x', x'' \in X, x(0) = x(1) = 0\}$. 经计算得,无穷维Hamilton算子$H$的特征值为$\lambda_k = k\pi$, 对应的特征函数为$u_k = \begin{bmatrix} \sin k\pi x \\ k\pi \sin k\pi x \end{bmatrix}$, $k = \pm 1, \pm 2, \cdots$, 容易证明$\{u_k\}_{k=-\infty}^{+\infty} (k \neq 0)$在$X \times X$中不完备.

引理 3.2.2 如果X是可分Hilbert空间,无穷维Hamilton算子H可逆且H^{-1}为紧算子, 则算子JH的特征函数系在空间$X \times X$中完备.

证明 当H^{-1}为紧算子时, $H^{-1}J$为紧自伴算子, 其中$J = \begin{bmatrix} 0 & I \\ -I & 0 \end{bmatrix}$. 由Hilbert-Schmidt定理知, $H^{-1}J$的特征函数系完备. 而$H^{-1}J$的特征函数系与JH的特征函数系相同, 于是JH的特征函数系完备. ▮

3.3 2×2 无穷维 Hamilton 算子特征函数系的完备性

在研究Hamilton算子谱的过程中发现了非常有趣的现象, 很多无穷维Hamilton算子的特征值均分布在实轴上或虚轴上, 并且正负成对出现. 因此, 实现特征函数系的一般意义下的完备性虽然有些困难, 但是实现Cauchy主值意义下的完备性则相对容易一些. 而且对有界弦自由振动方程、有界弦强迫振动方程、调和方程等几个偏微分方程导向Hamilton体系以后使用Cauchy主值意义下的分离变量法 (即, 分离变量法采取Cauchy主值意义下的叠加原理), 得到了与传统分离变量法相同的结果, 然而经计算得知, 这些无穷维Hamilton算子的特征函数系在Cauchy主值意义下完备. 因此, 研究无穷维Hamilton算子的特征函数系在Cauchy主值意义下的完备性问题显得十分重要.

3.3.1 2×2 无穷维 Hamilton 算子特征函数系在 Cauchy 主值意义下的完备性

定义 3.3.1 可分 Hilbert 空间 X 中的向量集合 $\{u_n\}_{n=-\infty}^{+\infty}(n\neq 0)$, 称为在 Cauchy 主值意义下完备, 如果对任意的 $x\in X$ 存在常数序列 $\{C_k\}_{k=1}^{+\infty},\{C_{-k}\}_{k=1}^{+\infty}$ 使得

$$x=\sum_{k=1}^{+\infty}(C_k u_k+C_{-k}u_{-k})$$

成立.

引理 3.3.1 设 T 是 Hilbert 空间 X 中稠定闭线性算子, 如果对任意的 $u\in \mathbb{N}(T-\lambda I)$ 存在 $v\in \mathbb{N}(T^*-\overline{\lambda}I)^k$ 使得 $(u,v)\neq 0$, 则 T 在 λ 处的零链长不超过 k. 特别地, 若 $k=1$, 则 T 在 λ 处的零链长为 1.

证明 假定 $P_\lambda(T)=k+1$, 则存在 $u_0\in X$ 使得

$$(T-\lambda I)^{k+1}u_0=0,(T-\lambda I)^k u_0\neq 0,$$

也就是说, $(T-\lambda I)^k u_0\in \mathbb{N}(T-\lambda I)$. 根据给定条件, 存在 $v\in \mathbb{N}(T^*-\overline{\lambda}I)^k$ 使得

$$((T-\lambda I)^k u_0,v)\neq 0,$$

即 $(u_0,(T^*-\overline{\lambda}I)^k v)\neq 0$, 这与 $(T^*-\overline{\lambda}I)^k v=0$ 矛盾. 从而 $P_\lambda(T)\leqslant k$. ▮

定理 3.3.1 设 $H=\begin{bmatrix} A & B\\ C & -A^*\end{bmatrix}:\mathscr{D}(H)\subset X\times X\to X\times X$ 是无穷维 Hamilton 算子, 如果 B 是一致正定算子, $\mathscr{D}(B)\subset\mathscr{D}(A^*)$ 且 $B^{-1}A$ 是对称算子, 则有

(i) $\sigma_p(H)\subset\mathbb{R}\cup \mathrm{i}\mathbb{R}$;

(ii) $\lambda\in\sigma_p(H)$ 当且仅当 $-\lambda\in\sigma_p(H)$;

(iii) 对任意的 $\lambda\in\sigma_p(H)\backslash\{0\}$ 有 $P_\lambda(H)=1$ (即, 特征向量组和广义特征向量组重叠).

证明 (i) 对任意的 $u=\begin{bmatrix} f & g \end{bmatrix}^T \in \mathbb{N}(H-\lambda I)$, 考虑

$$
\begin{aligned}
Af + Bg &= \lambda f, \\
Cf - A^* g &= \lambda g,
\end{aligned}
$$

以及 B 是正定算子, 易得 $f \neq 0$ 且

$$\lambda^2(B^{-1}f,f)+\lambda(A^*B^{-1}f,f)-\lambda(B^{-1}Af,f)-(Cf,f)-(A^*B^{-1}Af,f)=0.$$

由于 $(B^{-1}Af,f)\in\mathbb{R}$, 于是

$$\lambda(A^*B^{-1}f,f)-\lambda(B^{-1}Af,f)=0$$

且

$$\lambda^2=\frac{(A^*B^{-1}Af,f)+(Cf,f)}{(B^{-1}f,f)},$$

即, $\sigma_p(H)\subset\mathbb{R}\cup\mathrm{i}\mathbb{R}$.

(ii) 当 $\lambda\in\sigma_p(H)$ 时, 令 $\begin{bmatrix} f & g \end{bmatrix}^T$ 是对应的特征向量, 则

$$g=\lambda B^{-1}f-B^{-1}Af$$

且

$$(H+\lambda I)\begin{bmatrix} -f \\ \lambda B^{-1}f+B^{-1}Af \end{bmatrix}=0,$$

即, $-\lambda\in\sigma_p(H)$. 反之, 证明类似.

(iii) 当 $\sigma_p(H)\subset\mathbb{R}\backslash\{0\}$ 时, 取 $v=\begin{bmatrix} -\lambda B^{-1}f-B^{-1}Af \\ -f \end{bmatrix}$, 则

$$(H^*-\overline{\lambda}I)v=(H^*-\lambda I)v=J(H+\lambda I)Jv=0,$$

并且

$$(u,v)=\left(\begin{bmatrix} f \\ \lambda B^{-1}f-B^{-1}Af \end{bmatrix},\begin{bmatrix} -\lambda B^{-1}f-B^{-1}Af \\ -f \end{bmatrix}\right)=-2\lambda(B^{-1}f,f)\neq 0.$$

由引理 3.3.1 可知, $P_\lambda(H)=1$.

当 $\sigma_p(H)\subset \mathrm{i}\mathbb{R}\backslash\{0\}$ 时, 取 $v=\begin{bmatrix}-\lambda B^{-1}f+B^{-1}Af\\ f\end{bmatrix}$, 则

$$(H^*-\overline{\lambda}I)v=(H^*+\lambda I)v=J(H-\lambda I)Jv=0,$$

并且

$$(u,v)=\left(\begin{bmatrix}f\\ \lambda B^{-1}f-B^{-1}Af\end{bmatrix},\begin{bmatrix}-\lambda B^{-1}f+B^{-1}Af\\ f\end{bmatrix}\right)=2\lambda(B^{-1}f,f)\neq 0,$$

由引理 3.3.1 可知, $P_\lambda(H)=1$. 结论证毕. ▮

注 3.3.1 当定理 3.3.1 中 C 一致正定, $\mathscr{D}(C)\subset\mathscr{D}(A)$ 且 $C^{-1}A^*$ 是对称算子时, 同理可得 $P_\lambda(H)=1$.

定理 3.3.2 设 $H=\begin{bmatrix}A & B\\ C & -A^*\end{bmatrix}:\mathscr{D}(H)\subset X\times X\to X\times X$ 是具有可数多个点谱的简单 (即, 对 $\lambda\in\sigma_p(H)$ 有 $\dim\mathbb{N}(H-\lambda I)=1$) 可逆无穷维 Hamilton 算子, 如果 B 是一致正定算子, $\mathscr{D}(B)\subset\mathscr{D}(A^*)$, $C+A^*B^{-1}A$ 是准定算子, $B^{-1}A$ 是对称算子且对 $n\neq m$ 有 $(B^{-1}Af_n,f_m)=0$, 其中 $u_n=\begin{bmatrix}f_n & g_n\end{bmatrix}^T$, $n=\pm1,\pm2,\cdots$, 是特征值 $\lambda_n(n=\pm1,\pm2,\cdots)$ 对应的特征向量, 则

(i) $Span\{f_n\}_{n=1}^{+\infty}=Span\{f_{-n}\}_{n=1}^{+\infty}$;

(ii) $\{f_n\}_{n=1}^{+\infty}$ 是 X 中完备正交向量组, 蕴含特征向量组 $\{u_n\}_{n=\pm1}^{\pm\infty}$ 在 $X\times X$ 中 Cauchy 主值意义下完备.

证明 (i) 由定理 3.3.1 的证明和 $C+A^*B^{-1}A$ 的准定性可知, 算子 H 只有实特征值或者只有纯虚特征值, 并且正负成对出现. 不妨设为 $\lambda_{-n}=-\lambda_n\in\mathbb{R}$, 则易得

$$u_n=\begin{bmatrix}f_n\\ \lambda_nB^{-1}f_n-B^{-1}Af_n\end{bmatrix},$$

并且 λ_{-n} 所对应的特征函数为

$$u_{-n}=\begin{bmatrix}-f_n\\ \lambda_nB^{-1}f_n+B^{-1}Af_n\end{bmatrix}.$$

从而, $Span\{f_n\}_{n=1}^{+\infty} = Span\{f_{-n}\}_{n=1}^{+\infty}$.

(ii) 当向量组 $\{f_n\}_{n=1}^{+\infty}$ 是 X 的正交基时, 对任意的 $x \in X$ 有 Parseval 等式

$$x = \sum_{n=1}^{+\infty} \frac{(x, f_n)}{(f_n, f_n)} f_n$$

成立.

当 $\sigma_p(H) \subset \mathbb{R}$ 时, 为了证明 $u_n = \begin{bmatrix} f_n & g_n \end{bmatrix}^T, n = \pm 1, \pm 2, \cdots$, 在 $X \times X$ 中 Cauchy 主值意义下完备, 对任意的 $\begin{bmatrix} x & y \end{bmatrix}^T \in X \times X$ 取

$$C_k = \frac{\left(\begin{bmatrix} x \\ y \end{bmatrix}, Ju_{-k} \right)}{(u_k, Ju_{-k})}, C_{-k} = \frac{\left(\begin{bmatrix} x \\ y \end{bmatrix}, Ju_k \right)}{(u_{-k}, Ju_k)}, k = 1, 2, \cdots,$$

则

$$\begin{aligned} & \sum_{k=1}^{+\infty} (C_k u_k + C_{-k} u_{-k}) \\ = & \sum_{k=1}^{+\infty} \begin{bmatrix} \dfrac{(B^{-1} f_k, x)}{(B^{-1} f_k, f_k)} f_k \\ \dfrac{(x, B^{-1} A f_k) + (y, f_k)}{(B^{-1} f_k, f_k)} B^{-1} f_k - \dfrac{(B^{-1} f_k, x)}{(B^{-1} f_k, f_k)} B^{-1} A f_k \end{bmatrix}. \end{aligned} \tag{3.3.1}$$

当 $n \neq m$ 时, 考虑 $\lambda_n \neq \lambda_m$, 有

$$(u_n, Ju_m) = 0.$$

于是, $(B^{-1} f_n, f_m) = 0 (n \neq m)$. 从而

$$(B^{-1} f_k - \frac{(B^{-1} f_k, f_k)}{(f_k, f_k)} f_k, f_j) = 0, j = 1, 2, \cdots,$$

于是, $B^{-1} f_k = \frac{(B^{-1} f_k, f_k)}{(f_k, f_k)} f_k, k = 1, 2, \cdots$, 且

$$\sum_{k=1}^{+\infty} \frac{(B^{-1} f_k, x)}{(B^{-1} f_k, f_k)} f_k = \sum_{k=1}^{+\infty} \frac{(x, f_k)}{(f_k, f_k)} f_k = x.$$

同理, 考虑当 $n\neq m$ 时 $x=\sum_{k=1}^{+\infty}\frac{(f_k,x)}{(f_k,f_k)}f_k$ 且 $(B^{-1}Af_n,f_m)=0$, 即得

$$
\begin{aligned}
&\sum_{k=1}^{+\infty}\frac{(x,B^{-1}Af_k)+(y,f_k)}{(B^{-1}f_k,f_k)}B^{-1}f_k-\frac{(B^{-1}f_k,x)}{(B^{-1}f_k,f_k)}B^{-1}Af_k\\
=&\sum_{k=1}^{+\infty}\frac{(x,B^{-1}Af_k)B^{-1}f_k-(B^{-1}f_k,x)B^{-1}Af_k}{(B^{-1}f_k,f_k)}+\frac{(y,f_k)}{(B^{-1}f_k,f_k)}B^{-1}f_k=y,
\end{aligned}
$$

结论成立.

当 $\sigma_p(H)\subset \mathrm{i}\mathbb{R}$ 时, 取

$$
C_k=\frac{\left(\begin{bmatrix}x\\y\end{bmatrix},Ju_k\right)}{(u_k,Ju_k)},C_{-k}=\frac{\left(\begin{bmatrix}x\\y\end{bmatrix},Ju_{-k}\right)}{(u_{-k},Ju_{-k})},k=1,2,\cdots,
$$

则同理可证, 对任意的 $\begin{bmatrix}x & y\end{bmatrix}^T\in X\times X$ 有

$$
\sum_{k=1}^{+\infty}(C_ku_k+C_{-k}u_{-k})=\begin{bmatrix}x\\y\end{bmatrix},
$$

即 $\{u_n=[f_n\ \ g_n]^T\}$ 在 $X\times X$ 中 Cauchy 主值意义下完备. 结论证毕. ▮

类似于上述定理的证明, 还可以证明下列定理.

定理 3.3.3 设 $H=\begin{bmatrix}A & B\\C & -A^*\end{bmatrix}:\mathscr{D}(H)\subset X\times X\to X\times X$ 是具有可数多个离散点谱的简单可逆无穷维 Hamilton 算子 (即, 对 $\lambda\in\sigma_p(H)$ 有 $\dim\mathbb{N}(H-\lambda I)=1$), 如果 C 是正定可逆算子, $\mathscr{D}(C)\subset\mathscr{D}(A)$, $C^{-1}A^*$ 是对称算子, $AC^{-1}A^*+B$ 是准定算子且对 $n\neq m$ 有 $(C^{-1}A^*g_n,g_m)=0$, $\lambda_n,n=\pm1,\pm2,\cdots$, 是特征值, $u_n=\begin{bmatrix}f_n & g_n\end{bmatrix}^T,n=\pm1,\pm2,\cdots$, 是对应的特征向量, 则向量组 $\{g_n\}_{n=-\infty}^{+\infty}(n\neq 0)$ 在 X 中组成共轭正交完备向量组蕴含特征向量组 $u_n=\begin{bmatrix}f_n & g_n\end{bmatrix}^T,n=\pm1,\pm2,\cdots$ 在 $X\times X$ 中 Cauchy 主值意义下完备.

下面将给出具体例子, 说明判别准则的有效性.

例 3.3.1 考虑调和方程

$$\begin{cases} \dfrac{\partial^2 u}{\partial x^2}+\dfrac{\partial^2 u}{\partial y^2}=0, \\ u|_{x=0}=0, u|_{x=1}=0, \\ u|_{y=0}=\varphi(x), u|_{y=1}=\phi(x). \end{cases}$$

把它导入 Hamilton 系统后得到 Hamilton 正则方程为

$$\frac{\partial}{\partial y}\begin{bmatrix} u \\ \sigma \end{bmatrix}=\begin{bmatrix} 0 & I \\ -\dfrac{\partial^2}{\partial x^2} & 0 \end{bmatrix}\begin{bmatrix} u \\ \sigma \end{bmatrix},$$

其中 $\sigma=\frac{\partial u}{\partial y}$. 令 $X=L^2[0,1]$, 则在 $X\times X$ 中导出的 Hamilton 算子为

$$H=\begin{bmatrix} A & B \\ C & -A^* \end{bmatrix}=\begin{bmatrix} 0 & I \\ -\dfrac{\mathrm{d}^2}{\mathrm{d}x^2} & 0 \end{bmatrix},$$

其中 $\mathscr{D}(C)=\{x\in X: x'$ 绝对连续, $x',x''\in X, x(0)=x(1)=0\}$, 此时, 易知 H^{-1} 存在且 $(H^{-1})^2$ 是紧算子, 特征值有可数多个且满足定理 3.3.3 的其他条件, 从而算子 H 的特征函数系在 Hilbert 空间 $X\times X$ 中 Cauchy 主值意义下完备.

另一方面, 经计算得 $\lambda_k=k\pi$, 对应的特征函数为 $u_k=\begin{bmatrix} \sin k\pi x \\ k\pi\sin k\pi x \end{bmatrix}, k=\pm1,\pm2,\cdots$, 并且

$$(u_k, Ju_{-k})=k\pi, k=\pm1,\pm2,\cdots.$$

从而对任意的 $\begin{bmatrix} f(x) & g(x) \end{bmatrix}^T\in X\times X$, 取

$$C_{-k}=\frac{\left(\begin{bmatrix} f \\ g \end{bmatrix}, Ju_k\right)}{-k\pi}, C_k=\frac{\left(\begin{bmatrix} f \\ g \end{bmatrix}, Ju_{-k}\right)}{k\pi}, k=1,2,\cdots,$$

代入式 (3.3.1) 以后得

$$\begin{bmatrix} f(x) \\ g(x) \end{bmatrix}=\sum_{k=1}^{+\infty}\begin{bmatrix} 2(f(x),\sin k\pi x)\sin k\pi x \\ 2(g(x),\sin k\pi x)\sin k\pi x \end{bmatrix}.$$

恰好是 $f(x), g(x)$ 在 X 中按正交系 $\{\sin k\pi x\}_{k=1}^{+\infty}$ 的 Fourier 级数展开, 因此收敛. 于是, 算子 H 的特征函数系在 Hilbert 空间 $X\times X$ 中 Cauchy 主值意义下完备, 从而结论成立.

例 3.3.2 考虑波动方程

$$\begin{cases} \dfrac{\partial^2 u}{\partial t^2}=\dfrac{\partial^2 u}{\partial x^2}, \\ u(0,t)=u(1,t)=0, \\ u(x,0)=\varphi(x), u_t(x,0)=\phi(x). \end{cases}$$

把它导入 Hamilton 系统后得到 Hamilton 正则方程为

$$\frac{\partial}{\partial t}\begin{bmatrix} u \\ v \end{bmatrix}=\begin{bmatrix} 0 & I \\ \dfrac{\partial^2}{\partial x^2} & 0 \end{bmatrix}\begin{bmatrix} u \\ v \end{bmatrix},$$

其中 $\frac{\partial v}{\partial t}=\frac{\partial^2 u}{\partial x^2}$. 令 $X=L^2[0,1]$, 则在 $X\times X$ 中导出的 Hamilton 算子为

$$H=\begin{bmatrix} A & B \\ C & -A^* \end{bmatrix}=\begin{bmatrix} 0 & I \\ \dfrac{\mathrm{d}^2}{\mathrm{d}x^2} & 0 \end{bmatrix}.$$

其中 $\mathscr{D}(C)=\{x\in X: x'$ 绝对连续, $x', x''\in X, x(0)=x(1)=0\}$, 此时, 易知 H^{-1} 存在且 $(H^{-1})^2$ 是紧算子, 特征值有可数多个且满足定理3.3.3 的其他条件, 从而算子 H 的特征函数系在 Hilbert 空间 $X\times X$ 中 Cauchy 主值意义下完备.

另一方面, 经计算得 $\lambda_k=\mathrm{i}k\pi$, 对应的特征函数为 $u_k=\begin{bmatrix} \sin k\pi x \\ \mathrm{i}k\pi\sin k\pi x \end{bmatrix}, k=\pm1,\pm2,\cdots$, 并且

$$(u_k, Ju_k)=ik\pi, k=\pm1,\pm2,\cdots.$$

从而对任意的 $\begin{bmatrix} f(x) & g(x) \end{bmatrix}^T\in X\times X$, 取

$$C_k=\frac{\left(\begin{bmatrix} f \\ g \end{bmatrix}, Ju_k\right)}{ik\pi}, C_{-k}=\frac{\left(\begin{bmatrix} f \\ g \end{bmatrix}, Ju_{-k}\right)}{ik\pi}, k=1,2,\cdots,$$

代入式 (3.3.1) 以后得

$$\begin{bmatrix} f(x) \\ g(x) \end{bmatrix} = \sum_{k=1}^{+\infty} \begin{bmatrix} 2(f(x), \sin k\pi x) \sin k\pi x \\ 2(g(x), \sin k\pi x) \sin k\pi x \end{bmatrix}.$$

恰好是 $f(x), g(x)$ 在 X 中按正交系 $\{\sin k\pi x\}_{k=1}^{+\infty}$ 的 Fourier 级数展开, 因此收敛. 于是, 算子 H 的特征函数系在 Hilbert 空间 $X \times X$ 中 Cauchy 主值意义下完备. 从而结论成立.

注 3.3.2 不难发现, 以上两个无穷维 Hamilton 算子的特征函数系在一般意义下 $L^2[0,1] \times L^2[0,1]$ 中不完备. 事实上, 取 $f = I, g = 0$, 其中 I 是 X 中的单位向量, 并代入式

$$\begin{bmatrix} f \\ g \end{bmatrix} = \sum_{k=-\infty, k\neq 0}^{+\infty} C_k u_k \tag{3.3.2}$$

以后, 考虑第二分量得

$$\sum_{k=-\infty, k\neq 0}^{+\infty} \frac{\lambda_k (f, B^{-1} f_k) + (f, B^{-1} A f_k)}{2(B^{-1} f_k, f_k)} = \sum_{k=-\infty, k\neq 0}^{+\infty} (1 - \cos k\pi),$$

当 $k \to \infty$ 时, 一般项 $1 - \cos k\pi$ 不趋于 0, 级数不收敛, 从而算子 H 的特征函数系在 Hilbert 空间 $X \times X$ 中不完备. 同理第二个例子所对应的无穷维 Hamilton 算子 H 的特征函数系在 Hilbert 空间 $X \times X$ 中也不完备.

3.3.2 2×2 无穷维 Hamilton 算子特征函数展开式的发散问题

自然可以提出的一个问题是, 哪些无穷维 Hamilton 算子的特征函数系在一般意义下一定不完备呢? 为了回答这个问题首先要给出 $k-$ 紧算子的定义.

定义 3.3.2 Hilbert 空间 X 中的有界线性算子 T 称为 $k-$ 紧算子, 如果存在正整数 k 使得 T^k 是紧算子.

定理 3.3.4 设 $H = \begin{bmatrix} A & B \\ C & -A^* \end{bmatrix} : \mathscr{D}(H) \subset X \times X \to X \times X$ 是可逆无穷维 Hamilton 算子, 逆为 $k-$ 紧算子. 如果 B, C 是非负算子且满足下列条件之一:

(i) B 是可逆算子, $\mathscr{D}(B) \subset \mathscr{D}(A^*)$, $B^{-1}A$ 是对称算子且 $\mathbb{N}(A) \neq \emptyset$;

(ii) C 是可逆算子, $\mathscr{D}(C) \subset \mathscr{D}(A)$, $C^{-1}A^*$ 是对称算子且 $\mathbb{N}(A^*) \neq \emptyset$, 则无穷维 Hamilton 算子 H 的特征函数系在 Hilbert 空间 $X \times X$ 中一般意义下不完备.

证明 下面只证明满足条件 (i) 的情形, (ii) 的证明完全类似. 容易证明算子 H 只有实特征值, 并且正负成对出现. 又因为, H 可逆且逆为 $k-$ 紧算子, 从而 H 有至多可数多个特征值. 因此, 全体特征值不妨设为 $\{\lambda_{\pm n}\}_{n=1}^{+\infty}, \lambda_{-n} = -\lambda_n$, 对应的特征函数为 $u_n = \begin{bmatrix} f_n & g_n \end{bmatrix}^T$, 则

$$u_n = \begin{bmatrix} f_n \\ \lambda_n B^{-1} f_n - B^{-1} A f_n \end{bmatrix},$$

并且 λ_{-n} 所对应的特征函数为

$$u_{-n} = \begin{bmatrix} -f_n \\ \lambda_n B^{-1} f_n + B^{-1} A f_n \end{bmatrix}.$$

不失一般性, 可以设定特征函数系的第一分量 $\{f_n\}$ 在 X 中完备, 否则无穷维 Hamilton 算子 H 的特征函数系在 Hilbert 空间 $X \times X$ 中不完备, 结论显然成立. 假设无穷维 Hamilton 算子 H 的特征函数系在空间 $X \times X$ 中一般意义下完备, 则对任意的 $\begin{bmatrix} f & g \end{bmatrix}^T \in X \times X$ 存在常数序列 $\{C_k\}_{k=-\infty}^{+\infty}$ 使得

$$\begin{bmatrix} f \\ g \end{bmatrix} = \sum_{k=-\infty, k\neq 0}^{+\infty} C_k u_k \tag{3.3.3}$$

成立. 经计算得知

$$(u_n, Ju_m) = \begin{cases} 0, & \text{当 } m \neq -n \text{ 时}. \\ 2\lambda_n (B^{-1} f_n, f_n), & \text{当 } m = -n \text{ 时}. \end{cases}$$

并考虑 $B^{-1}A = A^* B^{-1}|_{\mathscr{D}(A)}$, 即得

$$(B^{-1} f_n, f_m) = 0, \ \text{当 } m \neq -n, n, m = \pm 1, \pm 2, \cdots \text{ 时}.$$

从而式 (3.3.3) 两边与 Ju_{-k} 作内积后得

$$C_k = \frac{\left(\begin{bmatrix} f \\ g \end{bmatrix}, Ju_{-k}\right)}{2\lambda_k(B^{-1}f_k, f_k)} = \frac{\lambda_k(f, B^{-1}f_k) + (f, B^{-1}Af_k) + (g, f_k)}{2\lambda_k(B^{-1}f_k, f_k)}.$$

由于 $\mathbb{N}(A) \neq \emptyset$, 从而取 $0 \neq f \in \mathbb{N}(A), g = 0$ 后得

$$\begin{bmatrix} f \\ 0 \end{bmatrix} = \begin{bmatrix} \displaystyle\sum_{k=-\infty,k\neq 0}^{+\infty} \frac{\lambda_k(f, B^{-1}f_k) + (f, B^{-1}Af_k)}{2\lambda_k(B^{-1}f_k, f_k)} f_k \\ \displaystyle\sum_{k=-\infty,k\neq 0}^{+\infty} \frac{\lambda_k(f, B^{-1}f_k) + (f, B^{-1}Af_k)}{2(B^{-1}f_k, f_k)} B^{-1}f_k - B^{-1}Af \end{bmatrix}$$

$$= \begin{bmatrix} \displaystyle\sum_{k=-\infty,k\neq 0}^{+\infty} \frac{(f, B^{-1}f_k)}{2(B^{-1}f_k, f_k)} f_k \\ \displaystyle\sum_{k=-\infty,k\neq 0}^{+\infty} \frac{\lambda_k(f, B^{-1}f_k)}{2(B^{-1}f_k, f_k)} B^{-1}f_k \end{bmatrix}.$$

在式

$$0 = \sum_{k=-\infty,k\neq 0}^{+\infty} \frac{\lambda_k(f, B^{-1}f_k)}{2(B^{-1}f_k, f_k)} B^{-1}f_k \tag{3.3.4}$$

两边与 $f_j, j = \pm 1, \pm 2, \cdots$ 作内积后得:

$$(f, B^{-1}f_j) = (B^{-1}f, f_j) = 0, j = \pm 1, \pm 2, \cdots.$$

根据假定 $\{f_k\}$ 在 X 中完备, 故 $B^{-1}f = 0$, 即, $f = 0$, 这与 $f \neq 0$ 矛盾. 从而, 无穷维 Hamilton 算子 H 的特征函数系在 Hilbert 空间 $X \times X$ 中不完备. 结论证毕. ∎

为了讨论无穷维 Hamilton 算子只有纯虚特征值且特征函数系不完备的情形, 首先给出下列引理.

引理 3.3.2 (混合 Schwarz 不等式) 设 T 是 Hilbert 空间 X 中的线性算子, 令 $|T| = (T^*T)^{\frac{1}{2}}$, $|T^*| = (TT^*)^{\frac{1}{2}}$, 则对任意的 $x \in \mathscr{D}(T), y \in \mathscr{D}(T^*)$ 有不等式

$$|(Tx, y)|^2 \leqslant (|T|x, x)(|T^*|y, y)$$

成立.

证明 根据 Polar 分解性质可知, $T=U|T|$, 其中 U 是从 $\overline{\mathcal{R}(|T|)}$ 到 $\overline{\mathcal{R}(|T|)}$ 的等距算子. 考虑 $|T^*|=U|T|U^*$, 有

$$\begin{aligned}|(Tx,y)|^2&=|(U|T|x,y)|^2\\&=|(|T|^{\frac{1}{2}}x,|T|^{\frac{1}{2}}U^*y)|^2\\&\leqslant(|T|^{\frac{1}{2}}x,|T|^{\frac{1}{2}}x)(|T|^{\frac{1}{2}}U^*y,|T|^{\frac{1}{2}}U^*y)\\&=(|T|x,x)(U|T|U^*y,y)\\&=(|T|x,x)(|T^*|y,y).\end{aligned}$$

结论证毕. ▮

定理 3.3.5 设 $H=\begin{bmatrix}A & B\\ C & -A^*\end{bmatrix}:\mathscr{D}(H)\subset X\times X\to X\times X$ 是可逆无穷维 Hamilton 算子且逆为 $k-$ 紧算子, 如果满足下列条件之一:

(i) B 是可逆的非负算子, $-C$ 是非负算子, $\mathscr{D}(B)\subset\mathscr{D}(A^*)$, $B^{-1}A$ 是对称算子, $\mathbb{N}(A)\neq\emptyset$, $B>(A^*A)^{\frac{1}{2}}$ 且 $-C>(AA^*)^{\frac{1}{2}}$;

(ii) C 是可逆的非负算子, $-B$ 是非负算子, $\mathscr{D}(C)\subset\mathscr{D}(A)$, $C^{-1}A^*$ 是对称算子, $\mathbb{N}(A^*)\neq\emptyset$, $-B>(A^*A)^{\frac{1}{2}}$ 且 $C>(AA^*)^{\frac{1}{2}}$,

则无穷维 Hamilton 算子 H 的特征函数系在 Hilbert 空间 $X\times X$ 中一般意义下不完备.

证明 下面只证明满足条件 (i) 的情形, (ii) 的证明完全类似. 设 $\lambda\in\sigma_p(H)$, 且令 $u=\begin{bmatrix}f & g\end{bmatrix}^T$ 为对应的特征向量, 则

$$Af+Bg=\lambda f,$$
$$Cf-A^*g=\lambda g.$$

第一式两边与 g 作内积, 第二式两边与 f 作内积后两式相减得

$$(Bg,g)-(Cf,f)+2Re(Af,g)=2\mathrm{i}\lambda Im(f,g).$$

考虑 $B>(A^*A)^{\frac{1}{2}}$, $-C>(AA^*)^{\frac{1}{2}}$ 和混合 Schwarz 不等式即得

$$2\mathrm{i}\lambda Im(f,g)>0.$$

进而得 $Im(f,g) \neq 0$ 且 λ 是纯虚数. 接下来的证明与上述定理完全类似. 结论证毕. ▮

例 3.3.3 考虑偏微分方程

$$\begin{cases} s(x)\dfrac{\partial^2 u}{\partial t^2} = \dfrac{\partial u}{\partial x}\left[p(x)\dfrac{\partial u}{\partial x}\right], \\ u(0,t) = u(1,t) = 0, \\ u(x,0) = f(x), u_t(x,0) = g(x), \end{cases}$$

其中 $p(x), s(x)$ 均为 $[0,1]$ 上正实值函数, 且满足 $p(x) \in C^1[0,1], s(x) \in C[0,1]$. 将方程导入 Hamilton 系统后得到 Hamilton 正则方程为

$$\frac{\partial}{\partial t}\begin{bmatrix} u \\ v \end{bmatrix} = \begin{bmatrix} 0 & I \\ s(x)^{-1}\dfrac{\partial}{\partial x}\left(p(x)\dfrac{\partial}{\partial x}\right) & 0 \end{bmatrix}\begin{bmatrix} u \\ v \end{bmatrix},$$

其中 $\frac{\partial v}{\partial t} = s(x)^{-1}\frac{\partial u}{\partial x}(p(x)\frac{\partial u}{\partial x})$. 令 $X = L_s^2(0,1)$, 则在 $X \times X$ 中导出的 Hamilton 算子为

$$H = \begin{bmatrix} A & B \\ C & -A^* \end{bmatrix} = \begin{bmatrix} 0 & I \\ s(x)^{-1}\dfrac{\mathrm{d}}{\mathrm{d}x}\left(p(x)\dfrac{\mathrm{d}}{\mathrm{d}x}\right) & 0 \end{bmatrix}.$$

其中 $\mathscr{D}(C) = \{u \in X : u'$ 绝对连续$, u', u'' \in X, u(0) = u(1) = 0\}$. 由于 Sturm-Liouville 算子的逆算子是 Hilbert-Schmidt 算子, 从而 H^{-1} 存在且是 2-紧算子, 且满足上述定理的其他条件, 从而算子 H 的特征函数系在 Hilbert 空间 $X \times X$ 中不完备.

另一方面, 经计算得算子 H 的特征值为 $\lambda_k = i\tau_k$, 其中 τ_k^2 是 Sturm-Liouville 算子 $C = s(x)^{-1}\frac{\mathrm{d}}{\mathrm{d}x}(p(x)\frac{\mathrm{d}}{\mathrm{d}x})$ 的特征值, τ_k 与 k 同阶无穷大. 由于式 (3.3.4) 的右边级数的一般项不趋于 0, 于是级数不收敛, 从而算子 H 的特征函数系在 Hilbert 空间 $X \times X$ 中不完备. 结论成立.

3.4 4×4 无穷维 Hamilton 算子特征函数系的完备性

除了 2×2 无穷维 Hamilton 算子以外, 在现实问题中还有许多 4×4 无穷维 Hamilton 算子. 于是, 有必要研究 4×4 无穷维 Hamilton 算子特征函数系的完备性和根向量组的完备性问题. 一般 4×4 无穷维 Hamilton 算子的特征函数系或者根向量组的完备性问题相对复杂, 而且在板弯曲方程以及平面弹性问题中出现的很多 4×4 无穷维 Hamilton 算子的形式为

$$H=\begin{bmatrix} 0 & A_1 & B_1 & 0 \\ A_2 & 0 & 0 & B_2 \\ C_1 & 0 & 0 & -A_2^* \\ 0 & C_2 & -A_1^* & 0 \end{bmatrix},$$

其中 $C_i, B_i, i=1,2$ 为自伴算子. 比如, 板弯曲方程 (见 [5])

$$\frac{\partial^2 M_x}{\partial x^2}-2\frac{\partial^2 M_{xy}}{\partial x\partial y}+\frac{\partial^2 M_y}{\partial y^2}=0 \tag{3.4.1}$$

所对应的无穷维 Hamilton 算子为

$$H=\begin{bmatrix} 0 & v\dfrac{\mathrm{d}}{\mathrm{d}y} & D(1-v^2) & 0 \\ -\dfrac{\mathrm{d}}{\mathrm{d}y} & 0 & 0 & 2D(1-v) \\ 0 & 0 & 0 & -\dfrac{\mathrm{d}}{\mathrm{d}y} \\ 0 & -\dfrac{\mathrm{d}^2}{D\mathrm{d}y^2} & v\dfrac{\mathrm{d}}{\mathrm{d}y} & 0 \end{bmatrix},$$

其中 $D>0$ 是常数且

$$\mathscr{D}(H)=\left\{\begin{bmatrix}\psi_1(y)\\ \psi_2(y)\\ \psi_3(y)\\ \psi_4(y)\end{bmatrix}\in X: \begin{array}{c} \psi_1(0)=\psi_1(b)=0, \dfrac{\mathrm{d}\psi_2(0)}{D\mathrm{d}x}-v\psi_3(0)=0, \\ \dfrac{\mathrm{d}\psi_2(b)}{D\mathrm{d}x}-v\psi_3(b)=0, \\ \psi_i(y)\ \text{绝对连续且}\ \psi_i'(x)\in L^2(0,b), i=1,3,4, \\ \psi_2'(y)\ \text{绝对连续且}\ \psi_2''(x)\in L^2(0,b). \end{array}\right\}$$

因此我们将讨论如上形式的 4×4 无穷维 Hamilton 算子的特征函数系或者根向量组的 Cauchy 主值意义下完备性问题.

3.4.1 4×4 无穷维 Hamilton 算子特征函数系在 Cauchy 主值意义下的完备性

首先, 我们研究 4×4 无穷维 Hamilton 算子特征函数系在 Cauchy 主值意义下完备性问题.

定理 3.4.1 设 $H = \begin{bmatrix} 0 & A_1 & B_1 & 0 \\ A_2 & 0 & 0 & B_2 \\ C_1 & 0 & 0 & -A_2^* \\ 0 & C_2 & -A_1^* & 0 \end{bmatrix}$ 是无穷维 Hamilton 算子, 则

(i) H 与 $-H$ 相似;

(ii) H 与 $\widetilde{H}$ 相似, 其中 $\widetilde{H} = \begin{bmatrix} 0 & B \\ C & 0 \end{bmatrix}$, $B = \begin{bmatrix} -C_1 & A_2^* \\ A_2 & B_2 \end{bmatrix}$, $C = \begin{bmatrix} -B_1 & A_1 \\ A_1^* & C_2 \end{bmatrix}$.

证明 (i) 令 $\mathfrak{J}_1 = \begin{bmatrix} -I & 0 & 0 & 0 \\ 0 & I & 0 & 0 \\ 0 & 0 & I & 0 \\ 0 & 0 & 0 & -I \end{bmatrix}$, 则易证 $\mathfrak{J}_1 = \mathfrak{J}_1^{-1}$ 且

$$H = \mathfrak{J}_1(-H)\mathfrak{J}_1^{-1},$$

即 H 与 $-H$ 相似. 进而有 $\lambda \in \sigma_p(H)$ 当且仅当 $-\lambda \in \sigma_p(H)$. 令 $\begin{bmatrix} f_1 & f_2 & g_1 & g_2 \end{bmatrix}^T \in \mathbb{N}(H - \lambda I)$, 则 $\begin{bmatrix} -f_1 & f_2 & g_1 & -g_2 \end{bmatrix}^T \in \mathbb{N}(H + \lambda I)$.

(ii) 令 $\mathfrak{J}_2 = \begin{bmatrix} 0 & 0 & -I & 0 \\ 0 & I & 0 & 0 \\ I & 0 & 0 & 0 \\ 0 & 0 & 0 & I \end{bmatrix}$, 则

$$\mathfrak{J}_2 H \mathfrak{J}_2^{-1} = \widetilde{H},$$

即, H 与 $\widetilde{H}$ 相似. ▮

定理 3.4.2 设 $H=\begin{bmatrix} 0 & A_1 & B_1 & 0 \\ A_2 & 0 & 0 & B_2 \\ C_1 & 0 & 0 & -A_2^* \\ 0 & C_2 & -A_1^* & 0 \end{bmatrix}$ 是无穷维 Hamilton 算子. 令

$$B=\begin{bmatrix} -C_1 & A_2^* \\ A_2 & B_2 \end{bmatrix}, \quad C=\begin{bmatrix} -B_1 & A_1 \\ A_1^* & C_2 \end{bmatrix}.$$

如果 B, C 可逆且 B^{-1} 或者 C^{-1} 是紧正定算子, 则有如下结论:

(i) $\sigma_p(H) \subset \mathbb{R} \cup \mathrm{i}\mathbb{R}$ 且有至多可数个特征值; 如果 B, C 同时正定 (或者 $-B, -C$ 同时正定), 则 $\sigma_p(H) \subset \mathbb{R}$; 如果 $B, -C$ 同时正定 (或者 $-B, C$ 同时正定), 则 $\sigma_p(H) \subset \mathrm{i}\mathbb{R}$;

(ii) 对任意的 $\lambda_n \in \sigma_p(\widetilde{H})$, 令 $u_n = \begin{bmatrix} f_n & g_n \end{bmatrix}^T$ 是对应的特征向量, 如果 B, C 正定 (或者 $-B, -C$ 正定), 则 $\{f_{-1}, f_{-2}, \cdots\}$ 和 $\{f_1, f_2, \cdots\}$ 是 X 的共轭正交基, 蕴含 $\{u_{-1}, u_{-2}, \cdots\}$ 和 $\{u_1, u_2, \cdots\}$ 是 $X \times X$ 中 Cauchy 主值意义下辛共轭正交基, 即,

$$(u_n, Ju_m)=\begin{cases} 0, & \text{当 } m \neq -n, \\ \tau \neq 0, & \text{当 } m=-n, \end{cases}$$

且对任意的 $u=\begin{bmatrix} f & g \end{bmatrix}^T \in X \times X$ 存在 $\{C_k\}_{k=1}^{+\infty}$ 和 $\{C_{-k}\}_{k=1}^{+\infty}$ 使得

$$u=\sum_{k=1}^{+\infty}(C_k u_k + C_{-k} u_{-k});$$

如果 $B, -C$ 正定 (或者 $-B, C$ 正定), 则 $\{f_{-1}, f_{-2}, \cdots\}$ 和 $\{f_1, f_2, \cdots\}$ 是 X 的共轭正交基, 蕴含 $\{u_{-1}, u_{-2}, \cdots\}$ 和 $\{u_1, u_2, \cdots\}$ 是 $X \times X$ 中 Cauchy 主值意义下辛正交基, 即,

$$(u_n, Ju_m)=\begin{cases} 0, & \text{当 } m \neq n, \\ \tau \neq 0, & \text{当 } m=n, \end{cases}$$

且对任意的 $u=\begin{bmatrix} f & g \end{bmatrix}^T \in X\times X$ 存在 $\{C_k\}_{k=1}^{+\infty}$ 和 $\{C_{-k}\}_{k=1}^{+\infty}$ 使得

$$u=\sum_{k=1}^{+\infty}(C_k u_k + C_{-k}u_{-k}).$$

证明 (i) 设 $\lambda\in\sigma_p(H)$ 且对应的特征向量为 $u=\begin{bmatrix} f & g \end{bmatrix}^T$. 不妨设 B^{-1} 正定, 则 $(B^{-1}f,f)\neq 0$ 且

$$\lambda^2=\frac{(Cf,f)}{(B^{-1}f,f)}.$$

于是 $\sigma_p(H)\subset\mathbb{R}\cup \mathrm{i}\mathbb{R}$. 又因为 $(H^{-1})^2=\begin{bmatrix} C^{-1}B^{-1} & 0 \\ 0 & B^{-1}C^{-1} \end{bmatrix}$ 是紧算子, 故 H 存在至多可数个特征值.

(ii) 如果 B,C 正定 (或者 $-B,-C$ 正定), 则 $\sigma_p(\widetilde{H})\subset\mathbb{R}$ 且对任意的 $\lambda_n\in\sigma_p(\widetilde{H})$, 令 $u_n=\begin{bmatrix} f_n & g_n \end{bmatrix}^T$ 是对应特征向量, 则 $\lambda_{-n}=-\lambda_n\in\sigma_p(\widetilde{H})$ 且对应特征向量为

$$u_{-n}=\begin{bmatrix} f_{-n} & \lambda_{-n}B^{-1}f_{-n} \end{bmatrix}^T=\begin{bmatrix} f_n & -\lambda_n B^{-1}f_n \end{bmatrix}^T,$$

即, $Span\{f_n\}_{n=1}^{+\infty}=Span\{f_{-n}\}_{n=1}^{+\infty}$. 于是, 当 $\{f_{-1},f_{-2},\cdots\}$ 和 $\{f_1,f_2,\cdots\}$ 是 X 中共轭正交基时, $\{f_1,f_2,\cdots\}$ 是 X 中的正交基且

$$(u_n,Ju_m)=\begin{cases} 0, & \text{当 } m\neq -n, \\ -2\lambda_n(B^{-1}f_n,f_n)\neq 0, & \text{当 } m=-n, \end{cases}$$

对任意的 $u=\begin{bmatrix} f & g \end{bmatrix}^T\in X\times X$ 取

$$C_k=\frac{\left(\begin{bmatrix} f \\ g \end{bmatrix}, Ju_{-k}\right)}{(u_k,Ju_{-k})}, C_{-k}=\frac{\left(\begin{bmatrix} f \\ g \end{bmatrix}, Ju_k\right)}{(u_{-k},Ju_k)}, k=1,2,\cdots,$$

则与定理 3.3.2 的证明类似可证

$$u=\sum_{k=1}^{+\infty}(C_k u_k + C_{-k}u_{-k}),$$

即, $\{u_{-1}, u_{-2}, \cdots\}$ 和 $\{u_1, u_2, \cdots\}$ 是 $X \times X$ 中 Cauchy 主值意义下辛共轭正交基. 同理, 如果 $B, -C$ 正定 (或者 $-B, C$ 正定), 则

$$(u_n, Ju_m) = \begin{cases} 0, & \text{当 } m \neq n, \\ -2\lambda_n(B^{-1}f_n, f_n) \neq 0, & \text{当 } m = n, \end{cases}$$

对任意的 $u = \begin{bmatrix} f & g \end{bmatrix}^T \in X \times X$ 取

$$C_k = \frac{\left(\begin{bmatrix} f \\ g \end{bmatrix}, Ju_k\right)}{(u_k, Ju_k)}, C_{-k} = \frac{\left(\begin{bmatrix} f \\ g \end{bmatrix}, Ju_{-k}\right)}{(u_{-k}, Ju_{-k})}, k = 1, 2, \cdots,$$

则

$$u = \sum_{k=1}^{+\infty} (C_k u_k + C_{-k} u_{-k}),$$

即, $\{u_{-1}, u_{-2}, \cdots\}$ 和 $\{u_1, u_2, \cdots\}$ 是 $X \times X$ 中 Cauchy 主值意义下辛正交基. ▮

3.4.2 4 × 4 无穷维 Hamilton 算子根向量组在 Cauchy 主值意义下的完备性

下面我们研究 4 × 4 无穷维 Hamilton 算子根向量组在 Cauchy 主值意义下完备性问题. 当 $P_\lambda(H) = 2$ 时, 算子 H 存在广义特征向量, 此时可以考虑其根向量组 (即, 全体特征向量和广义特征向量) 的完备性. 下面将给出当 $P_\lambda(H) = 2$ 时根向量组的 Cauchy 主值意义下完备的定义, 当 $P_\lambda(H) > 2$ 时的定义也类似.

定义 3.4.1 设 X 是可分 Hilbert 空间且对每个 $\lambda \in \sigma_p(T)$ 有 $P_\lambda(T) = 2$. 如果对任意的 $x \in X$ 存在常数列 $\{C_k\}_{k=1}^{+\infty}, \{C_{-k}\}_{k=1}^{+\infty}$ 及 $\{D_k\}_{k=1}^{+\infty}, \{D_{-k}\}_{k=1}^{+\infty}$ 使得

$$x = \sum_{k=1}^{+\infty} (C_k U_k + C_{-k} U_{-k} + D_k V_k + D_{-k} V_{-k}) \tag{3.4.2}$$

成立, 则称算子 T 的根向量组在 X 中 Cauchy 主值意义下完备, 其中 $\{U_n\},\{V_n\}$ 分别表示特征向量组和一阶广义特征向量组.

定理 3.4.3 设 $H=\begin{bmatrix} 0 & A_1 & B_1 & 0 \\ A_2 & 0 & 0 & B_2 \\ C_1 & 0 & 0 & -A_2^* \\ 0 & C_2 & -A_1^* & 0 \end{bmatrix}$ 是无穷维 Hamilton 算子, 满足 $B_i \geqslant M>0, C_i \geqslant 0, i=1,2$ 或者 $B_i \leqslant -M<0, C_i \leqslant 0, i=1,2$. 对任意的 $\lambda \in \sigma_p(H)$, 令 $u=\begin{bmatrix} f_1 & f_2 & g_1 & g_2 \end{bmatrix}^T$ 是对应的特征向量, 如果 $\{B_i^{-1}f_i\} \subset \mathscr{D}(A_i^*)$ 且存在 $\alpha^2>\frac{1}{4}$ 使得

$$(A_2^*B_2^{-1}-B_1^{-1}A_1)f_2=\frac{2\lambda}{2\alpha-1}B_1^{-1}f_1, \tag{3.4.3}$$

$$(A_1^*B_1^{-1}-B_2^{-1}A_2)f_1=\frac{2\lambda}{-2\alpha-1}B_2^{-1}f_2 \tag{3.4.4}$$

成立, 则有如下结论:

(i) λ 的零链长为 2;

(ii) 如果 H 是简单算子 $(0 \notin \sigma_p(H))$, $\sigma_p(H)$ 有可数多个且 $\{f_1^{(n)}\}_{n=-\infty}^{+\infty}$, $\{f_2^{(n)}\}_{n=-\infty}^{+\infty}$ 是 X 的完备正交基, 对 $n \neq m$ 有 $(f_2^{(n)}, B_2^{-1}A_2f_1^{(m)})=0$ 且 $(f_1^{(n)}, B_1^{-1}A_1f_2^{(m)})=0$,

则算子 H 的根向量组在 $X \times X \times X \times X$ 中 Cauchy 主值意义下完备, 其中 $\{f_1^{(n)}\}$ 和 $\{f_2^{(n)}\}$ 表示 λ_n 的特征向量的第一分量和第二分量.

证明 (i) 当 $0 \in \sigma_p(H)$ 时, 令 $U=\begin{bmatrix} f_1 & f_2 & g_1 & g_2 \end{bmatrix}^T$ 为特征向量, 取

$$V=\begin{bmatrix} f_1 \\ f_2 \\ B_1^{-1}f_1-B_1^{-1}A_1f_2 \\ B_2^{-1}f_2-B_2^{-1}A_2f_1 \end{bmatrix},$$

则考虑式 (3.4.3) 和 (3.4.4), 得

$$HV=U,$$

也就是说, $P_0(H) \geqslant 2$.

另一方面, 取

$$\widetilde{U}=\begin{bmatrix}-g_1\\ g_2\\ -f_1\\ f_2\end{bmatrix} \text{ 和 } \widetilde{V}=\begin{bmatrix}-B_1^{-1}f_1+B_1^{-1}A_1f_2\\ B_2^{-1}f_2-B_2^{-1}A_2f_1\\ -f_1\\ f_2\end{bmatrix},$$

则有

$$H^*\widetilde{U}=JHJ\widetilde{U}=0.$$

再考虑式 (3.4.3) 和 (3.4.4), 得

$$(A_2^*B_2^{-1}-B_1^{-1}A_1)f_2=0,\ (A_1^*B_1^{-1}-B_2^{-1}A_2)f_1=0.$$

从而有

$$H^*\widetilde{V}=JHJ\widetilde{V}=\widetilde{U},$$

即

$$(H^*)^2\widetilde{V}=0.$$

又因为

$$(U,\widetilde{V})=-(B_1^{-1}f_1,f_1)-(B_2^{-1}f_2,f_2)\neq 0,$$

由引理 3.3.1, 得 $P_0(H)\leqslant 2$, 于是 $P_0(H)=2$.

当 $0\neq\lambda\in\sigma_p(H)$ 且 $U=\begin{bmatrix}f_1 & f_2 & g_1 & g_2\end{bmatrix}^T$ 为对应的特征向量时, 考虑 $(H-\lambda I)U=0$ 以及 $B_i, i=1,2$ 的可逆性,

$$g_1=\lambda B_1^{-1}f_1-B_1^{-1}A_1f_2 \text{ 且 } g_2=\lambda B_2^{-1}f_2-B_2^{-1}A_2f_1,$$

从而

$$(C_1-\lambda^2B_1^{-1}+A_2^*B_2^{-1}A_2)f_1=\lambda(A_2^*B_2^{-1}-B_1^{-1}A_1)f_2, \tag{3.4.5}$$

$$(C_2-\lambda^2B_2^{-1}+A_1^*B_1^{-1}A_1)f_2=\lambda(A_1^*B_1^{-1}-B_2^{-1}A_2)f_1. \tag{3.4.6}$$

取 $V = \begin{bmatrix} \dfrac{\alpha}{\lambda} f_1 \\ -\dfrac{\alpha}{\lambda} f_2 \\ B_1^{-1} f_1 + \alpha B_1^{-1} f_1 + \dfrac{\alpha}{\lambda} B_1^{-1} A_1 f_2 \\ B_2^{-1} f_2 - \alpha B_2^{-1} f_2 - \dfrac{\alpha}{\lambda} B_2^{-1} A_2 f_1 \end{bmatrix}$, 则由式 (3.4.3)—(3.4.6) 即得

$$(H - \lambda I)V = U,$$

也就是说 λ 的零链长满足 $P_\lambda(H) \geqslant 2$.

另一方面, 由式 (3.4.3), (3.4.4) 即得 $\sigma_p(H) \subset \mathbb{R}$, 而且取

$$\widetilde{U} = \begin{bmatrix} -g_1 \\ g_2 \\ -f_1 \\ f_2 \end{bmatrix} \text{ 和 } \widetilde{V} = \begin{bmatrix} -B_1^{-1} f_1 - \alpha B_1^{-1} f_1 - \dfrac{\alpha}{\lambda} B_1^{-1} A_1 f_2 \\ B_2^{-1} f_2 - \alpha B_2^{-1} f_2 - \dfrac{\alpha}{\lambda} B_2^{-1} A_2 f_1 \\ -\dfrac{\alpha}{\lambda} f_1 \\ -\dfrac{\alpha}{\lambda} f_2 \end{bmatrix},$$

则有

$$(H^* - \overline{\lambda} I)\widetilde{U} = J(H + \lambda I)J\widetilde{U} = 0,$$

且

$$(H^* - \overline{\lambda} I)\widetilde{V} = J(H + \lambda I)J\widetilde{V} = \widetilde{U},$$

于是 $\widetilde{V} \in \mathbb{N}((H^* - \overline{\lambda} I)^2)$. 再由式 (3.4.3)—(3.4.6) 得

$$(U, \widetilde{V}) = (-2\alpha - 1)(B_1^{-1} f_1, f_1) + (1 - 2\alpha)(B_2^{-1} f_2, f_2).$$

由于 $\alpha^2 > \frac{1}{4}$, 因此 $(-2\alpha - 1)(1 - 2\alpha) > 0$, 并且 $(U, \widetilde{V}) \neq 0$. 由引理 3.3.1, 得知 $P_\lambda(H) \leqslant 2$. 综上所述, $P_\lambda(H) = 2$.

(ii) 考虑 $\sigma_p(H) \subset \mathbb{R}$ 并且关于实轴对称, 令

$$U_k = \begin{bmatrix} f_1^{(k)} \\ f_2^{(k)} \\ \lambda_k B_1^{-1} f_1^{(k)} - B_1^{-1} A_1 f_2^{(k)} \\ \lambda_k B_2^{-1} f_2^{(k)} - B_2^{-1} A_2 f_1^{(k)} \end{bmatrix}, \quad U_{-k} = \begin{bmatrix} f_1^{(k)} \\ -f_2^{(k)} \\ -\lambda_k B_1^{-1} f_1^{(k)} + B_1^{-1} A_1 f_2^{(k)} \\ \lambda_k B_2^{-1} f_2^{(k)} - B_2^{-1} A_2 f_1^{(k)} \end{bmatrix}$$

为 λ_k 以及 $\lambda_{-k}(\lambda_{-k} = -\lambda_k)$ 的特征向量, 则

$$V_k = \begin{bmatrix} \dfrac{\alpha}{\lambda_k} f_1^{(k)} \\ -\dfrac{\alpha}{\lambda_k} f_2^{(k)} \\ (\alpha+1) B_1^{-1} f_1^{(k)} + \dfrac{\alpha}{\lambda_k} B_1^{-1} A_1 f_2^{(k)} \\ (1-\alpha) B_2^{-1} f_2^{(k)} - \dfrac{\alpha}{\lambda_k} B_2^{-1} A_2 f_1^{(k)} \end{bmatrix},$$

$$V_{-k} = \begin{bmatrix} -\dfrac{\alpha}{\lambda_k} f_1^{(k)} \\ -\dfrac{\alpha}{\lambda_k} f_2^{(k)} \\ (\alpha+1) B_1^{-1} f_1^{(k)} + \dfrac{\alpha}{\lambda_k} B_1^{-1} A_1 f_2^{(k)} \\ (\alpha-1) B_2^{-1} f_2^{(k)} + \dfrac{\alpha}{\lambda_k} B_2^{-1} A_2 f_1^{(k)} \end{bmatrix}$$

为 λ_k 以及 $\lambda_{-k}(\lambda_{-k} = -\lambda_k)$ 的一阶广义特征向量.

对任意的 $U = \begin{bmatrix} x_1 & x_2 & y_1 & y_2 \end{bmatrix}^T \in X \times X \times X \times X$, 取

$$C_k = \frac{(U, JV_{-k})}{(U_k, JV_{-k})}, C_{-k} = \frac{(U, JV_k)}{(U_{-k}, JV_k)}, k = 1, 2, \cdots,$$
$$D_k = \frac{(U, JU_{-k})}{(V_k, JU_{-k})}, D_{-k} = \frac{(U, JU_k)}{(V_{-k}, JU_k)}, k = 1, 2, \cdots,$$

则

$$\sum_{k=1}^{+\infty}(C_kU_k+C_{-k}U_{-k}+D_kV_k+D_{-k}V_{-k})=\sum_{k=1}^{+\infty}\begin{bmatrix}\dfrac{(x_1,B_1^{-1}f_1^{(k)})}{(f_1^{(k)},B_1^{-1}f_1^{(k)})}f_1^{(k)}\\ \dfrac{(x_2,B_2^{-1}f_2^{(k)})}{(f_2^{(k)},B_2^{-1}f_2^{(k)})}f_2^{(k)}\\ \dfrac{(y_1,f_1^{(k)})}{(f_1^{(k)},B_1^{-1}f_1^{(k)})}B_1^{-1}f_1^{(k)}+\triangle_1\\ \dfrac{(y_2,f_2^{(k)})}{(f_2^{(k)},B_2^{-1}f_2^{(k)})}B_2^{-1}f_2^{(k)}+\triangle_2\end{bmatrix},$$

其中

$$\begin{aligned}\triangle_1=&\frac{(x_2,B_2^{-1}A_2f_1^{(k)})}{(f_1^{(k)},B_1^{-1}f_1^{(k)})}B_1^{-1}f_1^{(k)}-\frac{(x_2,B_2^{-1}f_2^{(k)})}{(f_2^{(k)},B_2^{-1}f_2^{(k)})}B_1^{-1}A_1f_2^{(k)}\\&-\frac{4\lambda(x_2,B_2^{-1}f_2^{(k)})}{(4\alpha-2)(f_2^{(k)},B_2^{-1}f_2^{(k)})}B_1^{-1}f_1^{(k)},\end{aligned}$$

且

$$\begin{aligned}\triangle_2=&\frac{(x_1,B_1^{-1}A_1f_2^{(k)})}{(f_2^{(k)},B_2^{-1}f_2^{(k)})}B_2^{-1}f_2^{(k)}-\frac{(x_1,B_1^{-1}f_1^{(k)})}{(f_1^{(k)},B_1^{-1}f_1^{(k)})}B_2^{-1}A_2f_1^{(k)}\\&+\frac{4\lambda(x_1,B_1^{-1}f_1^{(k)})}{(4\alpha+2)(f_2^{(k)},B_2^{-1}f_2^{(k)})}B_2^{-1}f_2^{(k)}.\end{aligned}$$

由于 $B_1^{-1}f_1^{(k)}=\frac{(B_1^{-1}f_1^{(k)},f_1^{(k)})}{(f_1^{(k)},f_1^{(k)})}f_1^{(k)}$ 且 $B_2^{-1}f_2^{(k)}=\frac{(B_2^{-1}f_2^{(k)},f_2^{(k)})}{(f_2^{(k)},f_2^{(k)})}f_2^{(k)}(k=1,2,\cdots)$, 于是有

$$\sum_{k=1}^{+\infty}\frac{(x_1,B_1^{-1}f_1^{(k)})}{(f_1^{(k)},B_1^{-1}f_1^{(k)})}f_1^{(k)}=x_1 \text{ 且 } \sum_{k=1}^{+\infty}\frac{(x_2,B_2^{-1}f_2^{(k)})}{(f_2^{(k)},B_2^{-1}f_2^{(k)})}f_2^{(k)}=x_2.$$

再由 Parseval 等式得

$$\sum_{k=1}^{+\infty}\frac{(y_1,f_1^{(k)})}{(f_1^{(k)},B_1^{-1}f_1^{(k)})}B_1^{-1}f_1^{(k)}=y_1 \text{ 且 } \sum_{k=1}^{+\infty}\frac{(y_2,f_2^{(k)})}{(f_2^{(k)},B_2^{-1}f_2^{(k)})}B_2^{-1}f_2^{(k)}=y_2.$$

又因为, 对 $n\neq m$ 有 $(f_2^{(n)},B_2^{-1}A_2f_1^{(m)})=0$ 并且 $(f_1^{(n)},B_1^{-1}A_1f_2^{(m)})=0$, 由

式 (3.4.3), (3.4.4) 得对任意的 $j=1,2,\cdots$ 有

$$
\begin{aligned}
(\triangle_1, f_2^{(j)}) &= (x_2, B_2^{-1}A_2 f_1^{(k)}) - \frac{(x_2, B_2^{-1} f_2^{(k)})}{(f_2^{(k)}, B_2^{-1} f_2^{(k)})}(f_2^{(k)}, B_2^{-1}A_2 f_1^{(k)}) \\
&= (x_2, B_2^{-1}A_2 f_1^{(k)}) - (x_2, B_2^{-1}A_2 f_1^{(k)}) = 0,
\end{aligned}
$$

从而 $\triangle_1 = 0$. 同理可证, $\triangle_2 = 0$, 于是

$$
\sum_{k=1}^{+\infty}(C_k U_k + C_{-k}U_{-k} + D_k V_k + D_{-k}V_{-k}) = U,
$$

结论证毕. ▮

下面将举例说明定理 3.4.3 的有效性.

例 3.4.1 考虑一类板弯曲方程所对应的无穷维 Hamilton 算子

$$
H = \begin{bmatrix}
0 & v\dfrac{\mathrm{d}}{\mathrm{d}y} & D(1-v^2) & 0 \\
-\dfrac{\mathrm{d}}{\mathrm{d}y} & 0 & 0 & 2D(1-v) \\
0 & 0 & 0 & -\dfrac{\mathrm{d}}{\mathrm{d}y} \\
0 & -\dfrac{\mathrm{d}^2}{D\mathrm{d}y^2} & v\dfrac{\mathrm{d}}{\mathrm{d}y} & 0
\end{bmatrix},
$$

其中 $X = L^2(0,b)\times L^2(0,b)\times L^2(0,b)\times L^2(0,b), D>0$,

$$
\mathscr{D}(H) = \left\{ \begin{bmatrix} \psi_1(y) \\ \psi_2(y) \\ \psi_3(y) \\ \psi_4(y) \end{bmatrix} \in X : \begin{array}{c} \psi_1(0)=\psi_1(b)=0, \dfrac{\mathrm{d}\psi_2(0)}{D\mathrm{d}x} - v\psi_3(0) = 0, \\ \dfrac{\mathrm{d}\psi_2(b)}{D\mathrm{d}x} - v\psi_3(b) = 0, \\ \psi_i(y) \text{ 绝对连续且 } \psi_i'(x)\in L^2(0,b), i=1,3,4, \\ \psi_2'(y) \text{ 绝对连续且 } \psi_2''(x)\in L^2(0,b). \end{array} \right\}
$$

经计算得算子的特征函数以及特征值为

$$U_k=\begin{bmatrix}\dfrac{D(1-v)}{\lambda_k}\sin\lambda_k y\\ \dfrac{D(1-v)}{\lambda_k}\cos\lambda_k y\\ \sin\lambda_k y\\ \cos\lambda_k y\end{bmatrix},\quad \lambda_k=\frac{k\pi}{b}(k=\pm1,\pm2,\cdots).$$

取 $\alpha=\frac{3+v}{2(v-1)}$, 则 $\alpha^2>\frac{1}{4}$ (因为 Poisson 比 v 满足 $0\leqslant v\leqslant 0.5$) 且

$$(A_2^*B_2^{-1}-B_1^{-1}A_1)f_2=\frac{1-v}{2(1+v)}\sin\lambda_k y=\frac{2\lambda}{2\alpha-1}B_1^{-1}f_1,$$

$$(A_1^*B_1^{-1}-B_2^{-1}A_2)f_1=\frac{1-v}{2(v+1)}\cos\lambda_k y=\frac{2\lambda}{-2\alpha-1}B_2^{-1}f_2.$$

由上述定理, 全体特征值的零链长为 2 且算子 H 的根向量组在空间 X 中 Cauchy 主值意义下完备 (见 [61]).

第四章 无穷维 Hamilton 算子的辛自伴性

4.1 辛自伴算子的定义

据我们所知, 复 Hamilton 矩阵的特征值是关于虚轴对称的, 实 Hamilton 矩阵的特征值关于虚轴对称且于关于实轴也对称. 那么, 无穷维 Hamilton 算子的点谱是否具有关于虚轴对称的性质呢? 答案是否定的.

例 4.1.1 设 $X=L^2[0,+\infty), A:\mathscr{D}(A)\subset X\to X$ 定义为

$$Ax=x',$$

其中 $\mathscr{D}(A)=\{x\in X: x \text{ 绝对连续}, x(0)=0, x'\in X\}$. 令无穷维 Hamilton 算子 H 为

$$H=\begin{bmatrix} A & 0 \\ 0 & -A^* \end{bmatrix},$$

则经计算可知,

$$\begin{aligned}
\sigma_p(H)&=\{\lambda\in\mathbb{C}: Re(\lambda)<0\},\\
\sigma_r(H)&=\{\lambda\in\mathbb{C}: Re(\lambda)>0\},\\
\sigma_c(H)&=\{\lambda\in\mathbb{C}: Re(\lambda)=0\},
\end{aligned}$$

即点谱不关于虚轴对称.

为了回答无穷维 Hamilton 算子的点谱何时关于虚轴对称的问题, 需要研究无穷维 Hamilton 算子何时为辛自伴的问题.

定义 4.1.1 如果无穷维 Hamilton 算子

$$H = \begin{bmatrix} A & B \\ C & -A^* \end{bmatrix} : \mathscr{D}(H) \subset X \times X \to X \times X$$

满足

$$(JH)^* = JH,$$

则称无穷维 Hamilton 算子 H 是辛自伴的, 其中 $J = \begin{bmatrix} 0 & I \\ -I & 0 \end{bmatrix}$.

辛自伴无穷维 Hamilton 算子有一系列好的性质.

引理 4.1.1 如果无穷维 Hamilton 算子 $H = \begin{bmatrix} A & B \\ C & -A^* \end{bmatrix} : \mathscr{D}(H) \subset X \times X \to X \times X$ 是辛自伴的, 则

(i) $\lambda \in \sigma(H)$ 当且仅当 $-\overline{\lambda} \in \sigma(H)$;

(ii) $\lambda \in \sigma_c(H)$ 当且仅当 $-\overline{\lambda} \in \sigma_c(H)$;

(iii) $\lambda \in \sigma_p(H)$ 当且仅当 $-\overline{\lambda} \in \sigma_r(H) \cup \sigma_p(H)$, 即, 无穷维 Hamilton 算子的点谱关于虚轴对称当且仅当剩余谱为空集;

(iv) $\sigma_r(H)$ 与虚轴无交点.

证明 (i) 根据引理 2.1.2, $\lambda \in \sigma(H)$ 当且仅当 $\overline{\lambda} \in \sigma(H^*)$. 考虑到 $(JH)^* = JH$ 即得

$$H^* = JHJ.$$

又因为 $J^2 = -I$, 从而 $\lambda \in \sigma(H)$ 当且仅当 $-\overline{\lambda} \in \sigma(H)$.

(ii) 由于 $\lambda \in \sigma_c(H)$ 当且仅当 $\overline{\lambda} \in \sigma_c(H^*)$, 再由 $(JH)^* = JH$ 知, $\lambda \in \sigma_c(H)$ 当且仅当 $-\overline{\lambda} \in \sigma_c(H)$.

(iii) 当 $\lambda \in \sigma_p(H)$ 时, 根据引理 2.1.4, $\overline{\lambda} \in \sigma_r(H^*) \cup \sigma_p(H^*)$. 再由 $H^* = JHJ$, 即得 $-\overline{\lambda} \in \sigma_r(H) \cup \sigma_p(H)$.

反之, 当 $-\overline{\lambda} \in \sigma_r(H)$ 时, 根据引理 2.1.4, 有 $-\lambda \in \sigma_p(H^*)$. 再由 $H^* = JHJ$, 即得 $\lambda \in \sigma_p(H)$.

(iv) 假定存在 $\lambda \in \mathrm{i}\mathbb{R}$ 使得 $\lambda \in \sigma_r(H)$, 则 $\overline{\lambda} \in \sigma_p(H^*)$. 由 $H^* = JHJ$ 得, $-\overline{\lambda} \in \sigma_p(H)$, 即 $\lambda \in \sigma_p(H)$, 这与 $\lambda \in \sigma_r(H)$ 矛盾. 结论证毕. ∎

推论 4.1.1 如果无穷维 Hamilton 算子 H 满足 $(JH)^* = JH$, 则算子 H 与算子 $-H^*$ 相似, 从而有相同的谱结构.

证明 当 $(JH)^* = JH$ 时, 令 $\mathfrak{J} = \begin{bmatrix} 0 & \mathrm{i}I \\ -\mathrm{i}I & 0 \end{bmatrix}$, 则 $\mathfrak{J} = \mathfrak{J}^* = \mathfrak{J}^{-1}$ 且

$$-H^* = \mathfrak{J}H\mathfrak{J}^{-1},$$

即 H 与算子 $-H^*$ 相似. 由于相似算子的谱结构相同, 于是 H 和 $-H^*$ 有相同的谱结构. ▮

当无穷维 Hamilton 算子辛自伴时, 存在有界逆和可逆是等价的.

引理 4.1.2 如果无穷维 Hamilton 算子 H 满足 $(JH)^* = JH$, 则 H 存在有界逆当且仅当 H 可逆.

证明 当 H 可逆时, 存在有界逆是平凡的. 当 H 存在有界逆时, $0 \in \rho(H) \cup \sigma_{r,1}(H)$, 而 $\sigma_r(H)$ 与虚轴无交点, 于是 $0 \in \rho(H)$. ▮

从上述结论可知, 无穷维 Hamilton 算子的辛自伴性对于刻画它的谱的对称性扮演着十分重要的角色. 然而, 对于一般稠定无穷维 Hamilton 算子

$$H = \begin{bmatrix} A & B \\ C & -A^* \end{bmatrix} : \mathscr{D}(H) \subset X \times X \to X \times X$$

而言, 一般情况下只能满足

$$\begin{bmatrix} A & B \\ C & -A^* \end{bmatrix}^* \supset \begin{bmatrix} A^* & C \\ B & -A \end{bmatrix},$$

即

$$(JH)^* \supset JH.$$

这说明, 一般稠定无穷维 Hamilton 算子是辛对称算子, 不一定是辛自伴算子.

例 4.1.2 设无穷维 Hamilton 算子 H 为

$$H = \begin{bmatrix} A & B \\ C & -A^* \end{bmatrix} = \begin{bmatrix} A & -A \\ A & -A \end{bmatrix},$$

其中 A 是 Hilbert 空间 X 中的无界自伴算子, 则

$$\begin{bmatrix} A & -A \\ A & -A \end{bmatrix}^* \neq \begin{bmatrix} A & A \\ -A & -A \end{bmatrix}.$$

事实上, 算子 $\begin{bmatrix} A & -A \\ A & -A \end{bmatrix}^*$ 是闭算子, 而 $\begin{bmatrix} A & A \\ -A & -A \end{bmatrix}$ 不是闭算子.

4.2 两个算子和的共轭算子

对于一些特殊的无穷维 Hamilton 算子, 可以把它分解成两个算子和的形式, 进而刻画它的共轭算子. 比如, 给定无穷维 Hamilton 算子

$$H = \begin{bmatrix} A & B \\ C & -A^* \end{bmatrix} : \mathscr{D}(A) \times \mathscr{D}(A^*) \to X \times X,$$

则无穷维 Hamilton 算子 H 可以写成

$$H = T + S,$$

其中 $T = \begin{bmatrix} A & 0 \\ 0 & -A^* \end{bmatrix}$, $S = \begin{bmatrix} 0 & B \\ C & 0 \end{bmatrix}$ 且

$$T^* = \begin{bmatrix} A^* & 0 \\ 0 & -A \end{bmatrix}, \quad S^* = \begin{bmatrix} 0 & C \\ B & 0 \end{bmatrix}.$$

值得注意的是, 一般情况下

$$(T + S)^* \neq T^* + S^*.$$

比如, 令 A 是 Hilbert 空间 X 中的无界自伴算子, $T = \begin{bmatrix} A & 0 \\ 0 & -A \end{bmatrix}$, $S = \begin{bmatrix} 0 & -A \\ A & 0 \end{bmatrix}$, 则

$$T^* + S^* = \begin{bmatrix} A & A \\ -A & -A \end{bmatrix} \neq \begin{bmatrix} A & -A \\ A & -A \end{bmatrix}^* = (T+S)^*.$$

于是, 把无穷维 Hamilton 算子分解成两个算子和的形式以后, 为了给出共轭算子的刻画, 需要讨论两个算子和的共轭算子性质.

定义 4.2.1 设 H_1, H_2, H_3 是 Hilbert 空间, $T : \mathscr{D}(T) \subset H_1 \to H_2$, $S : \mathscr{D}(S) \subset H_1 \to H_3$ 是线性算子, 如果 $\mathscr{D}(T) \subset \mathscr{D}(S)$ 且存在非负常数 a, b 使得对任意的 $x \in \mathscr{D}(T)$ 有

$$\|Sx\|_3 \leqslant a\|x\|_1 + b\|Tx\|_2,$$

则称算子 S 关于 T 相对有界, 简称 T-有界; 使得上式成立的所有 b 的下确界称为算子 S 关于 T 的相对界, 简称 T-界.

注 4.2.1 如果 S 是满足 $\mathscr{D}(T) \subset \mathscr{D}(S)$ 的有界线性算子, 则存在 $M > 0$ 使得对任意的 $x \in \mathscr{D}(S)$ 有

$$\|Sx\| \leqslant M\|x\|,$$

从而 $b = 0$, 即 S 相对于 T 是有界且 T-界为 0. 进而, 如果 T 是闭算子, S 是可闭算子, 则 S 相对于 T 有界当且仅当 $\mathscr{D}(T) \subset \mathscr{D}(S)$. 当 $\rho(T) \neq \emptyset$ 时, S 相对于 T 有界当且仅当存在 $\lambda \in \rho(T)$ 使得 $S(T - \lambda I)^{-1}$ 有界.

给定分解

$$S = T + A,$$

如果 $\mathscr{D}(T) \subset \mathscr{D}(A)$, 则 T 是占优算子, A 是扰动算子. 当扰动算子的相对界小到一定程度以后, 算子 S 的闭性 (或可闭性) 由算子 T 的闭性 (或可闭性) 来决定.

引理 4.2.1 设T, A是Hilbert空间 X 到 Y 的线性算子, 如果算子A相对于T有界且T-界小于1, 则

(i) $S = T + A$可闭(或闭)当且仅当T可闭(或闭);

(ii) 如果T, A可闭, 则$\overline{A} + \overline{T} = \overline{A + T}$.

证明 (i) 根据给定条件, 令

$$\|Au\| \leqslant a\|u\| + b\|Tu\|, b < 1, u \in \mathscr{D}(T),$$

则

$$-\frac{a}{1+b}\|u\|+\frac{1}{1+b}\|Su\| \leqslant \|Tu\| \leqslant \frac{a}{1-b}\|u\|+\frac{1}{1-b}\|Su\|, u \in \mathscr{D}(T), \quad (4.2.1)$$

且

$$-a\|u\| + (1-b)\|Tu\| \leqslant \|Su\| \leqslant a\|u\| + (1+b)\|Tu\|, u \in \mathscr{D}(T). \quad (4.2.2)$$

当 T 可闭时, 任取 $\{u_n\} \subset \mathscr{D}(S) = \mathscr{D}(T)$ 使得

$$u_n \to 0, Su_n \to v,$$

则在式 (4.2.1) 中把 u 替换为 $u_n - u_m$ 即得 Tu_n 收敛, 不妨设 $Tu_n \to \widetilde{u}$. 考虑 T 可闭, $\widetilde{u} = 0$, 即 $Tu_n \to 0$. 再由式 (4.2.2), 得 $Su_n \to 0$, 即 S 可闭.

当 S 可闭时, 任取 $\{u_n\} \subset \mathscr{D}(S) = \mathscr{D}(T)$ 使得 $u_n \to 0, Tu_n \to v$, 则在式 (4.2.2) 中把 u 替换为 $u_n - u_m$, 即得 $\{Su_n\}$ 收敛, 不妨设 $Su_n \to \widetilde{u}$. 考虑 S 可闭, $\widetilde{u} = 0$, 即 $Su_n \to 0$. 再由式 (4.2.1), 得 $Tu_n \to 0$, 即 T 可闭. $S = T + A$ 闭当且仅当 T 闭的证明完全类似.

(ii) 如果 T, A 可闭, 则由 (i) 可知 $T + A$ 可闭且 $\overline{A}$ 相对于 $\overline{T}$ 有界且 $\overline{T}$-界小于 1. 从而 $\overline{A} + \overline{T}$ 是闭算子且

$$A + T \subset \overline{A} + \overline{T}.$$

于是, $\overline{A + T} \subset \overline{A} + \overline{T}$. 另一方面, 令 $f \in \mathscr{D}(\overline{A} + \overline{T})$, 则存在 $\{f_n\} \subset \mathscr{D}(T) = \mathscr{D}(T + A)$ 使得

$$f_n \to f \text{ 且 } Tf_n \to \overline{T}f.$$

因为

$$\|Af_n\| \leqslant a\|f_n\| + b\|Tf_n\|,$$

从而 $\{Af_n\}$ 收敛且 $Af_n \to \overline{A}f$, 故 $f \in \mathscr{D}(\overline{A+T})$, 即 $\overline{A} + \overline{T} = \overline{A+T}$. 结论证毕. ▮

定义 4.2.2 设 H_1, H_2, H_3 是 Hilbert 空间, $T : \mathscr{D}(T) \subset H_1 \to H_2$, $S : \mathscr{D}(S) \subset H_1 \to H_3$ 是线性算子, 如果 $\mathscr{D}(T) \subset \mathscr{D}(S)$ 且对任意的 $u_n \in \mathscr{D}(T)$, 当 $\{u_n\}, \{Tu_n\}$ 有界时, $\{Su_n\}$ 包含收敛子列, 则称算子 S 关于 T 相对紧, 简称 T-紧.

注 4.2.2 线性算子 S 相对于 T 是紧算子, 蕴含 S 相对于 T 有界.

定理 4.2.1 设 T, A 是 Hilbert 空间 X 到 Y 的线性算子, 如果算子 A 相对于 T 是紧算子且 T 是可闭算子, 则 $S = T + A$ 是可闭算子. 特别地, 如果 T 是闭算子, 则 $S = T + A$ 是闭算子.

证明 当 T 是可闭算子时, 首先证明 A 相对于 S 是紧算子. 令 $\{u_n\}, \{Su_n\}$ 是有界序列, 则只需证明 $\{Au_n\}$ 包含收敛子列即可. 由于 A 是 T-紧的, 故只需证明 $\{Tu_n\}$ 包含有界序列即可. 假设不然, 不妨设 $\|Tu_n\| \to \infty$, 令 $u'_n = \frac{u_n}{\|Tu_n\|}$, 则 $u'_n \to 0$, $Su'_n \to 0$ 且 $\{Tu'_n\}$ 有界. 从而, $\{Au'_n\}$ 包含收敛子列, 不妨设 $Au'_n \to w$, 则

$$Tu'_n = Su'_n - Au'_n \to -w.$$

由于 $u'_n \to 0$ 且 T 可闭, $w = 0$. 这与 $-w$ 是 $\{Tu'_n\}$ 的极限矛盾, 其中 $\|Tu'_n\| = 1$.

其次证明 S 可闭. 令 $u_n \to 0$, $Su_n \to v$, 则考虑 A 是 S-紧的, $\{Au_n\}$ 包含收敛子列. 不妨设 $Au_n \to w$, 则

$$Tu_n = Su_n - Au_n \to v - w.$$

由于 T 可闭, $v - w = 0$. 又因为, A 是 T 有界的, $Au_n \to 0$, 于是 $v = w = 0$. 结论证毕. ▮

注 4.2.3 如果 S,T 是满足 $\mathscr{D}(T)\subset\mathscr{D}(S)$ 的稠定闭算子, $\rho(T)\neq\emptyset$, 则算子 S 相对于 T 是紧的当且仅当存在 $\lambda\in\rho(T)$ 使得 $S(T-\lambda I)^{-1}$ 是紧算子.

引理 4.2.2 设 T,A 是 Hilbert 空间 X 中的稠定闭算子, 如果 T 是自伴算子且 A 是 T-紧算子, 则

$$\lim_{\lambda\to\infty}\|A(T-\mathrm{i}\lambda I)^{-1}\|=0,$$

其中 $\lambda\in\mathbb{R}$.

证明 因为

$$A(T-\mathrm{i}\lambda I)^{-1}=A(T-\mathrm{i}I)^{-1}(T-\mathrm{i}I)(T-\mathrm{i}\lambda I)^{-1},$$

令 $T_\lambda=(T-\mathrm{i}I)(T-\mathrm{i}\lambda I)^{-1}$, 则 T_λ 是正常算子且对任意的 $a\in\mathbb{R}$,

$$\lim_{\lambda\to\infty}\frac{a\pm\mathrm{i}}{a\pm\mathrm{i}\lambda}=0.$$

于是, 当 $\lambda\to\infty$ 时, T_λ 强收敛到 0, 而 $A(T-\mathrm{i}I)^{-1}$ 是紧算子, 故 $A(T-\mathrm{i}\lambda I)^{-1}$ 按范数收敛到 0. ∎

下列引理说明, 在紧扰动下闭算子的半 Fredholm (或 Fredholm) 性质以及指标保持不变 (见 [55]). 下面我们将给出与 [55] 不同的证明方法.

引理 4.2.3 设 T 是 Hilbert 空间 X 中的闭算子, A 是 T-紧算子, 如果 T 是半 Fredholm 算子, 则 $S=T+A$ 也是半 Fredholm 算子且 $\mathrm{ind}(T)=\mathrm{ind}(S)$.

证明 根据 [55] 的注 IV1.12, 不妨设 T 是 Fredholm 算子且 A 是紧算子. 由紧扰动的性质易知 $T+A$ 是闭算子. 为了证明 $\mathcal{R}(T+A)$ 闭, 只需证明对任意的 $\|x_n\|=1(n=1,2,\cdots)$, 如果

$$(T+A)x_n\to 0,$$

则 $\{x_n\}$ 包含收敛子列即可. 考虑 $\{Ax_n\}$ 包含收敛子列, 不妨设

$$Ax_n\to w,$$

则

$$Tx_n\to -w.$$

因为 $\mathcal{R}(T)$ 是闭的, 故存在 $u \in \mathscr{D}(T)$ 使得 $Tu = -w$. 于是,

$$T(x_n - u) \to 0,$$

即 $\{x_n - u\}$ 包含收敛子列, 从而 $\{x_n\}$ 包含收敛子列.

其次证明 $\mathbb{N}(T+A)$ 是有限维的. 在空间分解 $X = \mathbb{N}(T) \oplus \mathbb{N}(T)^{\perp} = \mathcal{R}(T)^{\perp} \oplus \mathcal{R}(T)$ 下算子 T, A 具有如下分块形式:

$$T = \begin{bmatrix} 0 & 0 \\ 0 & T_1 \end{bmatrix} : \mathbb{N}(T) \oplus \mathbb{N}(T)^{\perp} \cap \mathscr{D}(T) \to \mathcal{R}(T)^{\perp} \oplus \mathcal{R}(T),$$

$$A = \begin{bmatrix} A_{11} & A_{12} \\ A_{21} & A_{22} \end{bmatrix} : \mathbb{N}(T) \oplus \mathbb{N}(T)^{\perp} \to \mathcal{R}(T)^{\perp} \oplus \mathcal{R}(T).$$

考虑

$$\mathbb{N}(T+A) = \left\{ \begin{bmatrix} x \\ y \end{bmatrix} : A_{11}x + A_{12}y = 0, A_{21}x + (T_1 + A_{22})y = 0 \right\},$$

只需证明第二分量是有限维的即可. 假定第二分量是无穷维的, 则考虑到 $\dim\ \mathbb{N}(T) < \infty$, 存在单位正交序列 $\{y_n\}_{n=1}^{+\infty} \subset \mathbb{N}(T)^{\perp} \cap \mathscr{D}(T)$ 和向量序列 $\{x_n\} \subset \mathbb{N}(T)$ 使得

$$A_{11}x_n + A_{12}y_n = 0 \tag{4.2.3}$$

且

$$A_{21}x_n + (T_1 + A_{22})y_n = 0. \tag{4.2.4}$$

因为 A_{22} 是紧算子, 故 $A_{22}y_n \to 0$. 由 $\dim \mathbb{N}(T) < \infty$, 知 $\{A_{21}x_n\}$ 是收敛的, 故由式 (4.2.4), 得 $\{T_1 y_n\}$ 收敛, 再由 T_1 的可逆性, 得 $\{y_n\}$ 收敛. 这与 $\{y_n\}$ 是正交序列矛盾. $\dim \mathcal{R}(T+A)^{\perp} < \infty$ 的证明类似. ∎

引理 4.2.4 设 T 是 Hilbert 空间 X 中的稠定闭算子, 则 T 是 Fredholm 算子当且仅当 T^* 是 Fredholm 算子, 且 $\operatorname{ind}(T) = -\operatorname{ind}(T^*)$.

证明 易知

$$\mathbb{N}(T) = \mathcal{R}(T^*)^{\perp}, \mathbb{N}(T^*) = \mathcal{R}(T)^{\perp},$$

于是 $\mathtt{nul}(T) = \mathtt{def}(T^*)$, $\mathtt{nul}(T^*) = \mathtt{def}(T)$, 即 T 是 Fredholm 算子当且仅当 T^* 是 Fredholm 算子, 且

$$\mathrm{ind}(T) = \mathtt{nul}(T) - \mathtt{def}(T) = \mathtt{def}(T^*) - \mathtt{nul}(T^*) = -\mathrm{ind}(T^*).$$

结论证毕. ▮

引理 4.2.5 如果T, S是 Fredholm 算子且满足 $S \subset T$, 则$\mathrm{ind}(T) \leqslant \mathrm{ind}(S)$且 $T = S$ 成立当且仅当 $\mathrm{ind}(T) = \mathrm{ind}(S)$ 成立.

证明 由于 $S \subset T$, 故 $\mathcal{R}(S) \subset \mathcal{R}(T), \mathbb{N}(S) \subset \mathbb{N}(T)$, 从而 $\mathrm{ind}(T) \leqslant \mathrm{ind}(S)$ 是显然的. 而当 $\mathrm{ind}(T) = \mathrm{ind}(S)$ 成立时, $R(S) = \mathcal{R}(T), \mathbb{N}(S) = \mathbb{N}(T)$, 于是 $T = S$. ▮

4.2.1 两个算子和的共轭算子表示

关于两个算子和的共轭算子在量子力学中具有非常重要的应用. 比如, 当 A, B 是自伴算子时, $A + B$ 是否为自伴算子的问题是量子力学的基本问题之一 (见 [63]).

引理 4.2.6 令 A 是 Hilbert 空间 X 中的 Fredholm 算子, $B : \mathscr{D}(B) \subset X \to X$ 且 B 是 A-紧算子, B^* 是 A^*-紧算子, 则 $(A + B)^* = A^* + B^*$.

证明 由引理 4.2.3 和引理 4.2.4 知, $(A+B)^*$ 是 Fredholm 算子且 A^*+B^* 也是 Fredholm 算子. 根据引理 4.2.5, 要证 $(A + B)^* = A^* + B^*$, 只需证明

$$\mathrm{ind}((A + B)^*) = \mathrm{ind}(A^* + B^*)$$

即可. 事实上,

$$\mathrm{ind}(A^* + B^*) = \mathrm{ind}(A^*) = -\mathrm{ind}(A) = -\mathrm{ind}(A + B) = \mathrm{ind}((A + B)^*),$$

于是, 结论成立. ▮

引理 4.2.7 令 $A : \mathscr{D}(A) \subset X \to Y$ 是稠定闭线性算子. 如果 B 是 A-有界的, B^* 是 A^*-有界的, 且相对界均小于 1, 则 $A+B$ 是闭算子且满足 $(A+B)^* = A^*+B^*$.

证明 由给定条件可知, 存在非负常数 $a_1,a_2,b_1,b_2(b_1<1,b_2<1)$ 使得

$$\|Bx\| \leqslant a_1\|x\| + b_1\|Ax\|, x \in \mathscr{D}(A),$$
$$\|B^*y\| \leqslant a_2\|y\| + b_2\|A^*y\|, y \in \mathscr{D}(A^*).$$

于是对任意的 $z \in [0,1]$ 有

$$\frac{1}{1+b_1z}\|(A+zB)x\| - \frac{za_1}{1+b_1z}\|x\| \leqslant \|Ax\| \leqslant \frac{1}{1-b_1z}\|(A+zB)x\| + \frac{za_1}{1-b_1z}\|x\| \tag{4.2.5}$$

且

$$\begin{aligned}&\frac{1}{1+b_2z}\|(A^*+zB^*)y\| - \frac{za_2}{1+b_2z}\|y\| \\ \leqslant\ &\|A^*y\| \leqslant \frac{1}{1-b_2z}\|(A^*+zB^*)y\| + \frac{za_2}{1-b_2z}\|y\|.\end{aligned} \tag{4.2.6}$$

从而 $\{(A+zB)x_n\}$, $\{(A^*+zB^*)y_n\}$ 是 Cauchy 列蕴含 $\{Ax_n\}$, $\{A^*y_n\}$ 是 Cauchy 列, 故 A 是闭算子蕴含 $A+zB$ 是闭算子且 A^*+zB^* 是闭算子. 由 [43] 的定理 5.27 可知

$$(A+zB)^* = A^* + zB^*.$$

令 $z=1$ 即得 $(A+B)^* = A^* + B^*$. ∎

推论 4.2.1 令 $A: \mathscr{D}(A) \subset X \to X$ 是自伴算子. 如果 B 是对称算子且 A-界小于 1, 则 $A+B$ 是自伴算子.

证明 由于 B 关于 A 的相对界小于 1, 于是存在非负数 $a,b,b<1$ 使得

$$\|Bx\| \leqslant a\|x\| + b\|Ax\|, \forall x \in \mathscr{D}(A).$$

因为 B 是对称算子, 从而 $\mathscr{D}(A) \subset \mathscr{D}(B^*)$ 且对任意的 $x \in \mathscr{D}(A)$ 有

$$\|B^*x\| = \|Bx\| \leqslant a\|x\| + b\|Ax\|, \forall x \in \mathscr{D}(A).$$

即 B^* 是 A^* 有界的, 且相对界小于 1, 由引理 4.2.7 知

$$(A+B)^* = (A^*+B^*)|_{\mathscr{D}(A)} = A+B.$$

结论证毕. ∎

根据引理 4.2.7, 下列推论是显然的.

推论 4.2.2 令 $A:\mathscr{D}(A)\subset X\to X$ 是可闭算子. 如果 B 是全空间上定义的有界线性算子, 则 $(A+B)^*=A^*+B^*$.

4.2.2 运用算子扰动理论刻画无穷维 Hamilton 算子的辛自伴性

为了研究无穷维 Hamilton 算子的辛自伴性问题, 首先给出下列引理.

引理 4.2.8 设 A,B,C,D 是 Hilbert 空间 X 中的稠定闭算子, C 关于 A 的相对界小于 1 且 B 关于 D 的相对界小于 1, 令

$$S=\begin{bmatrix}0 & B\\ C & 0\end{bmatrix},\quad T=\begin{bmatrix}A & 0\\ 0 & D\end{bmatrix},$$

则 S 关于 T 的相对界小于 1.

证明 根据给定条件, 存在常数 a_1,a_2 和 $b_1<1,b_2<1$ 使得

$$\|Cu\|\leqslant a_1\|u\|+b_1\|Au\|,\forall u\in\mathscr{D}(A),$$
$$\|Bv\|\leqslant a_2\|v\|+b_2\|Dv\|,\forall v\in\mathscr{D}(D).$$

根据 Cauchy 不等式, 对任意的 $r>0$ 有

$$\|Cu\|^2\leqslant\left(1+\frac{1}{r}\right)a_1^2\|u\|^2+(1+r)b_1^2\|Au\|^2,\forall u\in\mathscr{D}(A),$$
$$\|Bv\|^2\leqslant\left(1+\frac{1}{r}\right)a_2^2\|v\|^2+(1+r)b_2^2\|Dv\|^2,\forall v\in\mathscr{D}(D).$$

令 $\widetilde{a}=\max\{a_1,a_2\}$, $\widetilde{b}=\max\{b_1,\,b_2\}$, 则对任意的 $U=\begin{bmatrix}u & v\end{bmatrix}^T\in\mathscr{D}(T)$ 有

$$\|SU\|^2=\|Cu\|^2+\|Bv\|^2\leqslant\left(1+\frac{1}{r}\right)\widetilde{a}^2\|U\|^2+(1+r)\widetilde{b}^2\|TU\|^2,$$

即

$$\|SU\|\leqslant\widetilde{a}\sqrt{1+\frac{1}{r}}\|U\|+\widetilde{b}\sqrt{1+r}\|TU\|.$$

由于 $\widetilde{b} < 1$, 存在 $0 < \varepsilon < 1$ 使得 $\widetilde{b} < 1 - \varepsilon$. 又因为 $r > 0$ 是任意的, 取 $r = \frac{1}{2}\left(\frac{1}{(1-\varepsilon)^2} - 1\right)$, 则有

$$\widetilde{b}\sqrt{1+r} < \sqrt{\frac{1}{2}\left(\frac{1}{(1-\varepsilon)^2} + 1\right)(1-\varepsilon)^2} < 1,$$

于是算子 S 关于算子 T 的相对界小于 1. 结论证毕. ▮

定理 4.2.2 设 $H = \begin{bmatrix} A & B \\ C & -A^* \end{bmatrix} : \mathscr{D}(H) \subset X \times X \to X \times X$ 是无穷维 Hamilton 算子, 如果满足下列条件之一:

(i) $\mathscr{D}(H) = \mathscr{D}(A) \times \mathscr{D}(A^*)$, C 关于 A 的相对界和 B 关于 A^* 的相对界均小于 1;

(ii) $\mathscr{D}(H) = \mathscr{D}(C) \times \mathscr{D}(B)$, A 关于 C 的相对界和 A^* 关于 B 的相对界均小于 1,

则 $(JH)^* = JH$.

证明 (i) 令

$$T = \begin{bmatrix} 0 & -A^* \\ -A & 0 \end{bmatrix}, \quad S = \begin{bmatrix} C & 0 \\ 0 & -B \end{bmatrix},$$

则

$$JH = T + S.$$

当 C 关于 A 的相对界和 B 关于 A^* 的相对界均小于 1 时, 由引理 4.2.8 可知 S 相对于 T 是有界的且 T-界小于 1. 又因为, S 和 T 是自伴算子, 从而 S^* 相对于 T^* 有界且相对界也小于 1, 由引理 4.2.7 可知

$$(T + S)^* = T^* + S^* = T + S,$$

即 $(JH)^* = JH$.

(ii) 的证明完全类似. ▮

推论 4.2.3 设 $H=\begin{bmatrix} A & B \\ C & -A^* \end{bmatrix}: \mathscr{D}(A)\times\mathscr{D}(A^*)\to X\times X$ 是无穷维 Hamilton 算子，如果存在 $\lambda\in\rho(A)$ 使得 $\|C(A-\lambda I)^{-1}\|<1$, $\|B(A^*-\overline{\lambda}I)^{-1}\|<1$, 则 $(JH)^*=JH$.

证明 如果存在 $\lambda\in\rho(A)$ 使得 $\|C(A-\lambda I)^{-1}\|<1$, $\|B(A^*-\overline{\lambda}I)^{-1}\|<1$, 则 C 关于 A 的相对界和 B 关于 A^* 的相对界均小于 1, 于是 $(JH)^*=JH$. ▮

定理 4.2.3 设 $H=\begin{bmatrix} A & B \\ C & -A^* \end{bmatrix}: \mathscr{D}(C)\times\mathscr{D}(B)\to X\times X$ 是无穷维 Hamilton 算子，如果 A 相对于 C 是紧算子且 A^* 相对于 B 是紧算子，那么 $(JH)^*=JH$.

证明 当 A 相对于 C 是紧算子且 A^* 相对于 B 是紧算子时, 根据引理 4.2.2

$$\lim_{\lambda\to\infty}\|A(C-\mathrm{i}\lambda I)^{-1}\|=0 \text{ 且 } \lim_{\lambda\to\infty}\|A^*(B-\mathrm{i}\lambda I)^{-1}\|=0.$$

即, 对任意的 $\varepsilon>0$ 存在 $N>0$, 当 $|\lambda|>N$ 时

$$\|A(C-\mathrm{i}\lambda I)^{-1}\|<\varepsilon \text{ 且 } \|A^*(B-\mathrm{i}\lambda I)^{-1}\|<\varepsilon.$$

对任意的 $x\in\mathscr{D}(C)$ 有

$$\|Ax\|=\|A(C-\mathrm{i}\lambda I)^{-1}(C-\mathrm{i}\lambda I)x\|<\varepsilon\|(C-\mathrm{i}\lambda I)x\|\leqslant\varepsilon|\lambda|\|x\|+\varepsilon\|Cx\|.$$

考虑 $\varepsilon>0$ 是任意的, 即得 A 相对于 C 有界且相对界为 0. 同理可证, A^* 相对于 B 有界且相对界为 0. 因此, 令 $S=\begin{bmatrix} 0 & -A^* \\ -A & 0 \end{bmatrix}$, $T=\begin{bmatrix} C & 0 \\ 0 & -B \end{bmatrix}$, 则 S 和 T 是自伴算子, S 相对于 T 有界且 T-界小于 1. 由引理 4.2.7 可知

$$(T+S)^*=T^*+S^*=T+S,$$

$(JH)^*=JH$. 结论证毕. ▮

推论 4.2.4 设 $H=\begin{bmatrix} A & B \\ C & -A^* \end{bmatrix}: \mathscr{D}(C)\times\mathscr{D}(B)\to X\times X$ 是非负 Hamilton

算子, 当 A 相对于 C 是紧算子且 A^* 相对于 B 是紧算子时, 如果 $0 \in \rho(B) \cap \rho(C)$, 则 $0 \in \rho(H)$.

证明 当 A 相对于 C 是紧算子且 A^* 相对于 B 是紧算子时, 由定理 4.2.2 可知 $(JH)^* = JH$, 从而 $0 \notin \sigma_r(H)$. 另一方面, 如果 $0 \in \rho(B) \cap \rho(C)$, 则 H 存在有界逆. 于是 $0 \in \rho(H)$. ▮

推论 4.2.5 令 $H = \begin{bmatrix} A & B \\ C & -A^* \end{bmatrix} : \mathscr{D}(A) \times \mathscr{D}(A^*) \to X \times X$ 是对角占优无穷维 Hamilton 算子, 如果 $B \in \mathscr{B}(X)$ 或者 $C \in \mathscr{B}(X)$, 则 $(JH)^* = JH$ 成立.

证明 不妨设 $C \in \mathscr{B}(X)$, $T = \begin{bmatrix} A & B \\ 0 & -A^* \end{bmatrix}$, $S = \begin{bmatrix} 0 & 0 \\ C & 0 \end{bmatrix}$, 则

$$H = T + S.$$

考虑 S 是全空间上的有界算子即得

$$H^* = T^* + S^*.$$

再由引理 4.2.8 可知

$$T^* = \begin{bmatrix} A & B \\ 0 & -A^* \end{bmatrix}^* = \begin{bmatrix} A^* & 0 \\ B & -A \end{bmatrix}.$$

于是 $(JH)^* = JH$ 成立. ▮

4.3 乘积算子的共轭算子

据我们所知, 一些特殊的 Hamilton 矩阵, 可以分解成若干个简单矩阵的乘积形式. 比如, 给定 Hamilton 矩阵

$$H_{2n} = \begin{bmatrix} A_n & B_n \\ C_n & -A_n^* \end{bmatrix} \in \mathbb{C}^{2n \times 2n},$$

如果 H_{2n} 的特征值集合与虚轴无交点, 则存在酉矩阵 $U_{2n} = \begin{bmatrix} W_n & V_n \\ -V_n & W_n \end{bmatrix}$, $W_n, V_n \in \mathbb{C}^{n\times n}$ 使得

$$H_{2n} = U_{2n}^* \begin{bmatrix} T_n & R_n \\ 0 & -T_n^* \end{bmatrix} U_{2n}, T_n, R_n \in \mathbb{C}^{n\times n},$$

即, Hamilton 矩阵 H_{2n} 与一个上三角 Hamilton 矩阵 $\begin{bmatrix} T_n & R_n \\ 0 & -T_n^* \end{bmatrix}$ 酉相似 (见 [64]). 此时, H_{2n} 的谱集可由 $\begin{bmatrix} T_n & R_n \\ 0 & -T_n^* \end{bmatrix}$ 来刻画. 对于无界分块算子矩阵, 也可以引进一定的分解, 把分块算子矩阵表示成若干个简单算子矩阵的乘积形式, 进而研究谱的性质.

引理 4.3.1 设 T, S 是 Hilbert 空间 X 中的稠定线性算子, 当 $\rho(T) \neq \emptyset$ 时, $(T-\lambda I)^{-1}S$ 有界当且仅当 $\mathscr{D}(T^*) \subset \mathscr{D}(S^*)$, 其中 $\lambda \in \rho(T)$.

证明 如果 $\mathscr{D}(T^*) \subset \mathscr{D}(S^*)$, 则 $S^*(T^* - \overline{\lambda} I)^{-1}$ 在全空间上有界且

$$(S^*(T^* - \overline{\lambda} I)^{-1})^* \supset (T - \lambda I)^{-1}S,$$

于是 $(T-\lambda I)^{-1}S$ 有界.

反之, 如果 $(T-\lambda I)^{-1}S$ 在 $\mathscr{D}(S)$ 上有界, 则 $\overline{(T-\lambda I)^{-1}S}$ 是全空间上定义的有界算子而且有

$$(S^*(T^* - \overline{\lambda} I)^{-1})^* \supset \overline{(T - \lambda I)^{-1}S},$$

因此, $\mathscr{D}(T^*) \subset \mathscr{D}(S^*)$. 结论证毕. ▮

引理 4.3.2 设 $\mathcal{A} = \begin{bmatrix} A & B \\ C & D \end{bmatrix} : \mathscr{D}(\mathcal{A}) \subset X \times X \to X \times X$ 是稠定分块算子矩阵, 如果 $\rho(A) \neq \emptyset$, C 可闭且 $\mathscr{D}(A) \subset \mathscr{D}(C)$, $\mathscr{D}(A^*) \subset \mathscr{D}(B^*)$, 则对任意

的 $\lambda \in \rho(A)$ 有

$$\mathcal{A} - \lambda I = \begin{bmatrix} I & 0 \\ C(A-\lambda I)^{-1} & I \end{bmatrix} \begin{bmatrix} A-\lambda I & 0 \\ 0 & S_1(\lambda) \end{bmatrix} \begin{bmatrix} I & \overline{(A-\lambda I)^{-1}B} \\ 0 & I \end{bmatrix}, \tag{4.3.1}$$

其中 $S_1(\lambda) = D - \lambda I - C(A-\lambda I)^{-1}B$.

证明 对任意的 $\lambda \in \rho(A)$ 令

$$\mathcal{A}_\lambda = \begin{bmatrix} I & 0 \\ C(A-\lambda I)^{-1} & I \end{bmatrix} \begin{bmatrix} A-\lambda I & 0 \\ 0 & S_1(\lambda) \end{bmatrix} \begin{bmatrix} I & \overline{(A-\lambda I)^{-1}B} \\ 0 & I \end{bmatrix},$$

则对任意的 $\begin{bmatrix} x & y \end{bmatrix}^T \in \mathscr{D}(\mathcal{A})$ 有

$$\mathcal{A}_\lambda \begin{bmatrix} x \\ y \end{bmatrix} = \begin{bmatrix} (A-\lambda I)x + By \\ Cx + (D-\lambda I)y \end{bmatrix} = (\mathcal{A} - \lambda I) \begin{bmatrix} x \\ y \end{bmatrix},$$

即 $\mathcal{A} - \lambda I \subset \mathcal{A}_\lambda$.

另一方面, 设 $\begin{bmatrix} x & y \end{bmatrix}^T \in \mathscr{D}(\mathcal{A}_\lambda)$, 则

$$x + \overline{(A-\lambda I)^{-1}B}y \in \mathscr{D}(A), y \in \mathscr{D}(S_1(\lambda)).$$

由 $y \in \mathscr{D}(S_1(\lambda))$ 知, $y \in \mathscr{D}(B)$, $\overline{(A-\lambda I)^{-1}B}y = (A-\lambda I)^{-1}By \in \mathscr{D}(A)$, 于是 $x \in \mathscr{D}(A)$, $\mathscr{D}(\mathcal{A}_\lambda) \subset \mathscr{D}(\mathcal{A})$, 即 $\mathcal{A}_\lambda = \mathcal{A} - \lambda I$. 结论证毕. ▮

同理, 当 B 可闭且 $\rho(D) \neq \emptyset$, $\mathscr{D}(D) \subset \mathscr{D}(B)$, $\mathscr{D}(D^*) \subset \mathscr{D}(C^*)$ 时, 对任意的 $\lambda \in \rho(D)$ 有

$$\mathcal{A} - \lambda I = \begin{bmatrix} I & B(D-\lambda I)^{-1} \\ 0 & I \end{bmatrix} \begin{bmatrix} S_2(\lambda) & 0 \\ 0 & D-\lambda I \end{bmatrix} \begin{bmatrix} I & 0 \\ \overline{(D-\lambda I)^{-1}C} & I \end{bmatrix}. \tag{4.3.2}$$

其中 $S_2(\lambda) = A - \lambda I - B(D-\lambda I)^{-1}C$.

类似于有界分块算子矩阵的 Schur 补和 Schur 分解, 称式 (4.3.1) 和式 (4.3.2) 为 $\mathcal{A} - \lambda I$ 的 Frobenius-Schur 分解, 而 $S_1(\lambda)$ 和 $S_2(\lambda)$ 称为 Schur 补.

定理 4.3.1 设 $\mathcal{A}=\begin{bmatrix} A & B \\ C & D \end{bmatrix}:\mathscr{D}(\mathcal{A})\subset X\times X\to X\times X$ 是稠定分块算子矩阵, 如果 $\rho(A)\neq\emptyset$, C 可闭且 $\mathscr{D}(A)\subset\mathscr{D}(C),\mathscr{D}(A^*)\subset\mathscr{D}(B^*)$, 则

(i) $\mathcal{A}$ 闭当且仅当存在 $\lambda\in\rho(A)$ 使得 $S_1(\lambda)$ 是闭算子;

(ii) $\mathcal{A}$ 可闭当且仅当存在 $\lambda\in\rho(A)$ 使得 $S_1(\lambda)$ 是可闭算子且有

$$\overline{\mathcal{A}}=\lambda I+\begin{bmatrix} I & 0 \\ C(A-\lambda I)^{-1} & I \end{bmatrix}\begin{bmatrix} A-\lambda I & 0 \\ 0 & \overline{S_1(\lambda)} \end{bmatrix}\begin{bmatrix} I & \overline{(A-\lambda I)^{-1}B} \\ 0 & I \end{bmatrix}.$$

证明 (i) 对任意的 $\lambda\in\rho(A)$ 有

$$\mathcal{A}-\lambda I=\begin{bmatrix} I & 0 \\ C(A-\lambda I)^{-1} & I \end{bmatrix}\begin{bmatrix} A-\lambda I & 0 \\ 0 & S_1(\lambda) \end{bmatrix}\begin{bmatrix} I & \overline{(A-\lambda I)^{-1}B} \\ 0 & I \end{bmatrix}.$$

由于 $\mathcal{A}$ 闭当且仅当 $\mathcal{A}-\lambda I$ 闭, 由引理 2.6.1 知, $\mathcal{A}-\lambda I$ 闭当且仅当 $\begin{bmatrix} A-\lambda I & 0 \\ 0 & S_1(\lambda) \end{bmatrix}$ 闭. 因为 $A-\lambda I$ 闭, $\begin{bmatrix} A-\lambda I & 0 \\ 0 & S_1(\lambda) \end{bmatrix}$ 闭当且仅当 $S_1(\lambda)$ 闭.

(ii) 由于

$$\overline{\begin{bmatrix} A-\lambda I & 0 \\ 0 & S_1(\lambda) \end{bmatrix}}=\begin{bmatrix} A-\lambda I & 0 \\ 0 & \overline{S_1(\lambda)} \end{bmatrix},$$

由引理 2.6.1 知,

$$\overline{\mathcal{A}}=\lambda I+\begin{bmatrix} I & 0 \\ C(A-\lambda I)^{-1} & I \end{bmatrix}\begin{bmatrix} A-\lambda I & 0 \\ 0 & \overline{S_1(\lambda)} \end{bmatrix}\begin{bmatrix} I & \overline{(A-\lambda I)^{-1}B} \\ 0 & I \end{bmatrix}.$$

结论证毕. ▮

类似可完成下列定理的证明.

定理 4.3.2 设 $\mathcal{A}=\begin{bmatrix} A & B \\ C & D \end{bmatrix}:\mathscr{D}(\mathcal{A})\subset X\times X\to X\times X$ 是稠定分块算子矩阵, 如果 $\rho(D)\neq\emptyset$, B 可闭且 $\mathscr{D}(D)\subset\mathscr{D}(B),\mathscr{D}(D^*)\subset\mathscr{D}(C^*)$, 则

(i) $\mathcal{A}$ 闭当且仅当存在 $\lambda \in \rho(D)$ 使得 $S_2(\lambda)$ 是闭算子;

(ii) $\mathcal{A}$ 可闭当且仅当存在 $\lambda \in \rho(D)$ 使得 $S_2(\lambda)$ 是可闭算子且有

$$\overline{\mathcal{A}} = \lambda I + \begin{bmatrix} I & B(D-\lambda I)^{-1} \\ 0 & I \end{bmatrix} \begin{bmatrix} \overline{S_2(\lambda)} & 0 \\ 0 & D-\lambda I \end{bmatrix} \begin{bmatrix} I & 0 \\ \overline{(D-\lambda I)^{-1}C} & I \end{bmatrix}.$$

令 $J = \begin{bmatrix} 0 & I \\ I & 0 \end{bmatrix}$, 则 $J\mathcal{A}$ 闭 (可闭) 当且仅当 $\mathcal{A}$ 闭 (可闭). 因此, 运用 $J\mathcal{A}$ 的 Frobenius-Schur 分解, 可证下列结论.

定理 4.3.3 设 $\mathcal{A} = \begin{bmatrix} A & B \\ C & D \end{bmatrix} : \mathscr{D}(\mathcal{A}) \subset X \times X \to X \times X$ 是稠定分块算子矩阵, 如果 $\rho(C) \neq \emptyset$, A 可闭且 $\mathscr{D}(C) \subset \mathscr{D}(A), \mathscr{D}(C^*) \subset \mathscr{D}(D^*)$, 则

(i) $\mathcal{A}$ 闭当且仅当存在 $\lambda \in \rho(C)$ 使得 $S_3(\lambda)$ 是闭算子;

(ii) $\mathcal{A}$ 可闭当且仅当存在 $\lambda \in \rho(C)$ 使得 $S_3(\lambda)$ 是可闭算子且有

$$\overline{\mathcal{A}} = J\left(\lambda I + \begin{bmatrix} I & 0 \\ A(C-\lambda I)^{-1} & I \end{bmatrix} \begin{bmatrix} C-\lambda I & 0 \\ 0 & \overline{S_3(\lambda)} \end{bmatrix} \begin{bmatrix} I & \overline{(C-\lambda I)^{-1}D} \\ 0 & I \end{bmatrix}\right),$$

其中 $S_3(\lambda) = B - \lambda I - A(C-\lambda I)^{-1}D$.

定理 4.3.4 设 $\mathcal{A} = \begin{bmatrix} A & B \\ C & D \end{bmatrix} : \mathscr{D}(\mathcal{A}) \subset X \times X \to X \times X$ 是稠定分块算子矩阵, 如果 $\rho(B) \neq \emptyset$, D 可闭且 $\mathscr{D}(B) \subset \mathscr{D}(D), \mathscr{D}(B^*) \subset \mathscr{D}(A^*)$, 则

(i) $\mathcal{A}$ 闭当且仅当存在 $\lambda \in \rho(B)$ 使得 $S_4(\lambda)$ 是闭算子;

(ii) $\mathcal{A}$ 可闭当且仅当存在 $\lambda \in \rho(B)$ 使得 $S_4(\lambda)$ 是可闭算子且有

$$\overline{\mathcal{A}} = J\left(\lambda I + \begin{bmatrix} I & D(B-\lambda I)^{-1} \\ 0 & I \end{bmatrix} \begin{bmatrix} \overline{S_4(\lambda)} & 0 \\ 0 & B-\lambda I \end{bmatrix} \begin{bmatrix} I & 0 \\ \overline{(B-\lambda I)^{-1}A} & I \end{bmatrix}\right),$$

其中 $S_4(\lambda) = C - \lambda I - D(B-\lambda I)^{-1}A$.

运用 Frobenius-Schur 分解还可以解决分块算子矩阵的可逆问题.

定理 4.3.5 设 $\mathcal{A} = \begin{bmatrix} A & B \\ C & D \end{bmatrix}$ 是 2×2 稠定闭分块算子矩阵,

(i) 如果 A 可逆, C 可闭且 $\mathscr{D}(A) \subset \mathscr{D}(C), \mathscr{D}(A^*) \subset \mathscr{D}(B^*)$, 则 $\mathcal{A}$ 可逆当且仅当 $D - CA^{-1}B$ 可逆;

(ii) 如果 D 可逆, B 可闭且 $\mathscr{D}(D) \subset \mathscr{D}(B), \mathscr{D}(D^*) \subset \mathscr{D}(C^*)$, 则 $\mathcal{A}$ 可逆当且仅当 $A - BD^{-1}C$ 可逆;

(iii) 如果 C 可逆, A 可闭且 $\mathscr{D}(C) \subset \mathscr{D}(A), \mathscr{D}(C^*) \subset \mathscr{D}(D^*)$, 则 $\mathcal{A}$ 可逆当且仅当 $B - AC^{-1}D$ 可逆;

(iv) 如果 B 可逆, D 可闭且 $\mathscr{D}(B) \subset \mathscr{D}(D), \mathscr{D}(B^*) \subset \mathscr{D}(A^*)$, 则 $\mathcal{A}$ 可逆当且仅当 $C - DB^{-1}A$ 可逆.

证明 只证结论 (i), 其他结论的证明完全类似. 如果 A 可逆, C 可闭且 $\mathscr{D}(A) \subset \mathscr{D}(C), \mathscr{D}(A^*) \subset \mathscr{D}(B^*)$, 则

$$\mathcal{A} = \begin{bmatrix} I & 0 \\ CA^{-1} & I \end{bmatrix} \begin{bmatrix} A & 0 \\ 0 & D - CA^{-1}B \end{bmatrix} \begin{bmatrix} I & \overline{A^{-1}B} \\ 0 & I \end{bmatrix} \triangleq RST.$$

由于 R, T 是全空间上定义的可逆算子, 从而当 A 可逆时, $\mathcal{A}$ 可逆当且仅当 $D - CA^{-1}B$ 可逆. ▮

运用 Frobenius-Schur 分解还可以刻画分块算子矩阵的谱点分布.

定理 4.3.6 设 $\mathcal{A} = \begin{bmatrix} A & B \\ C & D \end{bmatrix}$ 是稠定闭分块算子矩阵,

(i) 如果 $\rho(A) \neq \emptyset$, C 可闭且 $\mathscr{D}(A) \subset \mathscr{D}(C), \mathscr{D}(A^*) \subset \mathscr{D}(B^*)$, 则对任意的 $\lambda \in \rho(A)$ 有 $\Sigma(\mathcal{A} - \lambda I) = \Sigma(S_1(\lambda))$;

(ii) 如果 $\rho(D) \neq \emptyset$, B 可闭且 $\mathscr{D}(D) \subset \mathscr{D}(B), \mathscr{D}(D^*) \subset \mathscr{D}(C^*)$, 则对任意的 $\lambda \in \rho(D)$ 有 $\Sigma(\mathcal{A} - \lambda I) = \Sigma(S_2(\lambda))$;

(iii) 如果 $\rho(C) \neq \emptyset$, A 可闭且 $\mathscr{D}(C) \subset \mathscr{D}(A), \mathscr{D}(C^*) \subset \mathscr{D}(D^*)$, 则对任意的 $\lambda \in \rho(C)$ 有 $\Sigma(\mathcal{A} - \lambda I) = \Sigma(S_3(\lambda))$;

(iv) 如果 $\rho(B) \neq \emptyset$, D 可闭且 $\mathscr{D}(B) \subset \mathscr{D}(D), \mathscr{D}(B^*) \subset \mathscr{D}(A^*)$, 则对任意的 $\lambda \in \rho(B)$ 有 $\Sigma(\mathcal{A} - \lambda I) = \Sigma(S_4(\lambda))$.

其中 $\Sigma = \{\sigma_p, \sigma_r, \sigma_c, \sigma\}, S_i(\lambda), i = 1, 2, 3, 4$ 的定义如上述定理.

证明 只证结论 (i), 其他结论的证明完全类似. 如果 $\rho(A) \neq \emptyset$, C 可闭且

$\mathscr{D}(A) \subset \mathscr{D}(C)$, $\mathscr{D}(A^*) \subset \mathscr{D}(B^*)$, 则对任意的 $\lambda \in \rho(A)$ 有

$$\mathcal{A}-\lambda I = \begin{bmatrix} I & 0 \\ C(A-\lambda I)^{-1} & I \end{bmatrix} \begin{bmatrix} A-\lambda I & 0 \\ 0 & S_1(\lambda) \end{bmatrix} \begin{bmatrix} I & \overline{(A-\lambda I)^{-1}B} \\ 0 & I \end{bmatrix} \triangleq RST.$$

由于 R, T 是全空间上定义的可逆算子, 从而当 $A-\lambda I$ 可逆时, $\mathcal{A}-\lambda I$ 是单射当且仅当 $S_1(\lambda)$ 是单射; $\mathcal{R}(\mathcal{A}-\lambda I)$ 稠密当且仅当 $\mathcal{R}(S_1(\lambda))$ 稠密. 于是,

$$\Sigma(\mathcal{A}-\lambda I) = \Sigma(S_1(\lambda)).$$

结论证毕. ▮

推论 4.3.1 设 $\mathcal{A} = \begin{bmatrix} A & B \\ C & D \end{bmatrix}$ 是对角占优稠定闭分块算子矩阵, 当 $\rho(A) \cap \rho(D) \neq \emptyset$, $\mathscr{D}(A^*) \subset \mathscr{D}(B^*)$ 且 $\mathscr{D}(D^*) \subset \mathscr{D}(C^*)$ 时, 对 $\lambda \in \rho(A) \cap \rho(D)$ 下列结论是等价的:

(i) $\lambda \in \rho(\mathcal{A})$;

(ii) $1 \in \rho(B(D-\lambda I)^{-1}C(A-\lambda I)^{-1})$;

(iii) $1 \in \rho(C(A-\lambda I)^{-1}B(D-\lambda I)^{-1})$.

证明 对 $\lambda \in \rho(A) \cap \rho(D)$ 有

$$\begin{aligned}\mathcal{A}-\lambda I &= \begin{bmatrix} I & 0 \\ C(A-\lambda I)^{-1} & I \end{bmatrix} \begin{bmatrix} A-\lambda I & 0 \\ 0 & S(\lambda) \end{bmatrix} \begin{bmatrix} I & \overline{(A-\lambda I)^{-1}B} \\ 0 & I \end{bmatrix} \\ &= \begin{bmatrix} I & B(D-\lambda I)^{-1} \\ 0 & I \end{bmatrix} \begin{bmatrix} R(\lambda) & 0 \\ 0 & D-\lambda I \end{bmatrix} \begin{bmatrix} I & 0 \\ \overline{(D-\lambda I)^{-1}C} & I \end{bmatrix},\end{aligned}$$

其中

$$\begin{aligned} S(\lambda) &= (I - C(A-\lambda I)^{-1}B(D-\lambda I)^{-1})(D-\lambda I), \\ R(\lambda) &= (I - B(D-\lambda I)^{-1}C(A-\lambda I)^{-1})(C-\lambda I), \end{aligned}$$

于是结论成立. ▮

推论 4.3.2 设 $\mathcal{A} = \begin{bmatrix} A & B \\ C & D \end{bmatrix}$ 是斜对角占优稠定闭分块算子矩阵, 当 $0 \in \rho(B) \cap \rho(C)$ 且 $\mathscr{D}(C^*) \subset \mathscr{D}(D^*)$ 且 $\mathscr{D}(B^*) \subset \mathscr{D}(A^*)$ 时下列结论是等价的:

(i) $\lambda \in \rho(\mathcal{A})$;

(ii) $1 \in \rho((A-\lambda I)C^{-1}(D-\lambda I)B^{-1})$;

(iii) $1 \in \rho((D-\lambda I)B^{-1}(A-\lambda I)C^{-1})$.

4.3.1 两个算子乘积的共轭算子表示

对于两个无界稠定算子 T, S, 如果 TS 稠定, 则一般情况只能有

$$(TS)^* \supset S^*T^*,$$

等号不一定成立. 比如, 设 A 是 Hilbert 空间 X 中的无界自伴算子, 令

$$T = \begin{bmatrix} A & 0 \\ 0 & A \end{bmatrix}, \quad S = \begin{bmatrix} I & I \\ I & I \end{bmatrix},$$

则 $T^* = T$, $S^* = S$ 且

$$(TS)^* \neq ST.$$

事实上, $ST = \begin{bmatrix} A & A \\ A & A \end{bmatrix}$ 是非闭算子, 而 $(TS)^*$ 是闭算子. 于是, 为了给出乘积算子共轭的刻画, 首先讨论两个算子乘积的性质.

引理 4.3.3 令 $B: \mathscr{D}(B) \subset X_1 \to X_2$ 和 $A: \mathscr{D}(A) \subset X_2 \to X_3$ 是稠定闭线性算子且 AB 也稠定, 则有如下结论:

(i) 如果 $A \in \mathscr{B}(X_1, X_2)$, 则 $(AB)^* = B^*A^*$;

(ii) 如果 $B \in \mathscr{B}(X_1, X_2)$, 则 $(AB)^* = B^*A^*$ 成立当且仅当 B^*A^* 是闭算子.

证明 (i) 关系式 $(AB)^* \supset B^*A^*$ 的证明是显然的. 下面证明 $(AB)^* \subset B^*A^*$. 令 $x^* \in \mathscr{D}((AB)^*)$, 则存在 $f \in X_1$ 使得对任意的 $x \in \mathscr{D}(AB)$ 有

$$(ABx, x^*) = (x, f).$$

由于 A 是全空间上定义的有界算子, $\mathscr{D}(AB) = \mathscr{D}(B)$ 且 A^*x^* 有意义, 故

$$(Bx, A^*x^*) = (x, f)$$

对任意的 $x \in \mathscr{D}(B)$ 成立, 从而 $A^*x^* \in \mathscr{D}(B^*)$, 即 $x^* \in \mathscr{D}(B^*A^*)$, 于是, $(AB)^* \subset B^*A^*$.

(ii) 考虑

$$\begin{aligned}(AB)^* &= (A^{**}B^{**})^* \\ &= ((B^*A^*)^*)^* = \overline{B^*A^*}.\end{aligned}$$

于是结论成立. ∎

引理 4.3.4 令 $B : \mathscr{D}(B) \subset X_1 \to X_2$ 和 $A : \mathscr{D}(A) \subset X_2 \to X_3$ 是稠定闭线性算子, 如果算子 AB 也稠定且 $B^{-1} \in \mathscr{B}(X_2, X_1)$, 则 $(AB)^* = B^*A^*$.

证明 只需证明 $\mathscr{D}((AB)^*) \subset \mathscr{D}(B^*A^*)$. 令 $x^* \in \mathscr{D}((AB)^*)$, 则存在 $f \in X$ 使得对任意的 $x \in \mathscr{D}(AB)$ 有

$$(ABx, x^*) = (x, f).$$

考虑 $\mathscr{D}(AB) = B^{-1}\mathscr{D}(A)$, 即得对任意的 $g \in \mathscr{D}(A)$ 有

$$(Ag, x^*) = (g, (B^{-1})^*f),$$

这蕴含 $x^* \in \mathscr{D}(A^*)$ 且

$$A^*x^* = (B^{-1})^*f = (B^*)^{-1}f,$$

从而 $A^*x^* \in \mathscr{D}(B^*)$, 即 $\mathscr{D}((AB)^*) \subset \mathscr{D}(B^*A^*)$. ∎

下列结论说明, 对于一些特殊的算子, 即使 B^{-1} 不是全空间上的有界算子, $(AB)^* = B^*A^*$ 也可以成立.

引理 4.3.5 令 A, B 是 Hilbert 空间 X 中的自伴算子, 如果乘积算子 AB 稠定, $\mathscr{D}(A) \subset \mathcal{R}(B)$ 且 $\mathcal{R}(B^*) \supset \mathcal{R}((AB)^*)$, 则 $(AB)^* = B^*A^* = BA$.

证明 只需证明 $(AB)^* \subset B^*A^*$ 即可. 考虑 $\mathscr{D}(A) \subset \mathcal{R}(B)$, 即得 $0 \in \rho(B) \cup \sigma_c(B)$. 当 $0 \in \rho(B)$ 时, 由引理 4.3.4, 结论显然成立. 当 $0 \in \sigma_c(B)$ 时, B^{-1} 存在且

$$A = (AB)B_A^{-1},$$

其中 B_A^{-1} 表示 B^{-1} 在 $\mathscr{D}(A)$ 上的限制. 于是

$$A^* = ((AB)B_A^{-1})^* \supset (B_A^{-1})^*(AB)^*.$$

又因为 $B_A^{-1} \subset B^{-1}$, 故 $(B_A^{-1})^* \supset (B^{-1})^*$ 且

$$(B_A^{-1})^*(AB)^* \supset (B^{-1})^*(AB)^*,$$

即

$$A^* \supset (B^{-1})^*(AB)^*.$$

左侧与 B^* 作用后得

$$B^*A^* \supset B^*(B^{-1})^*(AB)^*.$$

再考虑 $\mathcal{R}(B) \supset \mathcal{R}((AB)^*)$ 得,

$$B^*A^* \supset B^*(B^{-1})^*(AB)^* \supset (AB)^*.$$

结论证毕. ▮

注 4.3.1 若引理4.3.5 中条件 $\mathcal{R}(B^*) \supset \mathcal{R}((AB)^*)$ 不满足, 则结论不一定成立. 比如, 令 A 是 Hilbert 空间 X 中的无界自伴算子且 $0 \in \sigma_c(A)$, $B = A^{-1}$, 则 AB 稠定且 $\mathscr{D}(A) \subset \mathcal{R}(B)$. 但是,

$$(AB)^* = I.$$

而

$$B^*A^* = I_A,$$

其中 I_A 表示恒等算子 I 在 $\mathscr{D}(A)$ 上的限制. 很显然, $(AB)^* \neq B^*A^*$.

引理 4.3.6 令 A 是 Hilbert 空间 X 中的稠定闭算子, $B \in \mathscr{B}(X)$, 如果乘积算子 AB 稠定, $\mathcal{R}(B)$ 是闭集且 $\dim \mathbb{N}(B^*) < \infty$, 则 $(AB)^* = B^*A^*$.

证明 如果 $\mathcal{R}(B)$ 是闭集且 $\dim \mathbb{N}(B^*) < \infty$, 则考虑 A 是闭算子, 得 B^*A^* 是闭算子 (见 [56] 的命题XVII3.2). 再由引理 4.3.3, 结论即可得证. ▮

引理 4.3.7 令 A,B 是 Hilbert 空间 X 中的 Fredholm 算子且 AB 稠定, 则 $(AB)^*=B^*A^*$.

证明 由于 A,B 是 Fredholm 算子, 故 AB, B^*A^* 也是 Fredholm 算子. 由引理 4.2.4, 只需证明 $\operatorname{ind}((AB)^*)=\operatorname{ind}(B^*A^*)$ 即可. 事实上,

$$\begin{aligned}\operatorname{ind}((AB)^*)&=-\operatorname{ind}(AB)\\&=-\operatorname{ind}(A)-\operatorname{ind}(B)\\&=\operatorname{ind}(A^*)+\operatorname{ind}(B^*)=\operatorname{ind}(B^*A^*).\end{aligned}$$

结论证毕. ▮

4.3.2 运用 Schur 补理论刻画无穷维 Hamilton 算子的辛自伴性

定理 4.3.7 设 $H=\begin{bmatrix}A & B\\ C & -A^*\end{bmatrix}:\mathscr{D}(A)\times\mathscr{D}(A^*)\to X\times X$ 是对角占优无穷维 Hamilton 算子, 如果 $\rho(A)\neq\emptyset$, 则下列命题等价:

(i) $(JH)^*=JH$, 其中 $J=\begin{bmatrix}0 & I\\ -I & 0\end{bmatrix}$;

(ii) $(A^*+C(A-\lambda I)^{-1}B)^*=A+B(A^*-\overline{\lambda}I)^{-1}C$, 其中 $\lambda\in\rho(A)$;

(iii) $(A+B(A^*-\overline{\lambda}I)^{-1}C)^*=A^*+C(A-\lambda I)^{-1}B$, 其中 $\lambda\in\rho(A)$.

证明 只证明 (i) 与 (ii) 的等价性, (i) 与 (iii) 的证明完全类似. 当 $\lambda\in\rho(A)$ 时

$$H-\lambda I=\begin{bmatrix}I & 0\\ C(A-\lambda I)^{-1} & I\end{bmatrix}\begin{bmatrix}A-\lambda I & 0\\ 0 & S_1(\lambda)\end{bmatrix}\begin{bmatrix}I & \overline{(A-\lambda I)^{-1}B}\\ 0 & I\end{bmatrix}=LTR,$$

其中 $S_1(\lambda)=-A^*-\lambda I-C(A-\lambda I)^{-1}B$. 由引理 4.3.3 和引理 4.3.4, 可知

$$H^*-\overline{\lambda}I=R^*T^*L^*.$$

又因为

$$T^*=\begin{bmatrix}A^*-\overline{\lambda}I & 0\\ 0 & (S_1(\lambda))^*\end{bmatrix},$$

于是 $(JH)^* = JH$ 当且仅当

$$(S_1(\lambda))^* = -A - \overline{\lambda}I - B(A^* - \overline{\lambda}I)^{-1}C,$$

即

$$(A^* + C(A - \lambda I)^{-1}B)^* = A + B(A^* - \overline{\lambda}I)^{-1}C.$$

结论证毕. ▮

推论 4.3.3 设 $H = \begin{bmatrix} A & B \\ C & -A^* \end{bmatrix} : \mathscr{D}(A) \times \mathscr{D}(A^*) \to X \times X$ 是对角占优无穷维 Hamilton 算子, 如果 $\rho(A) \neq \emptyset$, 且满足下列条件之一:

(i) C 相对于 A 有界且相对界为 0;

(ii) B 相对于 A^* 有界且相对界为 0,

则 $(JH)^* = JH$, 其中 $J = \begin{bmatrix} 0 & I \\ -I & 0 \end{bmatrix}$.

证明 只证满足 (i) 的情形, 满足 (ii) 时证明完全类似. 由定理 4.3.3, 只需证明 $(A^* + C(A - \lambda I)^{-1}B)^* = A + B(A^* - \overline{\lambda}I)^{-1}C$. 因为 C 相对于 A 有界且相对界为 0, 故对任意的 $\varepsilon > 0$ 存在 $a(\varepsilon) \geqslant 0$ 使得对任意的 $x \in \mathscr{D}(A)$ 有

$$\|Cx\| \leqslant a(\varepsilon)\|x\| + \varepsilon\|(A - \lambda I)x\|,$$

于是对任意的 $y \in \mathscr{D}(A^*)$ 有

$$\|C(A - \lambda I)^{-1}By\| \leqslant a(\varepsilon)\|(A - \lambda I)^{-1}By\| + \varepsilon\|By\|.$$

再由 $\mathscr{D}(B) \subset \mathscr{D}(A^*)$ 可知存在 $b, c \geqslant 0$ 使得对任意的 $y \in \mathscr{D}(A^*)$ 有

$$\|By\| \leqslant b\|y\| + c\|A^*y\|,$$

即

$$\|C(A - \lambda I)^{-1}By\| \leqslant (a(\varepsilon)\|(A - \lambda I)^{-1}B\| + \varepsilon b)\|y\| + \varepsilon c\|A^*y\|.$$

考虑 $\varepsilon > 0$ 的任意性即得 $C(A-\lambda I)^{-1}B$ 相对于 A^* 有界且 A^*-界为 0. 另一方面, 对任意的 $x \in \mathscr{D}(A)$ 有

$$\begin{aligned}\|(C(A-\lambda I)^{-1}B)^*x\| &= \|B\overline{(A^*-\overline{\lambda}I)^{-1}C}x\| \\ &= \|B(A^*-\overline{\lambda}I)^{-1}Cx\| \\ &\leqslant \|B(A^*-\overline{\lambda}I)^{-1}\|\|Cx\| \\ &\leqslant \|B(A^*-\overline{\lambda}I)^{-1}\|(a(\varepsilon)\|x\|+\varepsilon\|(A-\lambda I)x\|).\end{aligned}$$

于是, $(C(A-\lambda I)^{-1}B)^*$ 关于 A 相对有界且相对界为 0, 故由引理 4.2.7, 可知

$$(A^*+C(A-\lambda I)^{-1}B)^* = A+B(A^*-\overline{\lambda}I)^{-1}C.$$

结论证毕. ▮

同理可证下列结论.

定理 4.3.8 设 $H = \begin{bmatrix} A & B \\ C & -A^* \end{bmatrix} : \mathscr{D}(C)\times\mathscr{D}(B) \to X\times X$ 是斜对角占优无穷维 Hamilton 算子, 则下列命题等价:

(i) $(JH)^* = JH$, 其中 $J = \begin{bmatrix} 0 & I \\ -I & 0 \end{bmatrix}$;

(ii) $(B+A(C-\mathrm{i}I)^{-1}A^*)^* = B+A^*(C+\mathrm{i}I)^{-1}A$;

(iii) $(C+A^*(B-\mathrm{i}I)^{-1}A)^* = C+A(B+\mathrm{i}I)^{-1}A^*$.

推论 4.3.4 设 $H = \begin{bmatrix} A & B \\ C & -A^* \end{bmatrix} : \mathscr{D}(C)\times\mathscr{D}(B) \to X\times X$ 是斜对角占优无穷维 Hamilton 算子, 如果满足下列条件之一:

(i) A 相对于 C 有界且相对界为 0;

(ii) A^* 相对于 B 有界且相对界为 0,

则 $(JH)^* = JH$, 其中 $J = \begin{bmatrix} 0 & I \\ -I & 0 \end{bmatrix}$.

综上所述, 对于对角占优的情形, 如果两个相对界均小于 1 或者其中一个相对界为 0, 那么无穷维 Hamilton 算子是辛自伴的. 此时, 自然可以提出的

一个问题是能否通过两个相对界的乘积来刻画无穷维 Hamilton 算子的辛自伴性呢?

定理 4.3.9 设$H = \begin{bmatrix} A & B \\ C & -A^* \end{bmatrix} : \mathscr{D}(A) \times \mathscr{D}(A^*) \to X \times X$是对角占优无穷维Hamilton算子, 如果 $\rho(A) \neq \emptyset$ 且 C 关于 A的相对界和 B 关于 A^* 的相对界乘积小于 1, 则$(JH)^* = JH$, 其中 $J = \begin{bmatrix} 0 & I \\ -I & 0 \end{bmatrix}$.

证明 由定理 4.3.3, 只需证明 $(A^*+C(A-\lambda I)^{-1}B)^* = A+B(A^*-\overline{\lambda}I)^{-1}C$ 即可. C 关于 A 的相对界和 B 关于 A^* 的相对界分别设为 b_1, b_2. 考虑 C 关于 A 相对有界, 得存在常数 a_1 使得

$$\|Cx\| \leqslant a_1\|x\| + b_1\|(A-\lambda I)x\|, x \in \mathscr{D}(A),$$

即

$$\|C(A-\lambda I)^{-1}Bx\| \leqslant a_1\|(A-\lambda I)^{-1}Bx\| + b_1\|Bx\|, x \in \mathscr{D}(B).$$

再考虑 B 关于 A^* 相对有界, 得存在常数 a_2 使得

$$\|Bx\| \leqslant a_2\|x\| + b_2\|A^*x\|, x \in \mathscr{D}(A^*),$$

于是

$$\|C(A-\lambda I)^{-1}Bx\| \leqslant a_1\|(A-\lambda I)^{-1}B\| + b_1a_2\|x\| + b_1b_2\|A^*x\|, x \in \mathscr{D}(A^*).$$

因为 $b_1b_2 < 1$, 故 $C(A-\lambda I)^{-1}B$ 相对于 A^* 有界且相对界小于 1. 另一方面, 对任意的 $x \in \mathscr{D}(A)$ 有

$$\begin{aligned}
\|(C(A-\lambda I)^{-1}B)^*x\| &= \|\overline{B(A^*-\overline{\lambda}I)^{-1}C}x\| \\
&= \|B(A^*-\overline{\lambda}I)^{-1}Cx\| \\
&\leqslant \|B(A^*-\overline{\lambda}I)^{-1}\|\|Cx\| \\
&\leqslant \|B(A^*-\overline{\lambda}I)^{-1}\|(a_1\|x\| + b_1\|(A-\lambda I)x\|).
\end{aligned}$$

考虑 B 关于 $A^*-\overline{\lambda}I$ 相对有界, 得存在常数 a_3 使得

$$\|Bx\| \leqslant a_3\|x\|+b_2\|(A^*-\overline{\lambda}I)x\|, x\in \mathscr{D}(A^*),$$

即

$$\|B(A^*-\overline{\lambda}I)^{-1}y\| \leqslant a_3\|(A^*-\overline{\lambda}I)^{-1}y\|+b_2\|y\|, y\in X$$

考虑 $0\in\sigma_{ap}((A^*-\overline{\lambda}I)^{-1})$, 得 $(A^*-\overline{\lambda}I)^{-1})x_n\to 0$, 从而

$$\|B(A^*-\overline{\lambda}I)^{-1}\| \leqslant b_2.$$

于是, $(C(A-\lambda I)^{-1}B)^*$ 关于 A 相对有界且相对界小于 1, 故由引理 4.2.7, 可知

$$(A^*+C(A-\lambda I)^{-1}B)^* = A+B(A^*-\overline{\lambda}I)^{-1}C.$$

结论证毕. ▮

同理可证下列结论.

定理 4.3.10 设 $H=\begin{bmatrix} A & B \\ C & -A^* \end{bmatrix}:\mathscr{D}(C)\times\mathscr{D}(B)\to X\times X$ 是斜对角占优无穷维 Hamilton 算子, 如果 A 关于 C 的相对界和 A^* 关于 B 的相对界乘积小于 1, 则 $(JH)^*=JH$, 其中 $J=\begin{bmatrix} 0 & I \\ -I & 0 \end{bmatrix}$.

定理 4.3.11 设 $H=\begin{bmatrix} A & B \\ C & -A^* \end{bmatrix}:\mathscr{D}(A)\times\mathscr{D}(A^*)\to X\times X$ 是对角占优无穷维 Hamilton 算子, 如果存在 $\lambda\in\rho(A)$ 使得有界 2×2 分块算子矩阵

$$T_\lambda=\begin{bmatrix} \lambda(A-\lambda I)^{-1}+I & \overline{(A-\lambda I)^{-1}B} \\ -\overline{(A^*-\overline{\lambda}I)^{-1}C} & \overline{\lambda}(A^*-\overline{\lambda}I)^{-1}+I \end{bmatrix}$$

满足 $\mathcal{R}(T_\lambda)$ 是闭集, $\dim\mathbb{N}(T_\lambda^*)<\infty$, 则 $(JH)^*=JH$, 其中 $J=\begin{bmatrix} 0 & I \\ -I & 0 \end{bmatrix}$.

证明 因为

$$H=\begin{bmatrix} A-\lambda I & 0 \\ 0 & -A^*+\overline{\lambda}I \end{bmatrix}T_\lambda,$$

于是由引理 4.3.6, 结论即可得证. ▮

定理 4.3.12 设 $H = \begin{bmatrix} A & B \\ C & -A^* \end{bmatrix} : \mathscr{D}(C) \times \mathscr{D}(B) \to X \times X$ 是斜对角占优无穷维 Hamilton 算子, 如果有界 2×2 分块算子矩阵

$$T_\lambda = \begin{bmatrix} \mathrm{i}(C - \mathrm{i}I)^{-1} + I & -\overline{(C - \mathrm{i}I)^{-1}A^*} \\ \overline{(B - \mathrm{i}I)^{-1}A} & \mathrm{i}(B - \mathrm{i}I)^{-1} + I \end{bmatrix}$$

满足 $\mathcal{R}(T_\lambda)$ 是闭集, $\dim \mathbb{N}(T_\lambda^*) < \infty$, 则 $(JH)^* = JH$, 其中 $J = \begin{bmatrix} 0 & I \\ -I & 0 \end{bmatrix}$.

4.4 运用无穷维 Hamilton 算子的谱集刻画辛自伴性

扰动理论和 Schur 分解等方法只适用于一些特殊的无穷维 Hamilton 算子, 如, 对角占优、次对角占优等. 但是, 在现实问题中存在不具备占优性质的无穷维 Hamilton 算子. 比如, 令 T, S 是 Hilbert 空间 X 中的无界自伴算子且满足 $\mathscr{D}(T) \subsetneqq \mathscr{D}(S)$. 再令 $A = \begin{bmatrix} 0 & S \\ T & 0 \end{bmatrix}$, $B = \begin{bmatrix} S & 0 \\ 0 & T \end{bmatrix}$, $C = \begin{bmatrix} T & 0 \\ 0 & S \end{bmatrix}$, 则无穷维 Hamilton 算子

$$H = \begin{bmatrix} A & B \\ C & -A^* \end{bmatrix}$$

不具有占优性质. 因此, 下面我们将利用无穷维 Hamilton 算子谱的一些性质来刻画无穷维 Hamilton 算子何时为辛自伴算子的问题.

4.4.1 无穷维 Hamilton 算子的点谱与辛自伴性

定理 4.4.1 设 $H = \begin{bmatrix} A & B \\ C & -A^* \end{bmatrix} : \mathscr{D}(H) \subset X \times X \to X \times X$ 是无穷维 Hamilton 算子, 如果满足下列条件之一:

(i) $\sigma_{p,1}(H) \cap \mathrm{i}\mathbb{R} \neq \emptyset$;

(ii) $\sigma_{p,2}(H) \cap \mathrm{i}\mathbb{R} \neq \emptyset$;

(iii) $\sigma_{p,1}(H)$ 关于虚轴对称;

(iv) $\sigma_{p,2}(H)$ 关于虚轴对称;

(v) $\sigma_{p,1}(H)\cup\sigma_{p,2}(H)$ 关于虚轴对称,

则 $JH\neq(JH)^*$.

证明 (i) 假定 $JH=(JH)^*$, 令 $\lambda\in\sigma_{p,1}(H)\cap \mathrm{i}\mathbb{R}$, 则 $\overline{\lambda}\in\sigma_r(H^*)$, 从而 $-\overline{\lambda}\in\sigma_r(H)$, 即, $\lambda\in\sigma_r(H)$, 推出矛盾. (ii) 的证明类似.

(iii) 令 $\lambda\in\sigma_{p,1}(H)$, 则由 $\sigma_{p,1}(H)$ 关于虚轴对称可知, $-\overline{\lambda}\in\sigma_{p,1}(H)$. 另一方面, 假定 $JH=(JH)^*$, 则由 $\lambda\in\sigma_{p,1}(H)$ 可知 $-\overline{\lambda}\in\sigma_{r,1}(H)$, 推出矛盾.

(iv) 考虑 $\lambda\in\sigma_{p,2}(H)$ 当且仅当 $\overline{\lambda}\in\sigma_{r,2}(H^*)$, 与 (ii) 类似可证 $JH\neq(JH)^*$.

(v) 考虑 $\lambda\in(\sigma_{p,1}(H)\cup\sigma_{p,2}(H))$ 当且仅当 $\overline{\lambda}\in\sigma_r(H^*)$, 与 (iii) 类似可证 $JH\neq(JH)^*$. ▮

4.4.2 无穷维 Hamilton 算子的剩余谱与辛自伴性

为了得到主要结论, 首先给出下列引理.

引理 4.4.1 设 $H=\begin{bmatrix}A & B\\ C & -A^*\end{bmatrix}:\mathscr{D}(H)\subset X\times X\to X\times X$ 是无穷维 Hamilton 算子, 其中 $J=\begin{bmatrix}0 & I\\ -I & 0\end{bmatrix}$, 则 $\sigma_r(H)=\emptyset$ 当且仅当 $\sigma_r(JHJ)=\emptyset$.

证明 令 $\mathfrak{J}=\mathrm{i}J$, 则 $\mathfrak{J}=\mathfrak{J}^{-1}=\mathfrak{J}^*$ 且

$$JHJ=\mathfrak{J}(-H)\mathfrak{J}.$$

因此 JHJ 与 $-H$ 相似. 从而有相同的谱性质, 即 $\sigma_r(JHJ)=\sigma_r(-H)$. 所以 $\sigma_r(H)=\emptyset$ 当且仅当 $\sigma_r(JHJ)=\emptyset$. ▮

定理 4.4.2 设 $H=\begin{bmatrix}A & B\\ C & -A^*\end{bmatrix}:\mathscr{D}(H)\subset X\times X\to X\times X$ 是无穷维 Hamilton 算子, 满足 $\rho(H)\neq\emptyset$ 且 $\sigma_r(H)=\emptyset$, 那么 $JH=(JH)^*$.

证明 由无穷维 Hamilton 算子的辛对称性可知, 为了证明 $JH=(JH)^*$, 只需证明 $\mathscr{D}(H^*)\subset\mathscr{D}(JHJ)$ 即可. 由于 $\rho(H)\neq\emptyset$, 任取 $\lambda\in\rho(H)$, 则 $\bar{\lambda}\in\rho(H^*)$. 由预解集的定义知 $H^*-\bar{\lambda}I$ 是单的且其逆有界. 又由 $JHJ\subset H^*$, 知 $H^*|_{\mathscr{D}(JHJ)}=JHJ$, 即, $JHJ-\bar{\lambda}I$ 也是单的且 $(JHJ-\bar{\lambda}I)^{-1}$ 有界. 因此 $\bar{\lambda}\in\sigma_{r,1}(JHJ)\cup\rho(JHJ)$. 由引理 4.4.1, 可知当 $\sigma_r(H)=\emptyset$ 时, $\sigma_r(JHJ)=\emptyset$, 从而 $\sigma_{r,1}(JHJ)=\emptyset$, 这就意味着 $\bar{\lambda}\in\rho(JHJ)$.

因此对任意的 $x^*\in\mathscr{D}(H^*)$, 存在 $x\in\mathscr{D}(JHJ)$ 使得

$$(JHJ-\bar{\lambda}I)x=(H^*-\bar{\lambda}I)x^*.$$

考虑 $(H^*-\bar{\lambda}I)|_{\mathscr{D}(JHJ)}=JHJ-\bar{\lambda}I$, 即得 $(H^*-\bar{\lambda}I)(x-x^*)=0$. 再由 $H^*-\bar{\lambda}I$ 是单射, 知 $x-x^*=0$, 即, $x^*=x\in\mathscr{D}(JHJ)$. 因此 $\mathscr{D}(H^*)\subseteq\mathscr{D}(JHJ)$, 综上所述知 $JH=(JH)^*$. ∎

注 4.4.1 由定理4.4.2 的证明过程可知, 条件 $\sigma_r(H)=\emptyset$ 可替换成 $\sigma_{r,1}(H)=\emptyset$ 或 $\sigma_{r,1}(JHJ)=\emptyset$.

定理 4.4.3 设 $H=\begin{bmatrix}A & B\\ C & -A^*\end{bmatrix}:\mathscr{D}(H)\subset X\times X\to X\times X$ 是闭无穷维 Hamilton 算子, 如果 $\rho(JH)\neq\emptyset$ 且 $\sigma_r(JH)=\emptyset$, 则 $(JH)^*=JH$.

证明 令 $\lambda\in\rho((JH)^*)$, 则可以断言 $\lambda\in\rho(JH)$. 事实上, $\lambda\notin\sigma_p(JH)$ 是显然的. 否则, 考虑 $JH\subset(JH)^*$, 与 $\lambda\in\rho((JH)^*)$ 矛盾.

假定 $\lambda\in\sigma_c(JH)$, 则考虑算子 JH 是闭的, $(JH-\lambda)^{-1}$ 无界. 另一方面, 由于 $\lambda\in\rho((JH)^*)$, 存在 $M>0$ 使得对任意的 $x\in\mathscr{D}((JH)^*)$ 有

$$\|((JH)^*-\lambda I)x\|\geqslant M\|x\|.$$

由于 $(JH)^*|_{\mathscr{D}(JH)}=JH$, 于是

$$\|(JH-\lambda I)x\|\geqslant M\|x\|$$

对全体 $x\in\mathscr{D}(JH)$ 成立, 这蕴含 $(JH-\lambda I)^{-1}$ 有界, 这与无界矛盾. 于是, $\lambda\notin\sigma_c(JH)$. 再考虑 $\sigma_r(JH)=\emptyset$, 即得 $\lambda\in\rho(JH)$.

任取 $x^* \in \mathscr{D}((JH)^*)$, 考虑 $JH-\lambda I$ 是满射, 存在 $x \in \mathscr{D}(JH)$ 使得

$$(JH-\lambda I)x = ((JH)^* - \lambda I)x^*,$$

由于 $(JH)^*|_{\mathscr{D}(JH)} = JH$, 于是有

$$((JH)^* - \lambda I)(x - x^*) = 0,$$

由于 $\lambda \in \rho((JH)^*)$, 故 $x - x^* = 0$, 这蕴含 $x^* \in \mathscr{D}(JH)$, 即 $(JH)^* \subset JH$. 结论证毕. ▮

4.4.3 运用无穷维 Hamilton 算子的可逆性刻画辛自伴性

引理 4.4.2 设 T 是对称算子, 如果存在 $\lambda \in \mathbb{R}$ 使得 $\lambda \in \rho(T)$, 则 T 是自伴算子.

证明 只需证明 $\mathscr{D}(T^*) \subset \mathscr{D}(T)$ 即可. 如果存在 $\lambda \in \mathbb{R}$ 使得 $\lambda \in \rho(T)$, 则 $\lambda \in \rho(T^*)$. 令 $x^* \in \mathscr{D}(T^*)$, 由于 $\mathcal{R}(T-\lambda I) = X$, 存在 $x \in \mathscr{D}(T)$ 使得

$$(T^* - \lambda I)x^* = (T - \lambda I)x.$$

因为 $T^*|_{\mathscr{D}(T)} = T$, 于是 $(T^* - \lambda I)x^* = (T^* - \lambda I)x$, 即 $(T^* - \lambda I)(x^* - x) = 0$. 考虑 $\lambda \in \rho(T^*)$, 即得 $x^* = x$, 从而 $\mathscr{D}(T^*) \subset \mathscr{D}(T)$ 成立. ▮

定理 4.4.4 设 $H = \begin{bmatrix} A & B \\ C & -A^* \end{bmatrix} : \mathscr{D}(H) \subset X \times X \to X \times X$ 是无穷维 Hamilton 算子, 如果 $0 \in \rho(H)$, 则 $(JH)^* = JH$.

证明 当 $0 \in \rho(H)$ 时, 易得 $0 \in \rho(JH)$. 而 JH 是对称算子, 由引理 4.4.2, 得 $(JH)^* = JH$. ▮

推论 4.4.1 设 $H = \begin{bmatrix} A & B \\ C & -A^* \end{bmatrix} : \mathscr{D}(A) \times \mathscr{D}(A^*) \to X \times X$ 是无穷维 Hamilton 算子, 如果存在 $M > 0$, 使得对任意的 $\begin{bmatrix} x & y \end{bmatrix}^T \in \mathscr{D}(H)$ 有

$$|(By, y) + (Cx, x)| \geqslant M \| \begin{bmatrix} x \\ y \end{bmatrix} \|^2,$$

且 $0 \in \rho(A)$, 算子 $I + (CA^{-1}B(A^*)^{-1})^*$ 是单射, 则 $(JH)^* = JH$.

证明 由定理 2.5.11 知 $0 \in \rho(H)$, 再由定理 4.4.4 即得 $(JH)^* = JH$. ∎

推论 4.4.2 设 $H = \begin{bmatrix} A & B \\ C & -A^* \end{bmatrix} : \mathscr{D}(C) \times \mathscr{D}(B) \to X \times X$ 是无穷维 Hamilton 算子, 如果存在 $M > 0$ 使得对任意的 $\begin{bmatrix} x & y \end{bmatrix}^T \in \mathscr{D}(H)$ 有

$$|(By, y) + (Cx, x)| \geqslant M \| \begin{bmatrix} x \\ y \end{bmatrix} \|^2,$$

且算子 $I + (AC^{-1}A^*B^{-1})^*$ 是单射, 则 $(JH)^* = JH$.

证明 由定理 2.5.12, 得知 $0 \in \rho(H)$, 再由定理 4.4.4, 即得 $(JH)^* = JH$. ∎

第五章 无穷维 Hamilton 算子数值域理论

5.1 数值域及其定义

二次型的系统研究起源于对二次曲线和二次曲面的分类问题的讨论, Hilbert, Hellinger, Toeplitz 和 Hausdorff 等数学家都曾系统地研究过二次型. 经典的实二次型是形如

$$f(x) = x^T Ax \tag{5.1.1}$$

的 n 元函数, 其中 x^T 是向量 x 的转置, A 是实对称矩阵. 二次型在数学及其他学科中有非常广泛的应用. 比如, 数论领域的 Fermat 定理、群论领域的 Witt 定理、微分几何中的 Riemann 度规和 Lie 代数中的 Cartan 型等均与二次型有关. 除了二次型以外, 需要提及的另一个重要的数学概念是 Rayleigh 商. Rayleigh 商是形如

$$R(A, x) = \frac{x^* Ax}{x^* x}, x \neq 0 \tag{5.1.2}$$

的多元函数, 它在泛函分析中的 min-max 定理、Poincaré 分离定理以及 Sturm-Liouville 问题中具有重要应用. 然而, 把式 (5.1.1), 式 (5.1.2) 推广到无穷维复 Hilbert 空间后得到集合

$$W(A) = \left\{ \frac{(Ax, x)}{(x, x)} : x \neq 0 \right\}. \tag{5.1.3}$$

由式 (5.1.3) 定义的集合 $W(A)$ 就称为 Hilbert 空间中有界线性算子 A 的数值域. 所以, Hilbert 空间中有界线性算子的数值域是二次型和 Rayleigh 商从有限维到无穷维在逻辑上的推广, 具有深厚的理论基础. 当 A 是无界线性算

子时, 数值域定义为

$$W(A)=\{\frac{(Ax,x)}{(x,x)}:x\neq 0,x\in\mathscr{D}(A)\}. \tag{5.1.4}$$

与线性算子的谱集一样, Hilbert 空间中线性算子的数值域也是复平面的子集, 它也蕴含有关线性算子的相关信息, 甚至能够提供谱集不能提供的一些信息. 比如, 一个线性算子的数值域是实数集蕴含该线性算子是对称算子, 而谱集是实数不一定是对称算子. 从学术研究角度来讲, 线性算子数值域的研究涉及纯理论和应用科学的诸多分支, 诸如算子理论、泛函分析、C^*-代数、Banach 代数、数值分析、扰动理论、控制论以及量子物理, 等等. 此外, 关于线性算子数值域的研究方法也十分丰富, 代数、分析、几何、组合理论、计算机编程都是非常有用的研究工具. 因此, 线性算子数值域以及相关问题的研究受到了诸多学者的广泛关注. 下面是关于数值域的一些例子.

例 5.1.1 设 X 是 Hilbert 空间, I 是 X 中的单位算子, 定义 Hilbert 空间 $X\times X$ (不混淆的前提下, 其内积仍然记为 $(\cdot)$) 中的分块算子矩阵

$$T=\begin{bmatrix}0 & I\\ 0 & 0\end{bmatrix},$$

则 $W(T)=\{\lambda\in\mathbb{C}:|\lambda|\leqslant\frac{1}{2}\}$. 事实上, 令 $x=\begin{bmatrix}f & g\end{bmatrix}^T\in X\times X,\|f\|^2+\|g\|^2=1$, 则

$$(Tx,x)=(g,f).$$

注意到,

$$|(g,f)|\leqslant\|g\|\|f\|\leqslant\frac{1}{2}(\|g\|^2+\|f\|^2)=\frac{1}{2}.$$

于是 $W(T)\subset\{\lambda\in\mathbb{C}:|\lambda|\leqslant\frac{1}{2}\}$.

另一方面, 对任意的 $\lambda=re^{\mathrm{i}\theta},0\leqslant r\leqslant\frac{1}{2}$, 取 $x=\begin{bmatrix}f\cos\alpha & fe^{\mathrm{i}\theta}\sin\alpha\end{bmatrix}^T\in X\times X$, 其中 $\sin(2\alpha)=2r\leqslant 1,0\leqslant\alpha\leqslant\frac{\pi}{4}$, $f\in X$ 且 $\|f\|=1$, 则 $\|x\|=1$ 且

$$(Tx,x)=(fe^{\mathrm{i}\theta}\sin\alpha,f\cos\alpha)=re^{\mathrm{i}\theta}.$$

于是 $W(T)=\{\lambda\in\mathbb{C}:|\lambda|\leqslant\frac{1}{2}\}$.

例 5.1.2 设 $X=\ell^2$, 即满足 $\sum_{i=1}^{\infty}|x_i|^2<\infty$ 的复值数列 $x=(x_1,x_2,\cdots)$ 的全体. 内积定义为

$$(x,y)=\sum_{i=1}^{\infty}x_i\overline{y_i}, x=(x_1,x_2,\cdots), y=(y_1,y_2,\cdots)\in X.$$

空间 X 中的位移算子 S_l 定义为

$$S_l x=:(x_2,x_3,\cdots),$$

则 $W(T)=\{\lambda\in\mathbb{C}:|\lambda|<1\}$. 事实上, 对任意的 $x=(x_1,x_2,\cdots)\in X, \|x\|=1$ 有

$$(S_l x,x)=x_2\overline{x_1}+x_3\overline{x_2}+\cdots+x_n\overline{x_{n-1}}+\cdots.$$

注意到 $|x_1|^2+|x_2|^2+\cdots=1$, 不妨设 $|x_1|\neq 0$, 则

$$\begin{aligned}|(S_l x,x)|&\leqslant|x_2||x_1|+|x_3||x_2|+\cdots+|x_n||x_{n-1}|+\cdots\\&\leqslant\frac{1}{2}(|x_1|^2+2|x_2|^2+\cdots+2|x_n|^2+\cdots)\\&<\frac{1}{2}(2-|x_1|^2).\end{aligned}$$

从而, $W(S_l)\subset\{\lambda\in\mathbb{C}:|\lambda|<1\}$.

另一方面, 对任意的 $\lambda=re^{\mathrm{i}\theta}, 0\leqslant r<1$, 取

$$x=(\sqrt{1-r^2}, r\sqrt{1-r^2}e^{\mathrm{i}\theta}, r^2\sqrt{1-r^2}e^{2\mathrm{i}\theta},\cdots),$$

则

$$\|x\|^2=1-r^2+r^2(1-r^2)+r^4(1-r^2)+\cdots=1,$$

而且

$$\begin{aligned}(S_l x,x)&=e^{\mathrm{i}\theta}r(1-r^2)+e^{\mathrm{i}\theta}r^3(1-r^2)+\cdots\\&=re^{\mathrm{i}\theta}.\end{aligned}$$

于是, $W(S_l)=\{\lambda\in\mathbb{C}:|\lambda|<1\}$.

根据数值域的定义, 容易得到下列性质.

性质 5.1.1 设 T 是 Hilbert 空间 X 中有界线性算子, 则数值域 $W(T)$ 是有界集.

证明 当 T 是有界线性算子时, 考虑

$$|(Tx,x)| \leqslant \|T\| \cdot \|x\|^2,$$

即得数值域 $W(T)$ 是有界集. ▮

注 5.1.1 当线性算子 T 是 Hilbert 空间中的无界线性算子时, 其定义域不一定是全空间, 数值域 $W(T)$ 定义为

$$W(T) = \{(Tx,x) : x \in \mathcal{D}(T), (x,x) = 1\}.$$

对无界线性算子而言, 它的数值域不一定是有界集, 甚至有可能是全平面. 比如, 令

$$AC[0,1] = \{x(t) \in L^2[0,1] : x(t) \text{ 在 } [0,1] \text{ 上绝对连续且 } x'(t) \in L^2[0,1]\}.$$

定义线性算子

$$Tx(t) = \mathrm{i}x'(t),$$

其中

$$\mathscr{D}(T) = \{x(t) : x(t) \in AC[0,1]\}.$$

对任意的 $\lambda \in \mathbb{C}$, 取 $x(t) = e^{-\mathrm{i}\lambda t}$, 则 $x(t) \in \mathscr{D}(T), \|x(t)\| = 1$ 且

$$\begin{aligned}(Tx,x) &= \int_0^1 \mathrm{i}x'(t)\overline{x(t)}\mathrm{d}t \\ &= \int_0^1 \mathrm{i}(-\mathrm{i}\lambda)e^{-\mathrm{i}\lambda t}e^{\mathrm{i}\lambda t}\mathrm{d}t \\ &= \lambda,\end{aligned}$$

即 $W(T) = \mathbb{C}$.

下列性质说明线性算子数值域具有一定的平移性且在酉变换下保持不变.

性质 5.1.2 设T, S是 Hilbert 空间 X 中线性算子 (不一定有界), 则

(i) $W(\alpha T+\beta I)=\alpha W(T)+\beta$;

(ii) $W(T+S)\subset W(T)+W(S)$;

(iii) 如果 $\mathcal{R}(U)\subset \mathscr{D}(T)$, 则 $W(U^*TU)=W(T)$, 其中 U 是酉算子;

(iv) 如果 $\mathscr{D}(T)=\mathscr{D}(T^*)$, 则 $\lambda\in W(T)$ 当且仅当 $\overline{\lambda}\in W(T^*)$;

(v) 如果 $\mathscr{D}(T)=\mathscr{D}(T^*)$, 则 $W(Re(T))=Re(W(T))$ 且 $W(Im(T))=Im(W(T))$, 其中 $Re(T)=\frac{T+T^*}{2}$, $Im(T)=\frac{T-T^*}{2\mathrm{i}}$.

注 5.1.2 当$\mathscr{D}(T)\neq\mathscr{D}(T^*)$ 时, 性质5.1.2 (iv) 不一定成立. 比如, 定义线性算子

$$Tx(t)=\mathrm{i}x'(t),$$

其中

$$\mathscr{D}(T)=\{x(t)\in L^2[0,1]:x(t)\in AC[0,1],x'(t)\in L^2[0,1]\},$$

则由注 5.1.1 可知 $W(T)=\mathbb{C}$. 另一方面, 经计算易得

$$T^*x(t)=ix'(t),$$

其中

$$\mathscr{D}(T^*)=\{x(t)\in L^2[0,1]:x(t)\in AC[0,1],x'(t)\in L^2[0,1],x(0)=x(1)=0\}.$$

于是,对任意的$x(t)\in\mathcal{D}(T^*)$ 有

$$\begin{aligned}(T^*x,x)&=\int_0^1\mathrm{i}x'(t)\overline{x(t)}\mathrm{d}t\\&=\mathrm{i}x(t)\overline{x(t)}|_0^1-\mathrm{i}\int_0^1x(t)\overline{x'(t)}\mathrm{d}t\\&=\int_0^1x(t)\overline{\mathrm{i}x'(t)}\mathrm{d}t\\&=(x,T^*x).\end{aligned}$$

这说明, $W(T^*)\subset\mathbb{R}$. 所以, 存在 $\lambda\in W(T)$ 使得 $\overline{\lambda}\notin W(T^*)$.

定理 5.1.1 Hilbert 空间 X 中线性算子 T (不一定有界) 的数值域 $W(T)$ 是凸集.

证明 由性质 5.1.2, 不妨设 $(Tx_1, x_1) = 0, (Tx_2, x_2) = 1$, $\|x_i\| = 1, i = 1, 2$. 令 $x = \alpha x_1 + \beta x_2, \alpha, \beta \in \mathbb{R}$, 为了证明 $W(T)$ 是凸集, 对任意的 $t \in (0, 1)$, 只要能够找到 $\alpha, \beta \in \mathbb{R}$ 使得

$$\|x\|^2 = \alpha^2 + \beta^2 + 2\alpha\beta Re(x_1, x_2) = 1, \tag{5.1.5}$$

且

$$(Tx, x) = \beta^2 + \alpha\beta[(Tx_1, x_2) + (Tx_2, x_1)] = t \tag{5.1.6}$$

即可. 令 $B(x_1, x_2) = (Tx_1, x_2) + (Tx_2, x_1)$, 如果 $B(x_1, x_2) \in \mathbb{R}$, 则考虑 $|Re(x_1, x_2)| \leqslant 1$, 系统 (5.1.5) 和系统 (5.1.6) 描述的是一个椭圆 (与坐标轴的交点是 $(1, 0)$, $(0, 1)$, $(-1, 0)$, $(0, -1)$) 和一个双曲线 (与坐标轴的交点是 $(0, \sqrt{t})$, $(0, -\sqrt{t})$), 显然有交点. 当 $B(x_1, x_2) \notin \mathbb{R}$ 时, 可以适当选择 x_1 使得 $B(x_1, x_2) \in \mathbb{R}$. 事实上, 令 $x_1' = \mu x_1$, 其中 $\mu = a + \mathrm{i}b$,

$$|a|^2 + |b|^2 = 1, \tag{5.1.7}$$

且

$$Im(B(x_1', x_2)) = aIm(B(x_1, x_2)) + bRe((Tx_1, x_2) - (Tx_2, x_1)) = 0. \tag{5.1.8}$$

显然, 系统 (5.1.7) 和系统 (5.1.8) 描述的是圆心在原点的圆和过原点直线, 从而有公共交点. 综上所述 $W(T)$ 是凸集. ▮

对于 Hilbert 空间中线性算子而言, 数值域的一个重要性质是数值域包含点谱和剩余谱. 如果是有界线性算子, 则数值域闭包包含谱集.

引理 5.1.1 设 T 是 Hilbert 空间 X 中的线性算子, 则

(i) $Conv(\sigma_p(T)) \subset W(T)$ 且 $Conv(\sigma_{ap}(T)) \subset \overline{W(T)}$;

(ii) 如果 $\mathscr{D}(T^*) \subset \mathscr{D}(T)$, 则 $Conv(\sigma_p(T) \cup \sigma_r(T)) \subset W(T)$ 且 $Covn(\sigma(T)) \subset \overline{W(T)}$;

(iii) 如果 $\sigma(T)) \subset \overline{W(T)}$, 则对任意的 $\lambda \notin \overline{W(T)}$ 有 $\|(T - \lambda I)^{-1}\| \leqslant \frac{1}{dist(\lambda, W(T))}$.

证明 (i) 令 $\lambda \in \sigma_p(T)$, 则由点谱的定义, 存在 $x \neq 0$ 使得 $Tx = \lambda x$, 两边与 x 作内积得

$$\lambda = \frac{(Tx, x)}{(x, x)},$$

即, $\sigma_p(T) \subset W(T)$. 考虑数值域的凸性, 即得 $Conv(\sigma_p(T)) \subset W(T)$. 当 $\lambda \in \sigma_{ap}(T)$ 时, 存在 $\|x_n\| = 1, n = 1, 2, \cdots$ 使得当 $n \to \infty$ 时

$$(T - \lambda I)x_n \to 0,$$

即 $(Tx_n, x_n) \to \lambda$, 从而 $\sigma_{ap}(T) \subset \overline{W(T)}$.

(ii) 当 $\lambda \in \sigma_r(T)$ 时, 由引理 2.1.2, 可知 $\overline{\lambda} \in \sigma_p(T^*)$, 从而 $\overline{\lambda} \in W(T^*)$. 再考虑 $\mathscr{D}(T^*) \subset \mathscr{D}(T)$, 即得 $\lambda \in W(T)$. 于是 $Conv(\sigma_p(T) \cup \sigma_r(T)) \subset W(T)$. 考虑

$$\sigma(T) = \sigma_r(T) \cup \sigma_{ap}(T),$$

再由结论 (i) 即得 $Covn(\sigma(T)) \subset \overline{W(T)}$.

(iii) 对任意的 $x \in \mathscr{D}(T), \|x\| = 1$ 有

$$\begin{aligned}\|(T - \lambda I)x\| &\geqslant |(Tx, x) - \lambda| \\ &\geqslant \inf\{|w - \lambda| : w \in W(T)\} \\ &= dist(\lambda, W(T)).\end{aligned}$$

于是, 结论成立. ▮

令 S, T 为 Hilbert 空间 X 中的有界线性算子, 则称

$$[S, T] = ST - TS$$

为 S, T 的换位子. 特别地, $[T^*, T] = T^*T - TT^*$ 称为 T 的自换位子. 换位子 (commutator) 在 Lie 代数以及群论领域具有十分重要的地位. 比如, Lie 括号就是换位子. 此外, 在算子理论领域, 正规 (或正常) 算子、亚正规 (或亚正常) 算子或者半正规 (或半正常) 算子均可由线性算子的自换位子来定义, 并且大家所熟知的自伴算子 ($T = T^*$) 以及酉算子 ($TT^* = T^*T = I$) 的自换

位子均等于零. 于是, 有界线性算子换位子不仅有深厚的理论意义, 而且有广泛的实际应用背景.

定义 5.1.1 设 T 是 Hilbert 空间 X 中的有界线性算子, 如果 $T^*T \geqslant TT^*$ (即, $[T^*,T] \geqslant 0$ 或者 $(T^*Tx,x) \geqslant (TT^*,x)$), 则称 T 是亚正规算子 ; 如果 T 是亚正规算子或者 T^* 是亚正规算子 (即, $T^*T \geqslant TT^*$ 或者 $T^*T \leqslant TT^*$), 则称 T 是半正规算子 . 特别地, 如果 $T^*T = TT^*$(即, $[T^*,T] = 0$), 则称 T 是正规(或正常)算子 .

注 5.1.3 显然,非负算子 $\subset$ 自伴算子 $\subset$ 正规算子 $\subset$ 亚正规算子 $\subset$ 半正规算子. 此外, 还可以定义 p-亚正规算子 ($(T^*T)^p \geqslant (TT^*)^p$, 其中 $0 < p \leqslant 1$) 以及 log-亚正规算子, 即, T 可逆且 $\log(T^*T) \geqslant \log(TT^*)$ 等概念. 又因为, 对任意的 $\alpha, \beta \in \mathbb{C}$,

$$[(\alpha T + \beta I)^*, \alpha T + \beta I] = |\alpha|^2 [T^*, T].$$

于是 $\alpha T + \beta I$ 是正规算子、亚正规算子或半正规算子当且仅当 T 是正规算子、亚正规算子或半正规算子.

定义 5.1.2 z 称为复平面上点集 S 的极点 , 如果 $z \in S$ 且存在一个闭半平面使得除了 z 以外不含 S 的其他点. S 的全体极点记为 $Ex(S)$.

注 5.1.4 极点显然是边界点, 而且存在通过该点的一条支撑线使得集合完全位于支撑线一侧. 比如, 单位圆盘的全体边界点均是极点, 每条切线均是支撑线.

定义 5.1.3 z 称为复平面上点集 S 的角点 , 如果 $z \in \overline{S}$ 且存在一个以 z 为顶点、半顶角小于 $\frac{\pi}{2}$ 的半锥包含集合 S.

注 5.1.5 角点显然是边界点, 如果角点属于该集合,则也是极点, 而且存在通过该点的两条相交的支撑线使得集合完全位于两条支撑线所包围的区域.

定理 5.1.2 设 T 是 Hilbert 空间 X 中的半正规算子, 则

(i) $\overline{W(T)} = Conv(\sigma(T))$;

(ii) $W(T)$ 的极点是 T 的特征值;

(iii) $W(T)$ 闭的充分必要条件是 $Conv(\sigma(T))$ 的极点属于点谱.

证明 (i) 根据谱包含关系, 只需证明 $\overline{W(T)} \subset Conv(\sigma(T))$ 即可. 当 T 是亚正规算子时, 设 L 是 $Conv(\sigma(T))$ 的任意一条支撑线. 由于亚正规性质对平移是封闭的, 不妨设 L 就是虚轴且 $Conv(\sigma(T))$ 位于 L 的左侧. 要证 $\overline{W(T)} \subset Conv(\sigma(T))$, 只需证对任意的 $a + \mathrm{i}b \in W(T)$ 有 $a \leqslant 0$ 即可. 假设不然, 则存在 $\|x\| = 1, Tx = (a + \mathrm{i}b)x + y, (x, y) = 0, a > 0$. 根据定理 5.1.1, 对任意的 $c > 0$ 有

$$c^2 \leqslant \|(T - cI)x\|^2 = (a - c)^2 + b^2 + \|y\|^2,$$

即

$$2ac \leqslant a^2 + b^2 + \|y\|^2,$$

这对于充分大的 c 是不可能的.

当 T^* 是亚正规算子时, 根据上述证明 $\overline{W(T^*)} \subset Conv(\sigma(T^*))$, 从而也能得

$$\overline{W(T)} \subset Conv(\sigma(T)).$$

于是, 结论得证.

(ii) 不妨设 $0 \in Ex(W(T))$ 且 $Re(Tx, x) \leqslant 0$, 则 $-T - T^* \geqslant 0$. 由 $(Tx_0, x_0) = 0$, 可知

$$(T^*x_0, x_0) = 0,$$

从而

$$((-T - T^*)x_0, x_0) = 0.$$

再由 $-T - T^* \geqslant 0$, 即得

$$Tx_0 = -T^*x_0.$$

令 $N = \{x : Tx = -T^*x\}$, 则 $T|_N$ 是反自伴算子, 从而 $W(T|_N) \subset \mathrm{i}\mathbb{R}$. 又因为, $W(T|_N) \subset W(T)$ 且 $W(T) \cap \mathrm{i}\mathbb{R} = \{0\}$, 故 $W(T|_N) = \{0\}$, 从而 $T|_N = 0$ 且 $Tx = T|_N x = 0$, 即 $0 \in \sigma_p(T)$.

(iii) 当 $W(T)$ 为闭集时 $W(T)=\overline{W(T)}$, 从而 $W(T)=Conv(\sigma(T))$ 且 $Conv(\sigma(T))$ 的极点就是 $W(T)$ 的极点, 由 (ii) 即得 $Conv(\sigma(T))$ 的极点属于点谱.

当 $Conv(\sigma(T))$ 的极点属于点谱时, 考虑点谱包含于数值域, 故 $Conv(\sigma(T))\subset W(T)$, 由 (i) 得 $W(T)=\overline{W(T)}$, 即 $W(T)$ 为闭集. ▮

推论 5.1.1 设 T 是 Hilbert 空间 X 中的亚正规算子, 或者正规算子, 或者酉算子, 或者自伴算子, 则

(i) $\overline{W(T)}=Conv(\sigma(T))$;

(ii) $W(T)$ 的极点是 T 的特征值;

(iii) $W(T)$ 闭的充分必要条件是 $Conv(\sigma(T))$ 的极点属于点谱.

证明 根据定义, 亚正规算子, 或者正规算子, 或者酉算子, 或者自伴算子必是半正规算子, 于是由定理 5.1.2, 结论得证. ▮

推论 5.1.2 设 T 是酉算子, 则 $W(T)$ 闭的充分必要条件是 $\sigma_c(T)=\emptyset$.

证明 由于酉算子的谱点分布在单位圆周上, 所以 $Conv(\sigma(T))$ 极点集就是 $\sigma(T)$. 又因为酉算子的剩余谱为空集, 从而 $\sigma(T)=\sigma_p(T)$ 当且仅当 $\sigma_c(T)=\emptyset$. 因此, 由定理 5.1.2, 结论证毕. ▮

推论 5.1.3 设 T 是有界自伴算子且 $\sigma(T)=[m,M]$, 则 $m,M\in\sigma_p(T)$.

证明 由于 m,M 是 $Conv(\sigma(T))$ 的极点, 由定理 5.1.2, 结论证毕. ▮

推论 5.1.4 设 T 是有界半正规算子且 X 是可分 Hilbert 空间, 则 $W(T)$ 有至多可数个极点.

证明 当 T 是有界亚正规算子时, 不同特征值对应的特征向量正交. 又因为 X 是可分的, 有至多可数个正交基, 故 T 有至多可数个特征值, 从而再由定理 5.1.2, 可知 $W(T)$ 有至多可数个极点. 当 T^* 是亚正规算子时, 同理 $W(T^*)$ 有至多可数个极点. 然而, $\lambda\in W(T)$ 当且仅当 $\overline{\lambda}\in W(T^*)$, 于是 $W(T)$ 也有至多可数个极点. ▮

推论 5.1.5 设 T 是有界半正规算子, 则 T 是自伴算子当且仅当 $\sigma(T)\subset\mathbb{R}$.

证明 当 T 是自伴算子时, $\sigma(T)\subset\mathbb{R}$ 的证明是平凡的. 反之, 由定理

5.1.2, 可知 $\overline{W(T)} = Conv(\sigma(T)) \subset \mathbb{R}$, $W(T) \subset \mathbb{R}$, 从而 T 是自伴算子. ▮

定理 5.1.3 设 T 是有界半正规算子且 $AT = T^*A$, 其中 $0 \notin \overline{W(A)}$, 则 T 是自伴算子.

证明 不妨设 T 是亚正规算子, 根据推论 5.1.2, 只需证明 $\sigma(T) \subset \mathbb{R}$ 即可. 由于 $0 \notin \overline{W(A)}$, A 可逆 $ATA^{-1} = T^*$, 故

$$\sigma(T) = \sigma(T^*).$$

考虑 $\sigma_r(T^*) = \emptyset$, 即得

$$\sigma_{ap}(T^*) = \sigma(T) = \sigma(T^*).$$

假定存在 $\lambda \neq \overline{\lambda}$ 使得 $\lambda \in \sigma(T)$, 则存在 $\{x_n\}_{n=1}^{\infty}, \|x_n\| = 1, n = 1, 2, \cdots$, 使得

$$\|(T^* - \overline{\lambda}I)x_n\| \leqslant \|(T - \lambda I)x_n\| \to 0.$$

因为 $\|(T^* - \overline{\lambda}I)x_n\| = \|A(T - \overline{\lambda}I)A^{-1}x_n\|$, 故 $\|(T - \overline{\lambda}I)A^{-1}x_n\| \to 0$. 令 $y_n = \frac{A^{-1}x_n}{\|A^{-1}x_n\|}$, 则 $\|y_n\| = 1, n = 1, 2, \cdots$, 由定理 5.1.1 可知当 $\lambda \neq \overline{\lambda}$ 时

$$(Ay_n, y_n) = \frac{(x_n, A^{-1}x_n)}{\|A^{-1}x_n\|^2} \to 0,$$

这与 $0 \notin \overline{W(A)}$ 矛盾, 于是 $\sigma(T) \subset \mathbb{R}$. ▮

引理 5.1.2 设 T 是稠定线性算子, 如果 $W(T) \neq \mathbb{C}$, 则 T 是可闭算子.

证明 考虑 $W(T) \neq \mathbb{C}$ 且 $W(T)$ 是凸集, 不妨设

$$W(T) \subset \{\lambda \in \mathbb{C} : Re(\lambda) \geqslant 0\}.$$

令 $\{u_n\} \subset \mathscr{D}(T), u_n \to 0$, $Tu_n \to u$, 则对任意的 $v \in \mathscr{D}(T)$ 和 $\lambda > 0$ 有

$$\begin{aligned}
0 &\leqslant Re(T(u_n + \lambda v), u_n + \lambda v) \\
&= Re((Tu_n, u_n) + \lambda(Tu_n, v) + \lambda(Tv, u_n) + \lambda^2(Tv, v)) \\
&\to Re(\lambda(u, v) + \lambda^2(Tv, v)) \\
&= \lambda Re((u, v) + \lambda(Tv, v)).
\end{aligned}$$

于是, 对任意的 $\lambda > 0$ 有 $Re((u,v)+\lambda(Tv,v)) \geqslant 0$, 令 $\lambda \to 0$, 得

$$Re(u,v) \geqslant 0.$$

因为 v 是任意的, 故

$$(u,v) = 0.$$

再由 T 的稠定性得 $u = 0$. 结论证毕. ▮

5.2 无穷维 Hamilton 算子的数值域

5.2.1 无穷维 Hamilton 算子数值域的分布

这一节, 我们将要讨论无穷维 Hamilton 算子的数值域.

定理 5.2.1 令 $H = \begin{bmatrix} A & 0 \\ 0 & -A^* \end{bmatrix} : \mathscr{D}(A) \times \mathscr{D}(A^*) \to X \times X$ 是主对角无穷维 Hamilton 算子, 则 $W(H) = Conv(W(A) \cup W(-A^*))$.

证明 设 $\lambda \in W(A)$, 则存在 $x \in \mathscr{D}(A), \|x\| = 1$, 使得

$$(Ax, x) = \lambda,$$

令 $u = \begin{bmatrix} x & 0 \end{bmatrix}^T$, 则 $u \in \mathscr{D}(H), \|u\| = 1$ 且

$$(Hu, u) = \lambda,$$

即, $W(A) \subset W(H)$. 同理, $W(-A^*) \subset W(A)$, 于是 $(W(A) \cup W(-A^*)) \subset W(H)$, 故 $Conv(W(A) \cup W(-A^*)) \subset W(H)$.

当 $\lambda \in W(H)$ 时, 存在 $\|x\|^2 + \|y\|^2 = 1$, 使得

$$\lambda = (Ax, x) + (-A^*y, y).$$

当 $x = 0$ 或者 $y = 0$ 时, $\lambda \in W(A) \cup W(-A^*)$, 从而 $W(H) \subset Conv(W(A) \cup W(-A^*))$;

当 $x \neq 0$ 且 $y \neq 0$ 时,

$$\lambda = \|x\|^2 \frac{(Ax,x)}{(x,x)} + (1-\|x\|^2)\frac{(-A^*y,y)}{(y,y)},$$

从而 $\lambda \in Conv(W(A) \cup W(-A^*))$, 于是 $W(H) \subset Conv(W(A) \cup W(-A^*))$. 结论证毕. ▮

同理可证下列结论.

定理 5.2.2 令 $H = \begin{bmatrix} A & B \\ C & -A^* \end{bmatrix} : \mathscr{D}(A) \times \mathscr{D}(A^*) \to X \times X$ 是对角占优无穷维 Hamilton 算子, 则 $Conv(W(A) \cup W(-A^*)) \subset W(H)$.

注 5.2.1 从上面的结论, 容易知道当满足 $\mathscr{D}(A^*) \subset \mathscr{D}(A)$ 或者 $\mathscr{D}(A) \subset \mathscr{D}(A^*)$ 时主对角占优无穷维 Hamilton 算子 H 的数值域与虚轴交集非空.

下面将给出一些具体例子来说明定理 5.2.1 的有效性.

例 5.2.1 令无穷维 Hamilton 算子 H 为

$$H = \begin{bmatrix} S_l & 0 \\ 0 & -S_l^* \end{bmatrix},$$

其中算子 S_l 的定义见例 5.1.1. 因为

$$S_l^* x = (0, x_1, x_2, \cdots),$$

故

$$W(A) = W(-A^*) = \{\lambda \in \mathbb{C} : |\lambda| < 1\}.$$

于是, 由定理 5.2.1 可知

$$W(H) = Conv(W(A) \cup W(-A^*)) = \{\lambda \in \mathbb{C} : |\lambda| < 1\}.$$

另一方面, 对任意的 $x = (x_1, x_2, \cdots), y = (y_1, y_2, \cdots) \in X, \|x\|^2 + \|y\|^2 = 1$ 有

$$\left(H \begin{bmatrix} x \\ y \end{bmatrix}, \begin{bmatrix} x \\ y \end{bmatrix}\right) = \sum_{i=1}^{+\infty} x_{i+1} x_i - \sum_{i=1}^{+\infty} y_i y_{i+1}.$$

注意到 $|x_1|^2+|x_2|^2+\cdots=1$, 不妨设 $|x_1|\neq 0$ 或 $|y_1|\neq 0$, 则

$$\begin{aligned}\left|\left(H\begin{bmatrix}x\\y\end{bmatrix},\begin{bmatrix}x\\y\end{bmatrix}\right)\right| &\leqslant |x_2||x_1|+|x_3||x_2|+\cdots+|y_1||y_2|+|y_2||y_3|+\cdots\\ &\leqslant \frac{1}{2}(|x_1|^2+2|x_2|^2+\cdots+|y_1|^2+2|y_2|^2+\cdots)\\ &\leqslant \frac{1}{2}(2-|x_1|^2-|y_1|^2).\end{aligned}$$

从而, $W(H)\subset\{\lambda\in\mathbb{C}:|\lambda|<1\}$. 反之, 对任意的 $\lambda=re^{\mathrm{i}\theta},0\leqslant r<1$, 取

$$u=\begin{bmatrix}x\\0\end{bmatrix},$$

其中

$$x=(\sqrt{1-r^2},r\sqrt{1-r^2}e^{\mathrm{i}\theta},r^2\sqrt{1-r^2}e^{2\mathrm{i}\theta},\cdots),$$

则

$$\|u\|^2=1-r^2+r^2(1-r^2)+r^4(1-r^2)+\cdots=1,$$

而且

$$\begin{aligned}(Hu,u)&=e^{\mathrm{i}\theta}r(1-r^2)+e^{\mathrm{i}\theta}r^3(1-r^2)+\cdots\\ &=re^{\mathrm{i}\theta}.\end{aligned}$$

于是, $W(H)=\{\lambda\in\mathbb{C}:|\lambda|<1\}$. 这与由定理 5.2.1 得到的结论完全吻合.

例 5.2.2 令 $X=L^2[0,\infty)$, $A=\frac{\mathrm{d}}{\mathrm{d}t}$, $Ax=\frac{\mathrm{d}x}{\mathrm{d}t}$,

$$\mathscr{D}(A)=\{x\in X:x\text{ 绝对连续},x'\in X,x(0)=0\},$$

则 $A^*=-\frac{\mathrm{d}}{\mathrm{d}t}$,

$$\mathscr{D}(A^*)=\{x\in X:x\text{ 绝对连续},x'\in X\}.$$

令无穷维 Hamilton 算子

$$H=\begin{bmatrix}A&0\\0&-A^*\end{bmatrix}=\begin{bmatrix}\dfrac{\mathrm{d}}{\mathrm{d}t}&0\\0&\dfrac{\mathrm{d}}{\mathrm{d}t}\end{bmatrix},$$

则对任意的 $u=[x\ \ y]^T\in\mathscr{D}(H), \|u\|=1$ 有

$$2Re(W(Hu,u))=-|y(0)|^2\leqslant 0.$$

另一方面,经计算可得

$$\sigma_p(H)=\{\lambda\in\mathbb{C}:Re(\lambda)<0\}.$$

再考虑 $\sigma_p(H)\subset W(H)$,即得 $W(H)=\{\lambda\in\mathbb{C}:Re(\lambda)\leqslant 0\}$.

下面讨论斜对角无穷维 Hamilton 算子数值域的性质.

定理 5.2.3 设 $H=\begin{bmatrix}0 & B\\ C & 0\end{bmatrix}:\mathscr{D}(C)\times\mathscr{D}(B)\to X\times X$ 是斜对角无穷维 Hamilton 算子,则 $\lambda\in W(H)$ 当且仅当 $-\lambda\in W(H)$. 从而,斜对角无穷维 Hamilton 算子数值域包含原点.

证明 事实上, 令 $\lambda\in W(H)$, 则存在 $u=\begin{bmatrix}f & g\end{bmatrix}^T\in\mathscr{D}(H), \|u\|=1$, 使得

$$(Hu,u)=(Bg,f)+(Cf,g)=\lambda.$$

再令 $v=\begin{bmatrix}f & -g\end{bmatrix}^T$, 则 $v\in\mathscr{D}(H), \|v\|=1$ 且

$$(Hv,v)=-\lambda.$$

当 $-\lambda\in W(H)$ 时, 同理可证 $\lambda\in W(H)$. ∎

下面是斜对角无穷维 Hamilton 算子数值域与它的共轭算子的数值域之间的联系.

定理 5.2.4 设 $H=\begin{bmatrix}0 & B\\ C & 0\end{bmatrix}:\mathscr{D}(C)\times\mathscr{D}(B)\to X\times X$ 是斜对角无穷维 Hamilton 算子,则 $W(H)=W(-H)=W(H^*)=W(-H^*)$.

证明 由定理 2.3.1 可知 H 与 $-H$, H^* 以及 $-H^*$ 酉相似, 从而结论是显然的. ∎

定理 5.2.5 设 $H = \begin{bmatrix} 0 & B \\ C & 0 \end{bmatrix} : \mathscr{D}(C) \times \mathscr{D}(B) \to X \times X$ 是斜对角无穷维 Hamilton 算子, 则

$$\{\lambda \in \mathbb{C} : \lambda^2 \in W(BC) \cup \ W(CB)\} \subset W(H).$$

证明 令 $\lambda^2 \in W(BC)$, 则存在 $f \in \mathscr{D}(BC), \|f\| = 1$ 使得

$$(BCf, f) = \lambda^2.$$

不失一般性, 设 $\lambda \neq 0$, 则 $Cf \neq 0$, 取 $u = \begin{bmatrix} \alpha_1 f & \frac{\alpha_2 Cf}{\|Cf\|} \end{bmatrix}^T$, 其中

$$\alpha_1 = \frac{\lambda}{\sqrt{\|Cf\|^2 + |\lambda|^2}}, \quad \alpha_2 = \frac{\|Cf\|}{\sqrt{\|Cf\|^2 + |\lambda|^2}},$$

则 $u \in \mathscr{D}(H), \|u\| = 1$ 且

$$(Hu, u) = \lambda.$$

于是 $\lambda \in W(H)$. 关于 $\{\lambda \in \mathbb{C} : \lambda^2 \in W(CB)\} \subset W(H)$ 的证明完全类似. ▮

定理 5.2.6 令 $H = \begin{bmatrix} 0 & B \\ C & 0 \end{bmatrix} : \mathscr{D}(C) \times \mathscr{D}(B) \to X \times X$ 是斜对角无穷维 Hamilton 算子, 则 $Conv(W(B+C) \cup W(-B-C)) \subset W(H)$.

证明 令 $U = \frac{1}{\sqrt{2}} \begin{bmatrix} I & I \\ -I & I \end{bmatrix}$, 则 U 是酉算子且满足

$$U^* \begin{bmatrix} 0 & B \\ C & 0 \end{bmatrix} U = \frac{1}{2} \begin{bmatrix} -C-B & -C+B \\ C-B & C+B \end{bmatrix}.$$

于是

$$Conv\left(W\left(\frac{B+C}{2}\right) \cup W\left(\frac{-B-C}{2}\right)\right) \subset W(H).$$

考虑 $C+B$ 是对称算子, 当 $\mathscr{D}(C) \cap \mathscr{D}(B) \neq \{0\}$ 时, $W(C+B) \neq \emptyset$ 且 $\lambda \in W(C+B)$ 当且仅当 $-\lambda \in W(-C-B)$, 从而有 $0 \in W(H)$. ▮

定理 5.2.7 令 $H=\begin{bmatrix} A & B \\ C & -A^* \end{bmatrix}:(\mathscr{D}(A)\cap\mathscr{D}(C))\times(\mathscr{D}(B)\cap\mathscr{D}(A^*))\to$ $X\times X$ 是无穷维 Hamilton 算子,

(i) 如果 $B=C, A=-A^*$, 则 $W(H)=Conv(W(A-C)\cup W(A+C))$;

(ii) 如果 $B=-C, A=-A^*$, 则 $W(H)=Conv(W(A-\mathrm{i}C)\cup W(A+\mathrm{i}C))$.

证明 (i) 令 $U=\frac{1}{\sqrt{2}}\begin{bmatrix} I & I \\ -I & I \end{bmatrix}$, 则 U 是酉算子且满足

$$U^*\begin{bmatrix} A & B \\ C & -A^* \end{bmatrix}U=\begin{bmatrix} A-C & 0 \\ 0 & A+C \end{bmatrix}.$$

于是, $W(H)=Conv(W(A-C)\cup W(A+C))$.

(ii) 令 $U=\frac{1}{\sqrt{2}}\begin{bmatrix} I & \mathrm{i}I \\ \mathrm{i}I & I \end{bmatrix}$, 则 U 是酉算子且满足

$$U^*\begin{bmatrix} A & B \\ C & -A^* \end{bmatrix}U=\begin{bmatrix} A-\mathrm{i}C & -0 \\ 0 & A+\mathrm{i}C \end{bmatrix}.$$

于是, $W(H)=Conv(W(A-\mathrm{i}C)\cup W(A+\mathrm{i}C))$. ∎

对于一般的无穷维 Hamilton 算子

$$H=\begin{bmatrix} A & B \\ C & -A^* \end{bmatrix}:(\mathscr{D}(A)\cap\mathscr{D}(C))\times(\mathscr{D}(B)\cap\mathscr{D}(A^*))\to X\times X,$$

考虑

$$\begin{aligned}&\frac{1}{2}\begin{bmatrix} I & I \\ -I & I \end{bmatrix}^*\begin{bmatrix} A & B \\ C & -A^* \end{bmatrix}\begin{bmatrix} I & I \\ -I & I \end{bmatrix}\\ =&\frac{1}{2}\begin{bmatrix} A-B-C-A^* & A+B-C+A^* \\ A-B+C+A^* & A+B+C-A^* \end{bmatrix}\end{aligned}$$

和

$$W\left(\begin{bmatrix} A & B \\ C & -A^* \end{bmatrix}\right)=\frac{1}{2}W\left(\begin{bmatrix} I & I \\ -I & I \end{bmatrix}^*\begin{bmatrix} A & B \\ C & -A^* \end{bmatrix}\begin{bmatrix} I & I \\ -I & I \end{bmatrix}\right),$$

即得下列结论.

定理 5.2.8 令 $H = \begin{bmatrix} A & B \\ C & -A^* \end{bmatrix} : (\mathscr{D}(A) \cap \mathscr{D}(C)) \times (\mathscr{D}(B) \cap \mathscr{D}(A^*)) \to X \times X$ 是无穷维 Hamilton 算子, 则 $Conv\left(W\left(\frac{A-B-C-A^*}{2}\right) \cup W\left(\frac{A+B+C-A^*}{2}\right)\right) \subset W(H)$.

定理 5.2.9 令 $H = \begin{bmatrix} A & B \\ C & -A^* \end{bmatrix} : (\mathscr{D}(A) \cap \mathscr{D}(C)) \times (\mathscr{D}(B) \cap \mathscr{D}(A^*)) \to X \times X$ 是非负 Hamilton 算子, 则 $ReW(\mathfrak{J}H) \geqslant 0$, 其中 $\mathfrak{J} = \begin{bmatrix} 0 & I \\ I & 0 \end{bmatrix}$.

5.2.2 无穷维 Hamilton 算子数值域的对称性

据我们所知, 当无穷维 Hamilton 算子 H 是辛自伴算子, 即

$$(JH)^* = JH$$

时, 它的谱集关于虚轴对称且点谱和剩余谱的并集也关于虚轴对称, 其中 $J = \begin{bmatrix} 0 & I \\ -I & 0 \end{bmatrix}$. 然而, 对于无穷维 Hamilton 算子的数值域而言, 即使是辛自伴也不一定关于虚轴对称 (见例 5.2.2), 但是 $W(H)$ 与 $W(H^*)$ 关于原点对称.

定理 5.2.10 令 $H = \begin{bmatrix} A & B \\ C & -A^* \end{bmatrix} : (\mathscr{D}(A) \cap \mathscr{D}(C)) \times (\mathscr{D}(B) \cap \mathscr{D}(A^*)) \to X \times X$ 是无穷维 Hamilton 算子, 如果满足

$$(JH)^* = JH,$$

其中 $J = \begin{bmatrix} 0 & I \\ -I & 0 \end{bmatrix}$, 则 $\lambda \in W(H)$ 当且仅当 $-\lambda \in W(H^*)$.

证明 考虑 $H^* = JHJ$ 和 $J^* = J^{-1} = -J$, 结论的证明是显然的. ▮

此时, 自然可以提出的一个问题是辛自伴无穷维 Hamilton 算子的数值域何时关于虚轴对称?

定理 5.2.11 令 $H=\begin{bmatrix} A & B \\ C & -A^* \end{bmatrix}:(\mathscr{D}(A)\cap\mathscr{D}(C))\times(\mathscr{D}(B)\cap\mathscr{D}(A^*))\to X\times X$ 是辛自伴无穷维 Hamilton 算子, 如果 $J\mathscr{D}(H)=\mathscr{D}(H)$, 其中 $J=\begin{bmatrix} 0 & I \\ -I & 0 \end{bmatrix}$, 则 $W(H)$ 关于虚轴对称.

证明 令 $\lambda\in W(H)$, 则存在 $u\in\mathscr{D}(H), \|u\|=1$ 使得

$$(Hu,u)=\lambda.$$

考虑 $H^*=JHJ$ 和 $J^*=J^{-1}=-J$, 得

$$(H^*Ju,Ju)=-\lambda.$$

又因为 $J\mathscr{D}(H)=\mathscr{D}(H)$, 于是 $Ju\in\mathscr{D}(H), \|Ju\|=1$ 且

$$(HJu,Ju)=-\overline{\lambda},$$

即, $-\overline{\lambda}\in W(H)$. 结论证毕. ∎

根据定理 5.3.8, 下面的推论是显然的.

推论 5.2.1 令 $H=\begin{bmatrix} A & B \\ 0 & -A^* \end{bmatrix}:\mathscr{D}(A)\times\mathscr{D}(A^*)\to X\times X$ 是上三角无穷维 Hamilton 算子, 如果 $\mathscr{D}(A)=\mathscr{D}(A^*)$, 则 $W(H)$ 关于虚轴对称.

5.2.3 无穷维 Hamilton 算子数值域的谱包含性质

据我们所知, 有界线性算子的数值域具有谱包含性质, 所以数值域能够刻画谱点分布范围. 对于无界线性算子而言, 数值域只能刻画近似谱点的分布范围, 在一定条件下才能刻画谱点的分布范围. 对无穷维 Hamilton 算子, 即使是辛自伴无穷维 Hamilton 算子的数值域也不一定能刻画谱点分布.

例 5.2.3 令 $X=L^2[0,\infty)$, $A=\frac{\mathrm{d}}{\mathrm{d}t}$, $Ax=\frac{\mathrm{d}x}{\mathrm{d}t}$,

$$\mathscr{D}(A)=\{x\in X: x \text{ 绝对连续}, x'\in X, x(0)=0\},$$

则 $A^* = -\frac{\mathrm{d}}{\mathrm{d}t}$,

$$\mathscr{D}(A^*) = \{x \in X : x\ \text{绝对连续}, x' \in X\}.$$

令无穷维 Hamilton 算子

$$H = \begin{bmatrix} A & 0 \\ 0 & -A^* \end{bmatrix} = \begin{bmatrix} \dfrac{\mathrm{d}}{\mathrm{d}t} & 0 \\ 0 & \dfrac{\mathrm{d}}{\mathrm{d}t} \end{bmatrix},$$

则对任意的 $u = [x\ \ y]^T \in \mathscr{D}(H)$, $\|u\| = 1$ 有

$$2Re(W(Hu, u)) = -|y(0)|^2 \leqslant 0.$$

另一方面, 经计算可得

$$\sigma_p(H) = \{\lambda \in \mathbb{C} : Re(\lambda) < 0\}.$$

再考虑 $(JH)^* = JH$, 即得

$$\sigma_r(H) = \{\lambda \in \mathbb{C} : Re(\lambda) > 0\}.$$

此外, 还有

$$\sigma_c(H) = \{\lambda \in \mathbb{C} : Re(\lambda) = 0\}.$$

于是 $\sigma(H) = \mathbb{C}$. 综上所述, 无穷维 Hamilton 算子 H 的数值域闭包不包含谱集, 即谱包含关系不成立.

首先探讨主对角无穷维 Hamilton 算子数值域谱包含问题.

定理 5.2.12 设 $H = \begin{bmatrix} A & 0 \\ 0 & -A^* \end{bmatrix} : \mathscr{D}(A) \times \mathscr{D}(A^*) \to X \times X$ 是主对角无穷维 Hamilton 算子, 如果

$$(\sigma_{r,1}(A) \cup \sigma_{r,1}(-A^*)) \subset Conv(\overline{W(A)} \cup \overline{W(-A^*)}),$$

则 $\sigma(H) \subset \overline{W(H)}$ 成立.

证明 考虑

$$\sigma(H) = (\sigma_{ap}(A) \cup \sigma_{ap}(-A^*)) \cup (\sigma_{r,1}(A) \cup \sigma_{r,1}(-A^*)),$$
$$\overline{W(H)} = Conv(\overline{W(A)}, \overline{W(-A^*)})$$

和

$$\sigma_{ap}(A) \subset \overline{W(A)}, \sigma_{ap}(-A^*) \subset \overline{W(-A^*)},$$

结论是显然的. ∎

其次探讨斜对角无穷维 Hamilton 算子数值域谱包含问题.

定理 5.2.13 设 $H = \begin{bmatrix} 0 & B \\ C & 0 \end{bmatrix} : \mathscr{D}(C) \times \mathscr{D}(B) \to X \times X$ 是斜对角无穷维 Hamilton 算子, 如果 $\nabla_1 \subset \nabla_2$, 则

$$\sigma(H) \subset \overline{W(H)},$$

其中

$$\nabla_1 = \{\lambda \in \mathbb{C} : \overline{\lambda^2} \in \sigma_{p,1}(CB) \cap \sigma_{p,1}(BC)\},$$
$$\nabla_2 = \{\lambda \in \mathbb{C} : \lambda^2 \in W(BC) \cup \ W(CB)\}.$$

证明 结合推论 2.3.10 和定理 5.2.5, 结论立即得证. ∎

推论 5.2.2 设 $H = \begin{bmatrix} 0 & B \\ C & 0 \end{bmatrix} : \mathscr{D}(C) \times \mathscr{D}(B) \to X \times X$ 是斜对角无穷维 Hamilton 算子, 如果 $\sigma_{p,1}(CB) \cap \sigma_{p,1}(BC) = \emptyset$, 则 $\sigma(H) \subset \overline{W(H)}$.

定理 5.2.14 设 $H = \begin{bmatrix} A & B \\ 0 & -A^* \end{bmatrix} : \mathscr{D}(A) \times \mathscr{D}(A^*) \to X \times X$ 是对角占优上三角无穷维 Hamilton 算子, 如果 $\lambda \in \sigma_{p,1}(A) \cup \sigma_{p,1}(-A^*)$ 蕴含 $-\overline{\lambda} \in Conv(\overline{W(A)} \cup \overline{W(-A^*)})$, 则 $\sigma(H) \subset \overline{W(H)}$ 成立.

证明 考虑

$$\sigma(H) \subset (\sigma_{ap}(A) \cup \sigma_{ap}(-A^*)) \cup (\sigma_{r,1}(A) \cup \sigma_{r,1}(-A^*))$$

和

$$(\sigma_{ap}(A) \cup \sigma_{ap}(-A^*)) \subset (\overline{W(A)} \cup \overline{W(-A^*)}),$$

再由 $Conv(\overline{W(A)} \cup \overline{W(-A^*)}) \subset \overline{W(H)}$ 可知, 结论是显然的. ▮

那么, 一般无穷维 Hamilton 算子何时具有谱包含关系呢?

定理 5.2.15 设 $H = \begin{bmatrix} A & B \\ C & -A^* \end{bmatrix} : \mathscr{D}(H) \subset X \times X \to X \times X$ 是无穷维 Hamilton 算子且满足 $(JH)^* = JH$, 如果 $\sigma_p(H)$ 是空集或者关于虚轴对称, 则 $\sigma(H) \subset \overline{W(H)}$ 成立.

证明 当 $\sigma_p(H)$ 是空集时, 考虑 $(JH)^* = JH$ 有 $\sigma_r(H)$ 空集, 于是 $\sigma(H) \subset \overline{W(H)}$ 成立.

当 $\sigma_p(H)$ 是非空时, 考虑 $\sigma_p(H)$ 关于虚轴对称, 即得 $\sigma_r(H)$ 仍然是空集, 于是 $\sigma(H) \subset \overline{W(H)}$ 成立. ▮

定理 5.2.16 设 $H = \begin{bmatrix} A & B \\ C & -A^* \end{bmatrix} : \mathscr{D}(H) \subset X \times X \to X \times X$ 是无穷维 Hamilton 算子且满足 $(JH)^* = JH$, 如果 $W(H)$ 关于虚轴对称, 则 $\sigma(H) \subset \overline{W(H)}$ 成立.

证明 当 $W(T)$ 关于虚轴对称时, 任取 $\lambda \in \sigma(H)$, 当 $\lambda \in \sigma_{r,1}(H)$ 时, $-\overline{\lambda} \in \sigma_{p,1}(H)$. 于是, $-\overline{\lambda} \in W(H)$. 考虑 $W(H)$ 关于虚轴对称, 即得 $\lambda \in W(H)$. 又因为 $\sigma(H) = \sigma_{ap}(H) \cup \sigma_{r,1}(H)$ 且 $\sigma_{ap}(H) \subset \overline{W(H)}$ 是平凡的, 于是谱包含关系成立. ▮

下面将给出具体例子加以说明判别准则的有效性.

例 5.2.4 令 $X = L^2[0, \infty)$, $A = \mathrm{i}\frac{\mathrm{d}}{\mathrm{d}t}$, $Ax = \mathrm{i}\frac{\mathrm{d}x}{\mathrm{d}t}$,

$$\mathscr{D}(A) = \{x \in X : x \text{ 绝对连续}, x' \in X, x(0) = 0\},$$

则 $A^* = \mathrm{i}\frac{\mathrm{d}}{\mathrm{d}t}$,

$$\mathscr{D}(A^*) = \{x \in X : x \text{ 绝对连续}, x' \in X\}.$$

令无穷维 Hamilton 算子

$$H=\begin{bmatrix} A & 0 \\ 0 & -A^* \end{bmatrix}=\begin{bmatrix} \mathrm{i}\dfrac{\mathrm{d}}{\mathrm{d}t} & 0 \\ 0 & -\mathrm{i}\dfrac{\mathrm{d}}{\mathrm{d}t} \end{bmatrix},$$

则经计算得 $W(H)=\{\lambda\in\mathbb{C}:Im(\lambda)\geqslant 0\}$, 即 $W(T)$ 关于虚轴对称, 于是由定理 5.2.16 得谱包含关系成立.

另一方面, 经计算可得

$$\sigma_p(H)=\{\lambda\in\mathbb{C}:Im(\lambda)>0\}.$$

再考虑 $(JH)^*=JH$, 即得 $\sigma_r(H)=\emptyset$. 此外, 还有

$$\sigma_c(H)=\{\lambda\in\mathbb{C}:Im(\lambda)=0\}.$$

于是 $\sigma(H)=\{\lambda\in\mathbb{C}:Im(\lambda)\geqslant 0\}$, 即谱包含关系成立, 实际运算与理论结果吻合.

下面将要给出无穷维 Hamilton 算子的数值域 $W(T)$ 关于虚轴对称的一些条件.

定理 5.2.17 设 $H=\begin{bmatrix} A & B \\ C & -A^* \end{bmatrix}:\mathscr{D}(H)\subset X\times X\to X\times X$ 是无穷维 Hamilton 算子且满足 $(JH)^*=JH$, 如果 $\mathscr{D}(H)=J\mathscr{D}(H)$, 则 $W(H)$ 关于虚轴对称.

证明 任取 $\lambda\in W(H)$, 则存在 $u\in\mathscr{D}(H), \|u\|=1$ 使得

$$\lambda=(Hu,u).$$

考虑 $(JH)^*=JH$, 即得 $\overline{\lambda}=(u,JH^*Ju)=-(Ju,H^*Ju)$. 又因为 $\mathscr{D}(H)=J\mathscr{D}(H)$, 于是 $Ju\in\mathscr{D}(H), \|Ju\|=1$ 且

$$-\overline{\lambda}=(HJu,Ju),$$

即 $W(H)$ 关于虚轴对称. ▮

推论 5.2.3 设 $H=\begin{bmatrix}A & B\\ C & -A^*\end{bmatrix}:\mathscr{D}(H)\subset X\times X\to X\times X$ 是无穷维 Hamilton 算子, 如果 $\mathscr{D}(A)=\mathscr{D}(A^*)$ 且 $B,C\in\mathscr{B}(X)$, 则 $W(H)$ 关于虚轴对称.

证明 如果 $\mathscr{D}(A)=\mathscr{D}(A^*)$ 且 $B,C\in\mathscr{B}(X)$, 则 $(JH)^*=JH$ 且 $\mathscr{D}(H)=J\mathscr{D}(H)$, 于是 $W(H)$ 关于虚轴对称. ▮

推论 5.2.4 设 $H_0=\begin{bmatrix}0 & B\\ C & 0\end{bmatrix}$ 是斜对角无穷维 Hamilton 算子, 如果 B 或者 C 是半定算子, 则 $\sigma(H_0)\subset\overline{W(H_0)}$.

证明 如果 B 或者 C 是半定算子, 则 $\sigma_r(H_0)=\emptyset$. 由定理 5.2.16, 立即得知 $\sigma(H_0)\subset\overline{W(H_0)}$. ▮

5.3 无穷维 Hamilton 算子的数值半径

5.3.1 有界线性算子数值半径

对于有界线性算子 T 而言, 对任意的 $\|x\|=1$ 有

$$|(Tx,x)|\leqslant\|T\|,$$

即, 数值域是有界集. 于是, 可以引进数值半径的概念.

定义 5.3.1 设 T 是 Hilbert 空间 X 中的有界线性算子, 数值半径 $w(T)$ 定义为

$$w(T)=\sup\{|\lambda|:\lambda\in W(T)\}.$$

数值半径描述的是圆心在原点且包含数值域闭包的最小圆的半径. 不仅如此, 数值半径在双曲型初值问题的有限差分近似解的稳定理论领域也具有重要应用. 比如, 考虑双曲型初值问题

$$\begin{cases} u_t=Au_x+Bu_y,\ -\infty<x<+\infty,-\infty<y<+\infty,t\geqslant 0,\\ u(x,y,0)=f(x,y)\in L^2(-\infty,+\infty),\ -\infty<x<+\infty,-\infty<y<+\infty, \end{cases}\tag{5.3.1}$$

其中系数矩阵 A, B 是 $n \times n$ Hermit 矩阵. 为了运用有限元差分方法求解系统 (5.3.1), 引进增量 $\Delta x, \Delta y, \Delta t$ 的固定比例 $\lambda = \frac{\Delta t}{\Delta x}$, $\mu = \frac{\Delta t}{\Delta y}$, 如果满足

$$\lambda^2[w(A)]^2 + \mu^2[w(B)]^2 \leqslant \frac{1}{4},$$

则系统 (5.3.1) 的 Lax-Wendroff 差分格式是稳定的, 具体见文献 [67].

下面是数值半径的例子.

例 5.3.1 设 X 是 Hilbert 空间, I 是 X 中的单位算子, 定义 Hilbert 空间 $X \times X$ (不混淆的前提下,其内积仍然记为 $(\cdot)$) 中的分块算子矩阵

$$T = \begin{bmatrix} 0 & I \\ 0 & 0 \end{bmatrix},$$

则 $W(T) = \{\lambda \in \mathbb{C} : |\lambda| \leqslant \frac{1}{2}\}$. 于是, $w(T) = \frac{1}{2}$.

例 5.3.2 在 $\mathbb{C}^3$ 上定义方阵 T_3 如下

$$T_3 = \begin{bmatrix} 0 & 0 & 0 \\ 1 & 0 & 0 \\ 0 & 1 & 0 \end{bmatrix},$$

则对任意的 $x = \begin{bmatrix} x_1 & x_2 & x_3 \end{bmatrix}^T \in \mathbb{C}^3$ 有

$$|(T_3x, x)| = |x_1\overline{x_2} + x_2\overline{x_3}| \leqslant |x_1||x_2| + |x_2||x_3|,$$

为了计算 $w(T)$, 在条件 $|x_1|^2 + |x_2|^2 + |x_3|^2 = 1$ 下计算 $\sup\{|x_1||x_2| + |x_2||x_3|\}$ 即可. 令 $r_i = |x_i|, i = 1, 2, 3$, 构造 Lagrange 函数

$$f(r_1, r_2, r_3, \lambda) = r_1r_2 + r_2r_3 + \lambda\left(\sum_{i=1}^{3} r_i^2 - 1\right).$$

由极值的必要条件得

$$r_2 + 2\lambda r_1 = 0,$$

$$r_1 + r_3 + 2\lambda r_2 = 0,$$

$$r_2 + 2\lambda r_3 = 0.$$

经计算得 $r_1 = r_3 = \frac{1}{2}, r_2 = \frac{\sqrt{2}}{2}$. 于是, $w(T_3) = \frac{\sqrt{2}}{2}$.

注 5.3.1 与上面的例子类似,经计算可得 $w(T_n)=\cos\frac{\pi}{n+1}$,其中

$$T_n=\begin{bmatrix}0&0&\cdots&0&0\\I&0&\cdots&0&0\\0&I&\cdots&0&0\\\vdots&\vdots&&\vdots&\vdots\\0&0&\cdots&I&0\end{bmatrix}_{n\times n}.$$

于是,无穷维空间中的右(或左)移算子 S_r (或 S_l) 的数值半径为 $w(S_r)=\lim_{n\to\infty}w(T_n)=1$.

根据数值半径的定义容易证明下列性质.

性质 5.3.1 设 T,S 是复 Hilbert 空间 X 中的有界线性算子, 则

(i) $w(T)=w(U^*TU)$, 其中 U 是酉算子;

(ii) $w(T)=w(T^*)=w(\alpha T)$, 其中 $|\alpha|=1$;

(iii) $w(T)=\sup\{|(Tx,x)|:x\in X,\|x\|\leqslant 1\}$;

(iv) $w\left(\begin{bmatrix}T&0\\0&S\end{bmatrix}\right)=\max\{w(T),w(S)\}$;

(v) $w\left(\begin{bmatrix}0&T\\e^{\mathrm{i}\theta}S&0\end{bmatrix}\right)=w\left(\begin{bmatrix}0&T\\S&0\end{bmatrix}\right)$, 其中 $\theta\in\mathbb{R}$;

(vi) $w\left(\begin{bmatrix}0&T\\S&0\end{bmatrix}\right)=w\left(\begin{bmatrix}0&S\\T&0\end{bmatrix}\right)$;

(vii) $w\left(\begin{bmatrix}T&S\\S&T\end{bmatrix}\right)=\max\{w(T+S),w(T-S)\}$;

(viii) $w\left(\begin{bmatrix}T&S\\-S&T\end{bmatrix}\right)=\max\{w(T+\mathrm{i}S),w(T-\mathrm{i}S)\}$.

证明 结论 (i), (ii) 和 (iii) 的证明是平凡的, 下面证明结论 (iv). 设

$\lambda \in W\left(\begin{bmatrix} T & 0 \\ 0 & S \end{bmatrix}\right)$, 则存在 $\|x\|^2+\|y\|^2=1$, 使得

$$(Tx,x)+(Sy,y)=\lambda,$$

即

$$\frac{\|x\|^2}{\|x\|^2+\|y\|^2}\left(\frac{Tx}{\|x\|},\frac{x}{\|x\|}\right)+\frac{\|y\|^2}{\|x\|^2+\|y\|^2}\left(\frac{Sy}{\|y\|},\frac{y}{\|y\|}\right)=\lambda.$$

从而 $W(T)=Conv(W(T)\cup W(S))$, 其中 $Conv(W(T)\cup W(S))$ 表示 $W(T)\cup W(S)$ 的凸包. 于是有 $w\left(\begin{bmatrix} T & 0 \\ 0 & S \end{bmatrix}\right)=\max\{w(A),w(B)\}$.

(v) 选取酉算子 $U=\begin{bmatrix} I & 0 \\ 0 & e^{\frac{\mathrm{i}}{2}\theta}I \end{bmatrix}$, 则

$$\begin{aligned} w\left(U^*\begin{bmatrix} 0 & T \\ e^{\mathrm{i}\theta}S & 0 \end{bmatrix}U\right) &= w\left(\begin{bmatrix} I & 0 \\ 0 & e^{-\frac{\mathrm{i}}{2}\theta} \end{bmatrix}\begin{bmatrix} 0 & T \\ e^{\mathrm{i}\theta}S & 0 \end{bmatrix}\begin{bmatrix} I & 0 \\ 0 & e^{\frac{\mathrm{i}}{2}\theta} \end{bmatrix}\right) \\ &= w\left(\begin{bmatrix} 0 & e^{\frac{\mathrm{i}}{2}\theta}T \\ e^{\frac{\mathrm{i}}{2}\theta}S & 0 \end{bmatrix}\right) \\ &= |e^{\frac{\mathrm{i}}{2}\theta}|w\left(\begin{bmatrix} 0 & T \\ S & 0 \end{bmatrix}\right)=w\left(\begin{bmatrix} 0 & T \\ S & 0 \end{bmatrix}\right). \end{aligned}$$

(vi) 选取酉算子 $U=\begin{bmatrix} 0 & I \\ I & 0 \end{bmatrix}$, 则

$$\begin{aligned} w\left(U^*\begin{bmatrix} 0 & T \\ S & 0 \end{bmatrix}U\right) &= w\left(\begin{bmatrix} 0 & I \\ I & 0 \end{bmatrix}\begin{bmatrix} 0 & T \\ S & 0 \end{bmatrix}\begin{bmatrix} 0 & I \\ I & 0 \end{bmatrix}\right) \\ &= w\left(\begin{bmatrix} 0 & S \\ T & 0 \end{bmatrix}\right). \end{aligned}$$

(vii) 选取酉算子 $U=\frac{1}{\sqrt{2}}\begin{bmatrix} I & I \\ -I & I \end{bmatrix}$, 则

$$w\left(U^*\begin{bmatrix} T & S \\ S & T \end{bmatrix}U\right)=w\left(\begin{bmatrix} T-S & 0 \\ 0 & T+S \end{bmatrix}\right)$$
$$=\max\{w(T+S),w(T-S)\}.$$

(viii) 选取酉算子 $U=\frac{1}{\sqrt{2}}\begin{bmatrix} I & \mathrm{i}I \\ \mathrm{i}I & I \end{bmatrix}$, 则

$$w\left(U^*\begin{bmatrix} T & S \\ -S & T \end{bmatrix}U\right)=w\left(\begin{bmatrix} T+\mathrm{i}S & 0 \\ 0 & T-\mathrm{i}S \end{bmatrix}\right)$$
$$=\max\{w(T+\mathrm{i}S),w(T-\mathrm{i}S)\}.$$

结论证毕. ∎

关于有界线性算子数值半径的另一个重要性质是数值半径介于谱半径与算子范数之间且与算子范数是等价范数.

性质 5.3.2 设 T 是 Hilbert 空间 X 中的有界线性算子, 则

(i) $r(T)\leqslant w(T)\leqslant\|T\|$;

(ii) $w(T)\leqslant\|T\|\leqslant 2w(T)$.

证明 (i) 由谱包含性质 $\sigma(T)\subset\overline{W(T)}$, 得 $r(T)\leqslant w(T)$. 再由 Schwarz 不等式 $|(Tx,x)|\leqslant\|Tx\|\|x\|$ 得 $|(Tx,x)|\leqslant\|T\|\|x\|^2$, 即 $w(T)\leqslant\|T\|$.

(ii) 只需证明 $\|T\|\leqslant 2w(T)$. 考虑极化恒等式

$$4(Tx,y)=(T(x+y),x+y)-(T(x-y),x-y)+\mathrm{i}(T(x+\mathrm{i}y),x+\mathrm{i}y)$$
$$-\mathrm{i}(T(x-\mathrm{i}y),x-\mathrm{i}y),$$

即得

$$4|(Tx,y)|\leqslant w(T)[\|x+y\|^2+\|x-y\|^2+\|x+\mathrm{i}y\|^2+\|x-\mathrm{i}y\|^2]$$
$$=4w(T)[\|x\|^2+\|y\|^2].$$

令 $\|x\|^2=\|y\|^2=1$, 得 $|(Tx,y)|\leqslant 2w(T)$. 考虑

$$\|T\|=\sup_{\|x\|=1,\|y\|=1}|(Tx,y)|,$$

即得 $\|T\|\leqslant 2w(T)$. 结论证毕. ▮

根据线性算子的谱映射定理 (见 [68]): $\lambda\in\sigma(T)$ 当且仅当 $\lambda^n\in\sigma(T^n)$, 从而有界线性算子的谱半径满足 $r(T^n)=[r(T)]^n$. 此外, 算子范数满足 $\|T^n\|\leqslant\|T\|^n$. 然而, 数值半径与算子范数是等价范数, 是否有类似于算子范数的不等式呢? 答案是肯定的, 并且该不等式称为数值半径的幂不等式 . 下列关于幂不等式的证明方法是由 Pearcy (见 [69]) 给出.

定理 5.3.1 设 T 是 Hilbert 空间 X 中的有界线性算子, 则对任意的正整数 n 有

$$w(T^n)\leqslant[w(T)]^n$$

成立.

为了证明定理 5.3.1 首先证明下列引理.

引理 5.3.1 设 T 是 Hilbert 空间 X 中的有界线性算子, 则对任意的正整数 m 有 $w(T^m)\leqslant[w(T)]^m$ 成立当且仅当 $w(T)\leqslant 1$ 蕴含对任意的正整数 m 有 $w(T^m)\leqslant 1$.

证明 当 $w(T^m)\leqslant[w(T)]^m$ 时, $w(T)\leqslant 1$ 蕴含 $w(T^m)\leqslant 1$ 的证明是平凡的. 反之, 不妨设 $T\neq 0$ 且令 $S=\frac{T}{w(T)}$, 则 $w(S)=1$, 于是 $w(S^m)\leqslant 1$, 即 $w(T^m)\leqslant[w(T)]^m$. 结论证毕. ▮

下面证明定理 5.3.1: 根据引理 5.3.1, 只需证明 $w(T)\leqslant 1$ 蕴含对任意的正整数 m 有 $w(T^m)\leqslant 1$ 即可. 令 $w_j=e^{\frac{2\pi\mathrm{i}}{m}j}$, $j=1,2,\cdots,m$, 是 m 次多项式 $z^m-1=0$ 的 m 个根, 则 $\overline{w_j}=w_j^{-1}$ 且 $(-1)^m\prod_{j=1}^m\overline{w_j}=-1$. 于是有

$$\begin{aligned}1-z^m&=-\prod_{j=1}^m(z-w_j)\\&=(-1)^m\prod_{j=1}^m\overline{w_j}\prod_{j=1}^m(z-w_j)\end{aligned}$$

$$= \prod_{j=1}^{m}(1 - w_j z),$$

$$1 = \frac{1}{m}\sum_{j=1}^{m}\prod_{k=1,k\neq j}^{m}(1 - w_k z).$$

显然, 在上面的两个式子中 z 替换成任意有界线性算子 S 也成立, 即

$$I - S^m = \prod_{j=1}^{m}(I - w_j S), \tag{5.3.2}$$

$$I = \frac{1}{m}\sum_{j=1}^{m}\prod_{k=1,k\neq j}^{m}(I - w_k S). \tag{5.3.3}$$

对任意单位向量 $x \in X$, 令 $x_j = \left[\prod_{k=1,k\neq j}^{m}(I - w_k S)\right] x$, 则

$$\sum_{j=1}^{m} x_j = mx \tag{5.3.4}$$

且

$$\begin{aligned}
\frac{1}{m}\sum_{j=1}^{m}\|x_j\|^2\left[1 - w_j\left(\frac{Sx_j}{\|x_j\|}, \frac{x_j}{\|x_j\|}\right)\right] &= \frac{1}{m}\sum_{j=1}^{m}((I - w_j S)x_j, x_j) \\
&= \frac{1}{m}\sum_{j=1}^{m}\left(\left[\prod_{k=1}^{m}(I - w_k S)\right] x, x_j\right) \\
&= \frac{1}{m}\sum_{j=1}^{m}((I - S^m)x, x_j) \\
&= \left((I - S^m)x, \frac{1}{m}\sum_{j=1}^{m} x_j\right) \\
&= 1 - (S^m x, x).
\end{aligned}$$

令 $S = e^{i\theta}T$, 其中 θ 是任意实数, 则由上式得

$$\frac{1}{m}\sum_{j=1}^{m}\|x_j\|^2\left[1 - w_j e^{i\theta}\left(\frac{Tx_j}{\|x_j\|}, \frac{x_j}{\|x_j\|}\right)\right] = 1 - e^{im\theta}(T^m x, x).$$

根据假设, $w(T) \leqslant 1$, 从而

$$Re\left[1 - w_j e^{i\theta}\left(\frac{Tx_j}{\|x_j\|}, \frac{x_j}{\|x_j\|}\right)\right] \geqslant 0,$$

于是

$$Re[1-e^{\mathrm{i}m\theta}(T^m x,x)]\geqslant 0.$$

由于 θ 是任意实数, 故

$$1-|(T^m x,x)|\geqslant 0,$$

即得 $w(T^m)\leqslant 1$. 结论证毕. ▮

根据幂不等式, 下列推论的证明是显然的.

推论 5.3.1 设 T 是 Hilbert 空间 X 中的有界线性算子, 如果 $w(T)\leqslant 1$, 则对任意的 $m=1,2,\cdots$ 有 $\|T^m\|\leqslant 2$.

定义 5.3.2 对于一个有界线性算子而言, 如果满足 $w(T)=r(T)$, 则称 T 是类谱 (spectraloid) 算子.

定理 5.3.2 设 T 是 Hilbert 空间 X 中的有界线性算子, 则 T 是类谱算子当且仅当对任意的正整数 n 有 $w(T^n)=[w(T)]^n$.

证明 当 T 是类谱算子时, 对任意的正整数 n 有

$$[w(T)]^n=[r(T)]^n=r(T^n)\leqslant w(T^n).$$

再根据定理 5.3.1, 即得 $w(T^n)=[w(T)]^n$.

反之, 当对任意正整数 n 有当 $w(T^n)=[w(T)]^n$ 时,

$$[w(T)]^n=w(T^n)\leqslant\|T^n\|.$$

于是 $w(T)\leqslant\|T^n\|^{\frac{1}{n}}$. 考虑 $r(T)=\lim_{n\to\infty}\|T^n\|^{\frac{1}{n}}$, 即得 $w(T)\leqslant r(T)$. 再由性质 5.3.2, 即得 $w(T)=r(T)$. 结论证毕. ▮

推论 5.3.2 如果 T 是类谱算子, 则对任意的正整数 n 有 T^n 也是类谱算子.

证明 如果 T 是类谱算子, 则 $w(T)=r(T)$, 即, $[w(T)]^n=[r(T)]^n=r(T^n)$. 再由定理 5.3.1 得 $w(T^n)=r(T^n)$, 即 T^n 也是类谱算子. ▮

注 5.3.2 一般情况下, 有界线性算子 T 和 T^n 的数值域 $W(T)$ 和 $W(T^n)$

没有必然的联系. 比如, 令

$$T=\begin{bmatrix}0 & I\\ -I & 0\end{bmatrix},$$

则 $W(T)$ 是虚轴上的线段 $[-\mathrm{i},\mathrm{i}]$. 然而, $T^2=\begin{bmatrix}-I & 0\\ 0 & -I\end{bmatrix}$, 故 $W(T^2)=\{-1\}$.

定义 5.3.3 对于一个有界线性算子而言, 如果满足 $\overline{W(T)}=Conv(\sigma(T))$, 则称 T 是仿凸 (convexoid) 算子.

定理 5.3.3 设 T 是 Hilbert 空间 X 中的有界线性算子, 则 T 是仿凸算子当且仅当对任意的 $\lambda\in\mathbb{C}$ 有 $T-\lambda I$ 是类谱算子.

证明 当 T 是仿凸算子时, $r(T)=w(T)$, T 是类谱算子, 故对任意的 $\lambda\in\mathbb{C}$ 有 $T-\lambda I$ 是类谱算子.

反之, 因为复平面 $\mathbb{C}$ 的凸紧子集 M 可以写成包含 M 的全体闭圆盘的交集, 于是

$$\begin{aligned}\overline{W(T)}&=\bigcap_{\alpha}\{\lambda:|\lambda-\alpha|\leqslant\sup_{\mu\in\overline{W(T)}}|\mu-\alpha|\}\\&=\bigcap_{\alpha}\{\lambda:|\lambda-\alpha|\leqslant w(T-\alpha I)\}.\end{aligned}$$

类似地

$$Conv(\sigma(T))=\bigcap_{\alpha}\{\lambda:|\lambda-\alpha|\leqslant r(T-\alpha I)\}.$$

由于对任意的 $\alpha\in\mathbb{C}$ 有 $w(T-\alpha I)=r(T-\alpha I)$, 故 $\overline{W(T)}=Conv(\sigma(T))$, T 是仿凸算子. ∎

定义 5.3.4 对于一个有界线性算子而言, 如果满足 $w(T)=\|T\|$ (或等价地 $r(T)=\|T\|$), 则称 T 是正规类 (normaloid) 算子.

注 5.3.3 比较正规类算子、类谱算子以及仿凸算子的定义容易发现, 正规类算子一定是类谱算子, 仿凸算子也是类谱算子, 反之不然.

例 5.3.3 正规类算子不一定是仿凸算子. 令 $X=\mathbb{C}^3$,

$$T=\begin{bmatrix}0 & 1 & 0\\ 0 & 0 & 0\\ 0 & 0 & 1\end{bmatrix},$$

则对任意的 $x=\begin{bmatrix}x_1\ x_2\ x_3\end{bmatrix}^T, |x_1|^2+|x_2|^2+|x_3|^2=1$ 有 $Tx=\begin{bmatrix}x_2 & 0 & x_3\end{bmatrix}^T$,故

$$\|T\|^2=\sup_{\|x\|=1}(|x_2|^2+|x_3|^2)=1.$$

另一方面, $(Tx,x)=x_2\overline{x_1}+|x_3|^2$,故

$$w(T)=\sup_{\|x\|=1}|x_2\overline{x_1}+|x_3|^2|=1.$$

于是 T 是正规类算子. 但是, T 不是仿凸算子. 事实上,

$$T=\begin{bmatrix}0 & 1\\ 0 & 0\end{bmatrix}\oplus[1],$$

于是

$$\overline{W(T)}=Conv(S_{\frac{1}{2}}\cup\{1\}),$$

其中 $S_{\frac{1}{2}}=\{\lambda:|\lambda|\leqslant\frac{1}{2}\}$. 另一方面, 考虑 $\sigma(T)=\{0,1\}$, 即得

$$Conv(\sigma(T))=[0,1].$$

从而 T 不是仿凸算子.

例 5.3.4 仿凸算子不一定是正规类算子. 令 $\{x_1,x_2,\cdots\}$ 是空间 $X=\ell^2$ 的正交基. 定义

$$z_n=x_{2n+1},\ n=0,1,2,\cdots,$$

$$z_{-n}=x_{2n},\ n=1,2,\cdots,$$

则每个 $x\in X$ 可以写成

$$x=\sum_{-\infty}^{+\infty}\alpha_k z_k.$$

定义线性算子 S 为

$$Sx=\frac{1}{2}\sum_{-\infty}^{+\infty}\alpha_k z_{k+1},$$

则经计算易得 $W(S)=\{\lambda\in\mathbb{C}:|\lambda|\leqslant\frac{1}{2}\}$. 再定义线性算子 T 为

$$T=S\oplus L,$$

其中 $L=\begin{bmatrix}0&1\\0&0\end{bmatrix}$, 则

$$\overline{W(T)}=Conv(\sigma(T)),$$

即, T 是仿凸算子. 但是, T 不是正规类算子. 事实上, $\|T\|=1, w(T)=\frac{1}{2}$.

例 5.3.5 类谱算子不一定是仿凸算子. 令 $X=\mathbb{C}^3$,

$$T=\begin{bmatrix}1&0&0\\0&0&0\\0&1&0\end{bmatrix},$$

则 $\sigma(T)=\{0,1\}$ 且

$$(Tx,x)=|x_1|^2+x_2\overline{x_3},$$

于是 $r(T)=w(T)=1$, T 是类谱算子. 但是

$$Conv(\sigma(T))=[0,1],$$
$$\overline{W(T)}=Conv(S_{\frac{1}{2}}\cup\{1\}),$$

其中 $S_{\frac{1}{2}}=\{\lambda:|\lambda|\leqslant\frac{1}{2}\}$. 于是 T 不是仿凸算子.

例 5.3.6 类谱算子不一定是正规类算子. 令 $X=\mathbb{C}^3$,

$$T=\begin{bmatrix}1&0&0\\0&0&0\\0&2&0\end{bmatrix},$$

则 $\sigma(T)=\{0,1\}$ 且

$$(Tx,x)=|x_1|^2+2x_2\overline{x_3},$$

于是 $r(T)=w(T)=1$, T 是类谱算子. 但是 $Tx=\begin{bmatrix} x_2 & 0 & 2x_2 \end{bmatrix}^T$, 故

$$\|T\|^2=\sup_{\|x\|=1}(|x_2|^2+4|x_2|^2)=4.$$

于是 $\|T\|=2$, T 不是正规类算子.

下列结论是关于仿凸算子的判别方法.

定理 5.3.4 T 是 Hilbert 空间 X 中的有界线性算子, 对任意的 $\lambda\notin Conv(\sigma(T))$ 有

$$\|(T-\lambda I)^{-1}\|\leqslant\frac{1}{dist(\lambda,Conv(\sigma(T)))},$$

则 T 是仿凸算子.

证明 不妨设 $Conv(\sigma(T))$ 位于左半平面且以虚轴为支撑线. 为了证明 $\overline{W(T)}\subset Conv(\sigma(T))$, 只需证明 $W(T)$ 也位于左半平面即可. 根据给定条件, 对任意的 $\lambda>0$ 有

$$\|(T-\lambda I)^{-1}\|\leqslant\frac{1}{\lambda}.$$

令 $x=(T-\lambda I)y, \|x\|=1$, 则

$$\lambda\|y\|\leqslant\|(T-\lambda I)y\|,$$

进而得

$$2\lambda Re(Ty,y)\leqslant\|y\|^2.$$

考虑 $\lambda>0$ 的任意性, 即得 $Re(Ty,y)\leqslant 0$, $W(T)$ 也位于左半平面, 故 T 是仿凸算子. ▮

易知性质 5.3.2 的等价形式为 $\frac{\|T\|}{2}\leqslant w(T)\leqslant\|T\|$. 最近, Kittaneh[72] 得到了该不等式的推广形式.

定理 5.3.5 设 T 是 Hilbert 空间 X 中的有界线性算子, 则不等式

$$\frac{1}{4}\|T^*T+TT^*\|\leqslant[w(T)]^2\leqslant\frac{1}{2}\|T^*T+TT^*\|$$

成立.

证明 令 $T=\frac{T+T^*}{2}+\mathrm{i}\frac{T-T^*}{2\mathrm{i}}=A+\mathrm{i}B$, 则

$$\begin{aligned}|(Tx,x)|^2&=(Ax,x)^2+(Bx,x)^2\\&\geqslant\frac{1}{2}(|(Ax,x)|+|(Bx,x)|)^2\\&\geqslant\frac{1}{2}((A\pm B)x,x)^2.\end{aligned}$$

因此

$$\begin{aligned}[w(T)]^2&=\sup\{|(Tx,x)|^2:\|x\|=1\}\\&\geqslant\frac{1}{2}\sup\{((A\pm B)x,x)^2:\|x\|=1\}\\&=\frac{1}{2}\|A\pm B\|^2\\&\geqslant\frac{1}{2}\|(A\pm B)^2\|.\end{aligned}$$

于是

$$\begin{aligned}[w(T)]^2&\geqslant\frac{1}{4}(\|(A+B)^2\|+\|(A-B)^2\|)\\&\geqslant\frac{1}{4}\|(A+B)^2+\|(A-B)^2\|\|\\&=\frac{1}{4}\|T^*T+TT^*\|.\end{aligned}$$

另一方面, 对任意的 $\|x\|=1$ 有

$$\begin{aligned}|(Tx,x)|^2&=(Ax,x)^2+(Bx,x)^2\\&\leqslant\|Ax\|^2+\|Bx\|^2\\&=(A^2x,x)+(B^2x,x)\\&=((A^2+B^2)x,x).\end{aligned}$$

于是

$$\begin{aligned}[w(T)]^2&=\sup\{|(Tx,x)|^2:\|x\|=1\}\\&\leqslant\sup\{((A^2+B^2)x,x):\|x\|=1\}\end{aligned}$$

$$
\begin{aligned}
&= \|A^2 + B^2\| \\
&= \frac{1}{2}\|T^*T + TT^*\|.
\end{aligned}
$$

结论证毕. ▮

注 5.3.4 说定理5.3.5 是进一步推广了性质 5.3.2, 是因为

$$
\begin{aligned}
\|T\| &\leqslant \|T^*T + TT^*\|^{\frac{1}{2}}, \\
\|T\| &\geqslant \frac{1}{\sqrt{2}}\|T^*T + TT^*\|^{\frac{1}{2}},
\end{aligned}
$$

即

$$
\frac{\|T\|}{2} \leqslant \frac{1}{2}\|T^*T + TT^*\|^{\frac{1}{2}} \leqslant w(T) \leqslant \frac{1}{\sqrt{2}}\|T^*T + TT^*\|^{\frac{1}{2}} \leqslant \|T\|.
$$

为了得到关系式 $w(T) \leqslant \|T\|$ 的进一步推广形式, 首先给出下列引理.

引理 5.3.2 (混合Schwarz不等式) 设T是 Hilbert 空间 X 中的有界线性算子, 令 $|T| = (T^*T)^{\frac{1}{2}}$, $|T^*| = (TT^*)^{\frac{1}{2}}$, 则不等式

$$
|(Tx, y)|^2 \leqslant (|T|x, x)(|T^*|y, y)
$$

成立.

证明 根据 Polar 分解性质可知, $T = U|T|$, 其中 U 是从 $\overline{\mathcal{R}(|T|)}$ 到 $\overline{\mathcal{R}(|T|)}$ 的等距算子, 并且有

$$
\begin{aligned}
|(Tx, y)|^2 &= |(U|T|x, y)|^2 \\
&= |(|T|^{\frac{1}{2}}x, |T|^{\frac{1}{2}}U^*y)|^2 \\
&\leqslant (|T|^{\frac{1}{2}}x, |T|^{\frac{1}{2}}x)(|T|^{\frac{1}{2}}U^*y, |T|^{\frac{1}{2}}U^*y) \\
&= (|T|x, x)(U|T|U^*y, y) \\
&= (|T|x, x)(|T^*|y, y).
\end{aligned}
$$

这里用到了关系式 $|T^*| = U|T|U^*$, 它的证明是显然的. 事实上, 由 $T = U|T|$ 可知, $T^* = |T|U^*$, 从而

$$
[U|T|U^*]^2 = U|T|U^*U|T|U^* = U|T||T|U^* = TT^* = |T^*|^2.
$$

再由平方根算子的唯一性可知 $|T^*| = U|T|U^*$. ∎

引理 5.3.3 设T, S是 Hilbert 空间 X 中的有界线性算子, 如果 TS 是自伴算子, 则不等式

$$\|Re(ST)\| \geqslant \|TS\|$$

成立, 其中 $Re(ST) = \frac{1}{2}(ST + (ST)^*)$.

证明 当 A 是 Hilbert 空间 X 中的有界线性算子时, 令 $Re(\sigma(A)) = \sup\{|Re(\lambda)| : \lambda \in \sigma(A)\}$, 则容易证明

$$\|Re(A)\| \geqslant Re(\sigma(A)).$$

事实上, 令 $\gamma = Re(\sigma(A))$, 则存在 $\lambda \in \sigma(A)$ 使得 $|Re(\lambda)| = \gamma$. 再由数值域的谱包含关系知, 存在 $\{\lambda_n\} \subset \overline{W(A)}$ 和 $\{x_n\}_{n=1}^{\infty}, \|x_n\| = 1, n = 1, 2, \cdots$, 使得 $(Ax_n, x_n) = \lambda_n$ 且当 $n \to \infty$ 时, $|\lambda_n| \to |\lambda|$. 再考虑 $Re(A)$ 是自伴算子, 算子范数与数值半径相等, 于是

$$\begin{aligned}
\|Re(A)\| &= \sup_{\|x\|=1} \frac{1}{2}|(Ax, x) + (x, Ax)| \\
&\geqslant \frac{1}{2}|(Ax_n, x_n) + (x_n, Ax_n)| \\
&= |Re(\lambda_n)| \to |Re(\lambda)|.
\end{aligned}$$

因此, 由极限的保序性即得 $\|Re(A)\| \geqslant \gamma$, 即, $\|Re(A)\| \geqslant Re(\sigma(A))$. 把该结论运用到有界算子 ST, 再考虑 $\sigma(ST)\backslash\{0\} = \sigma(TS)\backslash\{0\}$ 以及算子 TS 的自伴性得

$$\begin{aligned}
\|Re(ST)\| &\geqslant Re(\sigma(ST)) \\
&= Re(\sigma(TS)) \\
&= r(TS) = w(TS) \\
&= \|TS\|.
\end{aligned}$$

结论证毕. ∎

引理 5.3.4 设 T, S 是 Hilbert 空间 X 中的非负有界线性算子, 则对任意的 $t \geqslant 0$ 和 $s \geqslant 0$ 有不等式

$$\|T^{\frac{t+s}{2}} S^{\frac{t+s}{2}}\| \leqslant \|T^{t+s} S^{t+s}\|^{\frac{1}{2}}$$

成立. 特别地, 令 $t = s = \frac{1}{2}$, 则 $\|T^{\frac{1}{2}} S^{\frac{1}{2}}\| \leqslant \|TS\|^{\frac{1}{2}}$

证明 事实上

$$\begin{aligned}\|T^{\frac{t+s}{2}} S^{\frac{t+s}{2}}\|^2 &= \sup_{\|x\|=1} \|T^{\frac{t+s}{2}} S^{\frac{t+s}{2}} x\|^2 \\ &= \sup_{\|x\|=1} (S^{\frac{t+s}{2}} T^{t+s} S^{\frac{t+s}{2}} x, x) \\ &= \|S^{\frac{t+s}{2}} T^{t+s} S^{\frac{t+s}{2}}\| \\ &= r(S^{\frac{t+s}{2}} T^{t+s} S^{\frac{t+s}{2}}) \\ &= r(T^{t+s} S^{\frac{t+s}{2}} S^{\frac{t+s}{2}}) \leqslant \|T^{t+s} S^{t+s}\|.\end{aligned}$$

结论证毕. ▮

引理 5.3.5 设 T, S 是 Hilbert 空间 X 中的非负有界线性算子, M, N 是有界自伴算子, 则不等式

$$\begin{aligned}&\|T^{\frac{1}{2}} M T^{\frac{1}{2}} + S^{\frac{1}{2}} N S^{\frac{1}{2}}\| \\ \leqslant &\frac{1}{4}(\|TM + MT\| + \|SN + NS\|) \\ &+ \frac{1}{4}(\sqrt{(\|TM + MT\| - \|SN + NS\|)^2 + 4\|T^{\frac{1}{2}} S^{\frac{1}{2}} N + M T^{\frac{1}{2}} S^{\frac{1}{2}}\|^2})\end{aligned}$$

成立. 特别地, 当 $M = N = I$ 时

$$\|T + S\| \leqslant \frac{1}{2}((\|T\| + \|S\|) + \sqrt{(\|T\| - \|S\|)^2 + 4\|T^{\frac{1}{2}} S^{\frac{1}{2}}\|^2}).$$

证明 令

$$L = \begin{bmatrix} T^{\frac{1}{2}} & S^{\frac{1}{2}} & 0 & 0 \\ 0 & 0 & 0 & 0 \\ 0 & 0 & T^{\frac{1}{2}} & S^{\frac{1}{2}} \\ 0 & 0 & 0 & 0 \end{bmatrix}, \quad R = \begin{bmatrix} 0 & 0 & M & 0 \\ 0 & 0 & 0 & N \\ M & 0 & 0 & 0 \\ 0 & N & 0 & 0 \end{bmatrix},$$

则

$$LRL^* = \begin{bmatrix} 0 & 0 & T^{\frac{1}{2}}MT^{\frac{1}{2}} + S^{\frac{1}{2}}NS^{\frac{1}{2}} & 0 \\ 0 & 0 & 0 & 0 \\ T^{\frac{1}{2}}MT^{\frac{1}{2}} + S^{\frac{1}{2}}NS^{\frac{1}{2}} & 0 & 0 & 0 \\ 0 & 0 & 0 & 0 \end{bmatrix},$$

$$L^*LR = \begin{bmatrix} 0 & 0 & TM & T^{\frac{1}{2}}S^{\frac{1}{2}}N \\ 0 & 0 & S^{\frac{1}{2}}T^{\frac{1}{2}}M & SN \\ TM & T^{\frac{1}{2}}S^{\frac{1}{2}}N & 0 & 0 \\ S^{\frac{1}{2}}T^{\frac{1}{2}}M & SN & 0 & 0 \end{bmatrix},$$

且

$$Re(L^*LR) = \frac{1}{2}\begin{bmatrix} 0 & K \\ K & 0 \end{bmatrix},$$

其中 $K = \begin{bmatrix} TM + MT & T^{\frac{1}{2}}S^{\frac{1}{2}}N + MT^{\frac{1}{2}}S^{\frac{1}{2}} \\ S^{\frac{1}{2}}T^{\frac{1}{2}}M + NS^{\frac{1}{2}}T^{\frac{1}{2}} & SN + NS \end{bmatrix}$. 由于 LRL^* 是自伴算子, 由引理 5.3.3 知

$$\|Re(L^*LR)\| \geqslant \|L^*RL\|,$$

即

$$\left\| \begin{bmatrix} TM + MT & T^{\frac{1}{2}}S^{\frac{1}{2}}N + MT^{\frac{1}{2}}S^{\frac{1}{2}} \\ S^{\frac{1}{2}}T^{\frac{1}{2}}M + NS^{\frac{1}{2}}T^{\frac{1}{2}} & SN + NS \end{bmatrix} \right\| \geqslant 2\|T^{\frac{1}{2}}MT^{\frac{1}{2}} + S^{\frac{1}{2}}NS^{\frac{1}{2}}\|. \tag{5.3.5}$$

又因为

$$\left\| \begin{bmatrix} A_{11} & A_{12} \\ A_{21} & A_{22} \end{bmatrix} \right\| \leqslant \left\| \begin{bmatrix} \|A_{11}\| & \|A_{21}\| \\ \|A_{21}\| & \|A_{22}\| \end{bmatrix} \right\|.$$

事实上,

$$\left\| \begin{bmatrix} A_{11} & A_{12} \\ A_{21} & A_{22} \end{bmatrix} \right\|^2 = \sup_{\|x\|=1} \left(\begin{bmatrix} A_{11} & A_{12} \\ A_{21} & A_{22} \end{bmatrix}^* \begin{bmatrix} A_{11} & A_{12} \\ A_{21} & A_{22} \end{bmatrix} x, x \right)$$

$$= \sup_{\|x_1\|^2+\|x_2\|^2=1} \left| \sum_{i,j,k=1}^{2} (A_{k,j}x_j, A_{k,i}x_i) \right|$$

$$\leqslant \sup_{\|x_1\|^2+\|x_2\|^2=1} \left| \sum_{i,j,k=1}^{2} \|A_{k,j}\|\|x_j\|\|A_{k,i}\|\|x_i\| \right|$$

$$= \sup_{\|x\|=1} \left(\begin{bmatrix} \|A_{11}\| & \|A_{21}\| \\ \|A_{21}\| & \|A_{22}\| \end{bmatrix}^* \begin{bmatrix} \|A_{11}\| & \|A_{21}\| \\ \|A_{21}\| & \|A_{22}\| \end{bmatrix} \begin{bmatrix} \|x_1\| \\ \|x_2\| \end{bmatrix}, \begin{bmatrix} \|x_1\| \\ \|x_2\| \end{bmatrix} \right)$$

$$= \left\| \begin{bmatrix} \|A_{11}\| & \|A_{21}\| \\ \|A_{21}\| & \|A_{22}\| \end{bmatrix} \right\|^2.$$

从而由式 (5.3.5) 得

$$\left\| \begin{bmatrix} \|TM+MT\| & \|T^{\frac{1}{2}}S^{\frac{1}{2}}N+MT^{\frac{1}{2}}S^{\frac{1}{2}}\| \\ \|S^{\frac{1}{2}}T^{\frac{1}{2}}M+NS^{\frac{1}{2}}T^{\frac{1}{2}}\| & \|SN+NS\| \end{bmatrix} \right\| \geqslant 2\|T^{\frac{1}{2}}MT^{\frac{1}{2}}+S^{\frac{1}{2}}NS^{\frac{1}{2}}\|.$$

再考虑 M, N 是自伴算子, 得

$$(T^{\frac{1}{2}}S^{\frac{1}{2}}N+MT^{\frac{1}{2}}S^{\frac{1}{2}})^* = S^{\frac{1}{2}}T^{\frac{1}{2}}M+NS^{\frac{1}{2}}T^{\frac{1}{2}},$$

于是矩阵 $\mathcal{A} = \begin{bmatrix} \|TM+MT\| & \|T^{\frac{1}{2}}S^{\frac{1}{2}}N+MT^{\frac{1}{2}}S^{\frac{1}{2}}\| \\ \|S^{\frac{1}{2}}T^{\frac{1}{2}}M+NS^{\frac{1}{2}}T^{\frac{1}{2}}\| & \|SN+NS\| \end{bmatrix}$ 是对称矩阵, 从而

$$\|\mathcal{A}\| = r(\mathcal{A}),$$

其中 $r(\mathcal{A})$ 表示 $\mathcal{A}$ 的谱半径 (即, 最大特征值) 且

$$r(\mathcal{A}) = \frac{1}{2}[\|TM+MT\| + \|SN+NS\| \\ + \sqrt{(\|TM+MT\| - \|SN+NS\|)^2 + 4\|T^{\frac{1}{2}}S^{\frac{1}{2}}N+MT^{\frac{1}{2}}S^{\frac{1}{2}}\|^2}.$$

于是结论得证. ▮

定理 5.3.6 设 T 是 Hilbert 空间 X 中的有界线性算子, 则不等式

$$w(T) \leqslant \frac{1}{2}(\|T\| + \|T^2\|^{\frac{1}{2}})$$

成立.

证明 由混合 Schwarz 不等式 (引理 5.3.2) 得

$$\begin{aligned} w(T) &= \sup_{\|x\|=1} |(Tx, x)| \\ &\leqslant \sup_{\|x\|=1} \sqrt{(|T|x, x)(|T^*|x, x)} \\ &\leqslant \sup_{\|x\|=1} \frac{1}{2}((|T| + |T^*|)x, x) \\ &\leqslant \frac{1}{2}\||T| + |T^*|\|. \end{aligned}$$

由引理 5.3.4, 引理 5.3.5 以及 $\|T\| = \||T|\| = \||T^*|\|$ 可知

$$\begin{aligned} \||T| + |T^*|\| &\leqslant \frac{1}{2}(\||T|\| + \||T^*|\|) + \sqrt{(\||T|\| - \||T^*|\|)^2 + 4\||T|^{\frac{1}{2}}|T^*|^{\frac{1}{2}}\|^2} \\ &\leqslant \|T\| + \|T^2\|^{\frac{1}{2}}. \end{aligned}$$

于是结论成立. ▮

注 5.3.5 定理5.3.6 最早是由 Kittaneh[73] 得到的. 该结论推广了 $w(T) \leqslant \|T\|$. 事实上, 由不等式 $w(T) \leqslant \frac{1}{2}(\|T\| + \|T^2\|^{\frac{1}{2}})$ 很容易推出 $w(T) \leqslant \|T\|$.

推论 5.3.3 设 T 是 Hilbert 空间 X 中的有界线性算子且满足 $T^2 = 0$, 则有 $w(T) = \frac{1}{2}\|T\|$.

证明 当 $T^2 = 0$ 时, 由定理 5.3.6 知

$$w(T) \leqslant \frac{1}{2}\|T\|.$$

再考虑 $\frac{1}{2}\|T\| \leqslant w(T)$, 结论即可得证. ▮

推论 5.3.4 设 T 是 Hilbert 空间 X 中的有界线性算子且满足 $w(T) = \|T\|$, 则有 $\|T^2\| = \|T\|^2$.

证明 当 $w(T)=\|T\|$ 时, 由定理 5.3.6, 知

$$\|T\| \leqslant \|T\|^{\frac{1}{2}}.$$

再考虑 $\|T^2\| \leqslant \|T\|^2$, 结论即可得证. ▮

5.3.2 无穷维 Hamilton 算子数值半径不等式

这一节我们将要讨论有界无穷维 Hamilton 算子数值半径的性质.

定理 5.3.7 令 $H=\begin{bmatrix} A & B \\ C & -A^* \end{bmatrix}$ 是有界无穷维 Hamilton 算子, 则

$$w(H) \geqslant w\left(\begin{bmatrix} A & 0 \\ 0 & -A^* \end{bmatrix}\right)$$

和

$$w(H) \geqslant w\left(\begin{bmatrix} 0 & B \\ C & 0 \end{bmatrix}\right)$$

成立.

证明 考虑 $W(A) \subset W(H)$, 结论 $w(H) \geqslant w\left(\begin{bmatrix} A & 0 \\ 0 & -A^* \end{bmatrix}\right)$ 是平凡的.

因为

$$\begin{bmatrix} I & 0 \\ 0 & -I \end{bmatrix}\begin{bmatrix} A & B \\ C & -A^* \end{bmatrix}\begin{bmatrix} I & 0 \\ 0 & -I \end{bmatrix}=\begin{bmatrix} A & -B \\ -C & -A^* \end{bmatrix},$$

从而

$$w\left(\begin{bmatrix} A & B \\ C & -A^* \end{bmatrix}\right)=w\left(\begin{bmatrix} -A & B \\ C & A^* \end{bmatrix}\right).$$

再由数值半径三角不等式可知

$$
\begin{aligned}
w\left(\begin{bmatrix} 0 & B \\ C & 0 \end{bmatrix}\right) &= \frac{1}{2}w\left(\begin{bmatrix} A & B \\ C & -A^* \end{bmatrix} + \begin{bmatrix} -A & B \\ C & A^* \end{bmatrix}\right) \\
&\leqslant \frac{1}{2}w\left(\begin{bmatrix} A & B \\ C & -A^* \end{bmatrix}\right) + \frac{1}{2}w\left(\begin{bmatrix} -A & B \\ C & A^* \end{bmatrix}\right) \\
&= w\left(\begin{bmatrix} A & B \\ C & -A^* \end{bmatrix}\right).
\end{aligned}
$$

结论证毕. ▮

下面是关于斜对角有界无穷维 Hamilton 算子数值半径的估计式.

定理 5.3.8 令 $H = \begin{bmatrix} 0 & B \\ C & 0 \end{bmatrix}$ 是斜对角有界无穷维 Hamilton 算子, 则对任意的 $\theta \in \mathbb{R}$ 有

$$
w(H) \geqslant \frac{\max\{w(B+e^{i\theta}C), w(B-e^{i\theta}C)\}}{2} \tag{5.3.6}
$$

且

$$
w(H) \leqslant \frac{w(B+e^{i\theta}C)+w(B-e^{i\theta}C)}{2}. \tag{5.3.7}
$$

证明 首先证明不等式 (5.3.6). 考虑

$$
\begin{aligned}
w(B+e^{i\theta}C) &= w\left(\begin{bmatrix} 0 & B+e^{i\theta}C \\ B+e^{i\theta}C & 0 \end{bmatrix}\right) \\
&= w\left(\begin{bmatrix} 0 & B \\ e^{i\theta}C & 0 \end{bmatrix} + \begin{bmatrix} 0 & e^{i\theta}C \\ B & 0 \end{bmatrix}\right) \\
&\leqslant w\left(\begin{bmatrix} 0 & B \\ e^{i\theta}C & 0 \end{bmatrix}\right) + w\left(\begin{bmatrix} 0 & e^{i\theta}C \\ B & 0 \end{bmatrix}\right) \\
&= 2w\left(\begin{bmatrix} 0 & B \\ e^{i\theta}C & 0 \end{bmatrix}\right) = 2w\left(\begin{bmatrix} 0 & B \\ C & 0 \end{bmatrix}\right).
\end{aligned}
$$

同理, 把 $e^{\mathrm{i}\theta}C$ 换成 $-e^{\mathrm{i}\theta}C$, 得

$$w(B-e^{\mathrm{i}\theta}C)\leqslant 2w\left(\begin{bmatrix}0 & B\\ C & 0\end{bmatrix}\right).$$

于是, $w(H)\geqslant \frac{\max\{w(B+e^{\mathrm{i}\theta}C),w(B-e^{\mathrm{i}\theta}C)\}}{2}$ 成立.

其次证明不等式 (5.3.7). 选取酉算子 $U=\frac{1}{\sqrt{2}}\begin{bmatrix}I & -I\\ I & I\end{bmatrix}$, 则

$$\begin{aligned}
w\left(\begin{bmatrix}0 & B\\ e^{\mathrm{i}\theta}C & 0\end{bmatrix}\right) &= w\left(U^*\begin{bmatrix}0 & B\\ e^{\mathrm{i}\theta}C & 0\end{bmatrix}U\right)\\
&=\frac{1}{2}w\left(\begin{bmatrix}B+e^{\mathrm{i}\theta}C & B-e^{\mathrm{i}\theta}C\\ -(B-e^{\mathrm{i}\theta}C) & -(B+e^{\mathrm{i}\theta}C)\end{bmatrix}\right)\\
&=\frac{1}{2}w\left(\begin{bmatrix}B+e^{\mathrm{i}\theta}C & 0\\ 0 & -(B+e^{\mathrm{i}\theta}C)\end{bmatrix}\right.\\
&\qquad\left.+\begin{bmatrix}0 & B-e^{\mathrm{i}\theta}C\\ -(B-e^{\mathrm{i}\theta}C) & 0\end{bmatrix}\right)\\
&\leqslant\frac{1}{2}w\left(\begin{bmatrix}B+e^{\mathrm{i}\theta}C & 0\\ 0 & -(B+e^{\mathrm{i}\theta}C)\end{bmatrix}\right)\\
&\qquad+\frac{1}{2}w\left(\begin{bmatrix}0 & B-e^{\mathrm{i}\theta}C\\ -(B-e^{\mathrm{i}\theta}C) & 0\end{bmatrix}\right)\\
&=\frac{1}{2}w(B+e^{\mathrm{i}\theta}C)+\frac{1}{2}w(B-e^{\mathrm{i}\theta}C).
\end{aligned}$$

结论证毕. ▮

推论 5.3.5 令 T 是 Hilbert 空间 X 中的有界线性算子且令 $T=Re(T)+\mathrm{i}Im(T)$, 则关系式

$$\frac{w(T)}{2}\leqslant w\left(\begin{bmatrix}0 & Re(T)\\ Im(T) & 0\end{bmatrix}\right)\leqslant w(T)$$

成立.

证明 由定理 5.3.8, 可知

$$\max\left\{\frac{w(Re(T)+\mathrm{i}Im(T))}{2},\frac{w(Re(T)-\mathrm{i}Im(T))}{2}\right\}\leqslant w\left(\begin{bmatrix}0 & Re(T)\\ Im(T) & 0\end{bmatrix}\right)$$

且

$$w\left(\begin{bmatrix}0 & Re(T)\\ Im(T) & 0\end{bmatrix}\right)\leqslant\frac{w(Re(T)+\mathrm{i}Im(T))+w(Re(T)-\mathrm{i}Im(T))}{2}.$$

考虑 $Re(T)-\mathrm{i}Im(T)=T^*$, 有 $w(Re(T)+\mathrm{i}Im(T))=w(Re(T)-\mathrm{i}Im(T))$. 于是结论成立. ▮

下面将给出斜对角有界无穷维 Hamilton 算子数值半径的另一种估计式.

定理 5.3.9 令 $H=\begin{bmatrix}0 & B\\ C & 0\end{bmatrix}$ 是斜对角有界无穷维 Hamilton 算子, 则

$$w(H)\geqslant\left|\frac{1}{2}\max\{w(B+C),w(B-C)\}-\min\{w(B),w(C)\}\right| \tag{5.3.8}$$

且

$$w(H)\leqslant\min\{w(B),w(C)\}+\frac{1}{2}\min\{w(B+C),w(B-C)\}. \tag{5.3.9}$$

证明 考虑 B,C 是有界自伴算子, $B+C$ 也是自伴算子且

$$\begin{bmatrix}B+C & B+C\\ -(B+C) & -(B+C)\end{bmatrix}^2=0,$$

由推论 5.3.4, 可知

$$\begin{aligned}\frac{1}{2}\left\|\begin{bmatrix}B+C & B+C\\ -(B+C) & -(B+C)\end{bmatrix}\right\|&=w\left(\begin{bmatrix}B+C & B+C\\ -(B+C) & -(B+C)\end{bmatrix}\right)\\&=\|B+C\|=w(B+C).\end{aligned}$$

选取酉算子 $U=\frac{1}{\sqrt{2}}\begin{bmatrix}I & -I\\ I & I\end{bmatrix}$, 则

$$\frac{1}{2}\begin{bmatrix}B+C & B+C\\ -(B+C) & -(B+C)\end{bmatrix}=U^*\begin{bmatrix}0 & B\\ C & 0\end{bmatrix}U-\begin{bmatrix}0 & -C\\ C & 0\end{bmatrix},$$

于是

$$\begin{aligned}\frac{1}{2}w(B+C) &= \frac{1}{2}w\left(\begin{bmatrix} B+C & B+C \\ -(B+C) & -(B+C)\end{bmatrix}\right)\\ &= w\left(U^*\begin{bmatrix} 0 & B \\ C & 0\end{bmatrix}U - \begin{bmatrix} 0 & -C \\ C & 0\end{bmatrix}\right)\\ &\leqslant w\left(U^*\begin{bmatrix} 0 & B \\ C & 0\end{bmatrix}U\right) + w\left(\begin{bmatrix} 0 & -C \\ C & 0\end{bmatrix}\right)\\ &= w\left(\begin{bmatrix} 0 & B \\ C & 0\end{bmatrix}\right) + w(C),\end{aligned}$$

即

$$\frac{1}{2}w(B+C) \leqslant w\left(\begin{bmatrix} 0 & B \\ C & 0\end{bmatrix}\right) + w(C). \tag{5.3.10}$$

在式 (5.3.10) 中把 C 换成 $-C$, 并考虑 $w\left(\begin{bmatrix} 0 & B \\ C & 0\end{bmatrix}\right) = w\left(\begin{bmatrix} 0 & B \\ -C & 0\end{bmatrix}\right)$, 得

$$\frac{1}{2}w(B-C) \leqslant w\left(\begin{bmatrix} 0 & B \\ C & 0\end{bmatrix}\right) + w(C). \tag{5.3.11}$$

由式 (5.3.10) 和式 (5.3.11) 得

$$\frac{1}{2}\max\{w(B-C), w(B+C)\} \leqslant w\left(\begin{bmatrix} 0 & B \\ C & 0\end{bmatrix}\right) + w(C). \tag{5.3.12}$$

同理还有

$$\frac{1}{2}\max\{w(B-C), w(B+C)\} \leqslant w\left(\begin{bmatrix} 0 & B \\ C & 0\end{bmatrix}\right) + w(B). \tag{5.3.13}$$

于是由式 (5.3.12) 和式 (5.3.13), 得

$$\frac{1}{2}\max\{w(B-C), w(B+C)\} - \min\{w(B), w(C)\} \leqslant w\left(\begin{bmatrix} 0 & B \\ C & 0\end{bmatrix}\right). \tag{5.3.14}$$

其次, 再考虑

$$\begin{bmatrix} 0 & -C \\ C & 0 \end{bmatrix} = U^* \begin{bmatrix} 0 & B \\ C & 0 \end{bmatrix} U - \frac{1}{2} \begin{bmatrix} B+C & B+C \\ -(B+C) & -(B+C) \end{bmatrix},$$

同理可得

$$\min\{w(B), w(C)\} - \frac{1}{2}\max\{w(B-C), w(B+C)\} \leqslant w\left(\begin{bmatrix} 0 & B \\ C & 0 \end{bmatrix}\right). \tag{5.3.15}$$

由式 (5.3.14) 和式 (5.3.15), 不等式 (5.3.8) 即可得证.

下面证明第二个不等式. 选取酉算子 $U = \frac{1}{\sqrt{2}}\begin{bmatrix} I & -I \\ I & I \end{bmatrix}$, 则

$$\begin{aligned} w\left(\begin{bmatrix} 0 & B \\ C & 0 \end{bmatrix}\right) &= w\left(U^* \begin{bmatrix} 0 & B \\ C & 0 \end{bmatrix} U\right) \\ &= \frac{1}{2} w\left(\begin{bmatrix} B+C & B+C \\ -(B-C) & -(B+C) \end{bmatrix}\right) \\ &= \frac{1}{2} w\left(\begin{bmatrix} B+C & B+C \\ -(B+C) & -(B+C) \end{bmatrix} + \begin{bmatrix} 0 & -2C \\ 2C & 0 \end{bmatrix}\right) \\ &\leqslant \frac{1}{2} w\left(\begin{bmatrix} B+C & B+C \\ -(B-C) & -(B+C) \end{bmatrix}\right) \\ &= \frac{1}{2} w\left(\begin{bmatrix} B+C & B+C \\ -(B+C) & -(B+C) \end{bmatrix}\right) + \frac{1}{2} w\left(\begin{bmatrix} 0 & -2C \\ 2C & 0 \end{bmatrix}\right) \\ &= \frac{1}{2} w(B+C) + w(C). \end{aligned}$$

同理, C 换成 $-C$, 得

$$w\left(\begin{bmatrix} 0 & B \\ C & 0 \end{bmatrix}\right) \leqslant w(B-C) + w(C).$$

于是

$$w\left(\begin{bmatrix} 0 & B \\ C & 0 \end{bmatrix}\right) \leqslant \frac{1}{2}\min\{w(B-C), w(B+C)\} + w(C).$$

类似地, 还有

$$w\left(\begin{bmatrix} 0 & B \\ C & 0 \end{bmatrix}\right) \leqslant \frac{1}{2}\min\{w(B-C), w(B+C)\} + w(B).$$

综上所述, 得

$$w\left(\begin{bmatrix} 0 & B \\ C & 0 \end{bmatrix}\right) \leqslant \frac{1}{2}\min\{w(B-C), w(B+C)\} + \min\{w(C), w(B)\}.$$

结论证毕. ∎

下面是关于一般有界无穷维 Hamilton 算子数值半径的估计式. 对于有界分块算子矩阵, 容易证明 Pinching 不等式

$$w\left(\begin{bmatrix} A & B \\ C & D \end{bmatrix}\right) \geqslant \max\{w\left(\begin{bmatrix} A & 0 \\ 0 & D \end{bmatrix}\right), w\left(\begin{bmatrix} 0 & B \\ C & 0 \end{bmatrix}\right)\}. \tag{5.3.16}$$

事实上, $w\left(\begin{bmatrix} A & B \\ C & D \end{bmatrix}\right) \geqslant w\left(\begin{bmatrix} A & 0 \\ 0 & D \end{bmatrix}\right)$ 是显然的. 下面证明不等式

$$w\left(\begin{bmatrix} A & B \\ C & D \end{bmatrix}\right) \geqslant w\left(\begin{bmatrix} 0 & B \\ C & 0 \end{bmatrix}\right).$$

因为

$$\begin{aligned} w\left(\begin{bmatrix} 0 & B \\ C & 0 \end{bmatrix}\right) &= w\left(\frac{1}{2}\begin{bmatrix} A & B \\ C & -A^* \end{bmatrix} + \frac{1}{2}\begin{bmatrix} -A & B \\ C & A^* \end{bmatrix}\right) \\ &\leqslant \frac{1}{2}w\left(\begin{bmatrix} A & B \\ C & -A^* \end{bmatrix}\right) + \frac{1}{2}w\left(\begin{bmatrix} -A & B \\ C & A^* \end{bmatrix}\right) \\ &= w\left(\begin{bmatrix} A & B \\ C & -A^* \end{bmatrix}\right). \end{aligned}$$

这里用到了关系式 $w\left(\begin{bmatrix} A & B \\ C & -A^* \end{bmatrix}\right) = w\left(\begin{bmatrix} -A & B \\ C & A^* \end{bmatrix}\right)$.

考虑到定理 5.3.8 和关系式

$$
\begin{aligned}
w\left(\begin{bmatrix} A & B \\ C & -A^* \end{bmatrix}\right) &= w\left(\begin{bmatrix} A & 0 \\ 0 & -A^* \end{bmatrix} + \begin{bmatrix} 0 & B \\ C & 0 \end{bmatrix}\right) \\
&\leqslant w\left(\begin{bmatrix} A & 0 \\ 0 & -A^* \end{bmatrix}\right) + w\left(\begin{bmatrix} 0 & B \\ C & 0 \end{bmatrix}\right),
\end{aligned}
$$

下列结论是显然的.

推论 5.3.6 令 $H = \begin{bmatrix} A & B \\ C & -A^* \end{bmatrix}$ 是有界无穷维 Hamilton 算子, 则

$$
w(H) \leqslant \max\{w(A), \frac{1}{2}w(B+C), \frac{1}{2}w(B-C)\} \tag{5.3.17}
$$

且

$$
w(H) \geqslant w(A) + \frac{1}{2}(w(B+C) + w(B-C)). \tag{5.3.18}
$$

同理, 考虑定理 5.3.9, 易证下列结论.

定理 5.3.10 令 $H = \begin{bmatrix} A & B \\ C & -A^* \end{bmatrix}$ 是有界无穷维 Hamilton 算子, 则

$$
w(H) \leqslant \max\{w(A), |\frac{1}{2}\max\{w(B+C), w(B-C)\} - \min\{w(B), w(C)\}|\} \tag{5.3.19}
$$

且

$$
w(H) \geqslant w(A) + \min\{w(B), w(C)\} + \frac{1}{2}\min\{w(B+C), w(B-C)\}. \tag{5.3.20}
$$

观察上述结论可以发现, 对于有界无穷维 Hamilton 算子数值半径进行估计时, $w(B \pm C)$ 起到了至关重要的作用. 于是, 下面我们将对于一般的有界线性算子 B, C 探讨 $w(B \pm C)$ 的估计. 首先给出几个引理.

引理 5.3.6 令 A,B,C 是 Hilbert 空间 X 中的有界线性算子, 如果 A,B 是非负算子, 则算子

$$T=\begin{bmatrix} A & C^* \\ C & B \end{bmatrix}$$

非负当且仅当对任意的 $x,y\in X$ 有 $|(Cx,y)|^2\leqslant (Ax,x)(By,y)$.

证明 当 $T=\begin{bmatrix} A & C^* \\ C & B \end{bmatrix}$ 为非负时, 根据混合 Schwarz 不等式 (见引理 5.3.2), 对任意的 $x,y\in X$ 有

$$\begin{aligned}&\left|\left(\begin{bmatrix} A & C^* \\ C & B \end{bmatrix}\begin{bmatrix} x \\ 0 \end{bmatrix},\begin{bmatrix} 0 \\ y \end{bmatrix}\right)\right|^2\\ \leqslant &\left(\begin{bmatrix} A & C^* \\ C & B \end{bmatrix}\begin{bmatrix} x \\ 0 \end{bmatrix},\begin{bmatrix} x \\ 0 \end{bmatrix}\right)\left(\begin{bmatrix} A & C^* \\ C & B \end{bmatrix}\begin{bmatrix} 0 \\ y \end{bmatrix},\begin{bmatrix} 0 \\ y \end{bmatrix}\right),\end{aligned}$$

化简后即得 $|(Cx,y)|^2\leqslant (Ax,x)(By,y)$.

反之, 对任意的 $x,y\in X$ 有

$$\begin{aligned}\left(\begin{bmatrix} A & C^* \\ C & B \end{bmatrix}\begin{bmatrix} x \\ y \end{bmatrix},\begin{bmatrix} x \\ y \end{bmatrix}\right)&=(Ax,x)+(By,y)+2Re(Cx,y)\\ &\geqslant 2[(Ax,x)(By,y)]^{\frac{1}{2}}+2Re(Cx,y)\\ &\geqslant 2|(Cx,y)|+2Re(Cx,y)\geqslant 0.\end{aligned}$$

结论证毕. ▮

下面的引理是混合 Schwarz 不等式的推广形式.

引理 5.3.7 令 $A\in\mathscr{B}(X)$, 且 $0\leqslant\alpha\leqslant 1$, 则对于任意的 $x,y\in X$ 有关系式

$$|(Ax,y)|^2\leqslant (|A|^{2\alpha}x,x)(|A^*|^{2(1-\alpha)}y,y)$$

成立.

证明 根据引理 5.3.6 只需证明 $\begin{bmatrix} |A|^{2\alpha} & A^* \\ A & |A^*|^{2(1-\alpha)} \end{bmatrix}\geqslant 0$ 即可. 由 $A|A|^2=|A^*|^2A$, 可得 $A|A|=|A^*|A$, 从而 $Af(|A|)=f(|A^*|)A$, 其中 $f(t),t\geqslant$

0 是连续函数. 进而考虑

$$\begin{bmatrix} |A|^{2\alpha} & A^* \\ A & |A^*|^{2(1-\alpha)} \end{bmatrix} = \begin{bmatrix} |A|^{\alpha-\frac{1}{2}} & 0 \\ 0 & |A^*|^{\frac{1}{2}-\alpha} \end{bmatrix} \begin{bmatrix} |A| & A^* \\ A & |A^*| \end{bmatrix} \begin{bmatrix} |A|^{\alpha-\frac{1}{2}} & 0 \\ 0 & |A^*|^{\frac{1}{2}-\alpha} \end{bmatrix},$$

再由引理 5.3.6 和混合 Schwarz 不等式可知 $\begin{bmatrix} |A| & A^* \\ A & |A^*| \end{bmatrix} \geqslant 0$, 进而结论得证. ▮

下面的引理是关于非负算子的 Jensen 不等式.

引理 5.3.8 令 $A \in \mathscr{B}(X)(A \geqslant 0)$, 并且令 $x \in X$, $\|x\| = 1$, 则

(i) 当 $r \geqslant 1$ 时, $(Ax, x)^r \leqslant (A^r x, x)$;

(ii) 当 $0 < r \leqslant 1$ 时, $(Ax, x)^r \geqslant (A^r x, x)$.

证明 $E(t)$ 是非负算子 A 的谱族, 则有

$$A = \int_0^{+\infty} t\, dE(t).$$

再结合凹凸函数及 Jensen 不等式, 结论即可得证. ▮

下面的引理是根据 Jensen 不等式和 Young 不等式得到的结果, 具体证明见 [78] 和 [79].

引理 5.3.9 设 $a, b \geqslant 0$, $0 \leqslant \alpha \leqslant 1$, 且 $p, q > 1$, 使得 $\frac{1}{p} + \frac{1}{q} = 1$, 则

(i) $a^\alpha b^{1-\alpha} \leqslant \alpha a + (1-\alpha) b \leqslant [\alpha a^r + (1-\alpha) b]^{\frac{1}{r}}$, 对于 $r \geqslant 1$;

(ii) $ab \leqslant \frac{a^p}{p} + \frac{b^q}{q} \leqslant \left(\frac{a^{pr}}{p} + \frac{b^{qr}}{q}\right)^{\frac{1}{r}}$, 对于 $r \geqslant 1$.

接下来这个引理是 Grüss 不等式.

引理 5.3.10 设 X 是无穷维 Hilbert 空间, $\alpha \in \mathbb{C}$, 且 $|\alpha - 1| = 1$, 则对于任意的 $e \in X$, $\|e\| = 1$, $x, y \in X$, 有

$$|(x, y) - \alpha(x, e)(e, y)| \leqslant \|x\|\|y\|.$$

特别地, 如果 $\alpha = 2$, 则

$$|(x, e)(e, y)| \leqslant \frac{1}{2}[|(x, y)| + \|x\|\|y\|].$$

证明 因为

$$|(u,v)| \leqslant \|u\|\|v\|,$$

对任意的 $\|e\|=1$ 和 $|\alpha-1|=1$, 令 $u=\alpha(x,e)e-x, v=y$, 代入上式得

$$|(x,y)-\alpha(x,e)(e,y)| \leqslant \|\alpha(x,e)e-x\|\|y\|.$$

考虑 $\|\alpha(x,e)e-x\|=\|x\|$, 得

$$|(x,y)-\alpha(x,e)(e,y)| \leqslant \|x\|\|y\|.$$

又因为

$$|\alpha(x,e)(e,y)|-|(x,y)| \leqslant \|x\|\|y\|,$$

于是当 $\alpha=2$ 时

$$|(x,e)(e,y)| \leqslant \frac{1}{2}[|(x,y)|+||x||||y||].$$

结论证毕. ∎

定理 5.3.11 设 B,C 是 Hilbert 空间 X 中的有界线性算子, 并且令 α 是任意正实数使得 $0 \leqslant \alpha \leqslant 1$, 则对于 $r \geqslant 1$ 有

$$w(B \pm C) \geqslant \frac{|w(C)-w(B)|}{2} \tag{5.3.21}$$

且

$$w(B \pm C) \leqslant \min\{a,b,c\}, \tag{5.3.22}$$

其中

$$\begin{aligned}
a &= 2^{1-\frac{1}{r}}\||B|^{2\alpha r}+|C|^{2\alpha r}\|^{\frac{1}{2r}}\||B^*|^{2(1-\alpha)r}+|C^*|^{2(1-\alpha)r}\|^{\frac{1}{2r}},\\
b &= 2^{1-\frac{1}{r}}\||B|^{2\alpha r}+|C^*|^{2(1-\alpha)r}\|^{\frac{1}{2r}}\||B^*|^{2(1-\alpha)r}+|C|^{2\alpha r}\|^{\frac{1}{2r}},\\
c &= 2^{1-\frac{1}{r}}\||B^*|^{2(1-\alpha)r}+|C|^{2\alpha r}\|^{\frac{1}{2r}}\||B|^{2\alpha r}+|C^*|^{2(1-\alpha)r}\|^{\frac{1}{2r}}.
\end{aligned}$$

证明 选取酉算子 $U = \frac{1}{\sqrt{2}}\begin{bmatrix} I & -I \\ I & I \end{bmatrix}$, 一方面, 我们考虑

$$
\begin{aligned}
w\left(\begin{bmatrix} 0 & -C \\ C & 0 \end{bmatrix}\right) &= w\left(U^*\begin{bmatrix} 0 & B \\ C & 0 \end{bmatrix}U - \frac{1}{2}\begin{bmatrix} B+C & B+C \\ -(B+C) & -(B+C) \end{bmatrix}\right) \\
&\leqslant w\left(U^*\begin{bmatrix} 0 & B \\ C & 0 \end{bmatrix}U\right) + \frac{1}{2}w\left(\begin{bmatrix} B+C & B+C \\ -(B+C) & -(B+C) \end{bmatrix}\right) \\
&= w\left(\begin{bmatrix} 0 & B \\ C & 0 \end{bmatrix}\right) + \frac{1}{2}w\left(\begin{bmatrix} B+C & 0 \\ 0 & -(B+C) \end{bmatrix}\right. \\
&\quad \left. + \begin{bmatrix} 0 & B+C \\ -(B+C) & 0 \end{bmatrix}\right) \\
&\leqslant w\left(\begin{bmatrix} 0 & B \\ C & 0 \end{bmatrix}\right) + \frac{1}{2}\left[w(B+C) + w(B+C)\right] \\
&= w\left(\begin{bmatrix} 0 & B \\ C & 0 \end{bmatrix}\right) + w(B+C),
\end{aligned}
$$

所以

$$
w(C) - w\left(\begin{bmatrix} 0 & B \\ C & 0 \end{bmatrix}\right) \leqslant w(B+C). \tag{5.3.23}
$$

另一方面,

$$
\begin{aligned}
w\left(\begin{bmatrix} 0 & B \\ C & 0 \end{bmatrix}\right) &= w\left(U^*\begin{bmatrix} 0 & B \\ C & 0 \end{bmatrix}U\right) \\
&= \frac{1}{2}w\left(\begin{bmatrix} B+C & B-C \\ -(B-C) & -(B+C) \end{bmatrix}\right) \\
&= \frac{1}{2}w\left(\begin{bmatrix} B+C & B+C \\ -(B+C) & -(B+C) \end{bmatrix} + \begin{bmatrix} 0 & -2C \\ 2C & 0 \end{bmatrix}\right)
\end{aligned}
$$

$$
\begin{aligned}
&\leqslant \frac{1}{2}w\left(\begin{bmatrix} B+C & B+C \\ -(B+C) & -(B+C) \end{bmatrix}\right) + w\left(\begin{bmatrix} 0 & -C \\ C & 0 \end{bmatrix}\right) \\
&= \frac{1}{2}w\left(\begin{bmatrix} B+C & 0 \\ 0 & -(B+C) \end{bmatrix} + \begin{bmatrix} 0 & B+C \\ -(B+C) & 0 \end{bmatrix}\right) + w(C) \\
&\leqslant \frac{1}{2}w\left(\begin{bmatrix} B+C & 0 \\ 0 & -(B+C) \end{bmatrix}\right) \\
&\quad + \frac{1}{2}w\left(\begin{bmatrix} 0 & B+C \\ -(B+C) & 0 \end{bmatrix}\right) + w(C) \\
&= w(B+C) + w(C),
\end{aligned}
$$

所以

$$
w\left(\begin{bmatrix} 0 & B \\ C & 0 \end{bmatrix}\right) - w(C) \leqslant w(B+C). \tag{5.3.24}
$$

故由式 (5.3.23) 和式 (5.3.24) 知:

$$
\left| w(C) - w\left(\begin{bmatrix} 0 & B \\ C & 0 \end{bmatrix}\right) \right| \leqslant w(B+C). \tag{5.3.25}
$$

类似地, 在式 (5.3.25) 里互换 B 和 C 可得:

$$
\left| w\left(\begin{bmatrix} 0 & B \\ C & 0 \end{bmatrix}\right) - w(B) \right| \leqslant w(B+C). \tag{5.3.26}
$$

由式 (5.3.25) 和式 (5.3.26) 知:

$$
\frac{|w(C) - w(B)|}{2} \leqslant \frac{\left| w(C) - w\left(\begin{bmatrix} 0 & B \\ C & 0 \end{bmatrix}\right) \right| + \left| w\left(\begin{bmatrix} 0 & B \\ C & 0 \end{bmatrix}\right) - w(B) \right|}{2} \tag{5.3.27}
$$

和

$$\frac{\left|w(C)-w\left(\begin{bmatrix}0 & B\\ C & 0\end{bmatrix}\right)\right|+\left|w\left(\begin{bmatrix}0 & B\\ C & 0\end{bmatrix}\right)-w(B)\right|}{2}\leqslant w(B+C). \tag{5.3.28}$$

因此

$$\frac{|w(C)-w(B)|}{2}\leqslant w(B+C). \tag{5.3.29}$$

在不等式 (5.3.29) 中, 用 $-C$ 替换 C, 可得

$$\frac{|w(C)-w(B)|}{2}\leqslant w(B-C). \tag{5.3.30}$$

根据不等式 (5.3.29) 和 (5.3.30), 这就完成了不等式 (5.3.21) 的证明.

此外, 我们利用下面的基本不等式

$$(ab+cd)^2\leqslant(a^2+c^2)(b^2+d^2), (a+b)^r\leqslant 2^{r-1}(a^r+b^r),$$

再由引理 5.3.7 和引理 5.3.8, 得

$$\begin{aligned}
|((B+C)x,x)|^r &= |(Bx,x)+(Cx,x)|^r\\
&\leqslant (|(Bx,x)|+|(Cx,x)|)^r\\
&\leqslant 2^{r-1}(|(Bx,x)|^r+|(Cx,x)|^r)\\
&\leqslant 2^{r-1}[(|B|^{2\alpha}x,x)^{\frac{r}{2}}(|B^*|^{2(1-\alpha)}x,x)^{\frac{r}{2}}\\
&\quad+(|C|^{2\alpha}x,x)^{\frac{r}{2}}(|C^*|^{2(1-\alpha)}x,x)^{\frac{r}{2}}]\\
&\leqslant 2^{r-1}[(|B|^{2\alpha}x,x)^r+(|C|^{2\alpha}x,x)^r]^{\frac{1}{2}}[(|B^*|^{2(1-\alpha)}x,x)^r\\
&\quad+(|C^*|^{2(1-\alpha)}x,x)^r]^{\frac{1}{2}}\\
&\leqslant 2^{r-1}[(|B|^{2\alpha r}x,x)+(|C|^{2\alpha r}x,x)]^{\frac{1}{2}}[(|B^*|^{2(1-\alpha)r}x,x)\\
&\quad+(|C^*|^{2(1-\alpha)r}x,x)]^{\frac{1}{2}}\\
&= 2^{r-1}[((|B|^{2\alpha r}+|C|^{2\alpha r})x,x)]^{\frac{1}{2}}\\
&\quad[((|B^*|^{2(1-\alpha)r}+|C^*|^{2(1-\alpha)})x,x)]^{\frac{1}{2}}\\
&= 2^{r-1}\||B|^{2\alpha r}+|C|^{2\alpha r}\|^{\frac{1}{2}}\||B^*|^{2(1-\alpha)r}+|C^*|^{2(1-\alpha)}\|^{\frac{1}{2}}.
\end{aligned}$$

所以

$$
\begin{aligned}
(w(B+C))^r &= \sup\{|((B+C)x,x)|^r : x\in H, ||x||=1\}\\
&\leqslant 2^{r-1}|||B|^{2\alpha r}+|C|^{2\alpha r}||^{\frac{1}{2}}|||B^*|^{2(1-\alpha)r}+|C^*|^{2(1-\alpha)}||^{\frac{1}{2}}.
\end{aligned}
$$

同样地, 交换 a, b, c, d, 我们可得到不同的形式

$$
(w(B+C))^r \leqslant 2^{r-1}|||B|^{2\alpha r}+|C^*|^{2(1-\alpha)r}||^{\frac{1}{2}}|||B^*|^{2(1-\alpha)r}+|C|^{2\alpha r}||^{\frac{1}{2}}.
$$

故

$$
w(B+C)\leqslant \min\{a,b\}, \tag{5.3.31}
$$

其中

$$
\begin{aligned}
a &= 2^{1-\frac{1}{r}}|||B|^{2\alpha r}+|C|^{2\alpha r}||^{\frac{1}{2r}}|||B^*|^{2(1-\alpha)r}+|C^*|^{2(1-\alpha)r}||^{\frac{1}{2r}},\\
b &= 2^{1-\frac{1}{r}}|||B|^{2\alpha r}+|C^*|^{2(1-\alpha)r}||^{\frac{1}{2r}}|||B^*|^{2(1-\alpha)r}+|C|^{2\alpha r}||^{\frac{1}{2r}}.
\end{aligned}
$$

在不等式 (5.3.31) 里把 C 替换成 $-C$ 后, 得

$$
w(B-C)\leqslant \min\{a,b,c\}. \tag{5.3.32}
$$

根据不等式 (5.3.31) 和不等式 (5.3.32), 就完成了不等式 (5.3.22) 的证明. 结论证毕. ▮

推论 5.3.7 如果在定理 5.3.11 中取 $r=1$, $\alpha=\frac{1}{2}$, 可以得到

$$
w(B+C)\leqslant \min\{a',b'\},
$$

其中

$$
\begin{aligned}
a' &= |||B|+|C|||^{\frac{1}{2}}|||B^*|+|C^*|||^{\frac{1}{2}},\\
b' &= |||B^*|+|C|||^{\frac{1}{2}}|||B|+|C^*|||^{\frac{1}{2}}.
\end{aligned}
$$

定理 5.3.12 设 B,C 是 Hilbert 空间 X 中的有界线性算子, 并且令 α 是任意正实数使得 $0\leqslant\alpha\leqslant 1$, 则对于 $r\geqslant 1$ 有

$$
w(B\pm C)\leqslant 2^{1-\frac{1}{r}}\left[||\alpha(|B|^r+|C|^r)+(1-\alpha)(|B^*|^r+|C^*|^r)||\right]^{\frac{1}{r}}.
$$

证明 根据前面的定理 5.3.12 和引理 5.3.8 可得

$$
\begin{aligned}
&|((B+C)x,x)|^r\\
=&|(Bx,x)+(Cx,x)|^r\\
\leqslant&(|(Bx,x)|+|(Cx,x)|)^r\\
\leqslant&2^{r-1}(|(Bx,x)|^r+|(Cx,x)|^r)\\
\leqslant&2^{r-1}[(|B|^{2\alpha}x,x)^{\frac{r}{2}}(|B^*|^{2(1-\alpha)}x,x)^{\frac{r}{2}}+(|C|^{2\alpha}x,x)^{\frac{r}{2}}(|C^*|^{2(1-\alpha)}x,x)^{\frac{r}{2}}]\\
\leqslant&2^{r-1}\left[(|B|^r x,x)^{\alpha}(|B^*|^r x,x)^{(1-\alpha)}+(|C|^r x,x)^{\alpha}(|C^*|^r x,x)^{(1-\alpha)}\right]\\
\leqslant&2^{r-1}\left[\alpha(|B|^r x,x)+(1-\alpha)(|B^*|^r x,x)+\alpha(|C|^r x,x)+(1-\alpha)(|C^*|^r x,x)\right]\\
=&2^{r-1}\left[\alpha(|B|^r+|C|^r)x,x)+(1-\alpha)((|B^*|^r+|C^*|^r)x,x)\right]\\
\leqslant&2^{r-1}||\alpha(|B|^r+|C|^r)+(1-\alpha)(|B^*|^r+|C^*|^r)||.
\end{aligned}
$$

因此

$$
\begin{aligned}
(w(B+C))^r=&\sup\{|((B+C)x,x)|^r: x\in H, ||x||=1\}\\
\leqslant&2^{r-1}||\alpha(|B|^r+|C|^r)+(1-\alpha)(|B^*|^r+|C^*|^r)||.
\end{aligned}
$$

所以

$$
w(B+C)\leqslant 2^{1-\frac{1}{r}}||\alpha(|B|^r+|C|^r)+(1-\alpha)(|B^*|^r+|C^*|^r)||^{\frac{1}{r}}.
$$

在上式中, 用 $-C$ 替换 C 得

$$
w(B-C)\leqslant 2^{1-\frac{1}{r}}||\alpha(|B|^r+|C|^r)+(1-\alpha)(|B^*|^r+|C^*|^r)||^{\frac{1}{r}}.
$$

结论证毕. ▮

定理 5.3.13 设 B,C 是 Hilbert 空间 X 中的有界线性算子, 并且令 α 是任意正实数使得 $0\leqslant\alpha\leqslant 1$, 则对于 $r\geqslant 1$, $p\geqslant q>1$, $m\geqslant n>1$, $\frac{1}{p}+\frac{1}{q}=1$, $\frac{1}{m}+\frac{1}{n}=1$ 和 $pr\geqslant 1$, $mr\geqslant 1$, $qr\geqslant 1$, $nr\geqslant 1$ 有

$$
w(B\pm C)\leqslant 2^{1-\frac{1}{r}}\left[||\frac{1}{p}|B|^{\alpha pr}+\frac{1}{q}|B^*|^{(1-\alpha)rq}+\frac{1}{m}|C|^{\alpha rm}+\frac{1}{n}|C^*|^{(1-\alpha)nr}||\right]^{\frac{1}{r}}.
$$

证明 根据前面的定理 5.3.11 和引理 5.3.8 可得

$$
\begin{aligned}
&|((B+C)x,x)|^r\\
&=|(Bx,x)+(Cx,x)|^r\\
&\leqslant (|(Bx,x)|+|(Cx,x)|)^r\\
&\leqslant 2^{r-1}(|(Bx,x)|^r+|(Cx,x)|^r)\\
&\leqslant 2^{r-1}[(|B|^{2\alpha}x,x)^{\frac{r}{2}}(|B^*|^{2(1-\alpha)}x,x)^{\frac{r}{2}}+(|C|^{2\alpha}x,x)^{\frac{r}{2}}(|C^*|^{2(1-\alpha)}x,x)^{\frac{r}{2}}]\\
&\leqslant 2^{r-1}\left[\frac{1}{p}(|B|^{2\alpha}x,x)^{\frac{pr}{2}}+\frac{1}{q}(|B^*|^{2(1-\alpha)}x,x)^{\frac{qr}{2}}+\frac{1}{m}(|C|^{2\alpha}x,x)^{\frac{mr}{2}}\right.\\
&\quad\left.+\frac{1}{n}(|C^*|^{2(1-\alpha)}x,x)^{\frac{nr}{2}}\right]\\
&\leqslant 2^{r-1}\left[\frac{1}{p}(|B|^{\alpha r}x,x)^p+\frac{1}{q}(|B^*|^{(1-\alpha)r}x,x)^q+\frac{1}{m}(|C|^{\alpha r}x,x)^m\right.\\
&\quad\left.+\frac{1}{n}(|C^*|^{(1-\alpha)r}x,x)^n\right]\\
&\leqslant 2^{r-1}\left[\frac{1}{p}(|B|^{\alpha rp}x,x)+\frac{1}{q}(|B^*|^{(1-\alpha)qr}x,x)+\frac{1}{m}(|C|^{\alpha rm}x,x)\right.\\
&\quad\left.+\frac{1}{n}(|C^*|^{(1-\alpha)rn}x,x)\right]\\
&=2^{r-1}\|\frac{1}{p}|B|^{\alpha rp}+\frac{1}{q}|B^*|^{(1-\alpha)qr}+\frac{1}{m}|C|^{\alpha rm}+\frac{1}{n}|C^*|^{(1-\alpha)rn}\|.
\end{aligned}
$$

因此

$$
\begin{aligned}
(w(B+C))^r&=\sup\{|((B+C)x,x)|^r:x\in X,\|x\|=1\}\\
&\leqslant 2^{r-1}\left[\|\frac{1}{p}|B|^{\alpha rp}+\frac{1}{q}|B^*|^{(1-\alpha)qr}+\frac{1}{m}|C|^{\alpha rm}+\frac{1}{n}|C^*|^{(1-\alpha)rn}\|\right].
\end{aligned}
$$

所以

$$
w(B+C)\leqslant 2^{1-\frac{1}{r}}\left[\|\frac{1}{p}|B|^{\alpha rp}+\frac{1}{q}|B^*|^{(1-\alpha)qr}+\frac{1}{m}|C|^{\alpha rm}+\frac{1}{n}|C^*|^{(1-\alpha)rn}\|\right]^{\frac{1}{r}}.
$$

在上式中, 用 $-C$ 替换 C 得

$$
w(B-C)\leqslant 2^{1-\frac{1}{r}}\left[\|\frac{1}{p}|B|^{\alpha rp}+\frac{1}{q}|B^*|^{(1-\alpha)qr}+\frac{1}{m}|C|^{\alpha rm}+\frac{1}{n}|C^*|^{(1-\alpha)rn}\|\right]^{\frac{1}{r}}.
$$

结论证毕. ▮

定理 5.3.14 设 B, C 是 Hilbert 空间 X 中的有界线性算子, 并且令 α 是任意正实数使得 $0 \leqslant \alpha \leqslant 1$, 则对于 $r \geqslant 1$ 有

$$w(B \pm C) \leqslant 2^{1-\frac{1}{r}}[(\||B|^{\alpha}\|\||B^*|^{(1-\alpha)}\|)^{2r} + (\||C|^{\alpha}\|\||C^*|^{(1-\alpha)}\|)^{2r}]^{\frac{1}{r}}.$$

证明 根据前面的定理 5.3.11 和引理 5.3.8 可得

$$\begin{aligned}
&|((B+C)x,x)|^r \\
=& |(Bx,x)+(Cx,x)|^r \\
\leqslant& (|(Bx,x)|+|(Cx,x)|)^r \\
\leqslant& 2^{r-1}(|(Bx,x)|^r+|(Cx,x)|^r) \\
\leqslant& 2^{r-1}[(|B|^{2\alpha}x,x)^{\frac{r}{2}}(|B^*|^{2(1-\alpha)}x,x)^{\frac{r}{2}}+(|C|^{2\alpha}x,x)^{\frac{r}{2}}(|C^*|^{2(1-\alpha)}x,x)^{\frac{r}{2}}] \\
=& 2^{r-1}[((|B|^{2\alpha}x,x)(x,|B^*|^{2(1-\alpha)}x))^{\frac{r}{2}}+((|C|^{2\alpha}x,x)(x,|C^*|^{2(1-\alpha)}x))^{\frac{r}{2}}] \\
\leqslant& 2^{r-1}\cdot\left(\frac{1}{2}\right)^{\frac{r}{2}}[(|(|B|^{2\alpha}x,|B^*|^{2(1-\alpha)}x)|+\||B|^{2\alpha}\|\||B^*|^{2(1-\alpha)}\|)^{\frac{r}{2}} \\
&+(|(|C|^{2\alpha}x,|C^*|^{2(1-\alpha)}x)|+\||C|^{2\alpha}\|\||C^*|^{2(1-\alpha)}\|)^{\frac{r}{2}}] \\
\leqslant& 2^{\frac{r}{2}-1}[(\||B|^{2\alpha}\|\||B^*|^{2(1-\alpha)}\|+\||B|^{2\alpha}\|\||B^*|^{2(1-\alpha)}\|)^{\frac{r}{2}} \\
&+(\||C|^{2\alpha}\|\||C^*|^{2(1-\alpha)}\|+\||C|^{2\alpha}\|\||C^*|^{2(1-\alpha)}\|)^{\frac{r}{2}}] \\
=& 2^{\frac{r}{2}-1}\cdot 2^{\frac{r}{2}}[(\||B|^{2\alpha}\|\||B^*|^{2(1-\alpha)}\|)^{\frac{r}{2}}+(\||C|^{2\alpha}\|\||C^*|^{2(1-\alpha)}\|)^{\frac{r}{2}}] \\
=& 2^{r-1}[(\||B|^{2\alpha}\|\||B^*|^{2(1-\alpha)}\|)^{\frac{r}{2}}+(\||C|^{2\alpha}\|\||C^*|^{2(1-\alpha)}\|)^{\frac{r}{2}}] \\
=& 2^{r-1}[(\||B|^{\alpha}\|\||B^*|^{(1-\alpha)}\|)^{2r}+(\||C|^{\alpha}\|\||C^*|^{(1-\alpha)}\|)^{2r}].
\end{aligned}$$

因此

$$\begin{aligned}
(w(B+C))^r &= \sup\{|((B+C)x,x)|^r : x\in X, \|x\|=1\} \\
&\leqslant 2^{r-1}[(\||B|^{\alpha}\|\||B^*|^{(1-\alpha)}\|)^{2r}+(\||C|^{\alpha}\|\||C^*|^{(1-\alpha)}\|)^{2r}].
\end{aligned}$$

进而得

$$w(B+C) \leqslant 2^{1-\frac{1}{r}}[(\||B|^{\alpha}\|\||B^*|^{(1-\alpha)}\|)^{2r} + (\||C|^{\alpha}\|\||C^*|^{(1-\alpha)}\|)^{2r}]^{\frac{1}{r}}.$$

在上式中, 用 $-C$ 替换 C 得

$$w(B-C) \leqslant 2^{1-\frac{1}{r}}[(|||B|^{\alpha}||||B^*|^{(1-\alpha)}||)^{2r} + (|||C|^{\alpha}||||C^*|^{(1-\alpha)}||)^{2r}]^{\frac{1}{r}}.$$

结论证毕. ▮

5.4 无穷维 Hamilton 算子的二次数值域

对于 Hilbert 空间中线性算子的数值域而言, 它的凸性是个极其重要的性质, 也就是说, 如果找到有界线性算子数值域的一条支撑线, 则意味着找到了线性算子谱集分布的半平面. 然而, 由于凸集的连通性, 有时不能更精确刻画谱集的分布状态, 比如谱集是若干不相交子集的并集时, 数值域无法刻画这种状态. 鉴于此, Tretter[70] 和 Langer[71] 等学者在研究 2×2 分块算子矩阵时引进了二次数值域的概念. 应用二次数值域可以建立自伴 2×2 分块算子矩阵的变分原理, 进而估计算子的特征值. 值得注意的是, 对于有界线性算子来说, 二次数值域是数值域的子集, 但不一定连通, 并且二次数值域也具有谱包含性质. 因此, 关于有界线性算子的谱刻画方面, 二次数值域能提供比数值域更精确的信息.

5.4.1 线性算子二次数值域的定义

首先给出二次数值域的定义.

定义 5.4.1 设 X 是 Hilbert 空间, 对于 $f \in \mathscr{D}(A)\cap\mathscr{D}(C), g \in \mathscr{D}(B)\cap\mathscr{D}(D), f, g \neq 0$ 定义 2×2 矩阵

$$\mathcal{A}_{f,g} = \begin{bmatrix} \dfrac{(Af,f)}{\|f\|^2} & \dfrac{(Bg,f)}{\|f\|\|g\|} \\ \dfrac{(Cf,g)}{\|f\|\|g\|} & \dfrac{(Dg,g)}{\|g\|^2} \end{bmatrix} \in M_2(\mathbb{C}),$$

则称集合

$$\begin{aligned} \mathcal{W}^2(\mathcal{A}) = \{\lambda \in \mathbb{C} : \exists f \in \mathscr{D}(A)\cap\mathscr{D}(C), g \in \mathscr{D}(B)\cap\mathscr{D}(D), \\ f, g \neq 0, det(\mathcal{A}_{f,g} - \lambda I) = 0\} \end{aligned}$$

为 Hilbert 空间 $X \times X$ 上的 2×2 分块算子矩阵

$$\mathcal{A} = \begin{bmatrix} A & B \\ C & D \end{bmatrix} : \mathscr{D}(\mathcal{A}) \subset X \times X \to X \times X$$

的二次数值域．等价地有

$$\begin{aligned} \mathcal{W}^2(\mathcal{A}) &= \bigcup_{f \neq 0, g \neq 0} \sigma_p(\mathcal{A}_{f,g}) \\ &= \bigcup_{\|f\|=\|g\|=1} \sigma_p(\mathcal{A}_{f,g}). \end{aligned}$$

从定义不难发现二次数值域也是复数域 $\mathbb{C}$ 的子集, 当

$$\mathscr{D}(\mathcal{A}) = \mathscr{D}(A) \times \mathscr{D}(D)$$

时, 如果过 $B = 0$ 或者 $C = 0$, 则

$$\mathcal{W}^2(\mathcal{A}) = W(A) \cup W(D),$$

其中 $W(A), W(D)$ 分别表示 A, D 的数值域, 从而, 二次数值域不一定具有数值域的凸性. 下面是关于数值域的一些例子.

例 5.4.1 设 X 是 Hilbert 空间, I 是 X 中的单位算子, 定义 Hilbert 空间 $X \times X$ 中的分块算子矩阵

$$\mathcal{A} = \begin{bmatrix} A & B \\ C & D \end{bmatrix} = \begin{bmatrix} 0 & I \\ 0 & 0 \end{bmatrix},$$

则 $\mathcal{W}^2(\mathcal{A}) = \{0\}$. 事实上, 令 $x = \begin{bmatrix} f & g \end{bmatrix}^T \in X \times X, f, g \neq 0$, 则

$$\mathcal{A}_{f,g} = \begin{bmatrix} \dfrac{(Af,f)}{\|f\|^2} & \dfrac{(Bg,f)}{\|f\|\|g\|} \\ \dfrac{(Cf,g)}{\|f\|\|g\|} & \dfrac{(Dg,g)}{\|g\|^2} \end{bmatrix} = \begin{bmatrix} 0 & \dfrac{(g,f)}{\|f\|\|g\|} \\ 0 & 0 \end{bmatrix},$$

令

$$det(\mathcal{A}_{f,g} - \lambda) = 0,$$

则得 $\lambda = 0$. 于是 $\mathcal{W}^2(\mathcal{A}) = \{0\} = \sigma(\mathcal{A})$.

例 5.4.2 设 X 是 Hilbert 空间, I 是 X 中的单位算子, B 是 X 中的线性算子 (不一定有界), 定义 Hilbert 空间 $X\times X$ 中的分块算子矩阵

$$\mathcal{A}=\begin{bmatrix} A & B \\ C & D \end{bmatrix}=\begin{bmatrix} I & B \\ 0 & -I \end{bmatrix},$$

则 $\mathcal{W}^2(\mathcal{A})=\{1\}\cup\{-1\}$. 事实上, 令 $x=\begin{bmatrix} f & g \end{bmatrix}^T\in\mathscr{D}(\mathcal{A}), f,g\neq 0$, 则

$$\mathcal{A}_{f,g}=\begin{bmatrix} \dfrac{(Af,f)}{\|f\|^2} & \dfrac{(Bg,f)}{\|f\|\|g\|} \\ \dfrac{(Cf,g)}{\|f\|\|g\|} & \dfrac{(Dg,g)}{\|g\|^2} \end{bmatrix}=\begin{bmatrix} 1 & \dfrac{(Bg,f)}{\|f\|\|g\|} \\ 0 & -1 \end{bmatrix},$$

令

$$det(\mathcal{A}_{f,g}-\lambda)=0,$$

则得 $\lambda=\pm 1$. 于是 $\mathcal{W}^2(\mathcal{A})=\{1\}\cup\{-1\}$, 这说明 $\mathcal{W}^2(\mathcal{A})$ 不一定是凸集.

二次数值域还有如下基本性质.

引理 5.4.1 给定分块算子矩阵

$$\mathcal{A}=\begin{bmatrix} A & B \\ C & D \end{bmatrix}:\mathscr{D}(\mathcal{A})\subset X\times X\to X\times X,$$

则

(i) 对任意的 $\alpha,\beta\in\mathbb{C}$ 有 $\mathcal{W}^2(\alpha\mathcal{A}+\beta I)=\alpha\mathcal{W}^2(\mathcal{A})+\beta$;

(ii) $\mathcal{W}^2(U^{-1}\mathcal{A}U)=\mathcal{W}^2(\mathcal{A})$, 其中 $U=\begin{bmatrix} U_1 & 0 \\ 0 & U_2 \end{bmatrix}$, U_1, U_2 是 Hilbert 空间 X 中的酉算子;

(iii) $\mathcal{W}^2(U^{-1}\mathcal{A}U)=\mathcal{W}^2(\mathcal{A})$, 其中 $U=\begin{bmatrix} 0 & U_1 \\ U_2 & 0 \end{bmatrix}$, U_1, U_2 是 Hilbert 空间 X 中的酉算子;

(iv) 如果 A,B,C,D 是全空间上的有界线性算子, 则 $\mathcal{W}^2(\mathcal{A}^*)=(\mathcal{W}^2(\mathcal{A}))^*=\{\overline{\lambda}\in\mathbb{C}:\lambda\in\mathcal{W}^2(\mathcal{A})\}$;

(v) 如果 A, D 是自伴算子, $B = C^*$, 即 $\mathcal{A}$ 是对称算子, 则 $\mathcal{W}^2(\mathcal{A}) \subset \mathbb{R}$, 但反之不然.

证明 (i) 设 $\lambda \in \mathcal{W}^2(\alpha\mathcal{A} + \beta I)$, 则存在 $f \in \mathscr{D}(A) \cap \mathscr{D}(C), g \in \mathscr{D}(B) \cap \mathscr{D}(D), \|f\| = 1, \|g\| = 1$, 使得

$$det \begin{bmatrix} \alpha(Af, f) - (\lambda - \beta) & \alpha(Bg, f) \\ \alpha(Cf, g) & \alpha(Dg, g) - (\lambda - \beta) \end{bmatrix} = 0.$$

不妨设 $\alpha \neq 0$, 则由上式得 $\frac{\lambda-\beta}{\alpha} \in \mathcal{W}^2(\mathcal{A})$, 再考虑 $\lambda = \alpha\frac{\lambda-\beta}{\alpha} + \beta$, 即得 $\lambda \in \alpha\mathcal{W}^2(\mathcal{A}) + \beta$, 即, $\mathcal{W}^2(\alpha\mathcal{A} + \beta I) \subset \alpha\mathcal{W}^2(\mathcal{A}) + \beta$. 反包含关系同理可证.

(ii) 考虑

$$\begin{bmatrix} A & B \\ C & D \end{bmatrix} \begin{bmatrix} U_1 & 0 \\ 0 & U_2 \end{bmatrix} = \begin{bmatrix} AU_1 & BU_2 \\ CU_1 & DU_2 \end{bmatrix}, \tag{5.4.1}$$

即得

$$U^{-1}\mathcal{A}U = \begin{bmatrix} U_1^{-1}AU_1 & U_1^{-1}BU_2 \\ U_2^{-1}CU_1 & U_2^{-1}DU_2 \end{bmatrix}.$$

于是, 令 $\lambda \in \mathcal{W}^2(U^{-1}\mathcal{A}U)$, 则存在 $f, g \neq 0$ 使得

$$det \begin{bmatrix} \dfrac{(U_1^{-1}AU_1f, f)}{\|f\|^2} - \lambda & \dfrac{(U_1^{-1}BU_2g, f)}{\|f\|\|g\|} \\ \dfrac{(U_2^{-1}CU_1f, g)}{\|f\|\|g\|} & \dfrac{(U_2^{-1}DU_2g, g)}{\|g\|^2} - \lambda \end{bmatrix} = 0,$$

考虑 U_1, U_2 是酉算子, $\|U_1f\| = \|f\|$, $\|U_2g\| = \|g\|$, 即得 $\lambda \in \mathcal{W}^2(\mathcal{A})$, 于是 $\mathcal{W}^2(U^{-1}\mathcal{A}U) \subset \mathcal{W}^2(\mathcal{A})$. 反包含关系同理可证.

(iii) 与 (ii) 的证明完全类似.

(iv) 当 A, B, C, D 是全空间上的有界线性算子时,

$$\mathcal{A}^* = \begin{bmatrix} A^* & C^* \\ B^* & D^* \end{bmatrix}.$$

设 $\lambda \in \mathcal{W}^2(\mathcal{A})$, 则存在 $\|f\| = 1, \|g\| = 1$ 使得

$$det \begin{bmatrix} (Af, f) - \lambda & (Bg, f) \\ (Cf, g) & (Dg, g) - \lambda \end{bmatrix} = 0,$$

取共轭后得

$$det \begin{bmatrix} (f, Af) - \overline{\lambda} & (f, Bg) \\ (g, Cf) & (g, Dg) - \overline{\lambda} \end{bmatrix} = det \begin{bmatrix} (A^* f, f) - \overline{\lambda} & (C^* g, f) \\ (B^* f, g) & (D^* g, g) - \overline{\lambda} \end{bmatrix} = 0,$$

即 $\overline{\lambda} \in \mathcal{W}^2(\mathcal{A}^*)$, 因此 $(\mathcal{W}^2(\mathcal{A}))^* \subset \mathcal{W}^2(\mathcal{A}^*)$. 同理可证 $\mathcal{W}^2(\mathcal{A}^*) \subset (\mathcal{W}^2(\mathcal{A}))^*$.

(v) 如果 A, D 是自伴算子, $B = C^*$, 则对任意的 $f \in \mathscr{D}(A) \cap \mathscr{D}(C)$, $g \in \mathscr{D}(C^*) \cap \mathscr{D}(D)$, $\|f\| = 1$, $\|g\| = 1$, $\mathcal{A}_{f,g}$ 满足

$$\mathcal{A}_{f,g} = \mathcal{A}_{f,g}^*,$$

即 $\mathcal{A}_{f,g}$ 是对称矩阵, 特征值为实数. 于是 $\mathcal{W}^2(\mathcal{A}) \subset \mathbb{R}$. 反之, 结论不一定成立. 比如, 令

$$\mathcal{A} = \begin{bmatrix} A & B \\ C & D \end{bmatrix} = \begin{bmatrix} I & I \\ 0 & -I \end{bmatrix},$$

则 $\mathcal{W}^2(\mathcal{A}) = \{1\} \cup \{-1\} \subset \mathbb{R}$, 但 $\mathcal{A}$ 不是对称算子. ∎

注 5.4.1 值得注意的是, 在式 5.4.1 中右侧有界算子为非主对角或斜对角时, 等式不一定成立. 比如, 令

$$\mathcal{A}_1 = \begin{bmatrix} A & A \\ A & A \end{bmatrix} \begin{bmatrix} \frac{1}{2}I & \frac{1}{2}I \\ \frac{1}{2}I & \frac{1}{2}I \end{bmatrix}$$

和

$$\mathcal{A}_2 = \begin{bmatrix} A & A \\ A & A \end{bmatrix},$$

则

$$\mathscr{D}(\mathcal{A}_1) = \left\{ \begin{bmatrix} x \\ y \end{bmatrix} : x + y \in \mathscr{D}(A) \right\},$$

$$\mathscr{D}(\mathcal{A}_2) = \left\{ \begin{bmatrix} x \\ y \end{bmatrix} : x, y \in \mathscr{D}(A) \right\}.$$

显然, $\mathscr{D}(\mathcal{A}_1) \neq \mathscr{D}(\mathcal{A}_2)$, 于是

$$\begin{bmatrix} A & A \\ A & A \end{bmatrix} \begin{bmatrix} \frac{1}{2}I & \frac{1}{2}I \\ \frac{1}{2}I & \frac{1}{2}I \end{bmatrix} \neq \begin{bmatrix} A & A \\ A & A \end{bmatrix}.$$

引理 5.4.2 给定分块算子矩阵

$$\mathcal{A} = \begin{bmatrix} A & B \\ C & D \end{bmatrix} : \mathscr{D}(A) \times \mathscr{D}(D) \to X \times X,$$

如果 $\dim X \geqslant 2$, 则 $W(A) \cup W(D) \subset \mathcal{W}^2(\mathcal{A})$.

证明 令 $\lambda \in W(A)$, 则存在 $f \in \mathscr{D}(A), \|f\| = 1$ 使得

$$(Af, f) = \lambda.$$

考虑 $\mathscr{D}(A) \subset \mathscr{D}(C)$, $\mathscr{D}(D)$ 的稠密性和 $\dim X \geqslant 2$ 有, $f \in \mathscr{D}(C)$ 且存在 $g \in \mathscr{D}(D), \|g\| = 1$ 使得

$$(Cf, g) = 0.$$

于是

$$det \begin{bmatrix} (Af, f) - \lambda & (Bg, f) \\ (Cf, g) & (Dg, g) - \lambda \end{bmatrix} = 0,$$

从而 $\lambda \in \mathcal{W}^2(\mathcal{A})$, 即 $W(A) \subset \mathcal{W}^2(\mathcal{A})$. 同理可证 $W(D) \subset \mathcal{W}^2(\mathcal{A})$. 结论证毕. ▮

对于 2×2 分块算子矩阵 (不一定有界) 而言, 二次数值域是数值域的子集.

引理 5.4.3 给定分块算子矩阵

$$\mathcal{A} = \begin{bmatrix} A & B \\ C & D \end{bmatrix} : \mathscr{D}(\mathcal{A}) \subset X \times X \to X \times X,$$

则 $\mathcal{W}^2(\mathcal{A}) \subset W(\mathcal{A})$.

证明 设 $\lambda \in \mathcal{W}^2(\mathcal{A})$, 则存在 $\|f\|=1, \|g\|=1, f\in \mathscr{D}(A)\cap\mathscr{D}(C), g\in \mathscr{D}(B)\cap\mathscr{D}(D)$, 使得

$$det(\mathcal{A}_{f,g}-\lambda)=0,$$

即 λ 是 2×2 矩阵 $\mathcal{A}_{f,g}$ 的特征值. 于是存在 $\begin{bmatrix}\alpha_1 & \alpha_2\end{bmatrix}^T\in\mathbb{C}^2$, $|\alpha_1|^2+|\alpha_2|^2=1$, 使得

$$\mathcal{A}_{f,g}\begin{bmatrix}\alpha_1\\ \alpha_2\end{bmatrix}=\lambda\begin{bmatrix}\alpha_1\\ \alpha_2\end{bmatrix}.$$

上式两边与 $\begin{bmatrix}\alpha_1 & \alpha_2\end{bmatrix}^T$ 作内积后得

$$(A\alpha_1 f, \alpha_1 f)+(B\alpha_2 g, \alpha_2 f)+(C\alpha_1 f, \alpha_1 g)+(D\alpha_2 g, \alpha_2 g)=\lambda,$$

即

$$\left(\mathcal{A}\begin{bmatrix}\alpha_1 f\\ \alpha_2 g\end{bmatrix}, \begin{bmatrix}\alpha_1 f\\ \alpha_2 g\end{bmatrix}\right)=\lambda.$$

由于 $\|\alpha_1 f\|^2+\|\alpha_2 g\|^2=|\alpha_1|^2+|\alpha_2|^2=1$, 于是 $\lambda\in W(\mathcal{A})$. 结论证毕. ∎

5.4.2 无穷维 Hamilton 算子二次数值域的性质

首先讨论斜对角无穷维 Hamilton 算子二次数值域的性质. 对斜对角无穷维 Hamilton 算子

$$H=\begin{bmatrix}0 & B\\ C & 0\end{bmatrix}:\mathscr{D}(C)\times\mathscr{D}(B)\to X\times X$$

而言, 容易证明 $\lambda\in\mathcal{W}^2(H)$ 当且仅当 $-\lambda\in\mathcal{W}^2(H)$, 即, 二次数值域关于原点对称. 当 $\dim X\geqslant 2$ 时, $0\in\mathcal{W}^2(H)$. 进一步, 当 $B, C\in\mathscr{B}(X)$ 时, 斜对角无穷维 Hamilton 算子二次数值域不仅关于原点对称, 还关于虚轴和实轴对称, 而且是一个连通集.

下面是斜对角无穷维 Hamilton 算子二次数值域与它的共轭算子的二次数值域之间的联系.

定理 5.4.1 设 $H = \begin{bmatrix} 0 & B \\ C & 0 \end{bmatrix} : \mathscr{D}(C) \times \mathscr{D}(B) \to X \times X$ 是斜对角无穷维 Hamilton 算子, 则 $\mathcal{W}^2(H) = \mathcal{W}^2(-H) = \mathcal{W}^2(H^*) = \mathcal{W}^2(-H^*)$.

证明 由定理 2.3.1 可知 H_0 与 $-H_0$, H_0^* 以及 $-H_0^*$ 酉相似, 从而结论是显然的. ▮

定理 5.4.2 设 $H = \begin{bmatrix} 0 & B \\ C & 0 \end{bmatrix} : \mathscr{D}(C) \times \mathscr{D}(B) \to X \times X$ 是斜对角无穷维 Hamilton 算子, 则

$$\{\lambda \in \mathbb{C} : \lambda^2 \in W(BC)\} \cup \{\lambda \in \mathbb{C} : \lambda^2 \in W(CB)\} \subset \mathcal{W}^2(H).$$

证明 令 $\lambda^2 \in W(BC)$, 则存在 $f \in \mathscr{D}(BC)$, $\|f\| = 1$, 使得

$$(BCf, f) = \lambda^2.$$

不失一般性, 设 $\lambda = 0$. 当 $Cf = 0$ 时, 任取 $g \in \mathscr{D}(B)$, $\|g\| = 1$, 则

$$det(H_{f,g}) = det(\begin{bmatrix} 0 & (Bg, f) \\ (Cf, g) & 0 \end{bmatrix}) = 0,$$

即得 $0 \in \mathcal{W}^2(H)$. 当 $Cf \neq 0$ 时, 取 $g = \frac{Cf}{\|Cf\|}$, 则 $Cf \in \mathscr{D}(B)$, $\|g\| = 1$ 且

$$det(H_{f,g}) = det(\begin{bmatrix} 0 & \dfrac{1}{\|Cf\|}(BCf, f) \\ \dfrac{1}{\|Cf\|}(Cf, Cf) & 0 \end{bmatrix}) = (BCf, f) = 0.$$

于是 $0 \in \mathcal{W}^2(H)$. 关于 $\{\lambda \in \mathbb{C} : \lambda^2 \in W(CB)\} \subset \mathcal{W}^2(H)$ 的证明完全类似. ▮

根据二次数值域的定义, 对角占优上三角无穷维 Hamilton 算子

$$H = \begin{bmatrix} A & B \\ 0 & -A^* \end{bmatrix} : \mathscr{D}(A) \times \mathscr{D}(A^*) \to X \times X$$

的二次数值域为

$$\mathcal{W}^2(H) = W(A) \cup W(-A^*).$$

然而, 对角占优上三角无穷维 Hamilton 算子的二次数值域不一定关于虚轴对称.

例 5.4.3 令 $X = L^2[0,\infty)$, $A = \frac{\mathrm{d}}{\mathrm{d}t}$, $Ax = \frac{\mathrm{d}x}{\mathrm{d}t}$,

$$\mathscr{D}(A) = \{x \in X : x \text{ 绝对连续}, x' \in X, x(0) = 0\},$$

则 $A^* = -\frac{\mathrm{d}}{\mathrm{d}t}$,

$$\mathscr{D}(A^*) = \{x \in X : x \text{ 绝对连续}, x' \in X\}.$$

令无穷维 Hamilton 算子

$$H = \begin{bmatrix} A & 0 \\ 0 & -A^* \end{bmatrix} = \begin{bmatrix} \dfrac{\mathrm{d}}{\mathrm{d}t} & 0 \\ 0 & \dfrac{\mathrm{d}}{\mathrm{d}t} \end{bmatrix},$$

则

$$\mathcal{W}^2(H) \subset \{\lambda \in \mathbb{C} : Re(\lambda) \leqslant 0\}.$$

事实上, 对任意的 $x(t) \in \mathscr{D}(A)$, $\|x(t)\| = 1$ 有

$$\begin{aligned}(Ax, x) &= \int_0^{+\infty} x'(t)\overline{x}(t) \\ &= -\int_0^{+\infty} x(t)\overline{x}'(t) = -(x, Ax).\end{aligned}$$

于是

$$W(A) \subset \mathrm{i}\mathbb{R}.$$

同理, 对任意的 $x(t) \in \mathscr{D}(A^*)$, $\|x(t)\| = 1$ 有

$$\begin{aligned}(A^*x, x) &= \int_0^{+\infty} x'(t)\overline{x}(t) \\ &= -|x(0)|^2 - \int_0^{+\infty} x(t)\overline{x}'(t) = -|x(0)|^2 - (x, A^*x).\end{aligned}$$

于是

$$W(A^*) \subset \{\lambda \in \mathbb{C} : Re(\lambda) \leqslant 0\}.$$

综上所述 $\mathcal{W}^2(H) \subset \{\lambda \in \mathbb{C} : Re(\lambda) \leqslant 0\}$, 不关于虚轴对称.

那么, 无穷维 Hamilton 算子的二次数值域何时关于虚轴对称?

定理 5.4.3 设 $H=\begin{bmatrix} A & B \\ 0 & -A^* \end{bmatrix}:\mathscr{D}(A)\times\mathscr{D}(A^*)\to X\times X$ 是上三角无穷维 Hamilton 算子且满足 $\mathscr{D}(A)=\mathscr{D}(A^*)$, 则 $\mathcal{W}^2(H)$ 关于虚轴对称.

证明 当 $\mathscr{D}(A)=\mathscr{D}(A^*)$ 时, $\lambda\in W(A)$ 当且仅当 $\overline{\lambda}\in W(A^*)$, 于是考虑

$$\mathcal{W}^2(H)=W(A)\cup W(-A^*),$$

结论是显然的. ▮

下面讨论一般无穷维 Hamilton 算子的二次数值域何时关于虚轴对称的问题.

定理 5.4.4 设 $H=\begin{bmatrix} A & B \\ C & -A^* \end{bmatrix}:\mathscr{D}(A)\times\mathscr{D}(A^*)\to X\times X$ 是对角占优无穷维 Hamilton 算子, 如果满足 $\mathscr{D}(A)=\mathscr{D}(A^*)$, 则 $\mathcal{W}^2(H)$ 关于虚轴对称.

证明 考虑 $\lambda\in\mathcal{W}^2(H)$ 当且仅当 $f,g\in\mathscr{D}(A),\|f\|=\|g\|=1$ 使得

$$\begin{aligned}
det\begin{bmatrix} (Af,f)-\lambda & (Bg,f) \\ (Cf,g) & -(A^*g,g)-\lambda \end{bmatrix} &= det\begin{bmatrix} (f,Af)-\overline{\lambda} & (f,Bg) \\ (g,Cf) & -(g,A^*g)-\overline{\lambda} \end{bmatrix} \\
&= det\begin{bmatrix} (A^*f,f)-\overline{\lambda} & -(Bf,g) \\ -(Cg,f) & -(Ag,g)-\overline{\lambda} \end{bmatrix} \\
&= det\begin{bmatrix} (Ag,g)+\overline{\lambda} & (Bf,g) \\ (Cg,f) & -(A^*f,f)+\overline{\lambda} \end{bmatrix}=0.
\end{aligned}$$

于是, $\mathcal{W}^2(H)$ 关于虚轴对称. ▮

推论 5.4.1 设 $H=\begin{bmatrix} A & B \\ C & -A^* \end{bmatrix}$ 是有界无穷维 Hamilton 算子, 则 $\mathcal{W}^2(H)$ 关于虚轴对称.

5.4.3 无穷维 Hamilton 算子二次数值域的谱包含性质

首先我们探讨主对角无穷维 Hamilton 算子二次数值域的谱包含性质.

定理 5.4.5 给定主对角无穷维 Hamilton 算子

$$H=\begin{bmatrix} A & 0 \\ 0 & -A^* \end{bmatrix}:\mathscr{D}(A)\times\mathscr{D}(A^*)\to X\times X,$$

则有如下结论:

(i) $\sigma_{ap}(H)\subset\overline{\mathcal{W}^2(H)}$;

(ii) 如果 $(\sigma_{r,1}(A)\cup\sigma_{r,1}(-A^*))\subset(W(A)\cup W(-A^*))$, 则 $\sigma(H)\subset\overline{\mathcal{W}^2(H)}$.

证明 (i) 考虑

$$\sigma_{ap}(H)=\sigma_{ap}(A)\cup\sigma_{ap}(-A^*),$$
$$\mathcal{W}^2(H)=W(A)\cup W(-A^*)$$

和

$$\sigma_{ap}(A)\subset\overline{W(A)},\sigma_{ap}(-A^*)\subset\overline{W(-A^*)},$$

结论是显然的.

(ii) 因为

$$\sigma(H)=\sigma_{ap}(H)\cup(\sigma_{r,1}(A)\cup\sigma_{r,1}(-A^*)).$$

于是结合 (i), 结论立即得证. ▮

其次探讨斜对角无穷维 Hamilton 算子二次数值域的谱包含性质.

定理 5.4.6 给定斜对角无穷维 Hamilton 算子

$$H=\begin{bmatrix} 0 & B \\ C & 0 \end{bmatrix}:\mathscr{D}(C)\times\mathscr{D}(B)\to X\times X,$$

则有如下结论:

(i) 如果 B,C 可逆, 则 $\sigma_{ap}(H)\subset\overline{\mathcal{W}^2(H)}$;

(ii) 如果 B,C 可逆且 $\nabla_1\subset\nabla_2$, 则 $\sigma(H)\subset\overline{\mathcal{W}^2(H)}$,

其中

$$\nabla_1=\{\lambda\in\mathbb{C}:\overline{\lambda^2}\in\sigma_{p,1}(CB)\cap\sigma_{p,1}(BC)\},$$

$$\nabla_2=\{\lambda\in\mathbb{C}:\lambda^2\in W(BC)\cup\ W(CB)\}.$$

证明 (i) 设 $\lambda \in \sigma_{ap}(H)$, 则存在 $\begin{bmatrix} f_n & g_n \end{bmatrix}^T \in \mathscr{D}(H)$, $\|f_n\|^2 + \|g_n\|^2 = 1$, $n = 1, 2, 3, \cdots$, 使得当 $n \to \infty$ 时,

$$-\lambda f_n + B g_n \to 0 \tag{5.4.2}$$

且

$$C f_n - \lambda g_n \to 0. \tag{5.4.3}$$

如果 B, C 可逆, 则可以断言 $\liminf_{n\to\infty} \|f_n\| > 0$ 且 $\liminf_{n\to\infty} \|g_n\| > 0$. 事实上, 假定存在子列 $\{f_{n_k}\}$ 使得 $\lim_{n\to\infty} \|f_{n_k}\| = 0$, 则由式 5.4.2 可知

$$\lim_{n\to\infty} \|B g_{n_k}\| = 0,$$

再考虑 B 可逆得, $\lim_{n\to\infty} \|g_{n_k}\| = 0$, 这与 $\|f_{n_k}\|^2 + \|g_{n_k}\|^2 = 1$ 矛盾. 同理可证 $\liminf_{n\to\infty} \|g_n\| > 0$. 不妨设 $f_n \neq 0, g_n \neq 0, n = 1, 2, 3, \cdots$, 且令 $\widehat{f}_n = \frac{f_n}{\|f_n\|}$, $\widehat{g}_n = \frac{g_n}{\|g_n\|}$, 则

$$\begin{aligned} det(H_{\widehat{f}_n, \widehat{g}_n} - \lambda I) &= det\left(\begin{bmatrix} -\lambda & (B\widehat{g}_n, \widehat{f}_n) \\ (C\widehat{f}_n, \widehat{g}_n) & -\lambda \end{bmatrix}\right) \\ &= \lambda^2 - \frac{(Bg_n, f_n)(Cf_n, g_n)}{\|f_n\|^2 \|g_n\|^2} \to 0, \end{aligned}$$

于是 $\lambda \in \overline{\mathcal{W}^2(H)}$.

(ii) 如果 $\nabla_1 \subset \nabla_2$, 则 $\sigma_{r,1}(H) \subset \mathcal{W}^2(H)$. 再由 (i) 结论立即得证. ▮

定理 5.4.7 给定对角占优上三角无穷维 Hamilton 算子

$$H = \begin{bmatrix} A & B \\ 0 & -A^* \end{bmatrix} : \mathscr{D}(A) \times \mathscr{D}(A^*) \to X \times X,$$

则有如下结论:

(i) $\sigma_{ap}(H) \subset \overline{\mathcal{W}^2(H)}$;

(ii) 如果 $\lambda \in \sigma_p(A) \cup \sigma_p(-A^*)$ 蕴含 $-\overline{\lambda} \in W(A) \cup W(-A^*)$, 则 $\sigma(H) \subset \overline{\mathcal{W}^2(H)}$.

证明 (i) 考虑到

$$\begin{aligned}\sigma_{ap}(H) &\subset \sigma_{ap}(A) \cup \sigma_{ap}(-A^*) \\ &\subset \overline{W(A)} \cup \overline{W(-A^*)} = \overline{\mathcal{W}^2(H)},\end{aligned}$$

结论是显然的.

(ii) 令 $\lambda \in \sigma_r(H)$, 则 $-\overline{\lambda} \in \sigma_p(-H^*) \subset (\sigma_p(A) \cup \sigma_p(-A^*))$. 从而, 由给定条件可知

$$\sigma_r(H) \subset \mathcal{W}^2(H).$$

再考虑 $\sigma(H) = \sigma_r(H) \cup \sigma_{ap}(H)$ 和 (i), 结论即可得证. ▮

定理 5.4.8 给定对角占优无穷维 Hamilton 算子

$$H = \begin{bmatrix} A & B \\ C & -A^* \end{bmatrix} : \mathscr{D}(A) \times \mathscr{D}(A^*) \to X \times X,$$

如果 B 关于 A^* 的相对界和 C 关于 A 的相对界均为 0, 则 $\sigma_{ap}(H) \subset \overline{\mathcal{W}^2(H)}$.

证明 设 $\lambda \in \sigma_{ap}(H)$, 则存在 $\begin{bmatrix} f_n & g_n \end{bmatrix}^T \in \mathscr{D}(H)$, $\|f_n\|^2 + \|g_n\|^2 = 1$, $n = 1, 2, 3, \cdots$, 使得当 $n \to \infty$ 时

$$(A - \lambda I)f_n + Bg_n \to 0 \tag{5.4.4}$$

且

$$Cf_n - (A^* + \lambda I)g_n \to 0, \tag{5.4.5}$$

即

$$(Af_n, f_n) - \lambda(f_n, f_n) + (Bg_n, f_n) \to 0 \tag{5.4.6}$$

且

$$(Cf_n, g_n) - (A^*g_n, g_n) - \lambda(g_n, g_n) \to 0. \tag{5.4.7}$$

考虑 B 关于 A^* 的相对界和 C 关于 A 的相对界均为 0, 从而算子 $S = \begin{bmatrix} 0 & B \\ C & 0 \end{bmatrix}$ 关于 H 相对有界, 于是 $\{Bg_n\}$ 和 $\{Cf_n\}$ 有界, 故 $\{(A^* + \lambda I)g_n\}$ 和 $\{(A - \lambda I)f_n\}$ 也有界.

当 $\liminf_{n\to\infty}\|f_n\|>0$ 且 $\liminf_{n\to\infty}\|g_n\|>0$ 时, 令 $\widehat{f}_n=\frac{f_n}{\|f_n\|}$, $\widehat{g}_n=\frac{g_n}{\|g_n\|}$, 则

$$
\begin{aligned}
&det(H_{\widehat{f}_n,\widehat{g}_n}-\lambda I)\\
&=det\left(\begin{bmatrix}(A\widehat{f}_n,\widehat{f}_n)-\lambda & (B\widehat{g}_n,\widehat{f}_n)\\ (C\widehat{f}_n,\widehat{g}_n) & -(A^*\widehat{g}_n,\widehat{g}_n)-\lambda\end{bmatrix}\right)\\
&=\frac{1}{\|f_n\|^2\|g_n\|^2}det\left(\begin{bmatrix}(Af_n,f_n)-\lambda(f_n,f_n) & (Bg_n,f_n)\\ (Cf_n,g_n) & -(A^*g_n,g_n)-\lambda(g_n,g_n)\end{bmatrix}\right)\\
&\to 0,
\end{aligned}
$$

于是 $\lambda\in\overline{\mathcal{W}^2(H)}$.

当 $\liminf_{n\to\infty}\|f_n\|>0$ 且 $\liminf_{n\to\infty}\|g_n\|=0$ 时, 考虑 B 关于 A^* 的相对界为 0, 得

$$\liminf_{n\to\infty}\|Bg_n\|=0,$$

由式 (5.4.4) 得

$$\liminf_{n\to\infty}\|(A-\lambda I)f_n\|=0,$$

即 $\lambda\in\sigma_{ap}(A)\subset\overline{W(A)}\subset\overline{\mathcal{W}^2(H)}$.

当 $\liminf_{n\to\infty}\|f_n\|=0$ 且 $\liminf_{n\to\infty}\|g_n\|>0$ 时, 证明完全类似. ▮

定理 5.4.9 给定斜对角占优无穷维 Hamilton 算子

$$H=\begin{bmatrix}A & B\\ C & -A^*\end{bmatrix}:\mathscr{D}(C)\times\mathscr{D}(B)\to X\times X,$$

如果 A^* 关于 B 的相对界和 A 关于 C 的相对界均为 0 且 B,C 可逆, 则 $\sigma_{ap}(H)\subset\overline{\mathcal{W}^2(H)}$.

证明 设 $\lambda\in\sigma_{ap}(H)$, 则存在 $\begin{bmatrix}f_n & g_n\end{bmatrix}^T\in\mathscr{D}(H)$, $\|f_n\|^2+\|g_n\|^2=1$, $n=1,2,3,\cdots$, 使得当 $n\to\infty$ 时

$$(A-\lambda I)f_n+Bg_n\to 0 \tag{5.4.8}$$

且

$$Cf_n - (A^* + \lambda I)g_n \to 0, \tag{5.4.9}$$

即

$$(Af_n, f_n) - \lambda(f_n, f_n) + (Bg_n, f_n) \to 0 \tag{5.4.10}$$

且

$$(Cf_n, g_n) - (A^*g_n, g_n) - \lambda(g_n, g_n) \to 0. \tag{5.4.11}$$

考虑 A^* 关于 B 的相对界和 A 关于 C 的相对界均为 0, 从而算子 $S = \begin{bmatrix} A-\lambda I & 0 \\ 0 & -A^*-\lambda I \end{bmatrix}$ 关于 H 相对有界, 于是 $\{(A^*+\lambda I)g_n\}$ 和 $\{(A-\lambda I)f_n\}$ 有界, 故 $\{Bg_n\}$ 和 $\{Cf_n\}$ 也有界. 可以断言 $\liminf_{n\to\infty}\|f_n\|>0$ 且 $\liminf_{n\to\infty}\|g_n\|>0$. 事实上, 假定 $\liminf_{n\to\infty}\|f_n\|=0$, 则存在子列 $\{f_{n_k}\}$, 使得

$$\lim_{k\to\infty}\|f_{n_k}\|=0.$$

令 $h_n=(A-\lambda I)f_n+Bg_n$, 则当 $k\to\infty$ 时

$$g_{n_k}=B^{-1}h_{n_k}-B^{-1}(A-\lambda I)f_{n_k}\to 0.$$

这与 $\liminf_{n\to\infty}\|g_n\|>0$ 矛盾. 于是与定理 5.4.8 类似可证结论成立. ∎

注 5.4.2 在上述定理中, 如果 B, C 不是可逆算子, 则 $\sigma_{ap}(H)\subset\overline{\mathcal{W}^2(H)}$ 不一定成立. 比如, 令

$$H=\begin{bmatrix} I & B \\ 0 & -I \end{bmatrix},$$

其中 B 是空间 X 中的无界算子,则经计算

$$\sigma(H)=\sigma_{ap}(H)=\mathbb{C}.$$

然而,

$$\overline{\mathcal{W}^2(H)}=\{-1,1\},$$

即, $\sigma_{ap}(H)\subset\overline{\mathcal{W}^2(H)}$ 不成立.

5.4.4 无穷维 Hamilton 算子二次数值域的二分性与连通性

如果线性算子的谱与虚轴无交点，则称该线性算子的谱具有二分性. 当线性算子的谱具有二分性时，它的谱集可以分解成两个子集 σ_1, σ_2 使得

$$\sigma_1 \subset C_+, \sigma_2 \subset C_-,$$

其中 C_-, C_+ 分别表示左、右开半平面. 算子谱的二分性可以刻画微分方程指数二分性. 比如，考虑 Hilbert (或 Banach 空间) 中发展方程问题

$$u'(t) = Au(t), t \in [0, +\infty), \tag{5.4.12}$$

如果存在 A 的不变子空间 L_1, L_2 使得 $X = L_1 \oplus L_2$ 且对于 $u(t) \in L_2$ (或 $u(t) \notin L_2$)，当 $t \to \infty$ 时，$\|u(t)\|$ 指数衰减 (或指数增加)，则称发展方程具有指数二分性. 如果 A 是有界二分算子，则 L_1, L_2 可以选取为谱集 σ_1, σ_2 对应的谱子空间，即，

$$L_1 = \mathcal{R}(P_{\sigma_1}), L_2 = \mathcal{R}(P_{\sigma_2}),$$

其中

$$P_{\sigma_i} = -\frac{1}{2\pi \mathtt{i}} \int_{\Gamma_i} (A - zI)^{-1} \mathtt{d}z, i = 1, 2$$

表示 Riesz 映射，$\sigma(A) = \sigma_1 \dot{\cup} \sigma_2$.

当无穷维 Hamilton 算子二次数值域具有谱包含性质时，二次数值域的二分性蕴含无穷维 Hamilton 算子谱的二分性. 于是，下面我们将讨论无穷维 Hamilton 算子二次数值域的二分性.

定理 5.4.10 设 $H = \begin{bmatrix} A & B \\ C & -A^* \end{bmatrix}$ 是有界无穷维 Hamilton 算子，如果 $\dim X \geqslant 2$ 且

$$dist(W(A), W(-A^*)) > \sqrt{2}\sqrt{w(BC) + w(B)w(C)},$$

则 $\mathcal{W}^2(H)$ 由两个不相交的子集组成.

证明 不妨设 $W(A), W(-A^*)$ 分别位于直线 L 两侧且令 $dist(W(A),L) = dist(W(-A^*),L) = a$. 任取 $\lambda \in L$, 则由引理 5.3.10 可知, 对任意的 $\|f\| = \|g\| = 1$

$$\begin{aligned}|det(H_{f,g} - \lambda I)| &= |((Af,f)-\lambda)((-A^*g,g)-\lambda) - (Bg,f)(Cf,g)| \\ &\geqslant a^2 - |(Bg,f)(f,Cg)| \\ &\geqslant \left[\frac{dist(W(A),W(-A^*))}{2}\right]^2 - \frac{1}{2}(\|Bg\|\|Cg\| + |(Bg,Cg)|) \\ &\geqslant \left[\frac{dist(W(A),W(-A^*))}{2}\right]^2 - \frac{1}{2}(\|B\|\|C\| + w(BC)) \\ &> 0.\end{aligned}$$

于是 $L \cap \mathcal{W}^2(H) = \emptyset$ 且考虑 $W(A) \cup W(-A^*) \subset \mathcal{W}^2(H)$, 即得结论成立. ∎

下列推论是显然的.

推论 5.4.2 设 $H = \begin{bmatrix} A & B \\ C & -A^* \end{bmatrix}$ 是有界无穷维 Hamilton 算子, 如果 $\dim X \geqslant 2$ 且

$$dist(W(A), \mathrm{i}\mathbb{R}) > \frac{\sqrt{2}}{2}\sqrt{w(BC) + w(B)w(C)},$$

则 $\mathcal{W}^2(H) \cap \mathrm{i}\mathbb{R} = \emptyset$.

考虑引理 5.3.7, 可得到 $\mathcal{W}^2(H)$ 具有二分性的更一般的条件.

定理 5.4.11 设 $H = \begin{bmatrix} A & B \\ C & -A^* \end{bmatrix}$ 是有界无穷维 Hamilton 算子, 如果 $\dim X \geqslant 2$ 且存在 $r \geqslant 1$ 和 $0 \leqslant \alpha \leqslant 1$ 使得

$$dist(W(A), W(-A^*)) > 2^{\frac{2r-1}{2r}}[w(|B|^{4r\alpha} + |C|^{4r(1-\alpha)})w(|C|^{4r\alpha} + |B|^{4r(1-\alpha)})]^{\frac{1}{4r}},$$

则 $\mathcal{W}^2(H)$ 由两个不相交的子集组成.

证明 考虑引理 5.3.7, 得

$$
\begin{aligned}
&|(Bg,f)(Cf,g)|\\
\leqslant&\frac{1}{2}[|(Bg,f)|^2+|(Cf,g)|^2]\\
\leqslant&\frac{1}{2}[(|B|^{2\alpha}g,g)(|B|^{2-2\alpha}f,f)+(|C|^{2\alpha}f,f)(|C|^{2-2\alpha}g,g)]\\
\leqslant&\frac{1}{2}[(|B|^{2\alpha}g,g)^2+(|C|^{2-2\alpha}g,g)^2]^{\frac{1}{2}}[(|C|^{2\alpha}f,f)^2+(|B|^{2-2\alpha}f,f)^2]^{\frac{1}{2}}\\
\leqslant&\left[\frac{(|B|^{4\alpha}g,g)+(|C|^{4-4\alpha}g,g)}{2}\right]^{\frac{1}{2}}\left[\frac{(|C|^{4\alpha}f,f)+(|B|^{4-4\alpha}f,f)}{2}\right]^{\frac{1}{2}}\\
\leqslant&\left[\frac{(|B|^{4\alpha}g,g)^r+(|C|^{4-4\alpha}g,g)^r}{2}\right]^{\frac{1}{2r}}\left[\frac{(|C|^{4\alpha}f,f)^r+(|B|^{4-4\alpha}f,f)^r}{2}\right]^{\frac{1}{2r}}\\
\leqslant&\left[\frac{(|B|^{4r\alpha}g,g)+(|C|^{4r-4r\alpha}g,g)}{2}\right]^{\frac{1}{2r}}\left[\frac{(|C|^{4r\alpha}f,f)+(|B|^{4r-4r\alpha}f,f)}{2}\right]^{\frac{1}{2r}}\\
\leqslant&\left(\frac{1}{2}\right)^{\frac{1}{r}}\left(\left(|B|^{4r\alpha}+|C|^{4r(1-\alpha)}\right)g,g\right)^{\frac{1}{2r}}\left(\left(|C|^{4r\alpha}+|B|^{4r(1-\alpha)}\right)g,g\right)^{\frac{1}{2r}}\\
\leqslant&\left(\frac{1}{2}\right)^{\frac{1}{r}}\left[w\left(|B|^{4r\alpha}+|C|^{4r(1-\alpha)}\right)w\left(|C|^{4r\alpha}+|B|^{4r(1-\alpha)}\right)\right]^{\frac{1}{2r}}.
\end{aligned}
$$

不妨设 $W(A),W(-A^*)$ 分别位于直线 L 两侧且 $dist(W(A),L)=dist(W(-A^*),L)=a$. 令 $\lambda\in L$, 则对任意的 $\|f\|=\|g\|=1$, 有

$$
\begin{aligned}
|det(H_{f,g}-\lambda I)|&=|((Af,f)-\lambda)((-A^*g,g)-\lambda)-(Bg,f)(Cf,g)|\\
&\geqslant a^2-|(Bg,f)(f,Cg)|\\
&\geqslant a^2-(\frac{1}{2})^{\frac{1}{r}}[w(|B|^{4r\alpha}+|C|^{4r(1-\alpha)})w(|C|^{4r\alpha}+|B|^{4r(1-\alpha)})]^{\frac{1}{2r}}\\
&>0.
\end{aligned}
$$

于是 $L\cap\mathcal{W}^2(H)=\emptyset$ 且考虑 $W(A)\cup W(-A^*)\subset\mathcal{W}^2(H)$, 即得结论成立. ▮

一般情况下, 无穷维 Hamilton 算子二次数值域 $\mathcal{W}^2(H)$ 由两个子集 $\wedge_-(f,g)$ 和 $\wedge_+(f,g)$ 组成, 即

$$
\mathcal{W}^2(H)=\wedge_+(f,g)\cup\wedge_-(f,g),
$$

其中

$$\wedge_{\pm}(f,g)=\{\lambda\in\mathbb{C}:\lambda=\frac{1}{2}[(Af,f)-(A^*g,g)\pm\sqrt{\triangle_{f,g}}e^{\frac{\mathrm{i}}{2}\theta_{f,g}}]\},$$

$\theta_{f,g}$ 表示复数 $\triangle_{f,g}$ 的辐角主值,

$$\triangle_{f,g}=[(Af,f)+(A^*g,g)]^2+4(Bg,f)(f,Cg).$$

如果 $A,B,C\in\mathscr{B}(X)$, 则 $\bigwedge_-(f,g)$ 和 $\bigwedge_+(f,g)$ 分别是连通的. 值得注意的是, 对每一组给定的单位向量 f,g, 即使 $H_{f,g}$ 有两个不同的特征值, 也不意味着 $\mathcal{W}^2(H)$ 由两个不相交的子集组成. 比如, 令

$$A=\begin{bmatrix}1&0&0\\0&0&0\\0&0&0\end{bmatrix},\quad B=\begin{bmatrix}1&0&0\\0&1&1\\0&1&1\end{bmatrix},$$

选取无穷维 Hamilton 算子

$$H=\begin{bmatrix}A&B\\B&-A\end{bmatrix},$$

则经计算易得 0 是 A 的特征值且对任意的 $f_0\in\mathbb{N}(A)$ 有 $(Bf_0,f_0)\neq 0$. 于是, 对任意的单位向量 f,g

$$\wedge_+(f,g)-\wedge_-(f,g)=2\sqrt{(\frac{(Af,f)+(Ag,g)}{2})^2-|(Bg,f)|^2}>0.$$

另一方面, 令

$$f_1=\begin{bmatrix}1&0&0\end{bmatrix}^T,$$

$$f_2=\begin{bmatrix}0&1&0\end{bmatrix}^T,$$

$$f_3=\begin{bmatrix}0&0&1\end{bmatrix}^T,$$

则

$$\wedge_+(f_2,f_1)=\wedge_-(f_1,f_3)=0.$$

于是, $\mathcal{W}^2(H)$ 是连通的.

下面将讨论无穷维 Hamilton 算子二次数值域 $\mathcal{W}^2(H)$ 何时连通的问题.

定理 5.4.12 设 $H = \begin{bmatrix} A & B \\ C & -A^* \end{bmatrix} : \mathscr{D}(H) \subset X \times X \to X \times X$ 是无穷维 Hamilton 算子, 如果满足下列条件之一:

(i) 存在单位向量 $f, g \in X$ 使得 $[(Af, f)+(A^*g, g)]^2+4(Bg, f)(Cf, g) = 0$;

(ii) $\mathbb{N}(C) \cap \Sigma_1 \neq \emptyset$, 其中 $\Sigma_1 = \{f : (Af, f) \in W(-A^*), \|f\| = 1\}$;

(iii) $\mathbb{N}(B) \cap \Sigma_2 \neq \emptyset$, 其中 $\Sigma_2 = \{g : -(A^*f, f) \in W(A), \|g\| = 1\}$,

则 $\mathcal{W}^2(H)$ 是连通集.

证明 如果满足条件 (i), 则存在单位向量 $f, g \in X$ 使得

$$\wedge_+(f, g) = \wedge_-(f, g).$$

于是 $\mathcal{W}^2(H)$ 是连通集.

(ii) 如果 $\mathbb{N}(C) \cap \Sigma_1 \neq \emptyset$, 则存在单位向量 f, 使得 $Cf = 0$ 且 $(Af, f) \in W(-A^*)$. 于是存在单位向量 g, 使得

$$(Af, f) + (A^*g, g) = 0.$$

从而满足于条件 (i).

(iii) 的证明与 (ii) 完全类似. ▮

定理 5.4.13 设 $H = \begin{bmatrix} A & B \\ C & -A^* \end{bmatrix}$ 是有界无穷维 Hamilton 算子, 如果满足下列条件之一:

(i) $\wedge_+(f, g) \cap \mathbb{R} \neq \emptyset$;

(ii) $\wedge_-(f, g) \cap \mathbb{R} \neq \emptyset$,

则 $\mathcal{W}^2(H)$ 是连通集.

证明 只证 (i), (ii) 的证明完全类似. 当 $A, B, C \in \mathscr{B}(X)$ 时, 易得

$$\overline{\wedge_\pm(f, g)} = \wedge_\pm(g, f).$$

于是, 当 $\wedge_+(f, g) \cap \mathbb{R} \neq \emptyset$ 时, 假定 $\wedge_+(f_0, g_0) \in \mathbb{R}$, $\|f_0\| = \|g_0\| = 1$, 则

$$\wedge_+(f_0, g_0) = \wedge_-(g_0, f_0).$$

于是 $\mathcal{W}^2(H)$ 是连通集. ▮

5.5 无穷维 Hamilton 算子二次数值半径

5.5.1 有界 2×2 分块算子矩阵的二次数值半径

类似于有界线性算子数值半径, 可以引进有界 2×2 分块算子矩阵的二次数值半径的定义.

定义 5.5.1 给定有界 2×2 分块算子矩阵 $\mathcal{A}=\begin{bmatrix} A & B \\ C & D \end{bmatrix}$, 其中 $A,B,C,D\in \mathscr{B}(X)$, 则称

$$w_2(\mathcal{A})=\sup\{|\lambda|:\lambda\in\mathcal{W}^2(\mathcal{A})\}$$

为分块算子矩阵 $\mathcal{A}$ 的二次数值半径.

注 5.5.1 对于有界 2×2 分块算子矩阵 $\mathcal{A}=\begin{bmatrix} A & B \\ C & D \end{bmatrix}$ 而言, 很显然有关系式

$$r(\mathcal{A})\leqslant w_2(\mathcal{A})\leqslant w(\mathcal{A})$$

成立.

下面是二次数值半径的例子.

例 5.5.1 设 X 是 Hilbert 空间, I 是 X 中的单位算子, 定义 Hilbert 空间 $X\times X$ 中的分块算子矩阵

$$\mathcal{A}=\begin{bmatrix} 0 & I \\ 0 & 0 \end{bmatrix},$$

则 $\mathcal{W}^2(\mathcal{A})=\{0\}$. 于是, $w_2(\mathcal{A})=0$.

例 5.5.2 设 X 是 Hilbert 空间, I 是 X 中的单位算子, B 是 X 中的有界线性算子, 定义 Hilbert 空间 $X\times X$ 中的分块算子矩阵

$$\mathcal{A}=\begin{bmatrix} A & B \\ C & D \end{bmatrix}=\begin{bmatrix} I & B \\ 0 & -I \end{bmatrix},$$

则 $w_2(\mathcal{A})=1$.

二次数值半径在共轭运算和特殊的酉相似变换下保持不变.

性质 5.5.1 设 $\mathcal{A}=\begin{bmatrix} A & B \\ C & D \end{bmatrix}$ 是 Hilbert 空间 $X\times X$ 中的有界 2×2 分块算子矩阵, 则

(i) $w_2(\mathcal{A})=w_2(U^*\mathcal{A}U)$, 其中 $U=\begin{bmatrix} U_1 & 0 \\ 0 & U_2 \end{bmatrix}$, U_1, U_2 是酉算子;

(ii) $w_2(\mathcal{A})=w_2(U^*\mathcal{A}U)$, 其中 $U=\begin{bmatrix} 0 & U_1 \\ U_2 & 0 \end{bmatrix}$, U_1, U_2 是酉算子;

(iii) $w_2(\mathcal{A})=w_2(\mathcal{A}^*)=w_2(\alpha\mathcal{A})$, 其中 $|\alpha|=1$.

下面是关于一些 2×2 分块算子矩阵二次数值半径的性质.

引理 5.5.1 设 $A,B,C,D\in\mathscr{B}(X)$, 则

(i) $$w_2\left(\begin{bmatrix} A & B \\ 0 & D \end{bmatrix}\right)=w_2\left(\begin{bmatrix} A & 0 \\ C & D \end{bmatrix}\right)=w_2\left(\begin{bmatrix} A & 0 \\ 0 & D \end{bmatrix}\right)=\max\{w(A),w(D)\};$$

(ii) $$w_2\left(\begin{bmatrix} 0 & B \\ e^{\mathrm{i}\theta}C & 0 \end{bmatrix}\right)=w_2\left(\begin{bmatrix} 0 & B \\ C & 0 \end{bmatrix}\right);$$

(iii) $$w_2\left(\begin{bmatrix} 0 & B \\ C & 0 \end{bmatrix}\right)=w_2\left(\begin{bmatrix} 0 & C \\ B & 0 \end{bmatrix}\right);$$

(iv) $$w_2\left(\begin{bmatrix} A & B \\ B & A \end{bmatrix}\right)=\max\{w(A+B),w(A-B)\};$$

(v) $$w_2\left(\begin{bmatrix} A & B \\ -B & A \end{bmatrix}\right)=\max\{w(A+\mathrm{i}B),w(A-\mathrm{i}B)\};$$

(vi) $$w_2\left(\begin{bmatrix} 0 & B \\ B & 0 \end{bmatrix}\right)=w\left(\begin{bmatrix} 0 & B \\ B & 0 \end{bmatrix}\right)=w(B).$$

证明 (i) 当 $\mathcal{A}=\begin{bmatrix} A & B \\ 0 & D \end{bmatrix}$ 或 $\mathcal{A}=\begin{bmatrix} A & 0 \\ C & D \end{bmatrix}$ 或 $\mathcal{A}=\begin{bmatrix} A & 0 \\ 0 & D \end{bmatrix}$ 时, 容易证明

$$\mathcal{W}^2(\mathcal{A})=W(A)\cup W(D),$$

于是有 $w_2(\mathcal{A})=\max\{w(A),w(D)\}$.

(ii) 取酉矩阵 $U=\begin{bmatrix} I & 0 \\ 0 & e^{\frac{\mathrm{i}\theta}{2}}I \end{bmatrix}$, 则

$$U^*\begin{bmatrix} 0 & B \\ e^{\mathrm{i}\theta}C & 0 \end{bmatrix}U=e^{\frac{\mathrm{i}\theta}{2}}\begin{bmatrix} 0 & B \\ C & 0 \end{bmatrix},$$

由性质 5.5.1, 结论得证.

(iii) 取酉矩阵 $U=\begin{bmatrix} 0 & I \\ I & 0 \end{bmatrix}$, 则

$$U^*\begin{bmatrix} 0 & B \\ C & 0 \end{bmatrix}U=\begin{bmatrix} 0 & C \\ B & 0 \end{bmatrix},$$

由性质 5.5.1, 结论得证.

(iv) 首先由性质 5.3.1, 可知

$$w\left(\begin{bmatrix} A & B \\ B & A \end{bmatrix}\right)=\max\{w(A+B),w(A-B)\},$$

故 $w_2\left(\begin{bmatrix} A & B \\ B & A \end{bmatrix}\right)\leqslant\max\{w(A+B),w(A-B)\}$. 另一方面, 根据二次数值半径的定义

$$\begin{aligned}
&w_2\left(\begin{bmatrix} A & B \\ B & A \end{bmatrix}\right)\\
=&\sup_{\|f\|=\|g\|=1}\frac{|(Af,f)+(Ag,g)\pm\sqrt{[(Af,f)-(Ag,g)]^2+4(Bg,f)(Bf,g)}|}{2}\\
\geqslant&\sup_{\|f\|=1}|((A\pm B)f,f)|=w(A\pm B).
\end{aligned}$$

于是结论成立.

(v) 由性质 5.3.1 可知,

$$w\left(\begin{bmatrix} A & B \\ -B & A \end{bmatrix}\right) = \max\{w(A+\mathtt{i}B), w(A-\mathtt{i}B)\},$$

故 $w_2\left(\begin{bmatrix} A & B \\ -B & A \end{bmatrix}\right) \leqslant \max\{w(A+\mathtt{i}B),\ w(A-\mathtt{i}B)\}$. 另一方面, 根据二次数值半径的定义

$$\begin{aligned}
& w_2\left(\begin{bmatrix} A & B \\ B & A \end{bmatrix}\right) \\
= & \sup_{\|f\|=\|g\|=1} \frac{|(Af,f)+(Ag,g) \pm \sqrt{[(Af,f)-(Ag,g)]^2 - 4(Bg,f)(Bf,g)}|}{2} \\
\geqslant & \sup_{\|f\|=1} |((A \pm \mathtt{i}B)f,f)| = w(A \pm B).
\end{aligned}$$

于是结论成立.

(vi) 在 (iv) 中令 $A=0$, 则得 $w_2\left(\begin{bmatrix} 0 & B \\ B & 0 \end{bmatrix}\right) = w\left(\begin{bmatrix} 0 & B \\ B & 0 \end{bmatrix}\right) = w(B)$. 结论证毕. ▮

二次数值半径的性质和数值半径的性质有明显区别. 比如, 二次数值半径不具有三角不等式, 故不一定是范数.

例 5.5.3 令

$$\mathcal{A}_1 = \begin{bmatrix} 0 & I \\ 0 & 0 \end{bmatrix}, \quad \mathcal{A}_2 = \begin{bmatrix} 0 & 0 \\ I & 0 \end{bmatrix},$$

则 $w_2(\mathcal{A}_1) = w_2(\mathcal{A}_2) = 0$ 且 $w_2(\mathcal{A}_1+\mathcal{A}_2) = 1$ 不具有三角不等式.

数值半径的一个很重要的性质是幂不等式, 一些特殊 2×2 分块算子矩阵的二次数值半径也具有幂不等式.

定理 5.5.1 设 $A, B, C, D \in \mathscr{B}(X)$, 则

(i) $w_2\left(\begin{bmatrix} A & B \\ 0 & D \end{bmatrix}^n\right) \leqslant [w_2\left(\begin{bmatrix} A & B \\ 0 & D \end{bmatrix}\right)]^n, n = 1, 2, \cdots;$

(ii) $w_2\left(\begin{bmatrix} A & 0 \\ C & D \end{bmatrix}^n\right) \leqslant [w^2\left(\begin{bmatrix} A & 0 \\ C & D \end{bmatrix}\right)]^n, n = 1, 2, \cdots;$

(iii) $w_2\left(\begin{bmatrix} 0 & B \\ C & 0 \end{bmatrix}^n\right) \leqslant [w_2\left(\begin{bmatrix} 0 & B \\ C & 0 \end{bmatrix}\right)]^n, n = 2k, k = 1, 2, \cdots;$

(iv) $w_2\left(\begin{bmatrix} A & B \\ B & A \end{bmatrix}^n\right) \leqslant [w_2\left(\begin{bmatrix} A & B \\ B & A \end{bmatrix}\right)]^n, n = 1, 2, \cdots;$

(v) $w_2\left(\begin{bmatrix} A & B \\ -B & A \end{bmatrix}^n\right) \leqslant [w_2\left(\begin{bmatrix} A & B \\ -B & A \end{bmatrix}\right)]^n, n = 1, 2, \cdots;$

证明 (i) 由引理 5.5.1 和数值半径幂不等式可知

$$\begin{aligned} w_2\left(\begin{bmatrix} A & B \\ 0 & D \end{bmatrix}^n\right) &= w_2\left(\begin{bmatrix} A^n & * \\ 0 & D^n \end{bmatrix}\right) \\ &= \max\{w(A^n), w(D^n)\} \\ &\leqslant \max\{[w(A)]^n, [w(D)]^n\} = [w_2\left(\begin{bmatrix} A & B \\ 0 & D \end{bmatrix}\right)]^n. \end{aligned}$$

(ii) 的证明与 (i) 完全类似.

(iii) 首先

$$\begin{aligned} \left[w_2\left(\begin{bmatrix} 0 & B \\ C & 0 \end{bmatrix}\right)\right]^{2k} &= \sup_{\|f\|=\|g\|=1} |(Bg, f)(Cf, g)|^k \\ &\geqslant \max\{[w(BC)]^k, [w(CB)]^k\} \\ &\geqslant \max\{w((BC)^k), w((CB)^k)\}. \end{aligned}$$

另一方面,

$$w_2\left(\begin{bmatrix}0 & B\\ C & 0\end{bmatrix}^{2k}\right)=w_2\left(\begin{bmatrix}(BC)^k & 0\\ 0 & (CB)^k\end{bmatrix}\right)$$
$$=\max\{[w(BC)]^k,[w(CB)]^k\}.$$

于是结论成立.

(iv) 选取酉矩阵 $U=\frac{1}{\sqrt{2}}\begin{bmatrix}I & -I\\ I & I\end{bmatrix}$, 则

$$w_2\left(\begin{bmatrix}A & B\\ B & A\end{bmatrix}^n\right)\leqslant w\left(\begin{bmatrix}A & B\\ B & A\end{bmatrix}^n\right)$$
$$=w\left(U^*\begin{bmatrix}A & B\\ B & A\end{bmatrix}^n U\right)$$
$$=w((U^*\begin{bmatrix}A & B\\ B & A\end{bmatrix}U)^n)$$
$$\leqslant \max\{[w(A+B)]^n,[w(A-B)]^n\}=[w_2\left(\begin{bmatrix}A & B\\ B & A\end{bmatrix}\right)]^n.$$

(v) 的证明与 (iv) 完全类似. ▮

注 5.5.2 当 B,C 有界时, BC,CB 的谱半径是相等的, 但 $w(BC),w(CB)$ 不一定相等. 比如, 令

$$B=\begin{bmatrix}0 & I\\ 0 & 0\end{bmatrix},\quad C=\begin{bmatrix}I & 0\\ 0 & 0\end{bmatrix},$$

则 $w(BC)=0$, 而 $w(CB)=\frac{1}{2}$.

5.5.2 有界无穷维 Hamilton 算子的二次数值半径估计

首先给出斜对角有界无穷维 Hamilton 算子的二次数值半径估计.

定理 5.5.2 设 $H = \begin{bmatrix} 0 & B \\ C & 0 \end{bmatrix}$ 是有界斜对角无穷维 Hamilton 算子, 则

$$w_2(H) \geqslant \sqrt{w(BC)} = \sqrt{w(CB)}$$

且

$$w_2(H) \leqslant \sqrt{\frac{w(B)w(C) + w(BC)}{2}} = \sqrt{\frac{w(B)w(C) + w(CB)}{2}}.$$

证明 考虑 B, C 是有界自伴算子, $w(BC) = w(CB)$ 是显然的. 首先证明第一个不等式.

$$\begin{aligned} w_2(H) &= \sup_{\|f\|=\|g\|=1} \sqrt{|(Bg, f)(Cf, g)|} \\ &\geqslant \sup_{\|f\|=1, g=\frac{Cf}{\|Cf\|}} \sqrt{|(BCf, f)|} \\ &= \sqrt{w(BC)}. \end{aligned}$$

其次证明第二个不等式. 考虑引理 5.3.10,

$$\begin{aligned} w_2(H) &= \sup_{\|f\|=\|g\|=1} \sqrt{|(Bg, f)(Cf, g)|} \\ &= \sup_{\|f\|=\|g\|=1} \sqrt{|(Bg, f)(f, C^*g)|} \\ &\leqslant \sup_{\|f\|=\|g\|=1} \sqrt{\frac{\|Bg\|\|C^*f\| + |(Bg, C^*f)|}{2}} \\ &\leqslant \sqrt{\frac{\|B\|\|C\| + w(CB)}{2}} = \sqrt{\frac{w(B)w(C) + w(CB)}{2}}. \end{aligned}$$

结论证毕. ▮

定理 5.5.3 设 $H = \begin{bmatrix} A & B \\ C & -A^* \end{bmatrix}$ 是有界无穷维 Hamilton 算子, 则

$$w_2(H) \geqslant \max\{w(A), \sqrt{|[w(A)]^2 - w(B)w(C)|}\}$$

且

$$w_2(H) \leqslant \min\{2w(A) + \sqrt{\frac{w(B)w(C) + w(BC)}{2}}, w(A) + w(B) + w(C)\}.$$

证明 关系式 $w_2(H) \geqslant w(A)$ 是显然的. 下面证明

$$w_2(H) \geqslant \sqrt{|[w(A)]^2 - w(B)w(C)|}.$$

令

$$a = \sup_{\|f\|=\|g\|=1} \frac{|(Af,f)-(A^*g,g)+\sqrt{[(Af,f)+(A^*g,g)]^2+4(Bg,f)(Cf,g)}|}{2},$$

$$b = \sup_{\|f\|=\|g\|=1} \frac{|(Af,f)-(A^*g,g)-\sqrt{[(Af,f)+(A^*g,g)]^2+4(Bg,f)(Cf,g)}|}{2},$$

则

$$\begin{aligned}
w_2(H) &= \max\{a,b\} \\
&\geqslant \sqrt{ab} \\
&\geqslant \sqrt{\sup_{\|f\|=\|g\|=1} |(Af,f)(A^*g,g)-(Bg,f)(Cf,g)|} \\
&\geqslant \sqrt{\left|\sup_{\|f\|=\|g\|=1} |(Af,f)(A^*g,g)| - \sup_{\|f\|=\|g\|=1} |(Bg,f)(Cf,g)|\right|} \\
&= \sqrt{\left|\sup_{\|f\|=1} |(Af,f)| \sup_{\|g\|=1} |(A^*g,g)| - \sup_{\|f\|=\|g\|=1} |(Bg,f)(Cf,g)|\right|} \\
&\geqslant \sqrt{|[w(A)]^2 - w(B)w(C)|}.
\end{aligned}$$

其次, 证明第二个不等式. 考虑二次数值半径定义及引理 5.3.10 和定理 5.3.9 得

$$\begin{aligned}
&w_2(H) \\
&= \sup_{\|f\|=\|g\|=1} \frac{|(Af,f)-(A^*g,g)\pm\sqrt{[(Af,f)+(A^*g,g)]^2+4(Bg,f)(Cf,g)}|}{2} \\
&\leqslant \frac{\sup_{\|f\|=1}|(Af,f)| + \sup_{\|g\|=1}|(A^*g,g)|}{2} \\
&\quad + \frac{\sup_{\|f\|=\|g\|=1}\sqrt{|(Af,f)+(A^*g,g)|^2+4|(Bg,f)(Cf,g)|}}{2} \\
&\leqslant 2w(A) + \sqrt{\frac{w(B)w(C)+w(BC)}{2}}.
\end{aligned}$$

另一方面,

$$\begin{aligned}w_2(H) &\leqslant w(H)\\&\leqslant w\left(\begin{bmatrix}A & 0\\0 & -A^*\end{bmatrix}\right)+w\left(\begin{bmatrix}0 & B\\C & 0\end{bmatrix}\right)\\&\leqslant w(A)+\frac{1}{2}\min\{w(B+C),w(B-C)\}+\min\{w(B),w(C)\}\\&\leqslant w(A)+w(B)+w(C).\end{aligned}$$

于是结论得证. ▮

据我们所知, 数值半径有 Pinching 不等式 (见式 (5.3.16)), 但二次数值半径的 Pinching 不等式不一定成立. 一般情况下, 当 $\dim X \geqslant 2$ 时, 考虑引理 5.4.2, 只有

$$w_2\left(\begin{bmatrix}A & B\\C & D\end{bmatrix}\right)\geqslant w^2\left(\begin{bmatrix}A & 0\\0 & D\end{bmatrix}\right).$$

然而, 不等式

$$w_2\left(\begin{bmatrix}A & B\\C & D\end{bmatrix}\right)\geqslant w_2\left(\begin{bmatrix}0 & B\\C & 0\end{bmatrix}\right)$$

不一定成立, 见下例.

例 5.5.4 令 $\mathcal{A}=\begin{bmatrix}A & B\\C & D\end{bmatrix}=\begin{bmatrix}\frac{\mathrm{i}}{2}I & I\\I & -\frac{\mathrm{i}}{2}I\end{bmatrix}$, 则

$$\mathcal{A}_{f,g}=\begin{bmatrix}\frac{\mathrm{i}}{2} & (g,f)\\(f,g) & -\frac{\mathrm{i}}{2}\end{bmatrix},$$

于是

$$\begin{aligned}w_2(\mathcal{A})&=\sup_{\|f\|=\|g\|=1}\sqrt{||(f,g)|^2-\frac{1}{4}|}\\&=\frac{\sqrt{3}}{2}.\end{aligned}$$

另一方面,

$$
\begin{aligned}
w_2\left(\begin{bmatrix} 0 & B \\ C & 0 \end{bmatrix}\right) &= \sup_{\|f\|=\|g\|=1} |(f,g)| \\
&= 1.
\end{aligned}
$$

于是 Pinching 不等式不成立.

5.6 无穷维 Hamilton 算子的本质数值域

据我们所知, 在无穷维可分 Hilbert 空间 X 中的有界线性算子 T 是紧算子当且仅当对 X 的任意正交基 $\{e_n\}$, 满足 $\lim_{n\to\infty}(Te_n, e_n) = 0$. 此时, 自然可以提出一个问题: 当有界线性算子 T 满足什么条件时存在 X 的正交基 $\{e_n\}$ 使得

$$
\lim_{n\to\infty}(Te_n, e_n) = 0 \tag{5.6.1}
$$

成立? 显然, 紧算子包含于这类算子, 对于非紧算子 T 也有可能存在正交基使得式 (5.6.1) 成立. 比如, $l^2[1,\infty)$ 空间中的右移算子 S_r 对正交基 $\{e_n = (0,\cdots,0,1,0,\cdots)\}_{n=1}^{+\infty}$ 就有

$$
\lim_{n\to\infty}(S_r e_n, e_n) = 0,
$$

但 S_r 不是紧算子. 于是, 为了彻底解决上述问题, Fillmore[80] 等人首先引进了本质数值域的概念, 然后 Gustafson[81], Wolf 等人[82]–[84] 进行了系统研究.

5.6.1 本质数值域的定义及其性质

定义 5.6.1 设 T 是 Hilbert 空间 X 中的有界线性算子, 其本质数值域 $W_e(T)$ 定义为

$$
W_e(T) = \bigcap_{K\in\mathcal{K}(X)} \overline{W(T+K)},
$$

其中 $\mathcal{K}(X)$ 表示全体紧算子组成的理想.

从定义不难发现本质数值域是复数域 $\mathbb{C}$ 的非空凸、闭子集且满足 $W_e(T) \subset \overline{W(T)}$, 下面是关于本质数值域的例子.

例 5.6.1 设 T 是从 l^2 空间到 l^2 空间的有界线性算子, 定义为

$$Tx = \left(\frac{x_1}{1}, \frac{x_2}{2}, \frac{x_3}{3}, \cdots\right),$$

其中 $x = (x_1, x_2, x_3, \cdots)$, 则 $W_e(T) = \{0\}$. 事实上, 令 $\{e_n\}_{n=1}^{+\infty}$ 是 l^2 的一组正交基, 则注意 T 是紧算子, 于是对任意的 $K \in \mathcal{K}(X)$ 有 $T + K$ 也是紧算子, 进而当 $n \to \infty$ 时,

$$\|(T + K)e_n\| \to 0,$$

从而 $((T + K)\frac{e_n}{\|e_n\|}, \frac{e_n}{\|e_n\|}) \to 0$, 即 $0 \in \bigcap_{K\in\mathcal{K}(X)} \overline{W(T + K)} = W_e(T)$.

另一方面, 取 $K = -T$, 则 $\bigcap_{K\in\mathcal{K}(X)} \overline{W(T + K)} \subset \overline{W(T + (-T))} = \{0\}$. 于是 $W_e(T) = \{0\}$.

根据定义, 容易得到下列性质.

性质 5.6.1 设 T, S 是 Hilbert 空间 X 中有界线性算子, 则

(i) $W_e(\alpha T + \beta I) = \alpha W_e(T) + \beta$;

(ii) $\lambda \in W_e(T)$ 当且仅当 $\overline{\lambda} \in W_e(T^*)$;

(iii) $W_e(U^*TU) = W_e(T)$, 其中 U 是酉算子;

(iv) $W_e(T + S) \subset W_e(T) + W_e(S)$;

(v) $W_e(T) = \{0\}$ 当且仅当 T 是紧算子;

(vi) $W_e(T + K) = W_e(T)$, 其中 K 是紧算子.

证明 (i) 当 $\alpha = 0$ 时, 只需证 $W_e(\beta I) = \{\beta\}$ 即可. 由于 $W_e(T) \subset W(T)$, 结论是显然的.

当 $\alpha \neq 0$ 时, 令 $\lambda \in W_e(\alpha T + \beta I)$, 则对任意的 $K \in \mathcal{K}(X)$ 存在 $\{x_n\}_{n=1}^{\infty} \subset X$ 且 $\|x_n\| = 1$, 使得

$$\begin{aligned}\Big((\alpha T + \beta I + K)x_n, x_n\Big) &= \alpha\Big((T + \frac{K}{\alpha})x_n, x_n\Big) + \beta \\ &\to \lambda,\end{aligned}$$

即 $\lambda \in \alpha W_e(T)+\beta$, 故 $W_e(\alpha T+\beta I) \subset \alpha W_e(T)+\beta$.

反之, 当 $\lambda \in \alpha W_e(T)+\beta$ 时, 对任意的 $K \in \mathcal{K}(X)$ 存在 $\{x_n\}_{n=1}^{\infty} \subset X$ 且 $\|x_n\|=1$, 使得

$$\begin{aligned}\alpha\Big((T+K)x_n, x_n\Big)+\beta &= \Big((\alpha T+\beta I+\alpha K)x_n, x_n\Big) \\ &\to \lambda,\end{aligned}$$

即 $\lambda \in W_e(\alpha T+\beta I)$, 故 $\alpha W_e(T)+\beta \subset W_e(\alpha T+\beta I)$.

(ii) 由于 T 是全空间 X 中的有界线性算子, 则 T^* 也是全空间 X 中的有界线性算子. 从而, 对任意的 $K \in \mathcal{K}(X)$ 存在 $\{x_n\}_{n=1}^{\infty} \subset X$ 且 $\|x_n\|=1$, 有

$$\Big((T+K)x_n, x_n\Big) = \Big((T^*+K^*)x_n, x_n\Big)^*,$$

即 $\lambda \in W_e(T)$ 当且仅当 $\overline{\lambda} \in W_e(T^*)$.

(iii) 由于 $UU^*=U^*U=I$, 故 U 和 U^* 是可逆算子. 从而当 $\lambda \in W_e(U^*TU)$ 时, 任意的 $K \in \mathcal{K}(X)$ 存在 $\{x_n\}_{n=1}^{\infty} \subset X$ 且 $\|x_n\|=1$, 有

$$\begin{aligned}\Big((U^*TU+K)x_n, x_n\Big) &= \Big((T+(U^*)^{-1}KU^{-1})Ux_n, Ux_n\Big) \\ &\to \lambda.\end{aligned}$$

易知 $(U^*)^{-1}KU^{-1}$ 也为紧算子, 且有 $\|Ux_n\|^2=(x_n,x_n)=1$, 即 $\lambda \in W_e(T)$, 从而 $W_e(U^*TU) \subset W_e(T)$.

反之, 当 $\lambda \in W_e(T)$ 时, 由于 $R(U)=X$, 存在 $\{y_n\}$, 使得 $x_n=Uy_n$, 且有

$$\begin{aligned}\Big((T+K)x_n, x_n\Big) &= \Big((T+K)Uy_n, Uy_n\Big) \\ &= \Big((U^*TU+U^*KU)y_n, y_n\Big) \to \lambda.\end{aligned}$$

易知 U^*KU 为紧算子. 由于 $y_n=U^{-1}x_n$, $\|y_n\|^2=(U^{-1}x_n, U^{-1}x_n)=(x_n,x_n)=1$. 这说明 $\lambda \in W_e(U^*TU)$, 即 $W_e(T) \subset W_e(U^*TU)$.

(iv) 当 $\lambda \in W_e(T+S)$ 时, 对任意的 $K \in \mathcal{K}(X)$ 存在 $\{x_n\}_{n=1}^{\infty} \subset X$ 且 $\|x_n\|=1$, 有

$$\Big((T+S+K)x_n, x_n\Big) \to \lambda,$$

即

$$\left(\left(T+\frac{K}{2}\right)x_n, x_n\right)+\left(\left(S+\frac{K}{2}\right)x_n, x_n\right) \to \lambda.$$

因为 $\{A_n = \left(\left(T+\frac{K}{2}\right)x_n, x_n\right)\}_{n=1}^{\infty}$ 是复平面上的有界无穷序列, 因此存在收敛子列. 不妨设当 $k \to \infty$ 时有 $\left(\left(T+\frac{K}{2}\right)x_{n_k}, x_{n_k}\right) \to \lambda_1$, 则 $\lambda_1 \in W_e(T)$, $\lambda-\lambda_1 \in W_e(S)$, 从而有 $W_e(T+S) \subset W_e(T)+W_e(S)$.

(v) 当是 T 紧算子时, $\bigcap\limits_{K\in\mathcal{K}(X)} \overline{W(T+K)} \subset \overline{W(T+(-T))}=\{0\}$, 因此 $W_e(T)=\{0\}$.

反之, 令 $W_e(T)=\bigcap\limits_{K\in\mathcal{K}(X)} \overline{W(T+K)}=\{0\}$. 由于 K 是紧算子当且仅当对任意的正交基 $\{e_n\}_{n=1}^{\infty}$ 有 $\lim\limits_{n\to\infty}(Ke_n, e_n)=0$, 根据本质数值域的定义可得

$$((T+K)e_n, e_n) \in \bigcap_{K\in\mathcal{K}(X)} \overline{W(T+K)}=\{0\}.$$

因此可得 T 是紧算子.

(vi) 由本质数值域的定义易得此结论. ▮

下面将要给出关于本质数值域的一些等价描述[85]–[86].

定理 5.6.1 设 T 是可分 Hilbert 空间 X 中有界线性算子, 则下列论述等价:

(i) $0 \in W_e(T)$;

(ii) 存在 X 中的一组正交向量组 $\{e_n\}$, 使得 $\lim_{n\to\infty}(Te_n, e_n)=0$;

(iii) 存在 X 的一组正交基 $\{e_n\}$, 使得 $\lim_{n\to\infty}(Te_n, e_n)=0$;

(iv) 存在一个无穷维投影算子 P 使得 PTP 是紧算了.

证明 (i)→(ii): 设 $\varepsilon_n \to 0(n\to\infty)$, 不妨设存在 k 个正交向量 $e_1, e_2, \cdots, e_k$, 使得

$$(Te_k, e_k) < \varepsilon_k.$$

令 $M = Span\{e_1, e_2, \cdots, e_k\}$, $P: X \to M$ 是正交投影算子, 为了证明存在向量 $e_{k+1} \in M^{\perp}$, 使得

$$(Te_{k+1}, e_{k+1}) < \varepsilon_{k+1},$$

只需证明 $0 \in \overline{W((I-P)T|_{M^{\perp}})}$ 即可. 令 $\mu \in W((I-P)T|_{M^{\perp}})$, 定义算子 K 为

$$K = \mu P - TP - PT + PTP,$$

则 K 是有限秩算子, 从而是紧算子且

$$T + K = \mu P + (I-P)T(I-P) = \mu I_M \oplus (I-P)T|_{M^{\perp}}.$$

考虑 $\overline{W(T+K)} = Conv(W(\mu I_M),\ W((I-P)T|_{M^{\perp}}))$, $W(\mu I_M) = \{\mu\} \subset W((I-P)T|_{M^{\perp}})$, 即得

$$\overline{W(T+K)} = \overline{W((I-P)T|_{M^{\perp}})}.$$

于是, 由 $0 \in W_e(T)$ 可知 $0 \in \overline{W((I-P)T|_{M^{\perp}})}$, 即, 存在 X 中的一组正交向量组 $\{e_n\}$, 使得 $\lim_{n\to\infty}(Te_n, e_n) = 0$.

(ii)→(iii): 可分 Hilbert 空间中正交向量组可以延拓成正交基, 于是结论是显然的.

(iii)→(iv): 设 $\{e_n\}$ 是 X 的一组正交基, 则由 $(Te_n, e_n) \to 0$ 可知存在子列, 使得

$$\sum_{k=1}^{+\infty} |(Te_{n_k}, e_{n_k})|^2$$

收敛, 于是不妨设

$$\sum_{k=1}^{+\infty} |(Te_n, e_n)|^2 < \infty.$$

再由 Bessel 不等式 $\sum_{n=1}^{+\infty} |(x, e_n)|^2 \leqslant \|x\|^2$, 令 $n_1 = 1$, 则有

$$\sum_{n=1}^{+\infty} |(Te_{n_1}, e_n)|^2 \leqslant \|Te_{n_1}\|^2,\ \sum_{n=1}^{+\infty} |(Te_n, e_{n_1})|^2 \leqslant \|T^* e_{n_1}\|^2,$$

于是存在 $n_2 \in \mathbb{N}$, 使得

$$\sum_{n=n_2}^{+\infty} |(Te_{n_1}, e_n)|^2 \leqslant \frac{1}{2}, \quad \sum_{n=n_2}^{+\infty} |(Te_n, e_{n_1})|^2 \leqslant \frac{1}{2}.$$

依此类推, 得到正交序列 $\{e_{n_k}\}$, 使得

$$\sum_{n=n_k}^{+\infty} |(Te_{n_1}, e_n)|^2 \leqslant \frac{1}{2^k}, \quad \sum_{n=n_k}^{+\infty} |(Te_n, e_{n_1})|^2 \leqslant \frac{1}{2^k}.$$

令 $M = Span\{e_k\}_{k=1}^{+\infty}$, $P : X \to M$ 是正交投影算子, 则 P 是无穷维投影算子且结合 $\sum_{k=1}^{+\infty} |(Te_n, e_n)|^2 < \infty$, 可得

$$\sum_{i=1}^{\infty} \|PTPe_{n_i}\|^2 = \sum_{i=1,j=1}^{\infty} |(PTPe_{n_i}, e_{n_j})|^2 = \sum_{i=1,j=1}^{\infty} |(Te_{n_i}, e_{n_j})|^2 < \infty,$$

即 PTP 是 Hilbert-Schmidt 算子, 从而是紧算子.

(iv)→(i): 设 $M = \mathcal{R}(P)$, 则 $\dim M = \infty$ 且令 $\{e_n\}_{n=1}^{\infty}$ 是 M 的一组正交集, 则 $\{e_n\}_{n=1}^{\infty}$ 弱收敛到 0 且

$$(PTPe_n, e_n) = (Te_n, e_n) \to 0.$$

于是对任意的 $K \in \mathcal{K}(X)$ 有

$$((T + K)e_n, e_n) = (Te_n, e_n) + (Ke_n, e_n) \to 0,$$

即 $0 \in W_e(T)$. 结论证毕. ∎

5.6.2 本质数值域与数值域的联系

根据本质数值域的定义容易得到 $W_e(T) \subset \overline{W(T)}$. 事实上, 令 $\lambda \in W_e(T)$, 则对任意的紧算子 K 有

$$\lambda \in W_e(T + K),$$

由定理 5.6.1 可知, 存在 X 中的一组正交向量组 $\{e_n\}$, 使得

$$\lim_{n\to\infty} ((T + K)e_n, e_n) = \lambda.$$

正交向量组弱收敛到零, K 是紧算子, $Ke_n \to 0$. 于是 $(Te_n, e_n) \to \lambda$, 即 $\lambda \in \overline{W(T)}$.

此外, 本质数值域对于刻画有界线性算子数值域闭包以及数值域的闭性也有重要应用.

定理 5.6.2 设 T 是 Hilbert 空间 X 中有界线性算子, 则

$$Ex(\overline{W(T)}) \subset W_e(T) \cup W(T).$$

特别地, $\overline{W(T)} = Conv(W(T) \cup W_e(T))$.

证明 令 $\lambda \in Ex(\overline{W(T)})$, 则考虑 $W(\alpha T + \beta I) = \alpha W(T) + \beta$, 不妨设 $Re(W(T)) \geqslant 0$ 且 $\lambda = 0$. 由 $0 \in \overline{W(T)}$ 可知, 存在序列 $\{x_n\}_{n=1}^{\infty}, \|x_n\| = 1(n = 1, 2, 3 \cdots)$, 使得当 $n \to \infty$ 时

$$(Tx_n, x_n) \to 0.$$

又因为 Hilbert 空间中的闭单位球是弱列紧的, 故存在 $\{x_n\}$ 的子列使得弱收敛到 $x(\|x\| \leqslant 1)$. 不妨设, $\{x_n\}$ 弱收敛到 x, 则有如下三种可能:

(i) 当 $\|x\| = 0$ 时: 对任意的 $K \in \mathcal{K}(X)$ 有 $\{Kx_n\}$ 强收敛到 0 且

$$((T + K)x_n, x_n) = (Tx_n, x_n) + (Kx_n, x_n) \to 0,$$

即 $0 \in W_e(T)$.

(ii) 当 $\|x\| = 1$ 时: 易知

$$\begin{aligned}
\|x_n - x\|^2 &= (x_n - x, x_n - x) \\
&= (x_n, x_n) - 2Re(x_n, x) + (x, x) \\
&= 2 - 2Re(x_n, x) \\
&\to 2 - 2Re(x, x) = 0.
\end{aligned}$$

于是

$$\begin{aligned}
|(Tx, x)| &\leqslant |(T(x - x_n), x)| + |(Tx_n, x - x_n)| + |(Tx_n, x_n)| \\
&\leqslant \|x - x_n\|\|T^*x\| + \|T\|\|x - x_n\| \\
&\to 0,
\end{aligned}$$

从而 $(Tx, x) = 0$, 也就是说 $0 \in W(T)$.

(iii) 当 $0 < \|x\| < 1$ 时: 易知

$$\begin{aligned}\|x_n - x\|^2 &= (x_n - x, x_n - x) \\ &= (x_n, x_n) - 2Re(x_n, x) + (x, x) \\ &= 1 + \|x\|^2 - 2Re(x_n, x) \\ &\to 1 - \|x\|^2 > 0.\end{aligned}$$

也就是说, 当 n 充分大时, $x_n - x \neq 0$, 此时令 $y_n = \frac{x_n - x}{\|x_n - x\|}$, 则当 $n \to \infty$ 时

$$(Ty_n, y_n) \to -\frac{(Tx, x)}{1 - \|x\|^2},$$

即 $-\frac{(Tx,x)}{1-\|x\|^2} \in \overline{W(T)}$. 而

$$Re\left(-\frac{(Tx, x)}{1 - \|x\|^2}\right) = -\frac{Re(Tx, x)}{1 - \|x\|^2} \leqslant 0.$$

再由 $Re(W(T)) \geqslant 0$, 可得

$$Re(Tx, x) = 0.$$

假定 $Im(Tx, x) \neq 0$, 则 $\overline{W(T)}$ 与虚轴的交点不唯一, 这与 0 是 $\overline{W(T)}$ 的极点矛盾, 于是 $Im(Tx, x) = 0$, 即 $0 \in W(T)$. 综上所述, $Ex(\overline{W(T)}) \subset (W(T) \cup W_e(T))$. 再由 $\overline{W(T)} = Conv(Ex(\overline{W(T)}))$ (Krein-Milan 定理) 可证等式 $\overline{W(T)} = Conv(W(T) \cup W_e(T))$ 成立. ▮

根据上述定理, 容易得到下列推论.

推论 5.6.1 设 T 是 Hilbert 空间 X 中的有界线性算子, 则 $W(T)$ 是闭集当且仅当 $W_e(T) \subset W(T)$.

证明 当 $W(T)$ 是闭集时, $W(T) = \overline{W(T)}$. 再考虑 $W_e(T) = \overline{W(T)}$, 即得 $W_e(T) \subset W(T)$.

反之, 当 $W_e(T) \subset W(T)$ 时,

$$\overline{W(T)} = Conv(W(T) \cup W_e(T)) = Conv(W(T)) = W(T),$$

即 $W(T)$ 是闭集. ▮

推论 5.6.2 设T是 Hilbert 空间X中有界线性算子,则$W_e(T)=\overline{W(T)}$当且仅当$Ex(W(T))\subset W_e(T)$;特别地,当$Ex(W(T))=\emptyset$时,$W_e(T)=\overline{W(T)}$.

证明 当$W_e(T)=\overline{W(T)}$时,$Ex(W(T))\subset W_e(T)$的证明是显然的.

反之,当$Ex(W(T))\subset W_e(T)$时,

$$Ex(\overline{W(T)})\subset\overline{W_e(T)}=W_e(T).$$

两边取凸包,即得$W_e(T)=\overline{W(T)}$. ∎

推论 5.6.3 设T是 Hilbert 空间X中的有界线性算子,λ是$\overline{W(T)}$的角点,则$\lambda\in W_e(T)$或者是T的有限重孤立特征值.

证明 当$\lambda\notin W_e(T)$时,考虑$\overline{W(T)}=Conv(W(T)\cup W_e(T))$,必有$\lambda$是$W(T)$的角点. 由定理 5.1.2 可知$\lambda\in\sigma_p(T)$. 又因为$W_e(T)$包含本质谱,$T-\lambda I$是 Fredholm 算子,因此$\lambda\in\sigma_p(T)$是有限重的. 下面证明$\lambda$是孤立的. 由于$\mathbb{N}(T-\lambda I)=\mathbb{N}(T^*-\overline{\lambda}I)=R(T-\lambda I)^{\perp}$,分解$X=\mathbb{N}(T-\lambda I)\oplus R(T-\lambda I)$下$T-\lambda I$可表示成

$$T-\lambda I=\begin{bmatrix}0&0\\0&T_1\end{bmatrix},$$

其中$T_1(\lambda):R(T-\lambda I)=\mathbb{N}(T-\lambda I)^{\perp}\to R(T-\lambda I)$是双射,故可逆. 由于正则集是开集,当$\varepsilon$充分小时,对任意的$z\in\{z:0<|z|<\varepsilon\}$,都有$z\in\rho(T-\lambda I)$,也就是说 0 是$T-\lambda I$的孤立特征值,即$\lambda$是$T$的孤立特征值. 结论证毕. ∎

定义 5.6.2 设λ是闭凸集G的一个角点,如果存在$\varepsilon>0$,使得$B_\varepsilon(\lambda)\cap\partial(G)$是由$\lambda$射出的射线组成,则称$\lambda$是直系的,其中$B_\varepsilon(\lambda)=\{z\in\mathbb{C}:|z-\lambda|<\varepsilon\}$.

推论 5.6.4 设T是 Hilbert 空间X中的有界线性算子,如果λ是$\overline{W(T)}$的角点且$\lambda\notin W_e(T)$,则λ是直系的.

证明 当λ是$\overline{W(T)}$的角点且$\lambda\notin W_e(T)$时,由推论 5.6.3 知λ是T的有限重孤立特征值. 令$X=\mathbb{N}(T-\lambda I)\oplus\mathbb{N}(T-\lambda I)^{\perp}$,则$T$可表示成

$$T=\begin{bmatrix}\lambda I&0\\0&T_1\end{bmatrix}.$$

于是

$$W(T) = Conv(\{\lambda\} \cup W(T_1)),$$

且 $\lambda \notin \overline{W(T_1)}$. 事实上, 假定 $\lambda \in \overline{W(T_1)}$, 则考虑 $W(T_1) \subset W(T)$, 得 λ 是 $\overline{W(T_1)}$ 的角点, 于是 λ 是 T_1 的正则有限重孤立特征值, 这与 $\mathbb{N}(T-\lambda I) \cap \mathbb{N}(T-\lambda I)^{\perp} = \{0\}$ 矛盾. 从而 $B_{\varepsilon}(\lambda) \cap \overline{W(T)}$ 由直线段组成, 即, λ 是直系的. ▮

注 5.6.1 从上述推论可知, 闭半圆盘不是紧算子的数值域. 事实上, 不妨设该闭半圆盘的半径为 1 且圆心在原点, 则 $\lambda = 1$ 和 $\lambda = -1$ 是闭半圆盘的角点. 另一方面, 如果该闭半圆盘是某个紧算子 T 的数值域, 则 $\pm 1 \notin W_e(T)$, 由推论 5.6.4, 可知 $\lambda = \pm 1$ 是直系的, 这与事实矛盾.

为了运用本质数值域来刻画数值域闭包, 首先给出下列引理.

引理 5.6.1 如果 $Im(W(T)) \geqslant 0$, 则 $W(T) \cap \mathbb{R} = \{(Tx, x) : \|x\| = 1, x \in \mathbb{N}(Im(T))\}$.

证明 关系式 $W(T) \cap \mathbb{R} \supset \{(Tx, x) : \|x\| = 1, x \in \mathbb{N}(Im(T))\}$ 的证明是平凡的. 反之, 令 $\lambda \in W(T) \cap \mathbb{R}$, 则存在 $\|x\| = 1$, 使得

$$\lambda = (Tx, x) = (Re(T)x, x) + \mathrm{i}(Im(T)x, x).$$

考虑 $\lambda \in \mathbb{R}$, 有 $(Im(T)x, x) = 0$. 又因为 $Im(W(T)) \geqslant 0$, 故 $Im(T)x = 0$, 即 $x \in \mathbb{N}(Im(T))$. 结论证毕. ▮

类似地, 可以证明下列结论

引理 5.6.2 如果 $Re(W(T)) \geqslant 0$, $\mathrm{i}\mathbb{R}$ 表示虚轴, 则 $W(T) \cap \mathrm{i}\mathbb{R} = \{(Tx, x) : \|x\| = 1, x \in \mathbb{N}(Re(T))\}$.

定理 5.6.3 设 T 是 Hilbert 空间 X 中的有界线性算子, 则

$$\overline{W(T)} = (W(T) \cup W_e(T)) \dot{\cup} L(T),$$

其中 $L(T)$ 表示可数多个不相交开直线段的并集, 这些开直线段的一个端点位于 $Ex(W(T)) \setminus W_e(T)$, 另一个端点位于 $Ex(W_e(T)) \setminus W(T)$, $\dot{\cup}$ 表示不相交的并.

证明 只需证明 $\overline{W(T)} \subset (W(T) \cup W_e(T))\dot{\cup} L(T)$ 即可. 令 $\lambda \in \overline{W(T)}$ 且 $\lambda \notin W(T) \cup W_e(T)$, 则由定理 5.6.2, 可知 $\lambda \in \partial\overline{W(T)}$ 且 $\lambda \notin Ex(\overline{W(T)})$. 从而存在一条直线 L, 使得

$$L \cap \overline{W(T)} = [\alpha, \beta].$$

显然 $\alpha, \beta \in Ex(\overline{W(T)}) \subset W_e(T) \cup W(T)$. 考虑 $\lambda \notin W(T) \cup W_e(T)$, α, β 不可能同时包含于 $W(T)$ 或者 $W_e(T)$. 不妨设 $\alpha \in Ex(W(T))\backslash W_e(T)$, $\beta \in Ex(W_e(T)) \setminus W(T)$, 则考虑 $W_e(T)$ 的闭性, 闭直线段 $[\alpha, \beta]$ 与 $W_e(T)$ 的交集是闭集, 即存在 $\mu \in (Ex(W_e(T)) \setminus W(T)) \cap (\lambda, \beta]$, 使得

$$[\alpha, \beta] \cap W_e(T) = [\mu, \beta].$$

如果同样存在 $\eta \in (Ex(W(T))\backslash W_e(T)) \cap [\alpha, \lambda)$, 使得

$$[\alpha, \beta] \cap W(T) = [\alpha, \eta] \tag{5.6.2}$$

成立, 则 $\lambda \in (\eta, \mu)$, 即, 开直线段 (η, μ) 就是证明结论所需的集合.

为了证明式 (5.6.2) 成立, 不妨设 $Im(T) \geqslant 0, \lambda = 0$, 直线段 $[\mu, \beta], \beta > \mu$ 位于正半实轴, $W(T) \cap \mathbb{R}$ 位于负半实轴, 则由引理 5.6.1 知

$$[\alpha, \beta] \cap W(T) = \mathbb{R} \cap W(T) = \{(Tx, x) : \|x\| = 1, x \in \mathbb{N}(Im(T))\}.$$

令 $P : X \to \mathbb{N}(Im(T))$ 是正交投影算子, 则

$$\{(Tx, x) : \|x\| = 1, x \in \mathbb{N}(Im(T))\} = W(PT|_{\mathcal{R}(P)}).$$

容易证明 $\mathcal{R}(P)$ 是有限维的. 事实上, 假定 $\mathcal{R}(P)$ 是无穷维的, 则存在正交序列 $\{x_n\}_n^\infty \subset \mathbb{N}(Im(T))$, $\|x_n\| = 1, n = 1, 2, \cdots$, 使得

$$(Tx_n, x_n) \in [\alpha, \beta] \cap W(T), n = 1, 2, \cdots.$$

因为 $[\alpha, \beta]$ 是实轴上的有界区间, $\{(Tx_n, x_n)\}$ 存在收敛子列且极限点位于负半实轴. 另一方面, 由定理 5.6.1, $\{(Tx_n, x_n)\}$ 的收敛子列的极限点属于

$W_e(T)\cap\mathbb{R}$, 而 $W_e(T)\cap\mathbb{R}$ 位于正半实轴, 推出矛盾. 于是 $\mathcal{R}(P)$ 是有限维的, $W(PT|_{\mathcal{R}(P)})$ 是闭集, 故存在 $\eta\in(Ex(W(T))\backslash W_e(T))\cap[\alpha,\lambda)$, 使得式 (5.6.2) 成立. ∎

利用本质数值域还可以刻画紧算子数值域边界的结构特性.

定理 5.6.4 设 T 是无穷维 Hilbert 空间 X 中的紧算子, 则 $\partial W(T)\backslash W(T)$ 由形如 $[0,\lambda)$ 的直线段构成且线段个数最多两个, 其中 $[0,\lambda)$ 可以退化成一点或空集.

证明 当 $0\in W(T)$ 时, $W(T)$ 是闭集, 于是 $\partial W(T)\backslash W(T)=\emptyset$, 结论成立. 当 $0\notin W(T)$ 时, 由于 $W_e(T)=\{0\}$, $Ex(W_e(T))\backslash W(T)=\{0\}$, 由定理 5.6.3, 可知 $L(T)$ 由形如 $(0,\lambda)$ 的直线段构成. 又因为 $0\in\partial W(T)$ 且 $W(T)$ 是凸集, 于是在 $W(T)$ 的边界上形如 $(0,\lambda)$ 的直线段个数不会超过两个. 结论证毕. ∎

注 5.6.2 运用上面的结论可以解决给定的凸集是否为某个紧算子的数值域的问题. 比如, 令 $\triangle$ 表示以点 $A(1,0),B(0,1),C(-1,0)$ 为顶点的三角形闭区域, 则凸集 $\triangle_1=\triangle\backslash[-1,0]$, $\triangle_2=\triangle\backslash[-1,1]$ 和 $\triangle_3=\triangle\backslash[-1,1)$ 不是紧算子的数值域. 事实上, 易知

$$\begin{aligned}\partial\triangle_1\backslash\triangle_1&=[-1,0],\\ \partial\triangle_2\backslash\triangle_2&=[-1,1],\\ \partial\triangle_3\backslash\triangle_3&=[-1,1).\end{aligned}$$

而这些集合均不是形如 $[0,\lambda)$ (半开半闭) 的直线段, 故由上述定理可知它们不是紧算子的数值域.

5.6.3 本质数值半径

类似于数值半径, 还可以引进本质数值半径的概念.

定义 5.6.3 设 T 是 Hilbert 空间 X 中的有界线性算子, 本质数值半径 $w_e(T)$

定义为

$$w_e(T) = \sup\{| \lambda |: \lambda \in W_e(T)\}.$$

根据本质数值域的性质, 下列结论的证明是平凡的.

性质 5.6.2 如果 T 和 S 是 Hilbert 空间 X 中的有界线性算子, 则

(i) $0 \leqslant w_e(T) \leqslant w(T)$;

(ii) $w_e(\lambda T) =| \lambda | w_e(T)$;

(iii) $w_e(U^*TU) = w_e(T)$, 其中 U 是酉算子;

(iv) $w_e(T+S) \leqslant w_e(T) + w_e(S)$;

(v) $w_e(T) = 0$ 当且仅当 T 是紧算子;

(vi) $w_e(T+K) = w_e(T)$, 其中 K 是紧算子.

定理 5.6.5 如果 T 是可分 Hilbert 空间 X 中的有界线性算子, 则存在紧算子 K_0, 使得 $w_e(T) = w(T+K_0)$.

证明 根据 [87] 的推论 4.1, 知存在紧算子 K_0, 使得

$$W_e(T) = \overline{W(T+K_0)}.$$

从而, 结论成立. ∎

定理 5.6.6 $T \in \mathcal{B}(X)$, 则

$$\frac{1}{2}\|T\|_K \leqslant w_e(T) \leqslant \|T\|_K,$$

其中 $\|T\|_K = \inf\limits_{K \in \mathcal{K}(X)} \|T+K\|$.

证明 根据 [87] 的推论 4.1, 知存在一个紧算子 K, 使得 $\overline{W(T+K)} = W_e(T)$, 于是

$$\inf_{K \in \mathcal{K}(X)} w(T+K) = w_e(T).$$

令 $\|T\|_K = \inf\limits_{K \in \mathcal{K}(X)} \|T+K\|$, 则由

$$\frac{1}{2}\|T\| \leqslant w(T) \leqslant \|T\|,$$

可得

$$\frac{1}{2}\|T\|_K \leqslant \inf_{K\in\mathcal{K}(X)} w(T+K) \leqslant \|T\|_K,$$

即 $\frac{1}{2}\|T\|_K \leqslant w_e(T) \leqslant \|T\|_K$. 结论证毕. ▮

5.6.4 有界无穷维 Hamilton 算子的本质数值域与本质数值半径

下面我们将讨论有界无穷维 Hamilton 算子的本质数值域与本质数值半径的性质.

定理 5.6.7 令 $H = \begin{bmatrix} A & B \\ C & -A^* \end{bmatrix}$ 是有界无穷维Hamilton算子, 则 $Conv(W_e(A)\cup W_e(-A^*)) \subset W_e(H)$.

证明 令 $\lambda \in W_e(A)$, 则对任意的 $K \in \mathcal{K}(X)$, 存在 $\|f_n\| = 1, n = 1, 2, \cdots$, 使得

$$\big((A+K)f_n, f_n\big) \to \lambda.$$

由于 $\|\begin{bmatrix} f_n \\ 0 \end{bmatrix}\| = 1$, 则对任意的 $S = \begin{bmatrix} K & K_2 \\ K_3 & K_4 \end{bmatrix} \in \mathcal{K}(X\times X)$, 有

$$\left(\left(\begin{bmatrix} A & B \\ C & -A^* \end{bmatrix} + \begin{bmatrix} K & K_2 \\ K_3 & K_4 \end{bmatrix}\right)\begin{bmatrix} f_n \\ 0 \end{bmatrix}, \begin{bmatrix} f_n \\ 0 \end{bmatrix}\right) = \big((A+K)f_n, f_n\big) \to \lambda.$$

即 $W_e(A) \subset W_e(H)$. 同理可得 $W_e(-A^*) \subset W_e(H)$. 因此由本质数值域的凸性即可得 $Conv(W_e(A)\cup W_e(-A^*)) \subset W_e(H)$. ▮

定理 5.6.8 令 $H = \begin{bmatrix} A & B \\ C & -A^* \end{bmatrix}$ 是有界无穷维Hamilton算子, 如果 B, C 是紧算子, 则关系式

$$Conv(W_e(A)\cup W_e(-A^*)) = W_e(H)$$

成立.

证明 只需证 $W_e(H) \subset Conv(W_e(A) \cup W_e(-A^*))$. 令 $\lambda \in W_e(H)$, 则对任意的 $S = \begin{bmatrix} K_1 & K_2 \\ K_3 & K_4 \end{bmatrix} \in \mathcal{K}(X \times X)$, 存在序列 $\left\{ \begin{bmatrix} x_n \\ y_n \end{bmatrix} \right\}_{n=1}^{\infty}$ 且 $\|x_n\|^2 + \|y_n\|^2 = 1(n = 1, 2, \cdots)$, 使得

$$\left(\left(\begin{bmatrix} A & B \\ C & -A^* \end{bmatrix} + \begin{bmatrix} K_1 & K_2 \\ K_3 & K_4 \end{bmatrix}\right) \begin{bmatrix} x_n \\ y_n \end{bmatrix}, \begin{bmatrix} x_n \\ y_n \end{bmatrix}\right) \to \lambda.$$

选取 $K' = \begin{bmatrix} K_1 & -B \\ -C & K_4 \end{bmatrix}$, 则

$$W_e(H) \subset \bigcap_{K_1, K_4 \in \mathcal{K}(X)} \overline{W(H + K')}.$$

因此

$$\begin{aligned}&\left(\left(\begin{bmatrix} A & B \\ C & -A^* \end{bmatrix} + \begin{bmatrix} K_1 & -B \\ -C & K_4 \end{bmatrix}\right) \begin{bmatrix} x_n \\ y_n \end{bmatrix}, \begin{bmatrix} x_n \\ y_n \end{bmatrix}\right) \\ =&\Big((A + K_1)x_n, x_n\Big) + \Big((-A^* + K_4)y_n, y_n\Big) \to \lambda.\end{aligned}$$

当 $\liminf\limits_{n\to\infty} \|x_n\| = 0$ 或 $\liminf\limits_{n\to\infty} \|y_n\| = 0$ 时, 有 $\lambda \in W_e(A) \cup W_e(-A^*)$, 因此可得

$$W_e(H) \subset \bigcap_{K_1, K_4 \in \mathcal{K}(X)} \overline{W(\mathcal{A} + K')} \subset Conv(W_e(A) \cup W_e(-A^*)).$$

当 $\liminf\limits_{n\to\infty} \|x_n\| \neq 0$ 且 $\liminf\limits_{n\to\infty} \|y_n\| \neq 0$ 时, 不失一般性我们假设 $x_n \neq 0$ 且 $y_n \neq 0(n = 1, 2, \cdots)$, 则有

$$\|x_n\|^2 \frac{\Big((A + K_1)x_n, x_n)\Big)}{\|x_n\|^2} + (1 - \|x_n\|^2) \frac{\Big((-A^* + K_4)y_n, y_n)\Big)}{\|y_n\|^2} \to \lambda.$$

显然 $\lambda \in Conv(W_e(A) \cup W_e(-A^*))$. 因此

$$W_e(H) \subset \bigcap_{K_1, K_4 \in \mathcal{K}(X)} \overline{W(H + K')} \subset Conv(W_e(A) \cup W_e(-A^*)).$$

综上可得 $W_e(H) = Conv(W_e(A) \cup W_e(-A^*))$. 结论证毕. ▮

推论 5.6.5 令 $H=\begin{bmatrix} A & 0 \\ 0 & -A^* \end{bmatrix}$ 是有界无穷维 Hamilton 算子, 则 $Conv(W_e(A)\cup W_e(-A^*))=W_e(H)$.

定理 5.6.9 令 $A,B,C\in\mathscr{B}(X)$,则有下列结论:

(i) 如果 B 和 C 是紧算子, 则 $w_e\left(\begin{bmatrix} A & B \\ C & -A^* \end{bmatrix}\right)=w_e(A)$; 特别地,

$$w_e\left(\begin{bmatrix} A & 0 \\ 0 & -A^* \end{bmatrix}\right)=w_e(A);$$

(ii) $w_e\left(\begin{bmatrix} 0 & B \\ e^{\mathrm{i}\theta}C & 0 \end{bmatrix}\right)=w_e\left(\begin{bmatrix} 0 & B \\ C & 0 \end{bmatrix}\right), \forall\theta\in\mathbb{R}$;

(iii) $w_e\left(\begin{bmatrix} 0 & B \\ C & 0 \end{bmatrix}\right)=w_e\left(\begin{bmatrix} 0 & C \\ B & 0 \end{bmatrix}\right)$;

(iv) $w_e\left(\begin{bmatrix} A & B \\ B & A \end{bmatrix}\right)=\max\{w_e(A+B),\ w_e(A-B)\}$; 特别地,

$$w_e\left(\begin{bmatrix} 0 & B \\ B & 0 \end{bmatrix}\right)=w_e(B);$$

(v) $w_e\left(\begin{bmatrix} A & -B \\ B & A \end{bmatrix}\right)=\max\{w_e(A+\mathrm{i}B), w_e(A-\mathrm{i}B)\}$.

证明 (i) 当 B 和 C 是紧算子时, 由定理 5.6.8, 可得

$$W_e\left(\begin{bmatrix} A & B \\ C & -A^* \end{bmatrix}\right)=Conv(W_e(A)\cup W_e(-A^*)).$$

因此有

$$w_e\left(\begin{bmatrix} A & B \\ C & -A^* \end{bmatrix}\right)=\max\{w_e(A), w_e(-A^*)\}=w_e(A).$$

(ii) 选取酉算子 $U=\begin{bmatrix} I & 0 \\ 0 & e^{\frac{-\mathrm{i}\theta}{2}}I \end{bmatrix}$, 则有

$$\begin{bmatrix} 0 & e^{\frac{-\mathrm{i}\theta}{2}}B \\ e^{\frac{\mathrm{i}\theta}{2}}C & 0 \end{bmatrix} = \begin{bmatrix} I & 0 \\ 0 & e^{\frac{\mathrm{i}\theta}{2}}I \end{bmatrix} \begin{bmatrix} 0 & B \\ C & 0 \end{bmatrix} \begin{bmatrix} I & 0 \\ 0 & e^{\frac{-\mathrm{i}\theta}{2}}I \end{bmatrix}.$$

由本质数值半径的定义及本质数值半径的酉相似不变性易得此结论.

(iii) 取酉算子 $U=\begin{bmatrix} 0 & I \\ I & 0 \end{bmatrix}$, 则有

$$\begin{bmatrix} 0 & B \\ C & 0 \end{bmatrix} = \begin{bmatrix} 0 & I \\ I & 0 \end{bmatrix} \begin{bmatrix} 0 & C \\ B & 0 \end{bmatrix} \begin{bmatrix} 0 & I \\ I & 0 \end{bmatrix}.$$

因此根据本质数值半径的酉相似不变性即可得结论.

(iv) 选取酉算子 $U_1=\frac{1}{\sqrt{2}}\begin{bmatrix} I & -I \\ I & I \end{bmatrix}$, 则

$$\begin{bmatrix} A+B & 0 \\ 0 & A-B \end{bmatrix} = \frac{1}{2}\begin{bmatrix} I & I \\ -I & I \end{bmatrix} \begin{bmatrix} A & B \\ B & A \end{bmatrix} \begin{bmatrix} I & -I \\ I & I \end{bmatrix}.$$

由本质数值域的酉相似不变性, 结论得证.

(v) 选取酉算子 $U_2=\frac{1}{\sqrt{2}}\begin{bmatrix} I & I \\ \mathrm{i}I & -\mathrm{i}I \end{bmatrix}$, 则

$$\begin{bmatrix} A-\mathrm{i}B & 0 \\ 0 & A+\mathrm{i}B \end{bmatrix} = \frac{1}{2}\begin{bmatrix} I & -\mathrm{i}I \\ I & \mathrm{i}I \end{bmatrix} \begin{bmatrix} A & -B \\ B & A \end{bmatrix} \begin{bmatrix} I & I \\ \mathrm{i}I & -\mathrm{i}I \end{bmatrix}.$$

由本质数值域的酉相似不变性, 结论得证. ∎

定理 5.6.10 令 $H=\begin{bmatrix} 0 & B \\ C & 0 \end{bmatrix} \in \mathcal{B}(X\times X)$, 则

$$\frac{\max\{w_e(B+C), w_e(B-C)\}}{2} \leqslant w_e(\mathcal{A}) \leqslant \frac{w_e(B+C)+w_e(B-C)}{2}.$$

证明 首先证明第一个不等式. 由定理 5.6.9 可得

$$
\begin{aligned}
w_e(B+C) &= w_e\left(\begin{bmatrix} 0 & B+C \\ B+C & 0 \end{bmatrix}\right) \\
&= w_e\left(\begin{bmatrix} 0 & B \\ C & 0 \end{bmatrix} + \begin{bmatrix} 0 & C \\ B & 0 \end{bmatrix}\right) \\
&\leqslant w_e\left(\begin{bmatrix} 0 & B \\ C & 0 \end{bmatrix}\right) + w_e\left(\begin{bmatrix} 0 & C \\ B & 0 \end{bmatrix}\right) \\
&= w_e\left(\begin{bmatrix} 0 & B \\ C & 0 \end{bmatrix}\right) + w_e\left(\begin{bmatrix} 0 & B \\ C & 0 \end{bmatrix}\right) \\
&= 2w_e\left(\begin{bmatrix} 0 & B \\ C & 0 \end{bmatrix}\right),
\end{aligned}
$$

即有

$$
\frac{w_e(B+C)}{2} \leqslant w_e\left(\begin{bmatrix} 0 & B \\ C & 0 \end{bmatrix}\right).
$$

同理可得

$$
\frac{w_e(B-C)}{2} \leqslant w_e\left(\begin{bmatrix} 0 & B \\ -C & 0 \end{bmatrix}\right).
$$

由于 $w_e\left(\begin{bmatrix} 0 & B \\ -C & 0 \end{bmatrix}\right) = w_e\left(\begin{bmatrix} 0 & B \\ C & 0 \end{bmatrix}\right)$, 故

$$
\frac{\max\{w_e(B+C), w_e(B-C)\}}{2} \leqslant w_e(\mathcal{A}).
$$

为了证明第二个不等式, 我们选取算子 $U = \frac{1}{\sqrt{2}}\begin{bmatrix} I & -I \\ I & I \end{bmatrix}$, 则易证 U 是

酉算子. 再由定理 5.6.9, 易得

$$\begin{aligned}
w_e\left(\begin{bmatrix} 0 & B \\ C & 0 \end{bmatrix}\right) &= w_e\left(U^*\begin{bmatrix} 0 & B \\ C & 0 \end{bmatrix}U\right) \\
&= \frac{1}{2}w_e\left(\begin{bmatrix} B+C & B-C \\ -(B-C) & -(B+C) \end{bmatrix}\right) \\
&= \frac{1}{2}w_e\left(\begin{bmatrix} B+C & 0 \\ 0 & -(B+C) \end{bmatrix} + \begin{bmatrix} 0 & B-C \\ -(B-C) & 0 \end{bmatrix}\right) \\
&\leqslant \frac{1}{2}\left(w_e\left(\begin{bmatrix} B+C & 0 \\ 0 & -(B+C) \end{bmatrix}\right)\right. \\
&\quad \left. + w_e\left(\begin{bmatrix} 0 & B-C \\ -(B-C) & 0 \end{bmatrix}\right)\right) \\
&= \frac{w_e(B+C)+w_e(B-C)}{2}.
\end{aligned}$$

综上所述, 结论得证. ▮

下列结论说明, 本质数值半径满足 Pinching 不等式.

定理 5.6.11 令 $\mathcal{A} = \begin{bmatrix} A & B \\ C & D \end{bmatrix} \in \mathcal{B}(X \times X)$. 则

(i) $w_e\left(\begin{bmatrix} A & B \\ C & D \end{bmatrix}\right) \geqslant w_e\left(\begin{bmatrix} A & B' \\ C' & D \end{bmatrix}\right)$, 其中 B', C' 是紧算子; 特别地,

$$w_e\left(\begin{bmatrix} A & B \\ C & D \end{bmatrix}\right) \geqslant w_e\left(\begin{bmatrix} A & 0 \\ 0 & D \end{bmatrix}\right);$$

(ii) $w_e\left(\begin{bmatrix} A & B \\ C & D \end{bmatrix}\right) \geqslant w_e\left(\begin{bmatrix} 0 & B \\ C & 0 \end{bmatrix}\right)$.

证明 (i) 由 2×2 分块算子本质数值域的性质, 当 B' 与 C' 为紧算子时,

$$W_e\left(\begin{bmatrix} A & B' \\ C' & D \end{bmatrix}\right) = Conv(W_e(A)\cup W_e(D)) \subset W_e\left(\begin{bmatrix} A & B \\ C & D \end{bmatrix}\right).$$

由本质数值域的定义可得

$$w_e\left(\begin{bmatrix} A & B \\ C & D \end{bmatrix}\right) \geqslant w_e\left(\begin{bmatrix} A & B' \\ C' & D \end{bmatrix}\right).$$

(ii) 取酉算子 $U = \begin{bmatrix} -I & 0 \\ 0 & I \end{bmatrix}$, 则

$$\begin{bmatrix} A & -B \\ -C & D \end{bmatrix} = \begin{bmatrix} -I & 0 \\ 0 & I \end{bmatrix}\begin{bmatrix} A & B \\ C & D \end{bmatrix}\begin{bmatrix} -I & 0 \\ 0 & I \end{bmatrix}.$$

因此

$$\begin{aligned} w_e\left(\begin{bmatrix} 0 & B \\ C & 0 \end{bmatrix}\right) &= \frac{1}{2}w_e\left(\begin{bmatrix} A & B \\ C & D \end{bmatrix} - \begin{bmatrix} A & -B \\ -C & D \end{bmatrix}\right) \\ &\leqslant \frac{1}{2}\left(w_e\left(\begin{bmatrix} A & B \\ C & D \end{bmatrix}\right) + w_e\left(\begin{bmatrix} A & -B \\ -C & D \end{bmatrix}\right)\right) \\ &= w_e\left(\begin{bmatrix} A & B \\ C & D \end{bmatrix}\right). \end{aligned}$$

结论得证. ∎

推论 5.6.6 令 $H = \begin{bmatrix} A & B \\ C & -A^* \end{bmatrix} \in \mathcal{B}(X\times X)$ 是有界无穷维 Hamilton 算子, 则

$$w_e(H) \geqslant \max\left\{w_e(A), \frac{w_e(B+C)}{2}, \frac{w_e(B-C)}{2}\right\},$$

且

$$w_e(H) \leqslant w_e(A) + \frac{w_e(B+C)+w_e(B-C)}{2}.$$

证明 易知

$$
\begin{aligned}
w_e\left(\begin{bmatrix} A & B \\ C & -A^* \end{bmatrix}\right) &\geqslant \max\{w_e\left(\begin{bmatrix} A & 0 \\ 0 & -A^* \end{bmatrix}\right), w_e\left(\begin{bmatrix} 0 & B \\ C & 0 \end{bmatrix}\right)\} \\
&= \max\{w_e(A), w_e\left(\begin{bmatrix} 0 & B \\ C & 0 \end{bmatrix}\right)\} \\
&\geqslant \max\left\{w_e(A), \frac{w_e(B+C)}{2}, \frac{w_e(B+C)}{2}\right\}.
\end{aligned}
$$

因此有

$$
w_e(H) \geqslant \max\left\{w_e(A), \frac{w_e(B+C)}{2}, \frac{w_e(B-C)}{2}\right\}.
$$

此外, 由三角不等式可知

$$
w_e\left(\begin{bmatrix} A & B \\ C & -A^* \end{bmatrix}\right) \leqslant w_e\left(\begin{bmatrix} A & 0 \\ 0 & -A^* \end{bmatrix}\right) + w_e\left(\begin{bmatrix} 0 & B \\ C & 0 \end{bmatrix}\right).
$$

由定理 5.6.9, 可得

$$
w_e(H) \leqslant w_e(A) + \frac{w_e(B+C) + w_e(B-C)}{2}.
$$

结论得证. ▮

第六章 完备不定度规空间中的无穷维 Hamilton 算子谱理论

不定度规空间上的算子理论并不是 Hilbert 空间上算子理论的逻辑上的简单推广, 而是有着深厚的基础的. 它的应用涉及物理学、数学及力学. 相对论中的 "时—空" 空间就是一个不定度规空间. "不定度规空间" 最初出现在 Dirac (见 [89]) 的有关量子场论的文章中, 并广泛应用于量子场论领域, 如李政道和 Wick 提出的李—Wick 理论就是运用不定度规来消除量子场论中发散困难的一种理论. 后来, L. S. Pontryagin (见 [90]) 由于力学问题研究的需要, 从数学上开始探讨了不定度规空间上的算子理论. 从那以后, Krein, Iokhvidov, Langer, Azizov, Phillips, Bognár, Sobolev, 夏道行, 严绍宗等学者都曾研究过不定度规空间上的算子理论. 由于无穷维 Hamilton 算子的特殊结构, 如果在不定度规空间上研究其谱理论, 也许会有事半功倍的效果.

6.1 Krein 空间

6.1.1 Krein 空间的定义及其性质

为了研究完备不定度规空间中的无穷维 Hamilton 算子谱理论, 首先给出完备不定度规空间 (即, Krein 空间) 的定义.

定义 6.1.1 设 K_0 是复数域 $\mathbb{C}$ 上线性空间, $[\cdot,\cdot]$ 是 K_0 上双线性 Hermite 泛函, 即满足

(i) 对任何 $x, y \in K_0$ 满足 $[x, y] = \overline{[y, x]}$,

(ii) 对任何 $\alpha, \beta \in \mathbb{C}, x, y, z \in K_0$ 满足 $[\alpha x + \beta y, z] = \alpha[x, z] + \beta[y, z]$,

则称 $[\cdot,\cdot]$ 是 K_0 上的准度规, 而称 $\{K_0,[\cdot,\cdot]\}$ 是准不定度规空间. 如果准度规 $[\cdot,\cdot]$ 是非退化的, 则称准度规为度规, 相应地, 称 $\{K_0,[\cdot,\cdot]\}$ 是不定度规空间.

定义 6.1.2 设 $\{K,[\cdot,\cdot]\}$ 是不定度规空间, $x\in K$, 如果满足 $[x,x]\geqslant 0$, 则称 x 是非负向量, 由非负向量构成的子空间称为非负子空间; 如果满足 $[x,x]>0$, 则称 x 是正向量, 由正向量构成的子空间称为正子空间; 如果满足 $[x,x]=0$, 则称 x 是零性向量, 又称为迷向向量, 由迷向向量构成的子空间称为迷向子空间. 同理可定义非正子空间、负子空间等.

下面将介绍特别重要的一类不定度规空间 —— 完备的不定度规空间. 本章的算子理论就是建立在这种空间上的.

定义 6.1.3 设 $\{K,[\cdot,\cdot]\}$ 是不定度规空间, 如果存在 K 的正子空间 K_+, 负子空间 K_- 使得

$$K=K_+\oplus K_- \tag{6.1.1}$$

并且当 $[\cdot,\cdot]$ 限制在 K_+ 上时, $\{K_+,[\cdot,\cdot]\}$ 成为 Hilbert 空间; 而当 $-[\cdot,\cdot]$ 限制在 K_- 上时, $\{K_-,-[\cdot,\cdot]\}$ 也成为 Hilbert 空间, 那么称 $\{K,[\cdot,\cdot]\}$ 是完备不定度规空间, 也称为 Krein 空间. 而称分解 (6.1.1) 是 K 的正则分解.

设 $\{K,[\cdot,\cdot]\}$ 是完备不定度规空间, $K=K_+\oplus K_-$ 是一个正则分解, 则对 $x,y\in K$ 有唯一分解 $x=x_++x_-$, $y=y_++y_-$, $x_\pm, y_\pm\in K_\pm$, 并在 K 上引进新内积

$$(x,y)=[x_+,y_+]-[x_-,y_-], \tag{6.1.2}$$

则称 $(\cdot,\cdot)$ 是由正则分解 $K=K_+\oplus K_-$ 诱导的内积. 记 $(\cdot,\cdot)$ 导出的 K 上范数为

$$\|x\|=(x,x)^{\frac{1}{2}}, x\in K. \tag{6.1.3}$$

显然, 由正则分解诱导的内积得到的空间 $\{K,(\cdot,\cdot)\}$ 不仅是内积空间, 而且是 Hilbert 空间. $K_\pm$ 是 K 的闭子空间, 如果用 $P_\pm$ 分别表示 Hilbert 空间 K 在 $K_\pm$ 上的投影算子, 令 $J=P_+-P_-$, 那么 (6.1.2) 还可以写成

$$(x,y)=[Jx,y]=[x,Jy]. \tag{6.1.4}$$

此时, 算子 J 称为正则分解对应的度规算子 (或标准对称 (canonical symmetry) 算子), 度规算子有如下性质

$$J=J^{*}=J^{-1}. \tag{6.1.5}$$

比如, 下列算子

$$J_1=\begin{bmatrix}0 & \mathrm{i}I\\ -\mathrm{i}I & 0\end{bmatrix},\quad J_2=\begin{bmatrix}0 & I\\ I & 0\end{bmatrix},\quad J_3=\begin{bmatrix}I & 0\\ 0 & -I\end{bmatrix},$$

均满足式 (6.1.5).

6.1.2 Krein 空间中的线性算子

按照定义, 对于完备不定度规空间至少有一个正则分解, 而且由这个正则分解诱导的内积 $(\cdot,\cdot)$, 空间 $\{K,(\cdot,\cdot)\}$ 是 Hilbert 空间, 从而 K 上有了拓扑, 再由范数等价定理得知, K 上的拓扑不依赖正则分解的选取, 是由完备不定度规空间自身决定的. 这样, 在完备不定度规空间上可以引进集合的 "有界" "连续" "闭" 等概念, 这和通常 Hilbert 空间一样, 这里不再赘述. 另外, 关于线性算子的共轭算子定义方式与 Hilbert 空间的也类似, 为避免产生混淆, 不定度规意义的线性算子 T 的共轭算子记为 $T^{\dagger}$, 而内积意义下的共轭算子仍记为 T^{*}. 完备不定度规空间中的共轭算子和 Hilbert 空间中的共轭算子之间也有一定的联系. 比如, 令 $\mathfrak{H}=(K,[\cdot,\cdot])$ 是完备不定度规空间, $[\cdot,\cdot]$ 诱导出的标准对称算子 (度规算子) 设为 $\mathfrak{J}$, $T:\mathscr{D}(T)\subset\mathfrak{H}\to\mathfrak{H}$ 是稠定线性算子, 则不定度规意义下的共轭算子 $T^{\dagger}$ 和 Hilbert 空间意义下的共轭算子 T^{*} 之间有如下联系:

$$T^{\dagger}=\mathfrak{J}T^{*}\mathfrak{J}. \tag{6.1.6}$$

从而, 式 (6.1.6) 是沟通 Hilbert 空间共轭算子概念和完备不定度规空间中的共轭算子概念的桥梁, 并容易证明下列引理.

引理 6.1.1 设 T,S 是 Krein 空间 $\{K,[\cdot,\cdot]\}$ 中的稠定闭线性算子, 对应的度规算子为 $\mathfrak{J}$, 则

(i) $T^\dagger$ 是闭算子;

(ii) 如果 $\mathscr{D}(T+S)$ 稠密, 则 $(T+S)^\dagger \supset T^\dagger + S^\dagger$;

(iii) 如果 $\mathscr{D}(TS)$ 稠密, 则 $(TS)^\dagger \supset S^\dagger T^\dagger$;

(iv) 如果 $T \subset S$, 则 $S^\dagger \subset T^\dagger$.

定义 6.1.4 令 Krein 空间 $\{K, [\cdot,\cdot]\}$, 对应的度规算子为 $\mathfrak{J}$, 则 K 中的线性算子 T 称为 $\mathfrak{J}$-对称的, 如果满足 $T \subset T^\dagger$; 如果满足 $T = T^\dagger$, 则称为 $\mathfrak{J}$-自伴算子; 如果对任意的 $x \in \mathscr{D}(T)$ 有 $[Tx, x] \geqslant 0$, 则称 T 为 $\mathfrak{J}$-非负算子.

正因为度规是不定的, 就形成了它特有的困难, 许多 Hilbert 空间中显然的事实, 在不定度规空间中变得不一定成立. 比如, 令 X 是 Hilbert 空间, $T: \mathscr{D}(T) \subset X \to X$ 是稠定闭线性算子, 则算子 T^*T 是 Hilbert 空间 X 中的自伴算子, 这是由 von Neumann 给出的重要结论. 但是, 上述性质在不定度规空间中不一定成立, 即 $T^\dagger T$ 不一定是不定度规意义下的自伴算子.

例 6.1.1 设不定度规空间 K 的正则分解为

$$K = K_- \oplus K_+,$$

其中 $K_\pm = L^2[0,1]$, 对应的度规算子为 $J_1 = \begin{bmatrix} 0 & \mathrm{i}I \\ -\mathrm{i}I & 0 \end{bmatrix}$. 定义线性算子 $A_0: L^2[0,1] \to L^2[0,1]$ 如下:

$$A_0 f(t) = \frac{1}{t} f(t),$$

则

$$\mathscr{D}(A_0) = \{f(t) | f(t) \in L^2[0,1], \frac{1}{t} f(t) \in L^2[0,1]\}.$$

取 $K \to K$ 的线性算子 T 如下:

$$T = \begin{bmatrix} A & B \\ A & B \end{bmatrix},$$

其中 $A = V_1 A_0$, $B = V_2 A_0$, V_1, V_2 是 $L^2[0,1]$ 上的保距算子, 且满足 $\mathcal{R}(V_1) \perp \mathcal{R}(V_2)$. 如果线性算子 T 的不定度规意义下的共轭算子记为 $T^\dagger$, 则可以证明 $T^\dagger T$ 只是 J_1-对称

算子且不闭, 因而不是 J_1- 自伴算子. 事实上, 考虑 $\mathcal{R}(V_1)\perp\mathcal{R}(V_2)$, 得 $\mathcal{R}(A)\perp\mathcal{R}(B)$, 又因为 A, B 是稠定闭算子, 于是 T 是闭算子. 然而

$$T^{\dagger}T = J_3T^*J_3T \supset \begin{bmatrix} B^* & -B^* \\ -A^* & A^* \end{bmatrix} \begin{bmatrix} A & B \\ A & B \end{bmatrix}.$$

令 $\mathscr{D}_0 = \{f(t)|f(t) \in L^2[0,1],\ \frac{1}{t^2}f(t) \in L^2[0,1]\}$, 则 $\overline{\mathscr{D}_0} = L^2[0,1]$ 且

$$\begin{bmatrix} B^* & -B^* \\ -A^* & A^* \end{bmatrix} \begin{bmatrix} A & B \\ A & B \end{bmatrix} |_{\mathscr{D}_0} = 0|_{\mathscr{D}_0}.$$

进而有

$$(T^{\dagger}T)^{\dagger} \subset (0|_{\mathscr{D}_0})^{\dagger} = 0.$$

故 $T^{\dagger}T$ 不闭, 因而不是 J_1- 自伴算子.

引理 6.1.2 令 T 是 Krein 空间 $\{K, [\cdot,\cdot]_{\mathfrak{J}}\}$ 中的稠定 $\mathfrak{J}$-非负算子, 如果存在 $x_0 \in \mathscr{D}(A)$, 使得 $[Tx_0, x_0]_{\mathfrak{J}} = 0$, 则 $Tx_0 = 0$.

证明 对任意的 $y \in \mathscr{D}(T)$

$$|[Tx_0, y]_{\mathfrak{J}}| \leqslant |[Tx_0, x_0]_{\mathfrak{J}}^{\frac{1}{2}}||[Ty, y]_{\mathfrak{J}}^{\frac{1}{2}}| = 0.$$

于是, 考虑 $\overline{\mathscr{D}(T)} = K$, 得 $Tx_0 = 0$. ▮

下面是 Krein 空间中稠定闭线性算子谱的性质.

引理 6.1.3 设 T 是 Krein 空间 $\{K, [\cdot,\cdot]_{\mathfrak{J}}\}$ 中的稠定闭线性算子, 则

(i) $\lambda \in \rho(T)$ 当且仅当 $\overline{\lambda} \in \rho(T^{\dagger})$;

(ii) $\lambda \in \sigma_r(T)$ 蕴含 $\overline{\lambda} \in \sigma_p(T^{\dagger})$;

(iii) $\lambda \in \sigma_p(T)$ 蕴含 $\overline{\lambda} \in \sigma_p(T^{\dagger}) \cup \sigma_r(T^{\dagger})$;

(iv) $\lambda \in \sigma_c(T)$ 当且仅当 $\overline{\lambda} \in \sigma_c(T^{\dagger})$.

证明 只证结论 (i), 其他证明类似. 设 $\lambda \in \rho(T)$, 则 $\overline{\lambda} \in \rho(T^*)$, 再由

$$T^{\dagger} = \mathfrak{J}T^*\mathfrak{J}$$

和 $\mathfrak{J}^2 = I$ 知 $\overline{\lambda} \in \rho(T^{\dagger})$. 反之同理. ▮

引理 6.1.4 设 T 是 Krein 空间 $\{K,[\cdot,\cdot]_{\mathfrak{J}}\}$ 中的 $\mathfrak{J}$-自伴算子, 则有 $\sigma_r(T)\cap\mathbb{R}=\emptyset$.

证明 假定存在 $\lambda\in\mathbb{R}$ 使得 $\lambda\in\sigma_r(T)$, 则由引理 6.1.3 得 $\lambda\in\sigma_p(T^\dagger)=\sigma_p(T)$, 推出矛盾. ▮

引理 6.1.5 设 T 是 Krein 空间 $\{K,[\cdot,\cdot]_{\mathfrak{J}}\}$ 中 $\mathfrak{J}$-非负自伴算子, 则有

(i) $\sigma_p(T)\cap(\mathbb{C}^+\cup\mathbb{C}^-)=\emptyset$;

(ii) $\sigma_r(T)=\emptyset$;

(iii) 如果 $\rho(T)\neq\emptyset$, 则 $\mathbb{C}^+\cup\mathbb{C}^-\subset\rho(T)$.

其中 $\mathbb{C}^+,\mathbb{C}^-$ 分别表示上、下开半平面.

证明 (i) 设 $\lambda\in\sigma_p(T)\cap(\mathbb{C}^+\cup\mathbb{C}^-)$, 对应的特征向量为 x_0, 则

$$[Tx_0,x_0]_{\mathfrak{J}}=\lambda[x_0,x_0]_{\mathfrak{J}}.$$

由于 $[Tx_0,x_0]_{\mathfrak{J}}\geqslant 0$, $\lambda\in\mathbb{C}^+\cup\mathbb{C}^-$, 从而 $[x_0,x_0]_{\mathfrak{J}}=0$, 即 $[Tx_0,x_0]_{\mathfrak{J}}=0$. 由引理 6.1.2, $Tx_0=0$, 于是 $\lambda=0$, 推出矛盾.

(ii) 设 $\lambda\in\sigma_r(T)$, 则 $\overline{\lambda}\in\sigma_p(T^\dagger)=\sigma_p(T)$, 由 (i) 知 $\lambda\in\mathbb{R}$, 这与引理 6.1.4 矛盾.

(iii) 首先证明当 T 为连续算子时, 有 $\mathbb{C}^+\cup\mathbb{C}^-\subset\rho(T)$. 假定存在 $\overline{\lambda}_0\neq\lambda_0\in\sigma(T)$, 则由 (i), (ii) 知,

$$\lambda_0\in\sigma_c(T).$$

因此存在正交化序列 $\{x_n\}(\|x_n\|=1,n=1,2,\cdots)$, 使得

$$(T-\lambda_0 I)x_n\to 0.$$

由于

$$[(T-\lambda_0 I)x_n,x_n]_{\mathfrak{J}}=[(T-Re(\lambda_0))x_n,x_n]_{\mathfrak{J}}-\mathrm{i}Im(\lambda_0)[x_n,x_n]_{\mathfrak{J}},$$

考虑 $Im(\lambda_0)\neq 0$, 得 $[x_n,x_n]_{\mathfrak{J}}\to 0$, 即 $[Tx_n,x_n]_{\mathfrak{J}}\to 0$. 又因为

$$[Tx_n,x_n]_{\mathfrak{J}}=(\mathfrak{J}Tx_n,x_n)=((\mathfrak{J}T)^{\frac{1}{2}}x_n,(\mathfrak{J}T)^{\frac{1}{2}}x_n),$$

于是 $(\mathfrak{J}T)^{\frac{1}{2}}x_n \to 0$, 再由 $(\mathfrak{J}T)^{\frac{1}{2}}$ 的连续性, 知

$$Tx_n \to 0,$$

这与 $\|x_n\| = 1$ 矛盾. 因此 $\mathbb{C}^+ \cup \mathbb{C}^- \subset \rho(T)$.

最后证明对于一般的 T 具有 $\mathbb{C}^+ \cup \mathbb{C}^- \subset \rho(T)$. 由假设 $\rho(T) \neq \emptyset$, 可知 $(\mathbb{C}^+ \cup \mathbb{C}^-) \cap \rho(T) \neq \emptyset$, 取 $\overline{\mu}_0 \neq \mu_0 \in \rho(T)$, 则由引理 6.1.3, 知

$$\overline{\mu}_0 \in \rho(T).$$

令 $B_0 = (T - \overline{\mu}_0 I)^{-1} T (T - \mu_0 I)^{-1}$, 则易证 B_0 连续并且 $\mathfrak{J}$-非负自伴. 于是

$$\sigma(B_0) \cap (\mathbb{C}^+ \cup \mathbb{C}^-) = \emptyset.$$

由谱映射定理知,

$$\sigma(B_0) = \{\mu \in C : \mu = \frac{\lambda}{(\lambda - \overline{\mu}_0)(\lambda - \mu_0)}, \lambda \in \sigma(T)\},$$

且对于 $\overline{\lambda}_0 \neq \lambda_0$, 当 $|\ \overline{\lambda_0}\ | \neq |\ \mu_0\ |$ 时, $\frac{\lambda_0}{(\lambda_0 - \overline{\mu}_0)(\lambda_0 - \mu_0)}$ 不是实数, 因此有

$$\frac{\lambda_0}{(\lambda_0 - \overline{\mu}_0)(\lambda_0 - \mu_0)} \in \rho(B_0) \Rightarrow \lambda_0 \in \rho(T),$$

即

$$(\mathbb{C}^+ \cup \mathbb{C}^-) \setminus \{\lambda \in C : |\ \lambda\ | = |\ \mu_0\ |\} \subset \rho(T). \tag{6.1.7}$$

另一方面, 再取 $\overline{\mu}_1 \neq \mu_1 \in \rho(T)$, $|\ \mu_1\ | \neq |\ \mu_0\ |$, 与上面同理得:

$$(\mathbb{C}^+ \cup \mathbb{C}^-) \setminus \{\lambda \in C : |\ \lambda\ | = |\ \mu_1\ |\} \subset \rho(T). \tag{6.1.8}$$

综合式 (6.1.7) 与式 (6.1.8), 结论得证. ▮

注 6.1.1 Krein 空间与完备辛空间有内在的联系. 设 $\{K, [\cdot,\cdot]_{\mathfrak{J}}\}$ 是 Krein 空间, 定义

$$< x, y > = \mathtt{i}[x, y]_{\mathfrak{J}},$$

则 $\{K, < \cdot,\cdot >\}$ 是完备辛空间.

6.2 Krein 空间中无穷维 Hamilton 算子的谱

6.2.1 一类 Krein 空间中无穷维 Hamilton 算子的自伴性

根据定义, 在 Hilbert 空间中无穷维 Hamilton 算子一般情况下是非自伴算子, 因此, 在 Hilbert 空间中研究无穷维 Hamilton 算子的谱不像自伴算子那样得心应手. 然而, 由于无穷维 Hamilton 算子的特殊结构, 引进适当的不定度规空间以后, 无穷维 Hamilton 算子会变成不定度规意义下的反自伴算子, 与自伴算子相差常数倍, 谱的性质研究起来就相对容易一些, 从而, 有必要把 Hilbert 空间中无穷维 Hamilton 算子谱的研究推广到不定度规空间中去.

下面的引理将告诉我们如何把 Hilbert 空间中的无穷维 Hamilton 算子的概念推广到完备不定度规空间中去.

引理 6.2.1 设 $\{X,(\cdot,\cdot)\}$ 是 Hilbert 空间, 稠定闭线性算子 $H:\mathscr{D}(H)\subset X\oplus X\to X\oplus X$ 是辛自伴无穷维 Hamilton 算子当且仅当 $\mathtt{i}H$ 在 Krein 空间 K_{J_1} 中是 J_1-自伴算子, 其中 $K_{J_1}=\{X\oplus X,[\cdot,\cdot]_{J_1}\}$, $[\cdot,\cdot]_{J_1}=(J_1\cdot,\cdot)$ 并且 $J_1=\begin{bmatrix}0 & \mathtt{i}I\\ -\mathtt{i}I & 0\end{bmatrix}$.

证明 算子 H 在 Krein 空间 K_{J_3} 中的共轭算子记为 $H^\dagger$, 则有

$$H^\dagger=J_1H^*J_1.$$

根据辛自伴无穷维 Hamilton 算子的定义

$$(\mathtt{i}H)^*=J_1(\mathtt{i}H)J_1.$$

代入上式后, 得

$$(\mathtt{i}H)^\dagger=(\mathtt{i}H),$$

从而 $\mathtt{i}H$ 在 Krein 空间 K_{J_1} 中是 J_1-自伴算子.

反之, 当 $\mathtt{i}H$ 在 Krein 空间 K_{J_1} 中是 J_1-自伴算子时, 则运用关系式

$$H^\dagger=J_1H^*J_1$$

同理可证 H 是辛自伴无穷维 Hamilton 算子. 结论证毕. ▮

定理 6.2.1 设 $H=\begin{bmatrix} A & B \\ C & -A^* \end{bmatrix}:\mathscr{D}(H)\subset X\oplus X\to X\oplus X$ 是无穷维 Hamilton 算子, 则在 Krein 空间 $K_{\mathfrak{J}}$ 中有

(i) $\lambda\in\sigma_{p,1}(H)$ 当且仅当 $\overline{\lambda}\in\sigma_{r,1}(H^\dagger)$;

(ii) $\lambda\in\sigma_{p,2}(H)$ 当且仅当 $\overline{\lambda}\in\sigma_{r,2}(H^\dagger)$;

(iii) $\lambda\in\sigma_{p,3}(H)$ 当且仅当 $\overline{\lambda}\in\sigma_{p,3}(H^\dagger)$;

(iv) $\lambda\in\sigma_{p,4}(H)$ 当且仅当 $\overline{\lambda}\in\sigma_{p,4}(H^\dagger)$;

(v) $\lambda\in\sigma_{c}(H)$ 当且仅当 $\overline{\lambda}\in\sigma_{c}(H^\dagger)$;

(vi) $\lambda\in\rho(H)$ 当且仅当 $\overline{\lambda}\in\sigma_{c}(H^\dagger)$.

证明 考虑 $H^\dagger=\mathfrak{J}H^*\mathfrak{J}$, 结论的证明是平凡的. ▮

推论 6.2.1 设 $H=\begin{bmatrix} A & B \\ C & -A^* \end{bmatrix}:\mathscr{D}(H)\subset X\oplus X\to X\oplus X$ 是辛自伴无穷维 Hamilton 算子, 则在 Krein 空间 K_{J_1}, $J_1=\begin{bmatrix} 0 & \mathrm{i}I \\ -\mathrm{i}I & 0 \end{bmatrix}$ 中有

(i) $\lambda\in\sigma_{p,1}(H)$ 当且仅当 $-\overline{\lambda}\in\sigma_{r,1}(H)$;

(ii) $\lambda\in\sigma_{p,2}(H)$ 当且仅当 $-\overline{\lambda}\in\sigma_{r,2}(H)$;

(iii) $\lambda\in\sigma_{p,3}(H)$ 当且仅当 $-\overline{\lambda}\in\sigma_{p,3}(H)$;

(iv) $\lambda\in\sigma_{p,4}(H)$ 当且仅当 $-\overline{\lambda}\in\sigma_{p,4}(H)$;

(v) $\lambda\in\sigma_{c}(H)$ 当且仅当 $-\overline{\lambda}\in\sigma_{c}(H)$;

(vi) $\lambda\in\rho(H)$ 当且仅当 $-\overline{\lambda}\in\rho(H)$.

6.2.2 Krein 空间中极大确定不变子空间的存在性

在不定度规空间中的线性算子理论中, 极大准定不变子空间的存在性问题是中心内容. 关于这方面, Bognár, Azizov, Iokhvidov 等作出了比较好的工作 (见 [92]—[93]). 比如, 1944 年 Pontryagin 发现 Pontryagin 空间中自伴算子存在不变子空间; Krein 发现 Pontrjagin 空间中酉算子存在不变子空间; Langer 给出了 Krein 空间中自伴算子存在不变子空间的充分条件; Azizov 给

出了 Krein 空间中极大耗散算子存在不变子空间的充分条件, 等等. 由 [25] 可知, 一类 Riccati 方程的求解问题可转为求解无穷维 Hamilton 算子角算子问题, 而角算子存在性问题等价于一类无穷维 Hamilton 算子不变子空间的存在性问题. 基于以上考虑, 本节致力于研究无穷维 Hamilton 算子的极大准定不变子空间的存在性问题, 并给出一系列结论.

定义 6.2.1 不定度规空间 K 中的线性算子 T 称为 plus 算子, 如果 T 的定义域为全空间且把非负向量映成非负向量.

定义 6.2.2 不定度规空间 K 中的子空间 L 称为确定子空间, 如果 L 不是正定子空间就是负定子空间. 扩张以后与本身重叠的确定子空间称为极大确定子空间.

关于 plus 算子的不变子空间问题, Bognár[92] 给出了如下结论.

引理 6.2.2 设 $K = K_+ \oplus K_-$ 是 Krein 空间, P_+, P_- 是正则分解所对应的投影算子, $V \in \mathscr{B}(K)$ 是 plus 算子, 如果算子 P_+VP_- 是紧算子, 则满足 $\overline{VL} = L$ 的闭正子空间 $L \subset K$ 可以扩张成极大正子空间 $L_1 \subset K$, 使得 $VL_1 \subset L_1$, 即 $L \subset K$ 可以扩张成 V 的极大不变正子空间.

引理 6.2.3 设 $K = K_+ \oplus K_-$ 是 Krein 空间, P_+, P_- 是正则分解所对应的投影算子, $V \in \mathscr{B}(K)$ 是 plus 算子, 如果算子 P_+VP_- 是紧算子, 则算子 V 存在极大不变正子空间.

证明 在引理 6.2.2 中取 $L = \{0\}$, 则 $\overline{VL} = L$ 且 L 是非负子空间, 从而可以扩张成 V 的极大不变正子空间. ▮

引理 6.2.4 设 K 是 Krein 空间, L 是 K 的极大正子空间 (极大负子空间), 则 $L^{\perp}$ 极大负子空间 (极大正子空间).

证明 设 L 是极大正子空间, 则易知 $L^{\perp}$ 是闭的且负的. 假定 $L^{\perp}$ 不是极大的, 则考虑正则分解

$$K = K_+ \oplus K_-,$$

并且令对应的投影算子为 P_+ 及 P_-, 则 $P_-L^{\perp} \neq K^-$. 因此, 存在 $x \in K_-$, 满足 $x \perp P_-L^{\perp}, x \neq 0$. 然而, $[x, x] < 0$ 且 $x \in L^{\perp\perp}$. 但这与 $L^{\perp\perp}$ 是正子空

间矛盾. ▮

定理 6.2.2 设 $H(\rho(H)\neq\emptyset)$ 是辛自伴无穷维 Hamilton 算子, K_{J_1} 是 Krein 空间, 如果 $K_+\subset\mathscr{D}(H)$, 其中 $K_{J_1}=K_+\oplus K_-$ 是对应于度规算子 $J_1=\begin{bmatrix}0 & \mathrm{i}I\\ -\mathrm{i}I & 0\end{bmatrix}$ 的正则分解, 并且满足

(i) 对任意的 $x\in\mathscr{D}(H)$ 满足 $Im[Hx,x]_{J_1}\leqslant 0$,

(ii) 算子 P_+HP_- 是 P_-HP_--紧算子,

则无穷维 Hamilton 算子 H 存在极大正子空间和极大负子空间.

证明 当 $\rho(H)\neq\emptyset$ 且对任意的 $x\in\mathscr{D}(H)$ 满足 $Im[Hx,x]_{J_1}\leqslant 0$ 时, $\mathrm{i}H$ 是 J_1-非负自伴, 由引理 6.1.5, 易得

$$\mathbb{C}_+\cup\mathbb{C}_-\subset\rho(H),$$

其中 $\mathbb{C}_+,\mathbb{C}_-$ 分别表示开右半平面及开左半平面.

令

$$H=\begin{bmatrix}H_{11} & H_{12}\\ H_{21} & H_{22}\end{bmatrix}$$

是无穷维 Hamilton 算子 H 在 Krein 空间 K_{J_1} 中的 2×2 分块矩阵形式, 则由于 H_{21} 的有界性, 存在 $Im(\xi)<0, Re(\xi)\neq 0$ 且 $|Im(\xi)|>\|H_{21}\|$, 使得 $\xi\in\rho(H)$. 令 $V=(H-\overline{\xi}I)(H-\xi I)^{-1}$, 则

$$[Vx,Vx]_{J_1}=[x,x]_{J_1}+4Im(\xi)Im[Hy,y]_{J_1},$$

其中 $y=(H-\xi I)^{-1}x$.

从而, 我们即得

$$[Vx,Vx]_{J_1}\geqslant[x,x]_{J_1},$$

即 V 是 plus 算子.

另一方面, 考虑 $\mathrm{i}H$ 是在 Krein 空间 K_{J_1} 中的自伴算子且 H_{21} 是全空间上的有界算子, 从而易证 $\xi\in\rho(H_{22})$ 且 H_{22} 是全空间上的有界线性算子.

因此

$$H-\xi I=\begin{bmatrix} I & T_1 \\ 0 & I \end{bmatrix}\begin{bmatrix} T_2 & 0 \\ 0 & H_{22}-\xi I \end{bmatrix}\begin{bmatrix} I & 0 \\ T_3 & I \end{bmatrix},$$

其中

$$T_1=H_{12}(H_{22}-\xi I)^{-1}, T_2=H_{11}-\xi I-H_{12}(H_{22}-\xi I)^{-1}H_{21},$$
$$T_3=(H_{22}-\xi I)^{-1}H_{21}.$$

令

$$V=\begin{bmatrix} v_{11} & v_{12} \\ v_{21} & v_{22} \end{bmatrix}$$

是算子 V 在 Krein 空间 K_{J_1} 中的 2×2 分块矩阵形式, 考虑 Cayley 变换

$$V=(H-\overline{\xi}I)(H-\xi I)^{-1}=I+(\xi-\overline{\xi})(H-\xi I)^{-1}, \tag{6.2.1}$$

则得

$$v_{11}=I+(\xi-\overline{\xi})T_2^{-1}, v_{12}=-(\xi-\overline{\xi})T_2^{-1}T_1.$$

由于算子 $H_{12}=P^+HP^-$ 相对于算子 $H_{22}=P^-HP^-$ 是紧算子, 因此 v_{12} 是紧算子. 从而, 由引理 6.2.3 存在极大正子空间 $L\subset K$, 使得 $VL\subset K$.

易证 $(V-I)L\subset L$. 下面证明 $(V-I)L=L$. 由于 $L\subset K$ 是极大正子空间当且仅当 $P_+L=K_+$, 从而 $(V-I)L=L$ 当且仅当

$$P_+(V-I)L=K_+.$$

令 A 是子空间 L 在 K_+ 中对应的角算子, 则 L 可表示成如下形式

$$L=\left\{\begin{bmatrix} x_+ \\ Ax_+ \end{bmatrix}, x_+\in K_+\right\},$$

并且有

$$P_+(V-I)L=(v_{11}-I+v_{12}A)K_+.$$

进而得

$$P_+(V-I)L=(\xi-\overline{\xi})T_2^{-1}(I-T_1A)K_+.$$

由于 $\mathscr{D}(T_2)=\mathscr{D}(H_{11})=\mathscr{D}(H_{21})=K_+$ 且对任意的 $x\in\mathscr{D}(H)$ 满足 $Im[Hx,x]_{J_1}\leqslant 0$, 从而有

$$Im\left(\begin{bmatrix}P^+ & 0\\ 0 & -P^-\end{bmatrix}\begin{bmatrix}P^+HP^+ & P^+HP^-\\ P^-HP^+ & P^-HP^-\end{bmatrix}\begin{bmatrix}0\\ x^-\end{bmatrix},\begin{bmatrix}0\\ x^-\end{bmatrix}\right)\leqslant 0.$$

其中 $x_-\in K_-$. 因此, 在 Hilbert 空间 K_- 中有

$$Im(H_{22}x_-,x_-)\geqslant 0.$$

对 $x_-\in K_-$ 考虑如下等式

$$\|(H_{22}-\xi I)x_-\|^2=\|(H_{22}-Re(\xi)I)x_-\|^2+(Im(\xi))^2\|x_-\|^2,$$

得

$$\|(H_{22}-\xi I)^{-1}\|\leqslant\frac{1}{|Im(\xi)|}.$$

并且由 $|Im(\xi)|>\|H_{21}\|$ 可知 $\|T_1\|<1$. 又因为, A 是 $L\subset K^+$ 对应于 K^+ 的角算子, 从而 $\|A\|\leqslant 1$, 进而得

$$\|T_1A\|<1,$$

且算子 $I-T_1A$ 可逆. 于是有 $\mathcal{R}(T_2^{-1}(I-T_1A))=K^+$, 即

$$(V-I)L=L.$$

求解式 (6.2.1), 得

$$H=(\xi-\overline{\xi})(V-I)^{-1}+\xi I=(\xi V-\overline{\xi}I)(V-I)^{-1}.$$

再由于 $(V-I)L=L$, 从而

$$L\subset\mathscr{D}(H),HL\subset L,$$

于是存在极大正子空间.

令 $\widetilde{L}=L^{\perp}$, 则由引理 6.2.4, 可知 $\widetilde{L}$ 是极大负子空间. 进一步, 对任意的 $x\in\widetilde{L}\cap\mathscr{D}(H)$ 及 $y\in L$ 有

$$[Hx,y]_{J_1}=-[x,Hy]_{J_1}=0,$$

即子空间 $\widetilde{L}$ 关于算子 H 是不变的, 从而, $\widetilde{L}$ 是极大负子空间. 结论证毕. ▮

定理 6.2.3 设 $H(\rho(H)\neq\phi)$ 是辛自伴无穷维 Hamilton 算子, K_{J_1} 是 Krein 空间, 如果 $K_+\subset\mathscr{D}(H)$, 其中 $K_{J_1}=K_+\oplus K_-$ 是对应于度规算子 $\mathfrak{J}$ 的正则分解, 并且

(i) 对任意的 $x\in\mathscr{D}(H)$ 满足 $Im[Hx,x]_{J_1}\geqslant 0$,

(ii) 算子 P_+HP_- 是 P_-HP_--紧算子,

则无穷维 Hamilton 算子 H 存在极大正子空间和极大负子空间.

证明 根据给定条件易知, $-H$ 满足定理 6.2.2 的条件, 从而 $-H$ 存在极大正子空间和极大负子空间. 进而得 H 存在极大正子空间和极大负子空间. 结论证毕. ▮

6.3 Krein 空间中的 $\Im$-数值域

6.3.1 Krein 空间中的 $\Im$-数值域的定义

类似于 Hilbert 空间中的经典数值域, 在不定度规空间中可以引进不定度规意义下的数值域.

定义 6.3.1 不定度规空间 $\{K,[\cdot,\cdot]_{\Im}\}$ 中的有界算子 A 的数值域定义为

$$W_{\Im}(A)=\{\frac{[Ax,x]_{\Im}}{[x,x]_{\Im}}:[x,x]_{\Im}\neq 0\},$$

并称其为 $\Im$-数值域, 其中 $[\cdot,\cdot]_{\Im}=(\Im\cdot,\cdot)$. 等价地

$$W_{\Im}(A)=\{[Ax,x]_{\Im}:[x,x]_{\Im}=1\}\cup\{-[Ax,x]_{\Im}:[x,x]_{\Im}=-1\}.$$

无界算子的 $\Im$-数值域定义为

$$W_{\Im}(A)=\{\frac{[Ax,x]_{\Im}}{[x,x]_{\Im}}:x\in\mathscr{D}(A),[x,x]_{\Im}\neq 0\},$$

且容易证明

$$W_{\Im}(A)=\{[Ax,x]_{\Im}:x\in\mathscr{D}(A),[x,x]_{\Im}=1\}\cup\{-[Ax,x]_{\Im}:x\in\mathscr{D}(A),[x,x]_{\Im}=-1\}.$$

下面的例子说明 Hilbert 空间中线性算子的特征值包含关系对 $\Im$-数值域是一定不成立的.

例 6.3.1 令 $X=L^2[0,1]$, $K=X\times X$, $K_{\Im}=\{K,[\cdot,\cdot]_{J_1}\}$, 其中 $\Im=J_1=\begin{bmatrix}0 & \mathrm{i}I\\ -\mathrm{i}I & 0\end{bmatrix}$. 定义如下分块算子矩阵

$$T=\begin{bmatrix}A & B\\ C & D\end{bmatrix}=\begin{bmatrix}0 & I\\ -\dfrac{\mathrm{d}^2}{\mathrm{d}x^2} & 0\end{bmatrix},$$

其中 $\mathscr{D}(C)=\{x\in X: x'$ 绝对连续, $x',x''\in X, x(0)=x(1)=0\}$, 则容易验证算子 $\mathrm{i}T$ 在空间 $K_{\Im}$ 中是 $\Im$-自伴算子, 于是 $W_{\Im}(T)\subset\mathrm{i}\mathbb{R}$.

另一方面,经计算得

$$\sigma(T)=\sigma_p(T)=\{k\pi:k=\pm1,\pm2,\cdots\},$$

这说明特征值包含关系 $\sigma_p(T)\subset W_{\Im}(T)$ 不成立.

以上例子说明不定度规空间中的数值域与 Hilbert 空间里的数值域有很大区别. 接下来我们讨论不定度规空间里的 $\Im$-数值域何时有谱包含关系的问题.

定理 6.3.1 令 A 是不定度规空间 $\{K,[\cdot,\cdot]_{\Im}\}$ 中的有界 $\Im$-非负自伴算子 (即, $A=A^{\dagger}\geqslant 0$), 则 $\sigma_p(A)\backslash\{0\}\subset W_{\Im}(A)$ 且 $\sigma(A)\backslash\{0\}\subset\overline{W_{\Im}(A)}$; 如果还满足 $A\Im=\Im A$, 则 $\sigma(A)\backslash\{0\}\subset\overline{W_{\Im}(A)}$.

证明 令 $\lambda\in\sigma_p(A)\backslash\{0\}$, 则存在 $x_0\neq 0$, 使得

$$Ax_0=\lambda x_0,$$

于是 $[Ax_0, x_0]_\Im = \lambda[x_0, x_0]_\Im$. 可以断言 $[x_0, x_0]_\Im \neq 0$. 事实上, 如果 $[x_0, x_0]_\Im = 0$, 则 $[Ax_0, x_0]_\Im = 0$, 由引理 6.1.2 知 $Ax_0 = 0$, $\lambda = 0$, 推出矛盾. 于是,

$$\lambda = \frac{[Ax_0, x_0]_\Im}{[x_0, x_0]_\Im} \in W_\Im(A),$$

即 $\sigma_p(A)\backslash\{0\} \subset W_\Im(A)$.

下面证明 $\sigma(A)\backslash\{0\} \subset \overline{W_\Im(A)}$. 由于 $\sigma(A) \subset \mathbb{R}$ 且 $\sigma_r(A) = \emptyset$, 故 $\sigma(A) = \sigma_{ap}(A)$, 其中 $\sigma_{ap}(A)$ 是近似点谱, 即

$$\sigma_{ap}(A) = \{\lambda \in C : (A-\lambda I)x_n \to 0, \{x_n\}_{n=1}^{+\infty} \subset \mathscr{D}(A), \|x_n\| = 1, n = 1, 2, \cdots\}.$$

令 $\lambda \in \sigma_{ap}(A)\backslash\{0\}$, 则存在 $\|x_n\| = 1$, 使得

$$(A - \lambda I)x_n \to 0,$$

进而有

$$[Ax_n, x_n]_\Im - \lambda[x_n, x_n]_\Im \to 0.$$

当 $\{[x_n, x_n]_\Im\}$ 的下极限为 0 时, 不妨设 $[x_n, x_n]_\Im \to 0$, 则

$$[Ax_n, x_n]_\Im = (\Im Ax_n, x_n) = ((\Im A)^{\frac{1}{2}}x_n, (\Im A)^{\frac{1}{2}}x_n) \to 0,$$

得 $(\Im A)^{\frac{1}{2}}x_n \to 0$. 由于 $(\Im A)^{\frac{1}{2}}$ 有界, $\Im Ax_n = (\Im A)^{\frac{1}{2}}(\Im A)^{\frac{1}{2}}x_n \to 0$, 从而

$$Ax_n \to 0, \quad \lambda x_n \to 0,$$

这与 $\|x_n\| = 1$ 矛盾. 于是 $\sigma_{ap}(A)\backslash\{0\} \subset \overline{W_\Im(A)}$.

当 $A\Im = \Im A$ 时, 令 $0 \in \sigma_{ap}(A)$, 则存在序列 $\{x_n\}(\|x_n\| = 1, n = 1, 2, \cdots)$, 使得

$$Ax_n \to 0.$$

如果 $[x_n, x_n]_\Im$ 的下极限不等于 0, 则很显然 $0 \in \overline{W_\Im(A)}$. 如果当 $[x_n, x_n]_\Im$ 的下极限等于 0 时, 不妨设 $[x_n, x_n]_\Im \to 0$, 令 $y_n = x_n + \Im x_n$, 则

$$\begin{aligned}[y_n, y_n]_\Im &= [x_n, x_n]_\Im + [\Im x_n, x_n]_\Im + [x_n, \Im x_n]_\Im + [\Im x_n, \Im x_n]_\Im \\ &\to 2,\end{aligned}$$

且

$$
\begin{aligned}
[Ay_n, y_n]_{\Im} &= [Ax_n, x_n]_{\Im} + [A\Im x_n, x_n]_{\Im} + [Ax_n, \Im x_n]_{\Im} + [A\Im x_n, \Im x_n]_{\Im} \\
&= [Ax_n, x_n]_{\Im} + [\Im x_n, Ax_n]_{\Im} + [Ax_n, \Im x_n]_{\Im} + [\Im Ax_n, \Im x_n]_{\Im} \\
&\to 0.
\end{aligned}
$$

于是 $0 \in \overline{W_{\Im}(A)}$. 结论证毕. ▮

注 6.3.1 结论 $\sigma_p(A) \subset W_{\Im}(A)$ 一般情况下不成立. 而且, 当 A 无界时, 结论 $\sigma(A) \subset \overline{W_{\Im}(A)}$ 也不一定成立.

例 6.3.2 令 X 是 Hilbert 空间, 其内积记为 $(\cdot,\cdot)$. 令 $K = X \times X$ 且

$$
[\cdot,\cdot]_{\Im} = (\Im\cdot,\cdot),
$$

其中 $\Im = \begin{bmatrix} 0 & I \\ I & 0 \end{bmatrix}$. 首先, 取 $A = \begin{bmatrix} 0 & 0 \\ I & 0 \end{bmatrix}$, 则

$$
W_{\Im}(A) = \left\{ \frac{(x,x)}{2Re(x,y)} : \begin{bmatrix} x \\ y \end{bmatrix} \in X \times X, Re(x,y) \neq 0 \right\},
$$

且 $0 \in \sigma_p(A)$, $0 \notin W_{\Im}(A)$. 其次, 令 B 是 Hilbert 空间 X 中的无界非负自伴算子. 取

$$
A = \begin{bmatrix} 0 & 0 \\ B & 0 \end{bmatrix},
$$

则算子 A 为 Krein 空间 $\{K, [\cdot,\cdot]_{\Im}\}$ 的 $\Im$-自伴算子, $W_{\Im}(A) \subset \mathbb{R}$.

另一方面, 选取 $x_0 \notin \mathscr{D}(B)$, 则对任意的 $\lambda \in \mathbb{C}$, 向量 $\begin{bmatrix} x_0 & 0 \end{bmatrix}^T \in X \times X$ 不含于 $\mathcal{R}(A - \lambda I)$, 因此 $\sigma(A) = \mathbb{C}$, 结论 $\sigma(A) \subset \overline{W_{\Im}(A)}$ 不成立.

定理 6.3.2 令 A 是 Krein 空间 $\{K, [\cdot,\cdot]_{\Im}\}$ 中的 $\Im$-非负自伴算子 (可能无界), 如果 $0 \in \rho(A)$, 则 $\sigma_p(A) \subset W_{\Im}(A)$, $\sigma(A) \subset \overline{W_{\Im}(A)}$.

证明 类似于定理 6.3.1 的证明, 容易证明 $\sigma_p(A) \subset W_{\Im}(A)$ 且 $\sigma_r(A) = \emptyset$. 令 $\lambda \in \sigma_c(A)$, 则存在 $\|x_n\| = 1$, 使得 $(A - \lambda I)x_n \to 0$, 这蕴含

$$
[Ax_n, x_n]_{\Im} \to \lambda[x_n, x_n]_{\Im}.
$$

由 $0 \in \rho(A)$ 可知, $[Ax_n, x_n]_{\Im} \geqslant M[x_n, x_n]_{\Im}$, 存在 $N > 0$, 使得对任意的 $n > N$ 有

$$\lambda[x_n, x_n]_{\Im} \geqslant M$$

成立. 即

$$\lambda_n = \frac{[Ax_n, x_n]_{\Im}}{[x_n, x_n]_{\Im}} \to \lambda,$$

于是有 $\sigma_c(A) \subset \overline{W_{\Im}(A)}$, 即 $\sigma(A) \subset \overline{W_{\Im}(A)}$. 结论证毕. ▮

6.3.2 $\Im$-数值域的有界性及凸性

Hilbert 空间中有界算子的数值域是有界的, 但不定度规空间中有界算子的 $\Im$-数值域不一定有界. 下面将讨论不定度规空间中有界算子的 $\Im$-数值域何时有界的问题.

引理 6.3.1 设 T, S 是 Hilbert 空间 X 中的有界线性算子, 如果存在一个有界算子 P, 使得 $T^* = SP$, 则存在 $\lambda \geqslant 0$ 使得 $T^*T \leqslant \lambda SS^*$.

证明 当存在有界算子 P 使得 $T^* = SP$ 时

$$\begin{aligned} T^*T &= SPP^*S^* \\ &= \|P\|^2 SS^* - S(\|P\|^2 I - PP^*)S^* \\ &\leqslant \|P\|^2 SS^*. \end{aligned}$$

于是, 令 $\lambda = \|P\|^2$, 则 $T^*T \leqslant \lambda SS^*$. ▮

定理 6.3.3 设 T 是 Krein 空间 $\{K, [\cdot,\cdot]_{\Im}\}$ 中的有界算子, 如果满足下列条件之一:

(i) $T = \lambda I$;

(ii) 标准对称算子 $\Im$ 是确定的 (即, $\Im > 0$ 或 $\Im < 0$),

则 $W_{\Im}(T)$ 有界.

证明 当 $T = \lambda I$ 时, $W_{\Im}(T)$ 有界是显然的. 当 $\Im$ 是确定算子时, 不妨设 $\Im > 0$, 则考虑 $\Im = \Im^* = \Im^{-1}$ 有

$$T^*\Im^{\frac{1}{2}} = \Im^{\frac{1}{2}}(\Im^{\frac{3}{2}}T^*\Im^{\frac{1}{2}}).$$

由引理 6.3.1, 可知存在 $\lambda \geqslant 0$ 使得 $T^*\Im T \leqslant \lambda\Im$. 又因为

$$\begin{aligned}\frac{[Tx,x]_\Im}{[x,x]_\Im} &= \frac{(\Im^{\frac{1}{2}}Tx, \Im^{\frac{1}{2}}x)}{(\Im x, x)} \\ &\leqslant \frac{(\Im^{\frac{1}{2}}Tx, \Im^{\frac{1}{2}}Tx)^{\frac{1}{2}}(\Im^{\frac{1}{2}}x, \Im^{\frac{1}{2}}x)^{\frac{1}{2}}}{(\Im x, x)} \\ &= \frac{(T^*\Im Tx, x)^{\frac{1}{2}}}{(\Im x, x)^{\frac{1}{2}}} \leqslant \sqrt{\lambda}[\frac{(\Im x, x)}{(\Im x, x)}]^{\frac{1}{2}}.\end{aligned}$$

于是 $W_\Im(T)$ 有界. ∎

关于经典数值域的一个重要性质是凸性. 显然, 不定度规空间中有界算子的 $\Im$-数值域不一定是凸集. 下面将解决 $\Im$-数值域何时为凸集的问题.

定理 6.3.4 设 T 是 Krein 空间 $\{K, [\cdot,\cdot]_\Im\}$ 中的有界算子, 如果标准对称算子 $\Im$ 是确定的, 则 $W_\Im(T)$ 是凸集.

证明 当 $\Im$ 是确定算子时, 不妨设 $\Im > 0$, 则

$$\frac{[Tx,x]_\Im}{[x,x]_\Im} = \frac{(\Im^{\frac{1}{2}}T\Im^{\frac{3}{2}}\Im^{\frac{1}{2}}x, \Im^{\frac{1}{2}}x)}{(\Im^{\frac{1}{2}}x, \Im^{\frac{1}{2}}x)},$$

即, $W_\Im(T) = W(\Im^{\frac{1}{2}}T\Im^{\frac{3}{2}})$ 是凸集. ∎

参考文献

[1] Hamilton W R. *The Mathematical Papers of Sir William Rowan Hamilton* [M]. Cambridge: Cambridge Uniuersity Press, 1940.

[2] Johnson R, Obaya R, Novo S, Núñez C, Fabbri R. *Nonautonomous Linear Hamiltonian Systems: Oscillation, Spectral Theory and Control* [M]. New York: Springer-Verlag, 2016.

[3] Chernoff P R, Marsden J E. *Properties of Infinite Dimensional Hamiltonian Systems* [M]. New York: Springer-Verlag, 1974.

[4] Lancaster P, Rodman L . *Algebraic Riccati Equations* [M]. Oxford: Clarendon Press, 1995.

[5] 钟万勰. 弹性力学求解新体系 [M]. 大连: 大连理工大学出版社, 1995.

[6] 冯康, 秦孟兆. 哈密尔顿系统的辛几何算法 [M]. 2 版. 杭州: 浙江科学技术出版社, 2003.

[7] 姚伟岸, 钟万勰. 辛弹性力学 [M]. 北京: 高等教育出版社, 2002.

[8] 孙炯, 王忠. 线性算子的谱分析 [M]. 北京: 科学出版社, 2005.

[9] 吴德玉, 阿拉坦仓. 分块算子矩阵的谱理论及其应用 [M]. 北京: 科学出版社, 2013.

[10] 吴德玉, 阿拉坦仓, 黄俊杰, 海国君. Hilbert 空间中线性算子数值域及其应用 [M]. 北京: 科学出版社, 2018.

[11] Magri F. *A simple model of the integrable Hamiltonian equation* [J]. *J. Math. Phys.*, 1978, 19: 1156-1162.

[12] Magri F. *A Geometrical Approach to the Nonlinear Solvable Equations* [M]. New York: Springer-Verlag, 1980.

[13] Vinogradov A M. *Hamiltonian structures in field theory* [J]. *Sov. Math. Dokl.*, 1978, 19: 790-794.

[14] Kupershmidt B A. *Geometry of Jet Bundles and the Structure of Lagrangian and Hamiltonian Formalisms* [M]. New York: Springer-Verlag, 1980.

[15] Manin Yu I. *Algebraic aspects of nonlinear differential equations* [J]. *J. Soviet Math.*, 1979, 11: 1-122.

[16] Gel'fand I M and Dorfman I Ya. *Hamiltonian operators and algebraic structures related to them* [J]. *Func. Anal. Appl.*, 1979, 13: 248-262.

[17] Olver P J. *On the Hamiltonian structure of evolution equations* [J]. *Math. Proc. Camb. Phil. Soc.*, 1980, 88: 71-88.

[18] Olver P J. *A nonlinear Hamiltonian structure for the Euler equations* [J]. *J. Math. Anal. Appl.*, 1982, 89: 233-250.

[19] Olver P J. *Conservation law in elasticity I. General results, II. Linear homogeneous isotropic elastastics* [J]. *Arch. Rat. Mech. Anal.*, 1984, 85: 111-160.

[20] Olver P J. *Applications of Lie Groups to Differential Equations* [M]. New York: Springer-Verlag, 1986.

[21] Olver P J. *Darboux' theorem for Hamiltonian differential operators* [J]. *J. Diff. Eqs.*, 1988, 71(1): 10-33.

[22] Kosmann-Schwarzbach Y. *Hamiltonian systems on fibred manifolds* [J]. *Lett. Math. Phys.*, 1981, 5: 229-237.

[23] Vainberg M M. *Variational Methods for the Study of Nonlinear Operators* [M]. San Francisco: Holden-Day, 1964.

[24] Curtain R F, Zwart H J. *An introduction to Infinite-Dimensional Linear Systems Theory* [M]. New York: Springer-Verlag, 1995.

[25] Langer H, Ran A C M, van de Rotten B A. *Invariant subspaces of infinite dimensional Hamiltonians and solutions of the corresponding Riccati equations* [J]. *Operator Theory: Advances and Applications*, 2001, 130: 235-254.

[26] 钟万勰. 分离变量法与 Hamilton 体系 [J]. 计算结构力学及其应用, 1991, 8(3): 229-240.

[27] 钟万勰. 条形域弹性平面问题与哈密顿体系 [J]. 大连理工大学学报, 1991, 31(4): 373-384.

[28] 钟万勰, 姚伟岸. 板弯曲求解新体系及其应用 [J]. 力学学报, 1999, 31(2): 173-184.

[29] 钟万勰. 发展型哈密顿核积分方程 [J]. 大连理工大学学报, 2003, 43(1): 1-11.

[30] 钟万勰. 椭圆型方程哈密顿本征解的完备性 [J]. 大连理工大学学报, 2004, 44(1): 1-6.

[31] 石赫. 机械化数学引论 [M]. 长沙: 湖南教育出版社, 1998.

[32] Wu W T. *On zeros of algebraic equations: an application of Ritt principle* [J]. *Kexue Tongbao*, 1986, 31: 1-5.

[33] David C, John L, Donal Q S. *Ideals, Variables, and Algorithms* [M]. New York: Springer-Verlag, 1992.

[34] 陆斌, 张鸿庆. 构造一类偏微分方程组通解的机械化算法及力学方程的自动推理 [J]. 山东科技大学学报 (自然科学版), 2002, 21(1): 18-24.

[35] 曹丽娜, 张鸿庆. 求解一类线性偏微分方程组一般解的机械化算法 [J]. 锦州师范学院学报 (自然科学版), 2002, 23(1): 57-59.

[36] 阿拉坦仓, 张鸿庆, 钟万勰. 矩阵多元多项式的带余除法及其应用 [J]. 应用数学和力学, 2000, 21(7): 661-668.

[37] 裘宗燕. Mathematica 数学软件系统的应用及其程序设计 [M]. 北京: 北京大学出版社, 1999.

[38] 李尚志, 陈发来, 张韵华. 数学实验 [M]. 北京: 北京大学出版社, 1999.

[39] 阿拉坦仓, 张鸿庆, 钟万勰. 一类偏微分方程的无穷维 Hamilton 正则表示 [J]. 力学学报, 1999, 31(3): 347-357.

[40] 郑宇, 张鸿庆. 固体力学中的 Hamilton 正则表示 [J]. 力学学报, 1996, 28(1): 119-125.

[41] 宋鹤山. 量子力学 [M]. 大连: 大连理工大学出版社, 2004.

[42] 李大潜, 秦铁虎. 物理学与偏微分方程 [M]. 2 版. 上册. 北京: 高等教育出版社, 2005.

[43] Weidmann J. *Linear Operator Theory in Hilbert Space* [M]. New York: Springer-Verlag, 1980.

[44] Paige C, Loan C V. *A Schur decomposition for Hamiltonian matrices* [J]. *Linear Algebra and Its Applications*, 1981, 4:11-32.

[45] Wang H, Chen A, Huang J. *Symmetry of the point spectrum of upper triangular infinite dimensional Hamiltonian operators* [J]. *Journal of Mathematical Research and Exposition*, 2009, 29(5):907-912.

[46] Weyl H. *Uber beschrankte quadratische Formen, deren differenz vollstelig ist* [J]. Rend. Circ. Mat. Palermo, 1909, 27: 373–392.

[47] Jerbi A, Mnif M. *Fredholm operators, essential spectra and application to transport equations* [J]. *Acta Applicandae Mathematicae*, 2005, 89(1): 155-176.

[48] Jeribi A, Moalla N. *A characterization of some subsets of Schechter's essential spectrum and application to singular transport equation* [J]. *Journal of Mathematical Analysis and Applications*, 2009, 358(2):434-444.

[49] Stampfly J G, Williams J P. *Growth conditions and the numerical range in a Banach algebra* [J]. *Tohoku Math. J.*, 1968, 20: 417–424.

[50] Schemoeger C. *The spectral mapping theorem for the essential approximate point*

spectrum [J]. *Colloquium Mathematicum*, 1997, 74(2): 167-176.

[51] Hundertmark D, Lee Y. *Exponential decay of eigenfunctions and generalized eigenfunctions of a non-self-adjoint matrix Schrödinger operator related to NLS* [J]. *Bulletin of the London Mathematical Society*, 2007, 39: 709-720.

[52] Gustafson K. *Necessary and sufficient conditions for Weyl's theorem* [J]. *Michigan Mathematical Journal*, 1972, 19(1): 71-81.

[53] Jeribi A, Walha I. *Gustafson, Weidmann, Kato, Wolf, Schechter and Browder essential spectra of some matrix operator and application to two-group transport equation* [J]. *Mathematische Nachrichten*, 2011, 284(1): 67-86.

[54] 海国君, 阿拉坦仓. Hilbert 空间上的广义逆算子与 Fredholm 算子 [M]. 北京: 高等教育出版社, 2018.

[55] Kato T. *Perturbation Theory for Linear Operators(Second Corrected Printing of the Second Edition)* [M]. New York: Springer-Verlag, 1984.

[56] Gohberg I, Goldberg S, Kaashoek M A. *Classes of Linear Operators* [M]. Vol. I Boston/Berlin: Birkhäuser Verlag, 1990.

[57] Schechter M. *Principles of Functional Analysis* [M]. Rhode Island: American Mathematical Society Providence, 2002.

[58] Gohberg I, Goldberg S, Kaashoek M A. *Classes of Linear Operators* [M]. Vol. II Boston/Berlin: Birkhäuser Verlag, 1990.

[59] Denisov M S. *Invertibility of linear operators in a Krein space* [J]. Math., Phys., 2005, 1(2): 130-134.

[60] Anosov D V. *On limit cycles of systems of differential equations with small parameter at the highest derivatives* [J]. *Mat. Sb.*, 1960, 50(92)(3): 299-334.

[61] Eburilitu B, Alatancang. *On feasibility of variable separation method based on Hamiltonian system for a class of plate bending equations* [J]. *Commun. Theor. Phys.*, 2010, 53(3): 569-574.

[62] Hess P, Kato T. *Perturbation of closed operators and their adjoints* [J]. *Comment.Math.Helv.*, 1970, 45: 524-529.

[63] Reed M, Simon B. *Methods of Modern Mathematical Physics. II. Fourier Analysis, Self-Adjointness* [M]. New York/London: Academic Press, 1978.

[64] Paige C, Loan C V. *A Schur decomposition for Hamiltonian mareices* [J]. *Linear Algebra and Its Applications*, 1981, 4:11-32.

[65] Gustafson K. *On operator sum and product adjoints and closures* [J]. *Canadian*

Mathematical Bulletin, 2011, 54(3): 456-463.

[66] Gustafson K. *On projections of selfadjoint operators and operator product adjoints* [J]. *Bulletin of the American Mathematical Society*, 1969, 75(1969): 739-741.

[67] Goldberg M, Tadmor E. *On the numerical radius and its applications* [J]. *Linear Algebra and Its Applications*, 1982, 42(42): 263-284.

[68] Radjavi H, Roseenthal P. *Invariant Subspaces* [M]. New York: Springer-Verlag, 1973.

[69] Pearcy C. *An elementary proof of the power inequality for the numerical radius* [J]. *Michigan Math. J.*, 1966, 13(3): 289-291.

[70] Tretter C. *Spectral Theory of Block Operator Matrices and Applications* [M]. London: Imperial College Press, 2008.

[71] Langer H, Markus A, Matsaev V, Tretter C. *A new concept for block operator matrices: the quadratic numerical range* [J]. *Linear Algebra and Its Applications*, 2001, 330(1), 89-112.

[72] Kittaneh F. *Numerical radius inequalities for Hilbert space operators* [J]. *Studia Math.*, 2005, 168: 73-80.

[73] Kittaneh F. *A numerical radius inequality and an estimate for the numerical radius of the Frobenius companion matrix* [J]. *Studia Math.*, 2003, 158(1): 11-17.

[74] Dragomir S S. *Reverse Inequalities for the Numerical Radius of Linear Operators in Hilbert Spaces* [J]. *Tamkang Journal of Mathematics*, 2006, 39(1):1-7.

[75] Holbrook J A R. *Multiplicative properties of the numerical radius in operator theory* [J]. *J. Reine Angew. Math.*, 1969, 237: 166-174.

[76] Deeds J B. *A proof of Fuglede's theorem* [J]. *Journal of Mathematical Analysis and Applications*, 1969, 27(1):101-102.

[77] Suen C Y. *The minimum norm of certain completely positive maps* [J]. *Proceedings of the American Mathematical Society*, 1995, 123(8): 2407-2416.

[78] Hardy G H, Littlewood J E, Polya G. *Inequalities* [M] 2nd ed. Cambridge: Cambridge University Press, 1988.

[79] Hajmohmadi M, Lashkaripour R, Bakhcrad M. *Some generalizations of numerical radius on off-diagonal part of* 2×2 *operator matrices* [J]. *Journal of Mathematics Inequalites*, 2018, **12**(2): 447-457.

[80] Fillmore P A, Stampfli J G, Williams J G. *On the essential numerical range, the essential spectrum, and a problem of Halmos* [J]. *Acta Sci. Math.(Szeged)*, 1972, 33:

179-192.

[81] Gustafson K, Weidmann J. *On the essential spectrum* [J]. *Journal of Mathematical Analysis and Applications*, 1969, 25(1): 121-127.

[82] Wolf F. *On the invariance of the essential spectrum under a change of the doundary conditions of partial differential operators* [J]. *Indagations Mathematicae*, 1959, 62: 142-147.

[83] Schechter M. *Invariance of essential spectrum* [J]. *Bulletin of the American Mathematical Society*, 1965, 71(71): 489-493.

[84] Barraa B, Müller V. *On the essential numerical range* [J]. *Acta Scientiarum Mathematicarum*, 2012, 71(1):285-298.

[85] Bakić D. *Compact operators, the essential spectrum and the essential numerical range* [J]. *Mathematical Communications*, 1998, 3(1): 103-108.

[86] Bakić D, Guljaš B. *Which operators approximately annihilate orthonormal bases?* [J] *Acta Scientiarum Mathematicarum*, 1998, 64(3):601-607.

[87] Chui C K, Smith P W, Smith R R. *L-ideals and numerical range preservation* [J]. *Illinois Journal of Mathematics*, 1977, 21(1): 365-373.

[88] Legg D A, Townsend D W. *Essential numerical range in* $B(l_1)$ [J]. *Proceedings of the American Mathematical Society*, 1981, 81(4): 541-545.

[89] Dirac P A M. *The physical interpretation of quantum mechanics* [J]. *Pro. Roy. Soc. London*, 1942, 180: 1-40.

[90] Pontryagin L S. *Hermitian operators in space with indefinite metric* [J]. *Izv. Acad. Nauk SSSR, Ser. Matem.*, 1944, 1(8): 243-280.

[91] 夏道行, 严绍宗. 线性算子谱理论 II 不定度规空间上的算子理论 [M]. 北京: 科学出版社, 1987.

[92] Bognár J. *Indefinite Inner Product Spaces* [M]. New York: Springer-Verlag, 1974.

[93] Azizov T Y, Iokhvidov E I. *Linear Operators in Spaces with an Indefinite Metric* [M]. New York: Wiley, 1989.

主要符号表

I	单位算子
X	Hilbert 空间
$\mathbb{R}$	实数域
$\mathrm{i}\mathbb{R}$	纯虚数数域
$\mathbb{C}$	复数域
$Re(\lambda)$	复数 λ 的实部
$Im(\lambda)$	复数 λ 的虚部
T^*	线性算子 T 的共轭算子
$T^\dagger$	线性算子 T 不定度规意义下的共轭算子
$\mathscr{D}(T)$	线性算子 T 的定义域
$\mathcal{R}(T)$	线性算子 T 的值域
$\mathbb{N}(T)$	线性算子 T 的零空间, 即集合 $\{x \in \mathscr{D}(T) : Tx = 0\}$
$\mathbb{B}(X,Y)$	从 X 到 Y 上的有界线性算子全体所组成的集合
$\mathbb{B}(X)$	空间 X 上有界线性算子的全体所组成的集合
$\mathbb{B}S(X)$	空间 X 上有界自伴算子的全体所组成的集合
(x,y)	两元素 x, y 的内积
$\|x\|$	元素 x 的范数
$\rho(T)$	线性算子 T 的预解集
$\sigma_{ap}(T)$	线性算子 T 的近似点谱
$\sigma(T)$	线性算子 T 的谱集
$r(T)$	线性算子 T 的谱半径

$\sigma_p(T)$	线性算子 T 的点谱
$\sigma_c(T)$	线性算子 T 的连续谱
$\sigma_r(T)$	线性算子 T 的剩余谱
$\sigma_{com}(T)$	线性算子 T 的压缩谱
$\sigma_\delta(T)$	线性算子 T 的亏谱
$W(T)$	线性算子 T 的数值域
$W_{\Im}(T)$	线性算子 T 不定度规意义下的数值域
$\mathcal{W}^2(T)$	线性算子 T 的二次数值域

名词索引

J

K

L

M

N

P

Q

S

T

W

X

Y

Z

现代数学基础图书清单

序号	书号	书名	作者
1	9787040217179	代数和编码（第三版）	万哲先 编著
2	9787040221749	应用偏微分方程讲义	姜礼尚、孔德兴、陈志浩
3	9787040235975	实分析（第二版）	程民德、邓东皋、龙瑞麟 编著
4	9787040226171	高等概率论及其应用	胡迪鹤 著
5	9787040243079	线性代数与矩阵论（第二版）	许以超 编著
6	9787040244656	矩阵论	詹兴致
7	9787040244618	可靠性统计	茆诗松、汤银才、王玲玲 编著
8	9787040247503	泛函分析第二教程（第二版）	夏道行 等编著
9	9787040253177	无限维空间上的测度和积分 —— 抽象调和分析（第二版）	夏道行 著
10	9787040257724	奇异摄动问题中的渐近理论	倪明康、林武忠
11	9787040272611	整体微分几何初步（第三版）	沈一兵 编著
12	9787040263602	数论 I —— Fermat 的梦想和类域论	[日] 加藤和也、黑川信重、斎藤毅 著
13	9787040263619	数论 II —— 岩泽理论和自守形式	[日] 黑川信重、栗原将人、斎藤毅 著
14	9787040380408	微分方程与数学物理问题（中文校订版）	[瑞典] 纳伊尔·伊布拉基莫夫 著
15	9787040274868	有限群表示论（第二版）	曹锡华、时俭益
16	9787040274318	实变函数论与泛函分析（上册，第二版修订本）	夏道行 等编著
17	9787040272482	实变函数论与泛函分析（下册，第二版修订本）	夏道行 等编著
18	9787040287073	现代极限理论及其在随机结构中的应用	苏淳、冯群强、刘杰 著
19	9787040304480	偏微分方程	孔德兴
20	9787040310696	几何与拓扑的概念导引	古志鸣 编著
21	9787040316117	控制论中的矩阵计算	徐树方 著
22	9787040316988	多项式代数	王东明 等编著
23	9787040319668	矩阵计算六讲	徐树方、钱江 著
24	9787040319583	变分学讲义	张恭庆 编著
25	9787040322811	现代极小曲面讲义	[巴西] F. Xavier、潮小李 编著
26	9787040327113	群表示论	丘维声 编著
27	9787040346756	可靠性数学引论（修订版）	曹晋华、程侃 著
28	9787040343113	复变函数专题选讲	余家荣、路见可 主编
29	9787040357387	次正常算子解析理论	夏道行
30	9787040348347	数论 —— 从同余的观点出发	蔡天新

续表

序号	书号	书名	作者
31	9787040362688	多复变函数论	萧荫堂、陈志华、钟家庆
32	9787040361681	工程数学的新方法	蒋耀林
33	9787040345254	现代芬斯勒几何初步	沈一兵、沈忠民
34	9787040364729	数论基础	潘承洞 著
35	9787040369502	Toeplitz 系统预处理方法	金小庆 著
36	9787040370379	索伯列夫空间	王明新
37	9787040372526	伽罗瓦理论 —— 天才的激情	章璞 著
38	9787040372663	李代数（第二版）	万哲先 编著
39	9787040386516	实分析中的反例	汪林
40	9787040388909	泛函分析中的反例	汪林
41	9787040373783	拓扑线性空间与算子谱理论	刘培德
42	9787040318456	旋量代数与李群、李代数	戴建生 著
43	9787040332605	格论导引	方捷
44	9787040395037	李群讲义	项武义、侯自新、孟道骥
45	9787040395020	古典几何学	项武义、王申怀、潘养廉
46	9787040404586	黎曼几何初步	伍鸿熙、沈纯理、虞言林
47	9787040410570	高等线性代数学	黎景辉、白正简、周国晖
48	9787040413052	实分析与泛函分析（续论）（上册）	匡继昌
49	9787040412857	实分析与泛函分析（续论）（下册）	匡继昌
50	9787040412239	微分动力系统	文兰
51	9787040413502	阶的估计基础	潘承洞、于秀源
52	9787040415131	非线性泛函分析（第三版）	郭大钧
53	9787040414080	代数学（上）（第二版）	莫宗坚、蓝以中、赵春来
54	9787040414202	代数学（下）（修订版）	莫宗坚、蓝以中、赵春来
55	9787040418736	代数编码与密码	许以超、马松雅 编著
56	9787040439137	数学分析中的问题和反例	汪林
57	9787040440485	椭圆型偏微分方程	刘宪高
58	9787040464832	代数数论	黎景辉
59	9787040456134	调和分析	林钦诚
60	9787040468625	紧黎曼曲面引论	伍鸿熙、吕以辇、陈志华
61	9787040476743	拟线性椭圆型方程的现代变分方法	沈尧天、王友军、李周欣

续表

序号	书号	书名	作者
62	9787040479263	非线性泛函分析	袁荣
63	9787040496369	现代调和分析及其应用讲义	苗长兴
64	9787040497595	拓扑空间与线性拓扑空间中的反例	汪林
65	9787040505498	Hilbert 空间上的广义逆算子与 Fredholm 算子	海国君、阿拉坦仓
66	9787040507249	基础代数学讲义	章璞、吴泉水
67.1	9787040507256	代数学方法（第一卷）基础架构	李文威
68	9787040522631	科学计算中的偏微分方程数值解法	张文生
69	9787040534597	非线性分析方法	张恭庆
70	9787040544893	旋量代数与李群、李代数（修订版）	戴建生
71	9787040548846	黎曼几何选讲	伍鸿熙、陈维桓
72	9787040550726	从三角形内角和谈起	虞言林
73	9787040563665	流形上的几何与分析	张伟平、冯惠涛
74	9787040562101	代数几何讲义	胥鸣伟
75	9787040580457	分形和现代分析引论	马力
76	9787040586534	无穷维 Hamilton 算子谱分析	阿拉坦仓、吴德玉、黄俊杰、侯国林

购书网站： 高教书城（www.hepmall.com.cn），高教天猫（gdjycbs.tmall.com），京东，当当，微店

其他订购办法：

各使用单位可向高等教育出版社电子商务部汇款订购。书款通过银行转账，支付成功后请将购买信息发邮件或传真，以便及时发货。购书免邮费，发票随书寄出（大批量订购图书，发票随后寄出）。

单位地址： 北京西城区德外大街 4 号
电　　话： 010-58581118
传　　真： 010-58581113
电子邮箱： gjdzfwb@pub.hep.cn

通过银行转账：

户　　名： 高等教育出版社有限公司
开 户 行： 交通银行北京马甸支行
银行账号： 110060437018010037603